KB239876

엄청난 배신

— 과학에서의 사기 —

엄청난 배신
― 과학에서의 사기 ―

호레이스 F. 저드슨 지음
Horace Freeland Judson

이한음 옮김
한국분자·세포생물학회 감수

전파과학사

오! 진리 없는 양심이란 정말 끔찍하구나.

— 소포클레스, 안티고네

<21세기를 위한 생명과학> 시리즈-3를 발간하며

　　요즘의 국내의 언론에는 연일 미심쩍은 뉴스들이 가득합니다. 유명 인사들의 학력 위조, 기업인의 탈세와 그에 연루된 듯 보이는 권력층, 후에 진실이 드러나기 마련인 상호 비방 등, 끊임이 없습니다. 지난해에는 과학계에서 들어난 허위 논문 사건으로 온 나라가 홍역을 치렀습니다. 실제로, 그것은 전 세계를 흔든 사건이라고 해도 과장이 아니었습니다. 아직도 그 영향은 가시지 않아서, 국외의 과학자를 만날 때에 그 논문 사건을 화제에 올리는 경우가 있어서 곤혹스럽습니다.

　　한국분자세포생물학회는 그 동안 과학을 일반 독자들에게 쉽게 전달할 수 있는 저서들을 번역하는 사업을 진행하여 왔습니다. 그 세 번째로서, 과학에서의 사기 행위를 다룬 책을 선정하였습니다. 이 주제는 최근 국내 과학계만 아니라 국가 사회 전반이 겪어오고 있는 속이기 문제를 생각할 때 매우 시의 적절한 선택이라고 생각됩니다.

　　이 책은 과학에서의 사기라는 주제에 논의를 국한하고 있지 않다는 점이 특징적이라고 하겠습니다. 전 세계의 흐름에서 볼 때에, 사회의 너무나 다양한 분야들에서, 즉 경제와 산업 분야에서, 각종 전문 분야에서, 교회에서, 스포츠와 언론과 과학 분야에서 논란을 일으킨 사기의 사례를 찾아볼 수 있습니다. 이 책은 과학의 사기의 문제를 이러한 다양한 분야에서의 사기문제들과 함께 다룸으로써, 인간 사회에서의 사기의 문제를 분석하고자 합니다. 따라서 과학계를 넘어서 많은 독자를 찾아가지 않을까 생각됩니다.

　이번의 출판 사업을 수행하기 위하여 많은 시간과 정열을 기울이신 운영위원들께 깊이 감사를 드리고, 이 책이 실제로 일반 대중들에게 흥미를 일으키고 도움이 되는 결실을 맺을 수 있기를 기원합니다.

2007. 9. 30
한국분자·세포생물학회 회장
한국과학기술연구원 책임연구원　신 희 섭

책머리에

호레이스 저드슨의 『엄청난 배신-과학에서의 사기』는 연구의 윤리 문제를 제기한 책이다 과학사를 전공한 저드슨은 이 책에서 과학계의 연구 결과물들이 어떻게 왜곡되었고 그 거짓의 실체가 어떻게 드러나게 되었는지를 생생하게 기술하고 있다. 알다시피 최근 국내에서도 연구의 진실성과 관련된 사건들이 크게 문제가 된 적이 있어서 이번에 한국분자·세포생물학회가 번역·발간하는 <21세기를 위한 생명과학>시리즈의 세 번째 도서인 『엄청난 배신-과학에서의 사기』는 시의 적절한 출판물이다.

학자의 학문하는 자세는 진리를 탐구하는 겸허함을 견지하는 것에서 출발한다. 과학자들은 미지의 것을 탐구하려는 자유로운 호기심을 바탕으로 과학이라는 학문을 수행하고 그 진리 탐구의 결과는 진실해야 한다. 그럼에도 불구하고 경제성을 강조하는 사회적 흐름, 이에 따른 과학의 독립성과 자치성이 보장되지 못하는 현실, 과학자들의 조급한 성취 욕구 등이 어우러져 연구 결과물들이 위·변조 또는 표절돼 엄청난 사회적 파장을 불러오고 있다.

위·변조 또는 표절의 문제는 대부분 관련 학계의 엄정한 심사와 검증을 거쳐 걸러지고 있지만, 일부 과학자들은 자신들의 연구 결과를 교묘하게 가공함으로써 이러한 검증 단계를 빠져나가 연구의 진실성을 훼손했다. 그런데 이들의 대부분은 미래가 촉망되었던 유망 과학자들로서 출중한 과학자적 자질과 탁월한 능력을 갖추었음에도 불구하고 학문에 대한 순수성과 순결성이 결여되어 자멸의 길로 접어들 수 밖에 없었음을 이 책은 지적하고 있다.

이제는 인터넷상에 모든 자료가 공개됨에 따라 연구의 진실성에 대한 검증이 학계의 일부 전문가들에 의해서만 이루어지는 것이 아니라 사회적으로 광범위하게 검증되는 시스템으로 변화하고 있다. 또한 연구 사업을 지원하는 정부뿐만 아니라 과학자들이 소속되어 있는 대학을 비롯한 각종 연구기관에서도 연구의 진실성과 연구 윤리를 확보·유지하기 위한 준수 규정을 제정하고 검증 시스템을 도입하고 있다. 이에 따라 과학자들의 연구 부정행위는 현저하게 줄어들 것이다.

그러나 무엇보다 중요한 것은 연구를 수행하는 과학자들의 학문적 순수성과 순결성을 유지하고자 하는 자세와 자질의 확보이며 이는 교육 단계에서부터 철저히 훈련되어야 한다. 과학의 연구결과는 발견된 사실 그 이상도 그 이하도 아니다. 연구를 수행하기 위해서는 창의성을 가져야 하지만 결과물을 창의적으로 가공해서 변조하거나 창조하는 행위야말로 진리를 탐구하는 학자적 자세가 아님을 명심해야 할 것이다. 연구의 진실성과 윤리성을 어떻게 확보할 것인지에 대한 지혜를 이 책을 통해 얻기를 기대한다.

2007년 9월
한국분자·세포생물학회 부회장 겸 출판위원장
고려대학교 생명과학대학 생명과학부 교수 박 영 인

차 례

서 문

1991년 3월 22일, <뉴욕 타임스> 전면에 '많은 연구비가 쓰인 연구에 이의를 제기한 생물학자'라는 제목의 기사가 실렸다. <타임스> 워싱턴 지국의 필립 힐츠가 쓴 그 기사에는 마고 오툴이라는 과학자의 파란만장한 삶이 요약되어 있었다. 그녀는 매사추세츠 공대(MIT)의 두 연구실이 5년 전에 공동으로 <셀>에 발표한 논문에 이의를 제기했다. 논문의 공저자 중에는 유명한 데이비드 볼트모어도 있었다. 그는 <타임스> 기사가 날 당시에 뉴욕 록펠러 대학교 총장으로 재직하고 있었다. 또 공저자 중에 테레자 이마니시-카리의 이름도 있었다. <셀>에 논문이 실릴 당시 이마니시-카리는 MIT에 작은 연구실을 운영했고, 오툴은 그곳에서 1년 기한으로 연구원 생활을 하고 있었다. 볼티모어는 오툴을 '불만투성이 박사후과정 연구원'이라고 평가절하했다. 오툴은 그 뒤 과학계에 발을 붙이지 못했다. 그녀는 남편과 살던 집을 팔아야 했고, 오빠가 운영하는 화물 운송회사에서 전화를 받는 일을 했다. 그런데 뒤늦게 그 논문을 둘러싼 논란을 다룬 보고서 초안이 미국 국립보건연구원(NIH)의 과학진실성국에서 유출된 것이다. 초안에는 오툴이 논문에 대해 말한 내용이 옳았으며, 그녀가 '과학의 진실성을 담보하기 위해 애쓴' 영웅이며, 이마니시-카리가 제시한 자료가 조작된 것이라고 적시되어 있었다.

정말로 충격적인 사건이었다. 나로서는 처음 듣는 소식이었지만, 곧 나는 과학적 사기로 판명되는 사례들이 점점 늘어나고 있다는 데 생각이 미쳤다. 신문을 넘기자, 한 친구의 이름이 눈에 들어왔다. 하버드 대학교 분자생물학자인 마크 타신이었다. 기사에는 그가 오툴이 겪은 일을 알고서 그녀가 과학계로 돌아올 수 있도록 일자리를 주선했다고 나와 있었다. 제네틱스 연구소라는 생명공학 회사인데, 내가 알기로는 그가 설립한 회사였다. 그가 그녀의 대변자 역할을 맡은 셈이었다.

그 해에 나는 스탠퍼드 대학교에서 과학사 초빙교수 생활을 하던 중이었다. 나는 타신에게 전화를 걸었다. "어이, 15분짜리 명성을 얻었구만!" 그러자 그가 대꾸했다. "이봐, 잠깐! 이건 아주 심각하고 흥미로운 사례라고!" 그러면서 그는 볼티모어가 어쨌고 오툴이 어쨌고 하면서 상세한 이야기를 들려주었다.

그것이 바로 이 책을 쓰게 된 계기이다. 나는 NIH에서 볼티모어와 이마니시-카리 사건을 상세히 조사한 두 과학자 월터 스튜어트 및 네드 페더와 만났다. 나는 오툴도 만나 상세한 이야기를 들었고 볼티모어에게 인터뷰 요청을 했다. 볼티모어와는 20년 전에 분자생물학의 역사를 다룬 『창조의 제8일』을 쓸 때 처음 만났다. 다른 과학자들도 많이 만났다. 해박하고 머리가 아주 좋으며 철학에도 일가견이 있는 면역학자 제럴드 에덜먼도 그 중 한 명이었다. 그는 록펠러 대학교에 재직 중이었는데 볼티모어와 사이가 좋지 않았다. 1월에 스탠퍼드로 돌아왔을 때 마틴 케슬러가 전화를 했다. 그는 자신이 뉴욕에 설립한 출판사 베이직북스의 편집장 겸 발행인이었다. 나는 케슬러의 출판사가 어떤 곳인지 약간 알고 있었다. 가치 있고 때로는 지루하기도 한 진지한 주제들을 다룬 두꺼운 책을 내는 곳이었다. 그는 자신이 에덜먼의 책을 낸 바 있으며, 내가 과학에서 일어난 사기를 다룬 책을 쓸 계획이라는 말을 그에게서 들었다고 설명했다. 그는 자신이 바로 그런 책을 찾고 있었다고 했다. 내가 설명한 책 내용이 자신이 구상하고 있던 것과 딱 맞는다고 했다. 하지만 나는 이미 사이먼앤슈스터라는 다른 출판사와 책 두 권을 내기로 계약을 한 상태였다. 둘 중 한 권은 쓰지 않기로 결심한 상태였고, 다른 한 권은 거의 완성된 상태였지만 출판사에서 그리 내고 싶지 않은 눈치였다. 나는 케슬러에게 계약을 파기하기 위해 협상을 하는 중이니 기다려달라고 했다. 초여름이 되자 자유롭게 새 책을 쓸 수 있게 되었고, 곧 케슬러와 계약을 했다. 그 직후에 그는 프리프레스로 자리를 옮겼다. 그런데 내 책 계약을 그쪽으로 옮기기 전에 그만 그가 세상을 떠나고 말았다. 베이직 북스에서 그의 후임자는 편집 쪽이 아니라 영업 쪽에서 승진한 사람이었는데, 내 집필 계획이 마음에 안 든다고 하면서 선인세(先印稅)를 돌려받고 싶어 했다. 그래서 책이 중간에서 붕 뜬 상태가 되고 말았다. 그래도 나는 그 책을 쓰겠다는 생각을 버리지 않았다. 하지만 모든 죄악 중 최고의 죄악인 게으름, 나태함이라는 저주를 받고 사적인 일과 본업에 바쁘다 보니 짬을 내기가 어려웠다. 연구비를 듬뿍 지원할 테니 최신 과학사 센터를 설립하는 일을 맡아달라는 조지워싱턴 대학교로 자리를 막 옮긴 상태였기 때문이다. 하지만 그 무렵에 마이클 베시를 만날 기회가 있었다. 그는 반쯤 은퇴한 상태에 있던, 경험과 지혜가 대단히 풍부한 편집자 겸 발행인이었다. 그는 내게 하코트 출판사의 편집장 제인 아이세이를 만나도록 주선했다. 그 사이에 많은 변화가 있었고 사기의 범위도 한층 넓어져 있었다. 그녀는 내게 책 체제를 아예 다시 짜라고 압박했다. 나는 처음에는 반발했다. 그러면 많은 흥미로운 사례들이 제외되기 때문이었다. 그러나 그녀가 옳았다. 그 결과물이 바로 독자가 손에 들고 있는 이 책이다.

그 여러 해 동안 많은 분들에게 빚을 졌다. 제인 아이세이, 마이클 베시와 코넬리아 베시에게 감사할 기회를 갖게 되어 기쁘다. 드러먼드 레니와 C. K (티나) 건살루스는 과학적 사기의 인식론, 극복, 예방에 관해 어느 누구보다 해박하며, 내게 많은 정보를 주고 격려를 해주었다. 티나는 원고를 다 읽고 좋은 제안들을 했다. 마고 오툴은 5장의 볼티모어 사례를 읽고 몇 가지 핵심 사항을 지적해주었다. 8장의 주인공인 폴 진스파그는 그 장을 읽고 내가 원하던 날카로운 비평을 해주었다. 연방 사법 센터의 조 세실은 과학과 법을 다룬 9장을 어떻게 쓸 것인지 조언해주었고, 그 부분을 읽고 더 부연할 내용을 알려주었다. 스콧 키프도 전체를 읽고 예리한 평을 해주었다. 조지 톰슨은 세법과 관련된 신기한 사례를 알려주었다. 로버트 폴럭은 가장 나중에 쓴 9장과 후기를 비롯하여 수정된 원고가 나올 때마다 읽고 평을 해주었다. 그는 머리가 대단히 빨리 돌아가는 내 지적 연습 상대인데, 그와 붙을 때마다 나는 가벼운 타박상을 입지만 마음이 대단히 유쾌해진다. 필립 커처는 원고에 유려함과 긴장감을 불어넣을 수 있도록 조언해주었다. 최신 과학사 센터의 동료들도 비판적이고 공정한 독자가 되어주었다. 노엘 스워들로는 클라우디우스 프톨레마이오스를 다룬 부분에서 중요한 오류를 지적해주었다. 덕분에 오류를 없앨 수 있었다. 또 유쾌한 천성과 인내심을 지닌 내 저작권 대리인 프랭크 커티스에게도 감사한다.

그 외에도 많은 분들이 격려하고 도와주었다. 토머스 블레이크, 리처드 코언, 앤 피츠패트릭, 빌 글렌을 비롯한 헤레틱스 클럽(Heretics' Club)의 많은 동료들, 릴리언 허드슨, 역사가로서의 비판적 독법과 친구로서의 다정함과 웃음으로 격려해준 안젤라 매티색에게 특히 감사한다.

물론 늘 내게 자극제가 되어준 내 아이들 그레이스 저드슨, 올리비아 저드슨, 니콜라스 저드슨에게도 고마움을 전한다. 올리비아와 니콜라스는 나와 달리 과학자이며, 아주 날카롭고 솔직한 독자 역할을 해왔다.

엄청난 배신

- 과학에서의 사기 -

수세기 동안 고대 올림픽 경기가 개최되었던 펠로폰네소스의 올림피아에
는 속임수를 쓴 선수들에게 받은 벌금으로 만든 청동 제우스 신상들이
죽 늘어서 있었다. 그 신상들을 자네스(Zanes)라고 했다. 자네스는 제우
스의 성소인 알티스 북쪽에 죽 늘어선 받침대에 세워져 있었고, 선수들
이 경기장으로 들어가는 통로의 입구까지 늘어서 있었다. 서로 경쟁하는
선수들의 눈에 마지막으로 보이는 것이 바로 그 신상들이었다. 1870년
대에 독일 고고학자들이 올림피아를 발굴했다. 그들은 16개의 받침대를
발견했다.

머리말

과학의 새로운 세기가 열리는 시점에 과학의 사기와 부정행위들이
과학 탐구에 어떤 역할을 해왔는지 생각해보자

결함이 과학 연구에 미친 영향을 생각해보자.

17세기 초에 해부학자 윌리엄 하비는 심장과 혈액의 운동을 처음
으로 분석하려고 시도했다. 그는 서로 연관성을 보이는 결함들을 지
닌 동물들과 사람들을 관찰하여 중요한 결과를 도출했다. 건강한 정
상적인 포유동물의 몸에서는 심장이 너무 빨리 연속적으로 미묘하고
가냘프게 뛰기 때문에 심장의 네 방이 어떤 순서로 고동치는지, 그리
고 심장 박동과 맥박은 어떤 관계에 있는지를 외부에서 손을 대거나
귀로 듣는 식으로는, 또 탁자에 올린 개나 돼지, 혹은 뒤쫓아서 잡은
사슴의 배를 막 갈랐을 때 가슴 부위에서 벌어지는 일을 지켜본다고
해도 파악할 수가 없다. 하비는 죽어 가는 동물의 심장을 지켜보았다.
"움직임이 점점 느려지고 뜸해지고, 멈춰 있는 기간이 길어지면서 실
제로 어떤 운동이 일어나는지를 지켜보고 파악하는 일이 훨씬 더 쉬
워졌다." 이윽고 그는 심장 방들의 박동이 순차적으로 일어나는 것을
명확히 볼 수 있었다. 두 개의 심방이 먼저 수축을 한 뒤에 두 개의
심실이 수축을 하는 식이었다. 그는 우리가 외부에서 감지하는 심장
박동이 풀무에 공기가 유입되는 식으로 심장이 능동적으로 팽창하여

피가 꽉 참으로써 생기는 것─당시는 그 설명이 받아들여져 있었다─이 아니라, 근육이 수축함으로써, 즉 심장을 꽉 조여 피를 뿜어냄으로써 생기는 것임을 밝혀냈다. 즉 심장은 일종의 펌프였다. 하비가 인내심 많은 후원자인 국왕 찰스 1세─하비는 국왕의 주치의였다─에게 심장의 운동을 상세히 설명하는 장면을 담은 유명한 그림이 한 점 있다. 또 하비는 동물 배아의 심장, 예를 들어 알 속에서 자라고 있는 병아리의 심장도 살펴보았다. 한 번은 목 오른쪽 아래에 고동치는 크게 부푼 혹이 나 있는 환자를 관찰하기도 했다. 하비는 그것이 빗장뼈에서 아래쪽으로 겨드랑이로 내려가 오른팔에 피를 공급하는 빗장밑동맥의 동맥류─동맥벽이 늘어난 증상─라고 적었다. "혹이 어찌나 큰지 심장이 고동칠 때마다 동맥으로 피가 밀려나오는 것이 뚜렷이 보인다." (그는 나중에 부검을 해서 그 결함이 어떤 것인지 확인했다고 괄호를 치고 간결하게 적어놓았다.) 따라서 맥박은 심장 박동에 의존했으며, 심장 박동과 달리 수동적이고 팽창할 때 나타나는 것이었다. 그렇게 하비는 비정상적인 사례들을 관찰함으로써 정상적인 혈액 흐름의 생리학을 이해하는 길을 열었다. 비정상적인 사례들은 그의 혈액 흐름 설명에 핵심 요소가 되었다.

사례들은 급격히 늘어났다. 19세기에 갑상선종, 크레틴병, 성장 장애, 심장이 아주 빨리 뛰고 눈을 감을 수 없을 정도로 눈알이 튀어나온 환자들, 소인증, 거인증, 말단비대증─어른의 손이나 발이나 얼굴의 뼈가 기형적으로 커지는 병─에 걸린 사람들을 접하면서 의사들은 갑상선과 뇌하수체의 기능을 이해하기 시작했다. 병원에서 결함을 연구하게 되면서 내분비학이라는 학문이 탄생했다. 마찬가지로 신경생물학자들이 알고 있는 우리의 뇌 활동에 관한 지식 중 상당 부분은 한 세기에 걸쳐 기능 장애 사례들─사고나 뇌졸중이나 총상이나 수술 사고 등을 통해 정상적이었던 사람이 뇌 손상을 입은 사례들─을 통해 지각, 사고, 말, 감정의 신경학적 토대를 분석하려는 노력을 통해 얻은 것들이다.

20세기 초부터 현재까지 유전학자들은 변이 형질들─돌연변이들─이 후손에게 전달되는 양상을 토대로 자기 학문을 구축해 왔다. 이

변이들은 대부분 유전적 결함을 지닌다. 초파리의 눈에 색소가 없거나, 혈우병처럼 혈액을 응고시키는 데 필요한 성분이 없거나, 겸상적혈구빈혈증처럼 헤모글로빈의 분자 서열 가운데 단위 하나가 바뀌는 등. 가장 최신 기법이 발명될 때까지 초파리, 생쥐, 인간의 유전자 지도는 거의 전적으로 유전자 자체가 아니라 유전자 결함 지도였다. 의학 분야의 손꼽히는 한 유전학자는 이런 지도를 '유전체의 병리학 해부도'라고 표현했다.

암은 고등한 생물의 세포에서 일어나는 과정들, 특히 성장을 조절하는 과정들에 교란이 일어난 것이다. 암은 그 과정들과 조절 양상들을 이해하기 전까지는 제대로 이해가 안 될 것이고 당혹감을 안겨줄 것이다. 파악하기가 어려울 정도로 복잡하고 빠르게 상호작용을 하는 것으로서 말이다. 1970년대에 분자생물학자들이 신기술들을 손에 넣자, 마침내 정상 세포의 발달과 분화를 파악할 수 있을 것 같았다. 리처드 닉슨 대통령은 암과의 전쟁을 선포했다. 생물학자들은 순수 기초과학 분야에 필요한 연구비가 특정한 연구 과제에만 쏠린다고 불평했다. 하지만 그들은 곧 암 연구비를 자신들의 기초 연구에 활용할 수 있는 쪽으로 연구비 신청서를 작성하는 방법을 터득했다. 물론 합법적이었다. 암은 세포의 정상적인 과정들에 일어나는 결함에서 비롯되니까 말이다. 그리고 암은 그 과정들을 들여다볼 창문도 제공한다.

물리학에서는 결함이 통상적인 현상들을 이해하는 길을 제시하는 사례가 더 적은 편이다. 그러나 지진은 지구 내부의 구조를 알게 해주었고, 천문학자들은 새로운 초신성을 찾아 하늘을 훑고 있다. 그리고 쪼개진 혜성 파편들이 차례로 목성에 부딪히면서 행성의 바깥층에 격변을 일으키며 교란하는 광경은 행성학자들을 매료시켰고, 상황이 종료될 때까지 몇 주 동안 세계 언론의 전면을 장식했다.

물론 생물학에서 결함이 어떤 역할을 하는지를 확연히 보여주는 최근 사례로는 후천성면역결핍증(AIDS)이 있다. 면역계는 신경계에 버금갈 정도로 복잡하기 때문에 과학자들이 이해하기가 쉽지 않다. 인체면역결핍바이러스는 세포 안에 자리를 잡고 세포 체계가 제 기능을 하는 데 필요한 경로들이 교차하는 핵심 영역을 지배한다. 암과 세포학의 관계가 그랬듯이, AIDS를 공략하려면 그것이 교란하는 계를 기초적인 수준에서 전반적으로 연구할 필요가 있다. 여기서도 결함은 새로운 창문을 연다.

요약하자면 이렇다. 과학에서 결함은 그것이 교란하는 과정들, 즉 정상일 때는 대단히 규모가 크고 복잡하고 빠르며 파악이 불가능한 과정들을 파악할 수 있게 해준다. 또 의도적인 개입이 불가능하거나 비윤리적인 때도 그렇다. 이제 한 걸음 뒤로 물러나보자. 이 모든 특징들은 20세기 후반부에 발전한 과학 분야들의 탐구 과정을 보여준다. 한편 사기 및 그와 관련된 부정행위들은 과학의 탐구 과정들에 있는 결함들이다. 이 책의 전제는 사기와 다른 부정행위들의 본질을 상세히 조사하는 일이 새 천 년의 출발점에 서 있는 이 시기에 과학이 무엇이고 과학자들이 무슨 일을 하는지를, 즉 과학의 심장 박동과 맥박을 파악할 수 있는 길을 제공한다는 것이다.

우리는 과학 사기의 발생률이 어느 정도인지 알지 못한다. 아마도 그 문제를 가장 깊이 오랫동안 연구한 사람들이 과학 연구에 부정행위가 만연해 있다는 것을 가장 확신하는 부류일 가능성이 높다. 그것을 평가할 신뢰할 만한 방법을 제시한 사람은 아직 없다. 우리는 단편적인 '일화'라고 하는 것들만을 쥐고 있을 뿐이다.

발생률 문제의 배경에는 정의(定義)의 문제가 있다. 우리가 측정하고 싶은 것이 정확히 무엇일까? 표준 정의는 위조(fabrication), 변조(falsification), 표절(plagiarism)의 약자인 FF&P를 가리킨다. 위조는 자료를 전부 다 거짓으로 꾸미는 것이다. 생물학자들은 그것을 '만들어내기(dry labbing)'라고 한다. 변조는 얻은 자료를 조작하는 것이다. 논문의 결론에 해가 될 듯한 자료들을 빼버리고, 기준을 간당간당하게 넘어서는 수치를 아주 의미가 있는 수치인 양 제시하고, 두 실험에서 나온 가장 좋은 자료들을 모아 한 실험의 결과인 양 만드는 등 음흉한 악마가 귀에 속삭이는 온갖 조합들을 시도하여 바람직한 결과만을 골라내는 것이다. 표절은 단순히 베낀다는 것보다 더 넓은 의미로서, 지적 재산을 횡령하는 것이고, 남의 생각, 방법, 결과 및 그것들을 표현하는 방식을 훔치는 것이며, 그것들을 자신의 이름으로 발표하는 것이다. 앞으로 살펴볼 사례들에서 알 수 있듯이, 지적 재산권 도둑질은 과학계에 횡행하고 있으며, 종종 사태를 수습하려는 과학자에게 치명적인 피해를 입힐 정도로 갈등을 조장한다. 최근까지 위조, 변조, 표절이라는 말에 잡다한 구절을 추가함으로써 이 표준 정의를 확장하려는 시도들이 이루어져 왔다. '또는 결과를 제안하거나 도출하거나 발표하는 기존 방식들에서 심각하게 벗어나는 행위' 같은 구절이 그렇다.

대다수 변호사들을 포함한 일부에게는 표준 정의가 너무 느슨해 보인다. 반면에 많은 과학자들은 이 정의를 옹호한다. 간결하고 기억하기 쉽고 제약하지 않기 때문이라는 것이 주된 이유이다. 많은 사람들은 '기타 심각하게 벗어나는 행위들' 같은 구절들이 너무 모호하고 따라서 위협을 주기 때문에 거부한다. 비록 일부에서는 그것이 과학이 집단적인 공동 활동 과정이라는 현실을 반영한다고 보고 있지만, 그것을 연방 정부 규정에서 삭제하는 행정 절차가 진행되고 있다. 기관들이 더 포괄적인 정의를 설정할 여지는 그대로 남아 있긴 하지만. 최근 사건들에서 내려진 판정들은 과학적 부정행위의 정의를 전보다 더 혼란스럽게 만들고 있다. 예를 들어 사기와 부주의의 경계는 어디일까? 과학적 사기임을 증명하려면 고의가 있었음을 보여야 하나?

부정행위 문제의 핵심은 고발이 터져 나올 때 관련 기관들의 대응이다. 고위 과학자들과 관리자들의 행동은 대응하지 않는 법을 가르치는 모델 역할을 해 왔다. 그들은 사건을 은폐하려고 시도해 왔다. 그들의 온당치 못한 대응은 부정행위 사건들에서 볼 수 있는 지극히 전형적인 것이다. 그런 행동은 그들이 종사하는 연구실들과 기관들의 집단 심리에 깊이 뿌리를 박고 있다. 그 대응에서 눈에 띄는 부분은 용감하게 부정행위를 고발한 사람, 즉 내부 고발인의 처우이다. 물론 사건을 원만하게 잘 처리하면 내부 고발자의 목소리가 아예 들리지 않을 것이다. 하지만 공개된 사건들은 원만하게 처리되지 못하는 경우가 태반이다. 거의 예외 없이, 그리고 기업, 정부, 교회, 군대에서 보는 사례들과 똑같이, 내부 고발자들은 고발의 정당성이 입증되었을 때도 부당하게 때로는 혹독하게 다루어지며, 그들의 경력은 파탄이 나고 인생도 비비꼬이게 된다.

이제 우리는 더 기본적이고 더 일반적인 의문들에 도달한다. 유명한 발견까지도 사기를 토대로 했을 수도 있는 시기에 과학은 실제로 어느 정도까지 자기 교정이 가능한가? 연구비를 정부에서 받는 상황에서도 과학계는 정부 관료들과 입법부의 세세한 조사로부터 자유롭고 사실상 자율적이고 자치적일 수 있는가? 자기 교정 기관들은 자치 기관들과 상당 부분 겹친다. 일부는 공식적으로 그런 지위를 부여받는다. 그런 기관들은 과학자들의 교육과 훈련을 맡은 조직과 하위직 과학자들의 역할을 비롯한 연구실의 다양한 사회 조직들에게 연구비를 제공하는 정부 기관들과 민간 기관들, 과학자들이 연구 성과를 발표하는 학술지들의 운영 조직, 각 분야의 과학자들이 속한 다양한 전문직 사회들, 국립 과학 아카데미에 이르기까지 다양하다. 하지만 그 목록이 한없이 긴 것은 아니다.

내용뿐 아니라 행위를 가장 가까이에서 살펴보는 방법은 과학자들이 서로의 연구를 판단하기 위해 사용하는 특수한 메커니즘들이다. 바로 동료 심사(peer review)와 논문 심사(refereeing)이다. 엄밀한 의미에서 동료 심사는 지명된 익명의 검토자 집단이 자기 분야의 연구비 신청서들의 질을 평가하여 가치가 있는 순서대로 신청서들을 분류하는 체제를 말한다. 따라서 제안된 연구는 얼마나 유망한가에 따라 평가된다. 소급 평가는 논문 심사를 통해 이루어진다. 학술지에 싣기 위해 제출된 논문들을 평가하는 논문 심사도 거의 언제나 익명으로 이루어진다. 연구 한 건이 끝날 때마다 과학자들이 과학자들을 평가한다. 동료 심사와 논문 심사는 가장 사심 없는 순수한 형태의 자치제가 되어 왔다. 적어도 원칙적으로 그러하며 수십 년 동안은 실제로도 그러했다. 둘은 2차 세계대전 이후에 발전한 제도들이다. 대다수 과학자들은 그것들이 없는 과학을 상상도 할 수 없을 것이다.

하지만 반세기가 흐르면서 동료 심사와 논문 심사는 빈사 상태에 빠졌다. 둘은 기세가 꺾였고 때로는 무력하기까지 하며, 정치에 감염되고 표절의 유혹에 사로잡혀 타락한 측면도 있다. 논문 심사는 나름대로의 문제들에도 직면해 있다. 논문과 학술지가 엄청나게 늘어나고 과학자들 사이의 경쟁이 점점 심화되면서 빚어지는 문제들이다. 1990년대 중반 이후에야 전자출판 분야가 성장하면서 건전한 대안이 발전했다. 이 성장은 몇 가지 형태를 취하고 있으며 점점 가속되고 있다. 이미 효과를 실감할 정도이다. 지나치게 많이 쓰이긴 하지만 여기에는 '혁신적'이라는 말이 딱 들어맞는다.

다른 사회 구조들은 비공식적인 것처럼 보인다. 그러나 그것들은 그 때문에 더 강한 힘을 발휘할 수 있다. 그리고 그것들은 가장 공식적인 측면에 이르기까지 모든 분야에서 과학자들의 삶과 상호작용을 매개한다. 과학자들이 소속 공동체 일원들의 등급을 매기는 데 활용하는 얽히고설킨 판단 망, 즉 존경과 존중 혹은 불신의 계층 구조가 여기에 포함된다. 하지만 그 중에서 가장 포괄적인 것은 과학의 계보들이다.

과학에는 계보가 있다. 당신이 누구를 가르쳤는지, 누구에게 배웠는지 알면, 남들은 당신의 전공이 무엇이고 자질이 어떠하고 일과 동료 관계와 경쟁 관계, 과학의 진실성 전반에 대해 어떤 입장인지 알게 된다. 계보의 힘은 모든 접점에서 드러난다. 무엇보다도 일상적인 행동들과 무언의 사례들로 이루어지는 배경을 형성한다. 그 배경은 공식 지침보다 더 큰 구속력을 갖게 마련이다. 신참들은 그 배경 하에서 과학에 입문한다. 닐스 보어, 토머스 헌트 모건, 언스트 러더포드, 막스 델브뤼크, 로렌스 브래그, 라이너스 폴링, 아서 콘버그, 앙드레 루오프 등. 유력한 계보들의 정점에는 위대한 스승들이 있다. 하지만 최근 들어 전문 분야가 늘어나고 점점 범위가 협소해지면서 사제 관계가 약해지고 계보도 희미해지고 있다.

그보다 더 깊은 차원의 질문은 얼마나 심각한지 여부를 떠나서 부정행위를 둘러싼 논란에서 과학과 과학계와 과학자 자신의 이해관계를 당사자들의 절차에 따라 결정되는 개인의 유죄냐 무죄냐 라는 일상적인 틀로 바꾸어 처리할 수 있는지 여부이다. 영미(英美) 사법 전통 하에서 자란 사람들은 그 외의 대안을 거의 떠올릴 수가 없다. 우리는 그것들을 어떤 이름으로 불러야 하는지도 알지 못한다. 하지만 다른 법률 체계를 가진 사회들은 대안 체계, 즉 과학의 요구에 부응할 수 있는 체계를 활용하고 있다. 한편 지난 15년 동안 미국의 법률도 특정한 분야에서 변화의 압력을 받아 왔다. 복잡한 기술적 및 과학적 현안들이 뒤얽힌 사건들이 일어나는 분야가 바로 그렇다.

가장 깊은 차원의 질문은 과학의 기하급수적인 성장이 필연적으로 끝에 다다를 것인가 여부이다. 이것은 맬서스의 원칙을 우리가 알고 있는 지적으로, 정신적으로 가장 큰 진취적인 활동, 가장 큰 제도 집합에 적용하는 것이다. 수십 년이 더 흐르면 과학의 모든 분야에 제약과 위협과 타격이 가해짐으로써 과학은 지속적인 안정 상태로 접어들지 않을까.

1
사기의 문화

이제 사기를 생각해보자. 한 세기—황금시대? 아니면 악덕 부호들의 시대?—가 끝날 무렵부터 우리 자신과 우리 사회를 보는 시각이 특정한 측면들에서 바뀌었고, 그것은 유쾌한 것이 아니었다. 우리는 사기에 충격을 받고 지치고 시달리고 있다. 매일, 매주 사례들이 급증하고 있다. 사회의 너무나 다양한 분야들에서, 즉 경제와 산업 분야에서, 각종 전문 분야에서, 교회에서, 스포츠와 언론과 과학 분야에서 사례를 찾아볼 수 있다. 우리는 더 이상 이런 일들이 대체로 자치적이고 자기 교정이 이루어지는 체계들 내에서 일어나는 고립된 사례들이라고 가정할 수가 없다. 우리는 더 이상 사기의 유형과 맥락을 살펴보는 일을 회피할 수가 없다. 어디에서 시작해야 할까? 1990년대에 이미 우리는 역사의 교훈들을 잊은 상태였다. 1929년 대공황을 겪은 이후 60여 년이 흘렀기에, 그 떠들썩하던 1920년대를 기억하는 사람은 거의 남아 있지 않았다. 그리고 거품이 터지는 순간 드러난 경제적 추문들과 사기들도 말이다. 1928년과 1929년 골드만삭스가 세운 투기적 투신사인 셰넌도어나 블루리지라는 명칭, 혹은 새뮤얼 인슐이 설립하여 허위로 운영한 공익 사업체를 아는 사람이 지금 얼마나 될까? 새뮤얼 인슐 회사는 1920년대 말에 미국에서 500곳이 넘는 발전소를 운영하면서 절정에 달했고, 주가 총액은 30억 달러가 넘었다. 당시에 말이다. 하워드 홉슨이나 남들의 돈을 대규모로 부정으로 투기 행위를 한 스웨덴 성냥왕 이베르 크뤼예르, 중역들이 공모하여 수백만 달러를 횡령하여 시장을 농락한 미시건 주 플린트의 유니언 산업 은행을 아는 사람은 있을까? 그것들은 대공황기에 몰락하고 드러난 수많은 사례들 중 가장 악명 높은 극소수 사례에 불과하다.

19세기에 <이코노미스트>를 창간한 영국 편집자 월터 배저트는 1873년에 이렇게 썼다. "큰 위기가 닥칠 때마다 그 전까지 아무도 의심하지 못했던 수많은 사람들의 과도한 투기 행태가 드러난다." 과거를 망각한 채 우리는 떠들썩한 1990년대를 거쳤다. 현재 우리 모두는 당시를 미국과 전 세계의 기업과 시장이 놀라울 정도로 활기를 띠던 시대로 기억한다. 산업계와 금융계, 법조계와 회계 분야의 대표들이 탐욕이나 욕구나 가장 지나친 사치로도 감당할 수 없고 쓸 수도 없을 정도로 많은 수천만, 수억, 심지어는 수십억 달러의 재산을 긁어모으고, 수많은 개미들이 행복하게 그 뒤를 좇아가던 시대라고 말이다.

그러다가 별안간 우리가 평생 잊지 못할 이름, 악명이 튀어나왔다. 당시 월스트리트에서 미국의 다섯 번째 규모의 기업으로 평가받던 가장 잘나가던 기업 중 하나인 텍사스에 본사를 둔 에너지 거래 기업 엔론이 대차대조표에서 엄청난 부채를 누락시키는 회계 부정을 저질렀다는 것을 인정하면서, 1997년부터 2000년까지의 수익을 재평가하기에 이르렀다. 그 결과 회사의 가치가 1억 2,500만 달러나 떨어졌다. 2001년 12월 2일 엔론은 파산했다. 세계 역사상 가장 규모가 큰 기업 파산 사례였다. 갑자기 성장했고 정치적 인맥을 잘 쌓았지만 그 집단에 들어갔다고는 볼 수 없었던 기업이었기에 엔론 사건은 그저 상궤에서 벗어난 한 사례에 불과하다고 치부될 법도 했다. 먹음직스럽지만 썩은 사과 한 알에 불과했다고 말이다.

그런데 2002년 1월 말, 전 세계에 광섬유 망을 구축한 통신회사인 글로벌크로싱이 회계 부정으로 수익을 부풀렸다는 것이 발각되면서 파산했다. 이어서 2002년 4월 4일에는 유선방송 회사인 애덜피아커뮤니케이션즈의 설립자인 존 리거스와 두 아들이 장부에 기록하지 않은 채 회사 보증으로 23억 달러의 은행 대출을 받아 개인적으로 썼다는 기사가 실렸다. 제정신이 아닌 사람들의 그릇된 판단이 빚어낸 결과였다. 아마도 자기애가 너무 심한 나머지 자신들이 법을 초월해 있고 발각되지 않을 것이라고 믿었던 모양이다. 아무튼 그런 사람들을 진단했을 때 나오는 표준적인 정신의학 병명이 그렇다. 또 직원 25만 명에 1992년 이래로 주가가 15배나 뛴 거대 제조 기업인 타이코인터내셔널의 회장 데니스 코즐로프스키가 백만 달러가 넘는 가치를 지닌 예술 작품들에 대한 뉴욕 시 판매세를 회피했다고 5월 말에 고발당한 사례도 마찬가지라 할 수 있다. 정말 좀스럽게 보이지 않는가. 세금을 회피한 것만큼이나 예술 작품을 보는 안목도 형편없었다.

그 다음에 등장한 것은 월드컴이었다. 공격적으로 사세 확장에 열을 올림으로써 월스트리트의 환대를 받았던 통신회사 월드컴은 2002년 봄 15개월에 걸쳐 회계 장부를 조작하여 38억 달러의 수익을 허위로 계상했다고 실토했다. 4월에는 성실한 모범 기업이라는 평을 받아온 제록스가 5년 동안 수익을 14억 달러 과대 계상했다는 사실을 인정하고 1천만 달러의 벌금을 부과받았다. 부패의 그물은 서로를 옭아맸고, 아마 그 가운데 최고는 미국의 네 번째로 큰 지역 전화망 회사인 퀘스트커뮤니케이션즈일 것이다. 엔론, 월드컴, 글로벌크로싱과 관련이 있었던 그 기업도 수익을 부풀리는 농간을 부렸다.

매일, 매주 추문들이 이어졌고 폭로가 걷잡을 수 없이 확산되었다. 우리는 정점에 달했을 때를 기억한다. 회계법인 아서 앤더슨은 부채를 감추거나 수익을 부풀린 엔론, 월드컴, 글로벌크로싱을 비롯한 여러 기업들의 회계 감사를 맡고 있었다. 역사가 깊고 세계 5대 회계법인 중 하나였던 앤더슨이 공무집행 방해로 유죄판결을 받고 업계에서 축출되었을 때였다. 증권회사들의 복도마다 악취가 코를 찔렀다. 메릴린치는 투자 은행업을 하는 메릴이 탐내던 기업들 쪽으로 주식 투자를 하도록 권고를 했는지 여부를 가리는 뉴욕주의 조사 때 아무런 잘못도 인정하지 않았지만 1억 달러의 벌금을 물어야 했다. 10월 1일

모건스탠리는 증권거래위원회의 주의 조치를 받고 50만 달러의 벌금을 물기로 했다.

대형 사건들이 줄줄이 터져 나왔다. 2002년 7월 중순 월드컴이 파산 신청을 했다. 8월에는 그 회사의 재무 관리자였던 스콧 설리번이 유가증권 사취 혐의와 증권거래위원회에서의 위증 혐의로 기소되었다. 그는 무죄라고 주장했으나 9월에 그보다 직급이 낮은 월드컵의 중역 두 명이 같은 혐의에 대해 유죄를 시인했다. 9월 13일 <뉴욕 타임스>는 '타이코의 고위 경영자 두 명에게 사기죄로 6억 달러의 벌금이 부과되다'라는 기사를 실었다. 어쨌거나 코즐로프스키와 함께 피고석에 앉은 인물이 타이코의 전 재무 관리자인 마크 슈워츠였으니 그리 좀스러운 것은 아니었다. 9월 24일 리거스 부자가 다른 두 애덜피아 중역과 함께 기소되었다. 10월 11일 다른 두 명의 전직 월드컴 중역인 토로이 노먼드와 베티 빈슨이 사기와 공모 혐의를 인정했다. 그들이 감추기로 했던 비용은 그때까지 밝혀진 것만 70억 달러였다. 11월 1일 <뉴욕 타임스>는 '엔론의 전직 최고 재무 관리자인 앤드류 패스토가 어제 사기, 자금 세탁, 공모, 공무집행 방해 등 78건의 혐의로 휴스턴의 대배심을 통해 기소되었다'고 발표했다. 11월 중순 퀘스트의 과대 계상 액수가 1억 5,000만 달러로 늘어났다는 기사가 나왔다. 그 해 말 <이코노미스트>의 집계에 따르면 2002년에 약 250개 미국 기업이 회계 보고서를 수정했다. 1997년에는 92개 기업에 불과했다.

그 다음에 앓아누운 곳은 미국 올림픽 위원회였다. 2002년의 마지막 날 <뉴욕 타임스>는 올림픽 위원회의 사무총장 로이드 워드가 형의 사업체가 계약을 따내도록 도운 직권남용 혐의로 조사를 받고 있다는 제리 롱맨 기자의 짤막한 기사를 실었다. 그것을 시작으로 실로 어이가 없는 익살극이 잇달아 펼쳐졌다. 미국 올림픽 단체는 2002년 솔트레이크시 동계 올림픽 경기를 유치할 때의 추문에서 아직 벗어나지 못한 상태였다. 당시 유타의 사업가들이 국제 올림픽 위원회 임원들에게 백만 달러가 넘는 현금을 비롯하여 온갖 선물을 안겨주었다는 사실이 발각된 바 있었다. 이제 워드와 미국 위원회 회장 마티 맨캐마이어 사이에 격렬하다 못해 비정할 정도의 싸움이 벌어지면서 거의 매일 같이 언론을 장식했다. 워드는 1999년 이후로 위원회의 네 번째 사무총장이었고, 맨캐마이어는 2000년 이후로 세 번째 회장이었다. 그녀는 2002년 전임자가 이력서를 위조했다는 것이 발각되어 사임하자 그 일을 맡았다. 1월 13일 위원회는 워드가 공과 사를 구분하지 못했다는 점을 인정했고, 윤리위원회가 가벼운 주의 조치를 내리는 선에서 마무리짓고 그에게 계속 직무를 맡길 것이라고 발표했다. 1월 15일 위원 한 명이 징계가 너무 약하다고 항의하면서 사임했다. 다음 날 또 한 명의 임원이 같은 항의 표시로 사임했다. 그 다음 날 또 한 명이 사임했다. 나흘째인 금요일에는 세 명이 더 사표를 냈다. 월요일에 맨캐마이어는 새로운 윤리 조사에 착수했다. 화요일이 되자 위원회 간부 7명이 맨캐마이어의 사임을 요구하고 나섰다. 기자 회견장과 회의실에서 떠들썩하게 온갖 말들이 오갔고, 주말이 되자 워드를 사면시켜준 위원회 산하 윤리 위원회 의장인 케니스 두버스타인이 제너럴모터스의 로비스트라는 사실이 밝혀졌다. 워드는 그 기업의 이사회 임원이었다. 화요일과 수요일, 즉 1월 28일과 29일 미국 상원 통상위원회에서 그 사건을 다룰 청문회가 열렸다. 당시 <덴버 포스트>의 스포츠 담당 기자인 빌 브릭스는 위원회의 사무실이 있는 콜로라도스프링스의 한 부동산 중개인의 말을 기사에 썼다. 그 중개인은 워드가 집을 지을 땅을 구입했을 때 다른 부동산 회사의 중개인이었던 맨캐마이어가 '자신이 번 중개 수수료의 상당액을 넘기라고 압력을 가했다'고 주장했다. 2월 4일 화요일, 위원회의 불신임 표결에 맞서서 맨캐마이어는 사표를 던졌다. 하지만 익살극은 끝나지 않았다. 주말에 위원회는 워드의 상여금 18만 달러를 삭감했다. 그 다음 금요일 올림픽 위원회에 1억 달러 이상의 후원금을 내 온 기업인 존핸콕 파이낸셜 서비스의 회장은 위원회가 자신에게 국세청의 세금 환급금을 '일목요연하지 않고 불투명하게 처리했다'고 실토했다고 말했다. 2월 26일 수요일 <뉴욕 타임스>의 연표 기록자 리처드 샌더미어는 '워드가 간밤에 집행위원회의 90분에 걸친 격렬한 전화회의에서 축출 위기를 모면했다.'고 적었다. 3월 1일 워드는 사임했다. 2003년 3월 3일 월요일 <타임스>는 제이슨 블레어 기자의 이름으로 그 사건을 상세히 다룬 700단어 분량의 기사를 실었다. 제이슨 블레어라는 이름을 기억해두기를.

그 유행병은 유럽으로 퍼졌다. 네덜란드에 본사를 둔 세계적인 식품 유통업체인 로열아홀드는 주로 미국에서 고가로 기업을 매수 합병하는 방식을 통해 세계 3위의 식품업체로 떠올랐다. 1996년에는 스탑앤샵을 29억 달러에 매수했고, 1998년에는 슈퍼마켓 체인인 자이언트 푸드를 26억 달러에 매수했으며, 2000년 5월에는 유에스푸드서비스를 36억 달러에 샀다. 2003년 2월 24일 아홀드는 유에스푸드서비스와 그 모기업이 수익을 5억 달러 이상 과대 계상하는 회계 부정을 저질렀다고 폭로했다. 같은 날 기업 확장을 주도했던 최고 경영자인 세에스 반데르 호이벤이 사임했다. 이어서 모기업의 임원 여덟 명이 그의 뒤를 따랐고, 유에스푸드서비스의 고위 임원 두 명이 해고되었다. 5월 초가 되자 회계 부정 액수는 8억 8천만 달러로 늘어났고, 미국의 다른 부문들에도 여파가 미쳤다. <파이낸셜 타임스>―<월스트리트저널>과 맞먹는 런던의 경제 신문―에는 유럽이 '엔론식 회계의 붕괴'에 직면했다는 경고 기사가 실렸다.

보건 부문도 예외가 아니었다. 2003년 3월 19일 증권거래위원회는 미국 최대의 영리 재활병원 체인인 헬스사우스가 설립자이자 최고 경영자인 리처드 스크러시의 지시로 1999년 이래로 수익을 14억 달러나 허위로 늘렸고, 그 사기 행위를 은폐하기 위해 회사 자산을 8억 달러로 부풀렸다고 고발했다. 증권거래위원회는 스크러시가 주식 가격을 유지하기 위해 수익률을 조작하도록 직원에게 지시했고, 그 사이에 2억 5천만 달러어치의 지분을 팔았다는 등 구체적인 사례들을 제시했다. 곧 메디케어, 스크러시가 관여한 다른 사업체들, 헬스케어의 투자은행가들, UBS워버그, 담당 회계 법인인 언스트앤영으로 수사가 확대되었다. 그 무렵 스크러시의 고위 임원 한 명이 유죄를 인정했다. 4월 말까지 모두 9명이 유죄를 인정했다. 스크러시는 해고되었고, 나중에 사기와 내부자 주식 거래 혐의로 기소되었다. 그는 유죄를 인정하지 않았다. 재판은 2004년 8월 중순에 열렸다.

폭로는 계속되었다. 2003년 가을 미국의 뮤추얼펀드 업계를 대상으로 정밀 조사가 실시되었다. 일부 펀드들이 큰손들에게 장후 시간 외거래를 허용하고 있다는 내부 고발이 있었다. 그런 행위는 소수의 단기 투자자들이 다음 날의 개장 주가를 미리 예측하여 큰 수익을 올릴 수 있기 때문에 금지되어 있었다. 1월 12일 증권거래위원회는 규모가 큰 15개 증권회사를 9개월간 조사한 끝에 많은 뮤추얼펀드들이 자기 펀드를 투자자에게 권함으로써 증권회사에 수익이 돌아가도록 했다고 발표했다. 수익은 현금과 불평하는 중개인에게 주식거래를 맡기는 등 여러 형태를 취했다. 투자자들에게 정보를 다 알렸다면 혜택을 주어도 불법이 아니었겠지만, 많은 펀드들은 그렇게 하지 않았다. 그 해 겨울 이탈리아에서 사건이 터졌다. 주역은 칼리스토 탄지가 동료들과 함께 설립하여 낙농업과 식품 분야에서 세계적인 기업으로 키운 이탈리아 파르마에 소재한 파르말라트였는데, 평론가들은 으레 그렇듯이 즉시 엔론과 그 기업을 비교하는 데 열을 올렸다. 파르말라트는 상장되어 있긴 하지만, 주식의 51퍼센트를 탄지 가문이 보유하고 있었다. 2003년 12월 24일 파르말라트는 파산했다. 이탈리아 검찰은 그 회사가 11억 달러에 달하는 부채를 은폐하기 위해 자산을 투자하는 양 수십 곳의 해외 자회사를 설립했다고 발표했다. 나흘 뒤 이탈리아 법원은 탄지에 대한 체포 영장을 발부했다. 그 추문은 네덜란드, 브라질, 미국으로, 이탈리아와 외국 은행들로, 파르말라트의 전현직 회계 감사를 맡은 법인들인 그랜트손튼과 딜로이트앤투시로, 사외 법무법인으로까지 확산되었다. 2004년 1월 18일 투자자들을 대변하는 한 이탈리아 변호사가 뱅크오브아메리카의 뉴욕 지점이 70억 유로로, 즉 87억 달러의 파르말라트 자금을 갖고 있다고 말했지만, 은행은 그런 예금은 없다고 부인했다. 3월 중순 파르말라트의 부채는 183억 달러로 늘어났다. 검찰은 탄지와 28명의 관련자들, 뱅크오브아메리카, 회계법인들을 기소하기 위해 서둘렀다. 3월 24일 밀라노의 판사는 통상적인 예비 청문회를 건너뛸 만큼의 증거가 부족하다면서 그 요구를 기각했다. 이탈리아에서는 예비 청문회만 몇 년이 걸릴 수도 있다. 5월 말 검찰은 다시 요구를 했다.

2004년 초 몇 달 동안 미국에서는 앞서 일어난 추문과 관련된 일들이 진행되고 있었다.

엔론: 10월 31일에 78건의 혐의로 기소된 전직 최고 재무 관리자 앤드류 패스토가 1월 14일 두 혐의에 대해 유죄를 인정하고 검찰에 협조하기로 했다. 2월 19일 전 최고 경영자 제프리 스킬링이 사기, 내부자 거래, 불법 공모 등 35건의 혐의로 기소되었다. 재판은 겨울에 열릴 예정이었다. 7월 8일 휴스턴에서 전직 회장인 케니스 레이가 두 손을 등 뒤로 돌려 수갑이 채워진 채 연방 법원으로 들어섰다. 검찰은 전신 사기, 유가 증권 사기, 은행들의 위증 사주 등 11건의 혐의를 기록한 65쪽의 기소문을 제출했다. 그는 무죄라고 항변했다.

애덜피아와 리거스 가족: 3월 1일 애덜피아의 창립자인 존 리거스와 두 아들 마이클과 티모시, 전직 회계부장보 마이클 멀케이와 함께 불법 공모, 은행 사기, 유가 증권 사기, 전신 사기 등으로 기소되어 맨해튼의 연방 지법에서 재판을 받았다. 검찰은 리거스 가족이 23억 달러의 빚을 숨겼고 2002년 6월 회사가 파산 보호 신청을 하기 직전에 1억 달러를 횡령했다고 주장했다. 18주에 걸친 재판이 진행된 뒤 7월 8일 뉴욕에서 배심원단은 존 리거스와 아들 티모시가 불법 공모 1건, 유가 증권 사기 15권, 은행 사기 2건에서 유죄라고 결정했다. 또 한 명의 아들 마이클은 일부 혐의를 벗었다. 배심원단은 그에게서 다른 혐의들을 찾아낼 수 없었고, 다음날 판사는 미결정 심리를 선언하고 그를 풀어주었다. 또 한 명의 피고인 애덜피아의 전직 회계부장보 마이클 멀케이는 모든 혐의에서 풀려났다.

월드컴: 3월 3일 전직 회장 버나드 에버스가 수갑을 찬 채 맨해튼의 연방지법에 출석하여 유가 증권 사기, 사기 공모, 증권거래위원회에 제출하는 서류 위조 공모 등의 혐의로 재판을 받았다. 그는 무죄를 주장했고 1천만 달러의 보석금을 내고 풀려났다. 5월 말에 검찰은 유가증권 사기 혐의 6건을 추가했다. 그의 재판은 11월에 열릴 예정이다. 그 사이에 회사는 새 경영자들을 뽑고 파산을 막기 위해 애썼고 사명을 MCI로 바꾸었다. 3월 중순 회사는 2000-2002년의 회계 보고서를 수정했고, 오클라호마 주―지부 중 한 곳이 툴사에 있었다―

에 1,600개의 일자리를 창출하고 에버스를 비롯한 전직 경영진을 기소하는 일을 돕겠다고 약속하면서 중범죄 혐의를 제외키로 타협을 보았다.

타이코인터내셔널: 데니스 코즐로프스키와 마크 슈워츠의 재판은 회사 자금 6억 달러를 횡령하고 주가를 조작한 혐의에 초점이 맞추어졌다. 32건의 혐의로 6개월 동안 재판이 진행되었다. 증거 자료는 8,000쪽에 달했고 배심원단은 장장 12일에 걸쳐 토의를 했다. 한 선정적인 신문에 배심원 한 명이 타협을 거부하면서 다른 배심원에게 협박 편지를 보냈다는 기사가 실리기도 했다. 4월 2일 판사는 배심원단 의견 불일치를 이유로 미결정 심리를 선언했다. 맨해튼 지방검찰은 즉각 재심을 요구할 것이라고 발표했다. 5월 6일 검찰측과 변호인단 측이 공방을 벌이는 가운데 타이코의 전직 고문인 마크 벨니크가 1,000만 달러 규모의 유가 증권 사기와 중절도죄 혐의로 법정에 섰다.

그 사이에 로마가톨릭교회에서 오랜 세월에 걸쳐 체계적으로 이루어진 지저분한 부패의 실상이 공개되었다. 신부들이 아이들을 성적 학대한 혐의로 고발된 것이다. 이 부패와 기관의 대응과 폭로의 양상은 사기의 형태와 맥락을 드러내는 교훈적인 사례이다. 그 추문은 수십 년 동안 여기저기서 거품처럼 부글거리며 수면으로 올라와서 터지곤 했다. 그러나 교회 당국은 신자들에게 각 사건이 문제를 일으킨 당사자의 개인적 문제라고 신자들을 안심시켜 왔다. 그러면서 문제를 일으킨 신부를 다른 교구로 보내고, 가족들에게는 보상을 하여 입막음을 한 것으로 드러났다.

치부가 드러난 것은 2002년 1월이었다. 아주 괘씸하기 짝이 없는 한 신부가 오랜 세월 보스턴 대교구에서 여기저기로 옮겨 다니면서 사건을 저질렀다. 하지만 대주교인 버나드 로 추기경은 완강하게 인정을 하지 않으려 했다. 그러자 어렸을 때 그 신부에게 당한 사람들이 들고일어났고 수많은 사람들이 치욕과 분노에 사로잡혔다. 희생자들은 그 대교구에 있는 신부 중 65명을 고발했다. 치부가 만천하에 드러났다. 미국 전역의 교구에서 고발이 빗발쳤다. 세인트루이스, 시카고, 밀워키, 리치먼드, 툴사, 캘러머주, 루이스빌, 렉싱턴—캔터키 주는 150명의 신부가 고발되면서 최고 기록을 세웠다―앨버니, 브리지 포트, 샌디에이고, 피츠버그, 뉴욕 등 매일 매주 새로운 고발이 이어졌다. 해외에서도 메아리가 돌아왔다. 영국, 아일랜드, 독일에서 주교와 평신도를 고발하는 일들이 벌어졌다. 물론 냉소주의자들은 이미 수세기 전부터, 라블레(16세기 프랑스의 풍자작가 : 역주) 아니 그 이전 시대부터 신부와 성가대 소년에 관한 농담들이 있었다고 지적했다. 하지만 규모가 너무나 엄청났다. 2년 동안 <뉴욕 타임스>에만 로마가톨릭 사제들의 성적 학대에 관한 기사가 1만 건이나 실렸다. 그 해가 가기 전 로는 바티칸으로부터 사임 압력을 받았다. 보스턴을 비롯한 미국 전역에서 소송이 계속 줄을 이었다.

그 폭풍이 휩쓸자 두 가지 특징이 불가피하게 드러났다. 바티칸을 비롯한 교회 계급 조직이 문제를 인정하고 신부들, 희생자들, 화난 평신도들을 대하고 갖가지 사항들을 처리하는 과정에서 수없이 저항, 망설임, 역공을 거듭하면서 불편함과 불쾌함을 불러일으켰다는 것이다. 그리고 사기를 해부한다는 우리 목적에 비추어보면, 로마가톨릭교회와 그 권위주의, 계급 조직, 성과 독신주의에 대한 교리들에 신부들이 아이들을 희롱하는 문제가 배태되어 있다는 것이 명백히 드러난다. 보스턴 대교구에 관한 불쾌한 증거들이 점점 늘어나고 있을 때, 매사추세츠의 한 로마가톨릭 신부는 그 납득할 수 없는 현상을 이해하고자 애썼다. "나는 그것이 추문으로부터 계급 조직을 보호하려는 것이라고는 생각하지 않는다. 나는 그것이 추문으로부터 지도층을 보호하려는 것이라고 본다." 로버트 불럭이 공중파 라디오 방송에서 인터뷰를 할 때였다. 교회 문화에 관해 질문을 받자 그는 그 문제를 이렇게 정의했다. "그것은 성직주의입니다. 성직주의는 비밀주의, 면제, 특권, 무책임 상태를 가리킵니다."

정말 그렇다. 대단히 많고 다양한 증거들은 많은 사기들이 구조적이며, 비밀주의 특권, 무책임이 특징인 각종 조직 문화들에서 발생한다는 것을 인정하라고 강요한다. 의미심장하게도 사기는 자치적이고 자율적이라고 주장하는 기관들과 전문가 집단 내에서 발생한다. 우리는 회계법인들이 전문가들로 이루어진 위원회가 고심하여 만든 표준 규약을 잘 지키겠지 생각한다. 그들이 제대로 지키는지 점검하기 위해 정기적으로 감사가 이루어진다. 그렇다. 감사를 맡은 곳은 다른 회계법인이다. 그리고 앤더슨이 무너지면서 아주 명쾌하게 드러났음에도 의회가 새로운 연방 수준의 감독 방안을 검토하기로 하자, 그들은 예상대로 엄청난 자금을 뿌려 산 영향력을 동원하여 제출된 법안을 약화시키려 로비를 벌였고, 강경한 비판자들이 규제 당국과 접촉하지 못하게끔 조치를 취했다. 증권업과 주식 거래 분야는 1920년대 내내 자치적이었다. 그러나 1930년대 초 의회는 연방준비제도이사회에 새로운 권한을 부여했고, 증권거래위원회를 설립했고, 은행이 증권거래 업무를 못하게 하고 증권회사가 은행 업무를 못하도록 장벽을 세웠다. 그리고 예상대로 1990년대에 대형 증권회사들과 은행들은 로비를 통해 그 장벽을 무너뜨리기 시작했다. 법조계, 의학계 등 자율적 기관이라는 이상을 열렬히 옹호하는 곳은 어디든 간에 상세히 조사하면 실상이 그렇지 않다는 것이 드러난다.

과학은 자치적이고 자기 교정적이라고 주장되어 온 또 하나의 거대한 기관이다. 그리고 2차 세계대전 이후로 과학은 가장 크고 가장 오랜 기간에 걸쳐 지속된 상승장을 형성해 왔다.

미국에서 1940년대 이전에는 농업과 지질학 분야 외에는 정부가 과학에 예산을 지원한 사례는 거의 없었고, 연구비는 대개 민간에서 나왔다. 당시의 과학은 우리가 상상하기 어려울 정도로 규모가 작았다. 1943년과 1944년에는 유럽에서 피난 온 사람들까지 포함하여 미국에 있던 이론 및 실험 물리학자들과 대학원생들을 모두 다 뉴멕시코의 탁상지에 자리한 로스앨러모스라는 고립된 작은 마을의 한 기숙학교에 몰아넣을 수 있을 정도였다. 1940년대 후반에 분자생물학이라는 연구 분야가 출현할 때, 전 세계의 관련 과학자들을 다 모아 보았자 30명 정도에 불과했다. 그러다가 2차 세계대전 말에 새로운 정책이 형성되었다. 비록 지금 보면 아무것도 아닌 듯하지만, 당시에는 근본적으로 새로운 것이었다.

새 정책의 주창자는 배너바 부시(Bannevar Bush)였다. 양대 세계대전 사이의 수십 년 동안 매사추세츠 공과대학에 재직한 전기공학자인 그는 그 학교가 기초연구 쪽으로 돌아서도록 하는 데 결정적인 영향을 미쳤다. 1941년부터 부시는 신설된 과학연구개발국의 책임자로 일했다. 그는 프랭클린 루스벨트 대통령에게 직접 보고를 했고, 민간 과학과 기술을 전쟁에 동원하는 일을 총괄했다. 레이더를 개량하고, 설파제와 페니실린을 대량 생산하고, 원자폭탄을 만드는 일 등이 그러했다. 비록 이 업적들은 대부분 기술적인 것들이었지만, 그는 기초연구가 기술의 원천이라는 견해를 갖고 있었고, 전후에 연방정부가 과학 연구와 새 과학자 교육을 계획하고 지원하는 일을 계속해야 한다고 확신했다. 그는 1944년 11월 루스벨트에게 정부가 전후에 과학에 어떤 역할을 해야 할지 권고안을 담은 내용을 보고할 준비를 했다. 일정이 늦어지는 바람에 부시는 1945년 7월 해리 트루먼 대통령에게 보고서를 제출했다. 제목이 <과학-끝없는 변경>이었다.

시기가 적절했고 청중은 들을 준비가 되어 있었다. 대량 소비를 통해 국가를 대공황에서 벗어나도록 한 전쟁은 무엇보다도 과학이 이끄는 기술의 효과를 생생하게 보여주었다. 부시의 보고서는 대단히 훌륭했다. 명확하고 조리에 맞고 설득력이 있었다. 그는 실용적인 결과라는 관점에서 기초과학을 옹호하는 논증을 펼쳤다. '질병과의 전쟁', 완전 고용을 이끄는 새 제품과 산업, 신무기의 신속한 개발을 비롯한 군사력 강화를 위한 것이라고 표현했다. (원자폭탄 이야기는 할 수 없었다. 아직 시험 중이었기 때문이다. 원자폭탄이 히로시마에 떨어진 것은 한 달 뒤였다.) "과학 발전이 없다면 다른 방향에서 어떤 성취를 이루든 간에 현대 세계에서 국가 차원의 건강, 번영, 안보를 확보할 수 없다." 전쟁이 터지기 전에도 과학에 지원되는 민간 연구비는 줄어들고 있었다. 더구나 "우리는 폐허가 된 유럽을 더 이상 기초지식의 공급원으로 간주할 수 없다". 따라서 정부의 지원이 필요하며 시의 적절하다는 것이다. 그는 미국이 전쟁에 인력을 빼앗겼기에 학사학위를 가진 과학 및 기술 전공자가 약 15만 명이 부족하며, 10년 내에 석박사 학위자는 1만 7,000명이 부족해질 것이라고 썼다. 따라서 재능 있는 사람을 찾아 교육시킬 수 있도록 장학금과 연구비를

지원해야 한다고 했다. 그 일을 위해 부시는 민간기구인 국립연구재
단을 설치할 것을 제안했다. 의회는 승인하기로 했다. 재단은 연구 자
체는 하지 않으며 '주로 대학, 대학교, 연구소 같은 기초연구 중심지'
에 예산을 배분하는 일을 맡도록 되어 있었다. 이 모든 것들은 유례
없는 일이었다.

하지만 배너바 부시의 제안 중에서 가장 설득력 있는 부분은 포괄
적인 이데올로기였다. 기초연구가 틀림없이 실용적인 결과를 낳으리
라는 것이었다. 하지만 언제 어디에서 그 결과가 나올지는 예측할 수
없었다. 그래서 그는 이런 식으로 썼다.

> 의학 발전을 가져올 발견들은 뜻밖의 동떨어진 곳에서 나오곤 했으며,
> 앞으로도 그러할 것이 확실하다. 심근 질환, 신장병, 암 등 난치병 치료법
> 의 발전이 그 병들과 무관한 분야들에서 이루어지는, 그리고 아마도 연구
> 자에게 전혀 의외일 기초적인 발견들의 결과로서 이루어질 가능성이 얼마
> 든지 있다. 발전이 이루어지려면 의학과 화학, 물리학, 해부학, 생화학, 생
> 리학, 약학, 세균학, 병리학, 기생충학 등의 기초 과학들 전체가 폭넓게 발
> 전해야 한다.
> *질병과의 전쟁은 의학과 기초과학의 거리가 먼 의외의 분야들에서 도출
> 되는 발견들을 통해 이루어진다.*

위의 이탤릭체로 쓰인 부분은 그가 과학계에 주는 선물이었다.
기본 원칙은 다음과 같았다.

> 폭넓은 과학 발전은 미지의 것을 탐구하려는 호기심에 따라 정해지는
> 방식으로, 자신이 선택한 주제를 연구하는 자유로운 지식인의 자유로운 행
> 위의 산물이다.

연방정부의 과학 지원 기관들을 일원화한다는 계획은 결국 실패했
다. 한참 전인 1930년 5월 허버트 후버 대통령은 국립보건연구원
(National Institute of Health)을 설립하는 법안에 서명했다. 1937년 의회
는 별도의 국립암연구소 설치 법안을 통과시켰고, 대학 이외의 곳에

도 연구비를 지원할 권한을 주었다. 비록 대공황 때는 예산이 바닥을 드러내긴 했지만, 1940년대 중반에 그 연구소는 한창 활기를 띠고 있었다. 1948년 의회는 연구소들을 더 설립하고 재편하면서 명칭을 복수로 바꾸었다(National Institutes of Health). 그 와중에 군대도 재편되어 국방부를 중심으로 편제되었고, 국방부가 무기 연구를 통제하게 되었다. 1950년에야 의회는 국립과학재단의 설립을 승인했고, 처음 몇 년 동안 기금은 쥐꼬리만큼 밖에 안 되었다.

배너바 부시는 성장을 예견했다. 그는 얼마나 확대될지 상상조차 할 수 없었다. 그렇다, 예산은 증감을 거듭했고, 삭감을 당한 해도 있었다. 하지만 반세기에 걸쳐 상승 추세는 이어졌다. 아니 60년 동안 상승 추세가 이어졌다. 1995년 국립보건원의 예산은 6,710만 달러였다. 2004년에는 279억 달러였고, 국립과학재단은 55억 달러였다.

자료를 약간만 뽑아보아도 성장했다는 것이 통계적으로 확인된다. 1953년 기초 및 응용 과학과 공학에 지원된 연방정부의 연구개발비 총액은 27억 8,300만 달러였는데, 2002년에는 28배나 증가한 781억 8,500만 달러였다. 산업 분야의 연구개발비는 더 빠르게 증가하여 22억 4,700만 달러—당시 연방 예산보다 약간 적은 수준—에서 2002년에는 1,807억 6,900만 달러로 80배가 넘었다. 하지만 이 수치들은 물가상승률을 고려하여 조정되어야 한다. 국립과학재단은 1996년 달러를 기준으로 삼은 수치를 제공한다. 그 기준에서 보면 1953년의 연방 연구개발비 지출액은 52억 7,300만 달러에 해당하며, 1996년에는 215억 500만 달러로 늘었고, 2002년에는 4배로 늘은 셈이 된다. 산업 분야의 지출도 똑같은 기준을 적용하면 증가율은 26배가 된다.

이 통계 수치들만으로는 대다수 과학에 쓰이는 기술의 비용 증가를 일정한 조건에서 살펴볼 수가 없다. 다른 수치들도 중요할 수 있다. 1980년에서 2000년 사이에 미국의 민간 노동 인구의 연간 평균 증가율은 1.1퍼센트인 데 반해, 과학 및 공학 인력의 증가율은 연간 평균 4.9퍼센트였다. 노동부 산하 노동통계국은 2000년에서 2010년 사이에 총 노동인구는 15.5퍼센트 증가하는 반면, 과학 및 공학 분야의 고용인구는 47퍼센트 증가할 것이라고 예측한다. 또 다른 지표에 따르면, 1988년에 발표된 세계 과학 및 공학 논문 수 36만 3,000건 중 미국이 17만 8,000건을 차지했으며, 2001년에는 미국이 20만 1,000건을 발표하여 12퍼센트가 증가했지만 유럽과 일본, 기타 아시아 지역의 발표 건수가 더 빨리 늘어나는 바람에 세계적으로 보면 총 53만 건이 발표되어 13년 사이에 46퍼센트가 증가했다. 따라서 미국이 차지하는 비중은 38퍼센트에서 30퍼센트로 오히려 줄어들었다.

그 성장을 다른 방식으로 살펴보자. 지금까지 살았던 과학자들 10명 중 8명, 아니 그 이상이 현재 생존해 있다. 지금까지 이루어지고 발표되고 신뢰할 수 있는 지식이라는 천으로 짜여진 과학연구 성과들 가운데, 대부분은 현재 생존해 있는 사람들이 이룬 것이다. 과학의 추진력, 근본적인 의문들에 접근하는 능력, 이해관계가 지금보다 더 컸던 때는 없었다. 과학이 일상생활에 미치는 영향력도 점점 더 커지고 구석구석까지 스며들고 있다. 과학은 지난 60년 동안 현실적인 활동이자 주된 지적 활동이었으며, 앞으로도 계속 그러할 것이다. 이 놀라운 말들은 이제 식상한 문구가 되어 있다.

과학자들이 자유롭게 문제와 기본 연구를 선택하도록 놔두면 비록 예측할 수 없긴 하지만 결국에는 풍성한 결과가 산출될 것이다. 배너바 부시의 그 낙관적인 논리는 지금도 과학자들의 이데올로기로 남아 있다. 하지만 그 분야의 엄청난 성장은 그들이 일하는 방식에 변화를 불러왔다. 우리는 그 변화의 한 가지 측면을 일반적이고 구조적인 형태로 나타낼 수 있다. 과학자들의 수와 그들의 연구 주제의 복잡성이 증가할수록, 각 분야에 속한 과학자들 사이의 관계망도 더 커지고 더 복잡해진다는 것이다. 복잡성은 급격히 증가한다. 한 방에 낯선 사람이 10명 있으면 총 45회의 소개가 필요하지만, 20명이 있으면 190회의 악수가 필요하다. 그렇게 복잡해짐에 따라 경쟁 양상도 변하며, 그에 따라 윤리적 행동의 전통도 희미해진다. 경쟁 압력이 커질수록 속박은 약해진다.

더 근본적으로 변화한 것은 과학자들이 진행되고 있는 자신의 연구를 놓고 의사소통을 하는 방식이다. 서로서로 그리고 자신과 대화하는 방식이 바뀐 것이다. 과학자들은 편지를 쓰는 데 익숙했다. 또 그들은 사색과 내면의 대화를 일지에 적어놓곤 했다. 뉴턴과 다윈은 엄청난 양의 일지와 (특히 다윈) 서신을 남긴 것으로 유명하다. 하지만 그런 행위들은 이미 대부분 다른 것들로 대체되어 있다. 현재 과학자들은 학회, 전화, 전자우편을 통해 대화를 하며, 영구적인 기록을 남기는 수단들을 소홀히 하는 경향이 있다. 오히려 종이로 주고받는 의사소통의 수명이 더 짧다. 실험실, 천문대, 야외에서 일지를 기록하도록 한 전통적인 엄격한 기준조차도 느슨해지고 있다. 지난 실험들을 기록한 두껍게 철한 일지는 어디로 간 것일까? 극단적인 경우에는 아예 종이를 쓰지 않고 컴퓨터에 직접 자료를 입력하기도 한다.

다른 기관들이 그렇듯이 과학에서도 그런 왕성한 성장과 그에 수반된 변화들은 사기의 배경과 맥락을 구성한다.

과학계의 거장들은 으레 과학 사기가 극히 드물며 개인이 일그러진 정신병리에서 비롯된 행동을 하는 것일 뿐이라는 주장을 펼치곤 한다. 그러면서 과학이 자기 교정을 한다고 주장한다. 코널 대학교 화학 교수 롤드 호프먼(Roald Hoffman)이 1996년 미국 화학회 연례 총회에서 한 고상한 주장이 바로 전형적인 사례이다. 그는 과학에서 사기가 '현실적인 문제가 아니다'라고 했다. "사기 행위자의 심리가…정신병리학적으로 사기꾼의 것이기 때문이다." 또 그는 이렇게 덧붙였다. "과학은 대단히 효율적인 자기 교정 체제이다." 거장들은 이런 주장들을 신념의 문제로 만든다. 과학 사기의 특성과 사례에 관한 긍정적이거나 부정적인 일반 결론을 뒷받침할 만한 증거를 살펴보았다면, 그들은 그렇게 독단적인 주장을 펼칠 수 없었을 것이다. 그들의 과학에 관한 주장들은 비과학적이다.

그런 주장들은 너무나 후안무치하다. 사기는 심각한 불안을 야기하고 그런 선언은 명백히 이기심에서 비롯되기 때문이다. 거장들은 상반되는 요구 사항들에 시달리고 있다. 그들은 딜레마에 빠져 있다. 딜레마의 한쪽 뿔은 전 세계에서 최근 과학이 거의 전적으로 정부의 지원 하에 이루어지고 있다는 것이다. 그저 국가마다 지원 예산을 배분하는 방식이 다를 뿐이다. 미국의 하워드 휴즈 의학연구소(2003년 말 현재 125억 달러를 지원)나 영국의 웰컴 트러스트(2001년 한 해만 총 6억 파운드, 즉 거의 10억 달러를 지원)처럼 많은 연구비를 지원하는 민간 기관은 꼼꼼히 조사하고 책임을 엄격하게 따지면서 지원을 한다. 연구비를 계속 받고 정기적으로 증액시키려면 과학자들은 후원자들의 비위를 맞추고 달래야 하며 기분을 상하게 해서는 안 된다. 따라서 과학 연구비는 불가피하게 정치적인 특성을 띤다. 즉 과학의 독립과 자치가 위험에 빠질 가능성이 항존하며, 실제로 위험에 빠지는 경우도 종종 있다는 의미이다. (연구비의 용도를 지정하는 것이 하나의 사례이다. 즉 통상적인 과학 연구비 지원기관이 아니라 의회가 지정한 과제에 연구비 예산을 배분하는 것이다. 2002년 미국에서는 그렇게 용도가 지정된 항목이 유례가 없을 정도로 많았다.) 이 위협이 바로 딜레마의 또 한쪽 뿔이다.

종합하자면 과학계는 공공기금을 지원받는 것을 당연히 여기면서도 공공의 통제로부터 벗어나 자유를 누리는 것도 당연하다고 믿는다. 거장들, 즉 수호자들은 과학의 명예를 지켜야 한다. 사기가 드문 것도 개인적인 것도 아니며, 더 나아가 과학 제도가 운영되는 방식의 내재적 특성이라는 것이 입증된다면, 사기는 국회의원들과 대중의 불신을 불러일으킬 것이고 따라서 연구비의 흐름과 자치를 위협할 것이기 때문이다.

20세기가 사기의 시대가 아니었다면 폭로의 시대였던 것이 분명하다. 가장 위대한 과학자들의 연구에도 의심이 제기되곤 했다. 아이작 뉴턴, 그레고어 멘델, 찰스 다윈, 루이 파스퇴르, 지그문트 프로이트, 로버트 밀리컨 등 저명한 인물들을 놓고 공방이 벌어져 왔으며, 상당히 많은 문헌들이 생산되었다. 사실 그것들은 고전적인 사례들과 논쟁들을 다룰 때 표준 목록 역할을 한다. 거기에는 온갖 양상이 다 나타나 있다. 그것은 지난 3세기에 걸쳐 사기—더 일반적으로 과학적 행위 규범—을 보는 관점이 어떻게 변해왔는지를 보여준다.

최근의 목록은 좀 다르게 읽힌다. 지난 4반세기에 걸쳐 점점 우려 수준이 높아진 과학계의 사기 논란은 1974년 별 일 아닌 듯한 윌리엄 서머린의 물감 칠한 생쥐 사건에서 시작되었다. 하지만 1970년대 말까지 수치스러운 사건들이 점점 늘어났다. 존 롱, 엘리아스 알사브티,

비제이 소만, 필립 펠릭 등. 이어서 1981년에 존 다시 사건이 터졌다. 그 사건은 범위가 넓고 다른 과학자들이 관련되었다는 의미에서 중요하다. 사건은 줄줄이 이어졌다. 과학자들은 로버트 매카, 스티븐 브루닝, 로버트 슬러츠키 같은 사람들의 이름을 금방 잊지 못할 것이다. 가장 유명한 사례는 데이비드 볼티모어와 테레자 이마니시-카리 사건과 로버트 갤로 사건이었다. 새로운 사례들이 계속 나타났다. 보건복지부 산하 연구진실성국(Office of Research Integrity)은 2001년 14건이 과학적 부정행위라고 결론지었다. 위조와 변조가 10건, 위조나 변조가 포함된 표절이 3건, 표절이 1건이었다. 2002년에는 41건을 검토에 들어갔다. 1995년 이후로 가장 많았다. 그 중 상당수는 연말까지도 결론이 나지 않았다. 종결된 사례들 중에는 13건이 부정행위로 판명되었는데, 모두 위조와 변조에 해당했다. 2003년에도 검토 건수는 거의 비슷했고, 12건에 부정행위 판정이 내려졌다.

사기가 거의 언제나 비뚤어진 개인이 단독으로 저지르는 것이라는 주장은 맞지 않는 듯하다. 사기를 이해하려면 그것을 과학 전반과 관련지어 보아야 한다. 그리고 무엇보다도 과학자들이 과학자로서 스스로 설정하고 과학 공동체가 강요하거나 강요해야 한다고 믿는 행동 규범들과 관련지어야 한다. 이런 것들은 과학 정신이나 과학 규범 등 여러 이름으로 불린다. 덜 고상한 말로 하면 이렇다. 왜 속이지 않나?

비록 과학자들은 그 용어를 쓰면 당혹스러워하겠지만, 사례와 구제책을 다룬 논쟁이 격화될 때 근본적으로 그들이 이야기하는 것은 과학 규범이었다. 규범 문제는 과학사회학이 별도의 학문 분야로 출현할 때부터 핵심 주제였다. 과학사회학은 막스 베버가 1918년에 뮌헨 대학교에서 한 유명한 강연에서 시작되었다. 제목은 '소명으로서의 과학'이었다. 유명한 강연문이지만 거의 읽히지 않는다.

사회학을 간단히 정의하면 우리가 인간 행동의 어느 영역에서 수립하고 몰입하며 그 영역 내에서 우리의 행동을 빚어내는 제도, 즉 사회 구조를 연구하는 학문이다. 사회학자들이 볼 때 영속성이 있는 제도는 플라톤의 도끼와 같다. 플라톤은 이 도끼, 즉 도끼의 본질을 갖고 있었다. 멋진 청동 날과 카프카스산 회양목으로 만든 튼튼한 손잡이가 달린 것으로서, 그는 그것을 자신의 지적 후계자에게 물려주었다. 세월이 흐르자 손잡이가 쪼개지는 바람에 참나무로 만든 손잡이로 바꾸었다. 도끼는 철학자들에게 대물림되다가 소아시아로 건너갔다. 서방의 기독교 국가들이 암흑시대에 놓여 있고, 아랍인들이 그리스의 철학적 및 과학적 지혜를 보존하던 시기였다. 날은 부식되었다. 녹이 슬었는지, 옛 영국 페니화를 24시간만에 다 녹여버리는 단순한 화합물인 염화제일구리에 담갔는지는 모르겠지만. 그래서 날도 대체되었다. 이번에는 멋진 다마스커스 강철 날을 끼웠다. 세월이 더 흐르자 플라톤의 도끼는 신대륙으로 건너갔다. 그곳에서 다시 손잡이가 말썽을 부리는 바람에 다른 손잡이로 바꾸었다. 이번에는 히코리나무로 만든 손잡이였다. 2,500년 동안 이런저런 수리를 거치면서 견뎌온 도끼는 현재 뉴욕 메트로폴리탄 박물관의 지하실에 놓여 있다. 아직도 날카롭고 멋진 도끼의 본질로서 말이다. 나는 예전에 그곳에서 그 도끼를 본 적이 있다. (안타깝게도 학예사는 도끼가 보관되어 있다는 것을 알아차리지 못하고 있다.)

물론 문제는 이 멋진 대상인 플라톤의 도끼가 어떤 의미를 지니고 있느냐이다. 그것은 연속성과 변화를 의미한다. 플라톤의 도끼 우화는 사회학자들의 제도 연구가 지닌 문제점을 요약한다. 법 제도를 예로 들어보자. 현재의 미국 형법이나 민법상의 배심원 제도는 어떤 의미에서 미국 헌법의 6차 및 7차 수정 조항들에 규정된 것인가? 또 최근 과학, 현대의 과학 제도들이 1918년이나 1940년대 상승장이 시작되기 전의 것과 똑같다는 것은 어떤 의미에서인가?

막스 베버에게 소명으로서의 과학은 직업 선택으로서의 과학 이상의 것을 의미했다. 그는 평생의 헌신, 완전한 헌신으로서의 과학을 생각했다. 종교적 소명을 이야기할 때처럼 철저한 의미의 헌신을 말했다. 그는 이 소명을 다른 소명들, 즉 정치가, 예술가, 종교 신자의 소명과 대비시키는 데 관심이 있었다. 우선 과학 활동은 늘 변화한다는, 즉 대체된다는 점에서 독특하다. "과학은 예술 활동과 전혀 다른 운명을 지닌다. 과학에서는 자신이 이룩한 것이 10년, 20년, 50년 내에

낡은 것이 되리라는 사실을 누구나 잘 안다. 그것이 과학이 겪는 운명이다. 그것이 바로 과학 활동의 의미이다." 그는 말을 계속했다. "모든 과학적 '성취'는 새로운 '의문들'을 제기한다. 그것은 자신을 극복하고 낡은 것으로 만들라고 요구한다." 그러면서 이렇게 말했다. "우리는 남들이 우리보다 더 발전할 것이라는 희망을 갖지 않으면 일을 할 수 없다."

다음으로 수천 년 동안 그리고 현재 계속 가속되면서 "합리화와 지성화, 무엇보다도…'세계를 미망에서 깨어나게 한 것'", 즉 세상을 보는 우리의 관점에서 초자연적인 것을 제거하는 일을 해낸 것은 과학이다.

종합하자면 베버의 과학 규범은 총체적인 헌신, 변화와 대체의 수용, 무엇보다도 합리성과 탈신화화에 대한 헌신을 요구한다. 그가 볼 때 이끌어낼 수 있는 최종 결론은 과학과 종교가 근본적으로 양립할 수 없다는 것이다. 그는 '긍정적인 종교인의 결정적인 특징'이 '지성의 희생', 즉 예언자나 교회의 판단에 굴복하는 것이라고 썼다. 그는 진정으로 그런 희생을 할 수 있는 사람을 높이 평가했다. 그는 '시대의 운명을 받아들일 수 없는 사람, '자신의 영혼에, 말하자면 진짜 골동품임이 보증된 것을 설치할' 필요성을 느끼는 사람을 경멸과 연민을 담아 바라보았다.

> 그럼으로써 그들은 종교가 그런 골동품에 속한다는 것, 그리고 무엇보다도 자신들이 지니고 있지 않은 것임을 기억하게 된다. 그러나 대체 수단으로 그들은 전 세계에서 일종의 가내 예배당을 작은 신상으로 장식하거나 온갖 심리적 경험들을 통해 대리물을 만들어내며 그것을 신비하고 신성한 것이라고 여기며, 그 경험을 책으로 써서 팔기도 한다. 이것은 뻔한 속임수 즉 자기 기만이다.

그리고 그는 덧붙였다. "'과학'의 가치 영역들과 '신성한 것'의 영역 사이의 긴장은 극복이 불가능하다." 막스 베버에게 과학은 고상하고 고행을 요구하는 소명이었다.

이것은 현재 우리가 과학의 규범을 말할 때 의미하는 바와 거리가 먼 듯하다. 그러나 한 번 생각해보라. 아마 그렇지 않을 것이다. 알려져 있다시피, 베버는 과학을 다른 가능한 소명, 헌신, 마음 자세와 구분했으며, 다른 모든 것들과의 차이는 지적 희생의 거부였다. 그 이후로 규범을 다룬 문헌들이 많이 쌓여 왔다. 비록 정전(正典)이라고 볼 만한 것들만 모으면 아주 얇지만 말이다. 그 뒤의 사회학자들은 과학 탐구활동 내의 구분에 관심을 가져 왔다. 대강 말하자면 나쁜 과학보다 좋은 과학을 장려하기 위해 과학계가 강요하는 마음 자세에 초점을 맞추었다. 개인에게 규범은 새 지식의 획득을 장려하는 것이지만, 과학계에 규범은 과학 기록과 과학적 과정의 진실성을 확보하는 데 필요하다. 이 말은 나중에 다시 나올 것이다.

으레 과학 규범 논의의 출발점으로 삼곤 하는 다음 진술은 현대 과학사회학의 선조인 로버트 머튼(Robert Merton)의 것이다. 머튼의 사회학적 계보는 베버가 아니라 대체로 탤코트 파슨스(Talcott Parsons)에게로 이어진다. 파슨스는 사회 체제와 그 구축의 동력학을 지속적으로 연구했으며 이런 주장을 폈다. "모든 사회적 행위는 규범 지향적이며, 이 규범에 구현된 가치 지향은 제도적으로 통합된 상호 작용 체제 내의 행위자들에게 어느 정도 공통된 것임에 분명하다. 동조와 일탈 문제를 사회 체제 분석의 주요 축으로 만드는 것이 바로 이런 상황이다." (사실 과학 사기를 과학의 정상적인 과정들을 들여다보는 창문으로 삼는 방식은 사회에서 명문가의 방계에 속한다고 할 수 있다.)

1942년 '민주 질서에서의 과학과 기술'이라는 논문('과학의 규범 구조'라는 제목으로 여러 해에 걸쳐 몇 차례 재출간되었다)에서, 머튼은 자신이 '과학의 진실성에 대한 초기의 실질적인 공격'에 대응하는 것이라고 썼다. 과학의 목표는 '공인된 지식의 확장', 즉 '경험적으로 입증되고 논리적으로 일관성이 있는 규칙성에 관한 진술들(즉 사실상 예측들)'의 확장이다. 이어서 그는 이렇게 말했다.

과학 정신은 과학자에게 구속력이 있는 가치와 규범의 복합체에 감정이 배인 것이다. 규범은 규정, 금지, 우선순위, 허가의 형태로 표현된다. 규범은 제도적 가치들을 통해 합법화한다.

머튼은 '보편주의, 공유주의, 불편부당성, 조직적 회의주의 네 가지 제도적 명령'을 설파했다. 보편주의는 간단히 말하자면—하지만 실제 그의 논리는 복잡하며 난해하기까지 하다—과학이 '미리 확정된 비개인적 기준들'에 따라 연구를 평가하며 국가나 민족이나 정치 이데올로기의 경계를 초월한다는 주장이다. 그는 이렇게 말했다. "과학 목록에 속하는 주장의 수용이나 거부는 주창자의 개인적이거나 사회적인 속성들에 의존하지 않는다." 한 마디로 '객관성은 개별주의를 배제한다'. 과학 관찰자들 가운데 또 한 명의 대가인 조지프 니담(Joseph Needham)은 현대 과학이 통일적이라고 본다.

공동 소유라는 의미의 공유주의를 머튼은 '과학 정신의 두 번째 본질적인 요소'라고 했다. 그는 '중요한 과학적 발견들은 사회적 협동의 산물'이기 때문에 '개별 생산자의 권리는 크게 제한된다'고 말했다. 과학자들은 결과를 공동으로 소유한다. "과학에서 재산권은 과학 윤리라는 기본 원칙에 따라 최소한으로 줄어든다." 과학의 사회 체제는 무상 제공된 지적 재산에만 보상을 한다. 그가 여러 지면을 통해 언급한 바에 따르면, 과학자들에게 적절한 보상은 과학계, 즉 동료 과학자들로부터 받는 것이다. 이 보상은 두 가지이다. 우선권을 얻는 데 필요한 독창성을 인정받고, 다른 과학자들로부터 존중을 받는 것이다. 둘은 서로 의존 관계에 있다.

머튼의 세 번째 규범인 불편부당성은 두 번째 규범인 공유주의에서 나오지만, 그것을 더 멀리 밀고 나간다. 과학자는 자신의 결과에 들어 있을 수 있는 개인적인 이해관계가 마치 공동체의 힘에 억눌린 양 행동한다는 것이다. 머튼의 불편부당성 논의는 그가 과학 규범이 어떤 식으로 작용한다고 믿고 있는지를 가장 명확히 보여준다. 그는 그것이 '과학자들의 행동을 특징짓는 다양한 동기들의 독특한 제도적 통제 양상'이라고 보았다. 더 나아가 그는 이렇게 말했다. "일단 제도가 사심 없는 행동을 강요하면, 제재의 고통에 순응하고 규범이 내면화해 있다면 심리적 갈등의 고통에 순응하는 것이 과학자에게 이롭다.”

그의 네 번째 규범인 조직된 회의주의는 베버에게로 회귀하고 있으며, 지성의 희생을 거부한다는 점을 가장 뚜렷이 보여준다. 또 머튼은 과학 정신과 ‘다른 제도들을 통해 구체화하고 의례화한 같은 자료를 대하는 다른 태도들’ 사이에 본질적이고 근본적인 갈등이 있음을 인정했다. 하지만 조직된 회의주의의 가장 중요한 핵심은 메커니즘 역할을 한다는 것이다. 즉 그것은 다른 규범들, 특히 불편부당성을 강요한다. 일부 위대한 과학자들은 마치 그런 규범들을 아는 양 행동해 왔다. 1969년 막스 델브뤼크는 살바도르 루리아, 알프레드 허시와 함께 노벨 생리의학상을 받았다. (사뮈엘 베케트도 그 해에 문학상을 받았다. 델브뤼크는 베케트의 작품이 과학자들이 겪는 가장 깊은 역설과 공감하는 부분이 있다고 보았다. 하지만 베케트는 스톡홀름에 오지 않았고, 델브뤼크는 늘 그 점을 아쉬워했다.) 델브뤼크는 수상 연설에서 베버가 말한 과학자의 소명을 생각하면서 과학자와 예술가를 비교했다. 그는 아주 정중하게 스웨덴어로 연설을 했다.

> 위대한 과학자들의 책은 도서관의 서가에서 찾는 이 없이 먼지만 뒤집어쓰고 있습니다. 그것은 당연합니다. 과학자는 동료 과학자들이라는 극소수의 청중을 대상으로 말을 하니까요. 그가 전하려는 내용이 보편성이 없는 것은 아니지만, 그 보편성은 그 자신과 유리된 익명의 것입니다. 예술가의 소통 수단이 영구히 원본과 연관되어 있는 반면에, 과학자의 소통 수단은 변형되고 증폭되고 남들의 생각 및 연구 결과와 융합되고, 우리 문화를 이루는 지식과 사상의 흐름 속에 녹아듭니다. 과학자는 예술가와 오직 이 점에서만 공통점이 있습니다. 자신의 작품보다 세상에서 물러날 더 나은 방법도 세상과의 더 강한 연결 수단도 찾을 수 없다는 것이지요.

머튼의 글은 엄청나게 지속적인 영향을 미쳐 왔다. 그러나 오늘날 머튼의 규범들은 유감스럽게도 소박하고 이상주의적이고 구식으로 보인다. 사실 일부에서는 ‘머튼 규범’을 조롱하는 의미로 쓰고 있다. 이

네 개념이 진정으로 활동하는 과학자들의 규범일 수 있을까? 2차 세계대전 동안 그리고 배너바 부시 이전, 과학에 대규모 정부 연구비가 지원되기 시작하고 기하급수적인 성장이 이루어지기 이전에도 그들이 그렇게 생각할 수 있었다고 보려면 일단 의심을 접어 둘 필요가 있다. 지난 20년 사이에 이 규범들에는 저마다 의문이 제기되어 왔다. 보편성? 결과의 공동 소유? 불편부당성과 조직적 회의주의? 현재 서글프게 머리를 젓게 만드는 용어로, 머튼은 '과학의 연표에서는 사기가 거의 없으며 다른 활동 분야들의 기록과 비교했을 때 사기가 예외처럼 보인다'고 말하면서 마치 현실 세계를 묘사하는 양 그 규범들의 효과를 나열했다.

> 거기에는 과학자들은 도덕적으로 유달리 높은 수준의 정직성을 보이는 계층에서 충원된다는 의미가 함축되어 있다. 그러나 실제로 그렇다는 만족할 만한 증거는 없다. 더 설득력 있는 설명은 과학 자체의 어떤 유별난 특징에서 찾아낼 수 있을지도 모른다. 결과의 검증 가능성에서 볼 수 있듯이 과학 연구는 동료 전문가들의 혹독한 정밀 조사를 받는다. 그렇지 않으면 과학자들의 활동을 다른 어떤 활동 분야도 따라오지 못할 정도로 엄격히 규제하라. 그리고 그 말은 불경죄로 해석될 수 있을 것이 분명하다.

나는 불경죄에 걸릴 위험을 무릅쓰고서 말하지만, 과학은 그런 식으로 이루어지지 않는다. 외부인들은 '과학적 방법'을 이야기한다. 정직한 과학자는 이렇게 말해줄 것이다. "무슨 수든 내게 마련이지." 대조 실험의 설계, 통계적 추론의 엄밀함, 임상 실험에서 이중맹검법의 올바른 적용 등 많은 세세한 규칙들이 통용되고 있는 것은 분명하다. 하지만 앞서 말했듯이, 많은 관찰 사례들, 종종 자연 실험이라고 불리는 것들은 계획적으로 재현할 수가 없다. 새로운 초신성이나 맥동성, 지진, 신경 기능에 대한 단서를 제공한다는 것이 드러난 자동차 사고에 따른 뇌 손상 등, 너무 멀리서 일어나거나 너무 예측할 수가 없거나 규모가 너무 크거나 윤리적으로 금지되어 있어서 우리의 힘이 미치지 못하는 현상들이 그렇다.

스펙트럼의 반대쪽 끝에는 임상 연구, 즉 의약품이나 치료법의 효과 연구, 흡연이나 다이어트 같은 것들의 장기적인 영향 연구 등이 놓여 있다. 그것은 수십 명의 환자들을 다루는 사례부터 다양한 지역에서 여러 해에 걸쳐 수천 명의 실험 대상자들이 참여하는 방대한 계획에 이르기까지 규모가 다양한 여러 형태를 취한다. 임상 자료들의 집합은 검증하기가 어려울 때가 많다. 대개 그 결과들은 실험 과학에서와 달리 다음 단계로 넘어가는 교두보 역할을 하지 않는다. 좋게 나오든 나쁘게 나오든 간에 그 결과들은 오직 다음 환자들의 치료에만 영향을 미친다. 하지만 '결과의 검증 가능성'이 지배하는 듯이 보이는 연구 스펙트럼의 넓은 중간 영역에서도 실험을 재연하는, 즉 논문에 실린 결과를 직접 검증하는 사례는 극히 드물다.

실제로 검증은 더 복잡하고 미약하고 간접적으로 이루어진다. 오히려 당신이 흥미로운 새 결과를 발표했을 때 당신의 치열한 경쟁자는 그 논문을 읽고 이마를 치며 이렇게 외칠 가능성이 더 높다. "왜 미처 생각을 못했을까!" 그 다음에 그는 알아차린다. "그 결과가 옳다면 다음 단계는 X일 테니 서둘러 실험실로 돌아가서 연구를 해야겠다." 확증은 간접적이다. 새 발견이 옳다면, 그것은 점점 커지는 지식 체계의 일부가 될 것이다.

그 과정의 좀 더 복잡한 형태는 삼각측량이다. 과학에서는 독자적이지만 인접하고 수렴하는 접근 방법들과 결과들을 통해 확증이 이루어질 때가 많다. 그것이 바로 삼각측량이다. 그것의 이론화에 큰 기여를 한 19세기 철학자이자 과학사가인 윌리엄 휴얼은 그것에 '귀납의 통섭(consilience of inductions)'이라는 멋진 말을 붙였다. (비록 일반 독자에게는 낯설지라도 통섭의 가장 유명하고 압도적인 사례는 물리학사에서 찾을 수 있다. 바로 아보가드로수의 확정이다. 믿어지지 않겠지만, 겨우 1백 년 전만 해도 원자가 실제로 존재하느냐 여부를 두고 저명한 과학자들 사이에 논쟁이 벌어지곤 했다. 오래 전인 1811년 이탈리아 물리학자 아메데오 아보가드로는 온도와 압력이 같을 때 같은 부피의 기체들은 종류에 상관없이 최소 크기의 입자들—원자나 분자—의 수가 같을 것이라는 추측을 내놓았다. 그 개념은 검증이 불가능해 보였다. 그러나 1900년대에 접어들자, 상대성 이론에서 결정학에 이르기까지 서로 관련이 적은 다양한 방법들을 이용하여 그 수를 추정한 값들이 발표되었다. 엄청난 수였다. 6.02×10^{23}, 즉 602에 0이 21개나 붙은 수였다. 그러나 각기 다른 방법으로 추정한 값들은 서로 아주 비슷했다. 원자는 실재하는 것이 분명했다.) 삼각측량은 새로운 발견을 낳을 수 있다. 그것은 남이 주장하는 결과를 토대로 삼은 과학자가 명성을 얻도록 해준다. 그것은 어떤 주장을 손상시키거나 더 튼튼하게 만들어줄 교차 점검을 가능하게 한다.

여기 스펙트럼의 중간 영역에서 이 간접적인 확증 패턴에 들어맞지 않는 형태의 연구 결과가 세 가지 있다. 그것들은 머튼의 틀에도 들어맞지 않는다. 첫째, 냉엄한 현실은 해마다 발표되는 수십만 건의 논문들 가운데 많은 것들이 그냥 잊혀진다는 것이다. 그것들은 천으로 짜여지지 않는다. 즉 저자 자신들이 인용하는 경우를 제외하면 거의 또는 전혀 인용되지 않는다. 그런 잊혀지는 논문들은 살아 있는 과학의 일부가 아니다.

둘째, 대조적으로 기술, 유용한 새 방법이나 장치의 발전을 가져온 논문은 과학자들이 그것을 배우고자 몰려들기 때문에 다양한 실험실들에서 재연될 것이다. 그런 논문은 관련된 모든 논문의 '방법' 항목에 각주로 표기되는 식으로 가장 자주 인용되는 축에 속한다. 사실 가장 중요한 기술 발전을 가져온 연구는 노벨상을 받곤 한다. 사례를 들어보자. 윌리엄 로렌스 브래그는 부친과 함께 X선 결정학 연구로 1915년 물리학상을 받았다. 테오도르 스베드베리는 초원심분리기로 1926년 화학상을 받았다. 아르네 티셀리우스는 전기영동으로 1948년 화학상을 받았다. 아처 존 포터 마틴과 리처드 로렌스 밀링턴 싱은 종이 크로마토그래피 연구로 1952년 화학상을 받았다. 이 방법들은 모두 거의 비슷한 대량의 분자들 중에서 아주 소량을 분리하고 파악하는 것들이다. 프레더릭 생어는 단백질 사슬의 아미노산 서열 분석법으로 1958년 화학상을 받았고, 1980년에는 DNA 서열 분석법으로 월터 길버트와 공동으로 두 번째 화학상을 받았다. 데이비드 볼티모어와 하워드 테민(레나토 둘베코와 함께)은 우리가 지금 역전사효소라고 부르는 효소, 즉 RNA 서열을 읽어서 DNA 서열로 바꾸는 효소가 있음을 보여줌으로써 1975년 생리의학상을 받았다. 대니얼 네이선스와 해밀턴 스미스(베르너 아르버와 함께)는 DNA를 자르는 제한효소의 발견으로 1978년 생리의학상을 받았다. 역전사효소와 제한효소는 유전공학의 기본적인 분자 도구들이다. 체자르 밀스테인과 게오르게스 쾰러는 단일 클론 항체로 1984년 생리의학상을 받았다. 에른스트 루스카는 전자현미경을 발명한 지 50년이 지난 뒤인 1986년 더 젊은 두 과학자와 함께 물리학상을 받았다. (장수는 보상을 받는다. 노벨상은 사후에는 수여되지 않는다.) 캘리포니아에서 파도를 즐겨 타는 캐리 멀리스는 소량의 DNA를 몇 시간 만에 수백만 배로 복제하는 중합체 연쇄 반응으로 1993년 화학상을 받았다.

이 중에는 전통적인 의미에서 발견이라고 할 만한 것들도 있지만, 모두 발명이라고 보는 것이 옳다. 노벨 위원회는 그런 연구들이 새로운 분야들을 열어서 과학자들이 이전에 손댈 수 없었던 유형의 질문들을 던지도록 허용하기 때문에 보상을 한다. 얼마 전 캘리포니아 라호야의 소크 연구소에서 대화를 나눌 때 프랜시스 크릭은 지난 사반세기 동안 발생과 분화를 연구하는 새 분자생물학이 큰 발견이나 큰 이론을 통해 추진된 것이 아니라는 말을 했다. "나는 진정으로 눈에 띄는 것이 새 기술이 발명되는 속도라고 생각합니다."

특수한 경우를 제외하고, 실험 과학 분야에서 어떤 연구자가 남이 발표한 연구를 다시 한다는 것은 그 연구가 의심스럽다는 표시로 받아들여지곤 한다. (한 예로 나는 일부 제약회사들이 어떤 발표된 연구 결과를 활용하기에 앞서 일일이 다 실험을 반복해본다는 말을 들은 적이 있다. 그것은 사기 문제가 만연해 있다는 느낌을 심어준다.) 직접적인 재연을 통해 남의 연구를 검증하고 싶어하는 과학자는—설령 그것이 가능하고 적절하다고 할지라도—현재의 과학 활동이 조직 내에서 이루어지므로 엄청난 장애물들과 맞닥뜨린다. 1987년 <뉴잉글랜드 의학회지>에 여러 과학자들과 철학자 한 명으로 이루어진 위원회가 캘리포니아 샌디에이고 대학교에서 막 드러난 악명 높은 사기 사건을 파헤친 글이 실렸다. 그들은 그 문제의 핵심을 짚었다. "과학에서 한 때 중요한 요소였던 재연은 더 이상 효과적인 사기 억제 수단이 아니다. 현대 생의학 연구 체계는 재연을 보장하는 것이 아니라 재연을 막는 쪽으로 구축되어 있기 때문이다. 기존 실험을 되풀이하는 것이 대부분인 연구로 연구비를 따내기가 불가능해 보이기 때문이다.” 학계는 영예를—그리고 그들은 언급하지 않았지만 발표 기회도—‘새로운 연구 결과에만 주는 경향이 있다’. “게다가 재연 실험은 부정확한 결과들만을 검출해낼 것이다. 사기 자료들을 토대로 나온 정확한 결과들은 검출하지 못할 것이다.”

따라서 세 가지 이유로 상당히 많은 실험 결과들은 검증을 받지 않는다. 그 중 둘은 제도적인 것이다. 다른 과학자의 연구를 재연하는 것은 연구비를 따낼 만한 일이 아니며, 학술지들은 부정적인 연구 결과를 싣는 법이 거의 없다. 세 번째 이유는 실험 연구의 현실적인 문제들과 관련이 있다. 즉 재연할 수가 없는 실험들도 있다는 것이다. 여러 과학 분야들에서, 정확히 되풀이하기가 극도로 어려운 실험 조건들이 있다. 생물학에서는 대개 실험 환경이 재료, 시약, 동물의 공급, 실험자의 실력, 언급되지 않은 절차들—암묵적인 지식이라고 하는—에 크게 의존하며, 그런 환경은 실험실마다 크게 다르다. 예를 들어 면역학에서는 실험용 생쥐의 혈통, 세포주, 면역 혈청이나 단일 클론 항체의 구비 여부 등에 따라 세세한 부분들까지 믿을 만하게 재연할 수가 없는 경우가 많다. 정통 분자생물학자들은 면역학 특유의 그런 어려움 때문에 오랫동안 면역학을 불신해 왔다. 여기서 과학 규범의 또 다른 측면, 중요한 측면이 개입한다. 한 실험, 나아가 한 분야 전체를 받아들일 수 있을 정도로 엄밀하게 만드는 것이 과연 무엇일까? 꽤 많은 연구들이 그럴 수 있다. 속임수와 무관한 이유로 말이다. 의미 있는 독창적인 연구는 종종 변경을 넘을 때가, 즉 가용 방법들이 믿을 만하게 생산할 수 있는 것의 한계를 넘어설 때가 분명히 있다.

20세기의 마지막 수십 년 동안 과학 규범 개념은 다른 방향에서, 즉 새로운 흐름의 과학사회학으로부터 공격을 받았다. 그 공격은 토머스 쿤과 그의 책 『과학 혁명의 구조』로부터 시작되었다. 쿤은 사회학자로 돌아선 물리학자였다. 그는 과학이 꾸준한 진보를 통해 변화하는 것이 아니라 '정상 과학' 시기와 그것을 단속적으로 끊어놓는 혁명기를 거치면서 변화한다는 주장을 내놓았다. 이 주장은 몇 가지 요소를 담고 있었다. 가장 눈에 띄는 요소는 과학 혁명이 정상 과학기의 개념, 방법, 지배적인 편견으로 설명할 수 없는 비정상적인 사례들이 축적되기 때문에 일어난다는 것이었다. 그리고 그것들의 무게에 결국 무너져서 새 정상 과학으로 통째로 대체된다는 것이다. 쿤은 지배적인 편견들에 일어나는 그런 혁명을 '패러다임 전환'이라는 새로운 용어를 붙였다. (그 단어는 고전 문법에서 가져온 것이다. 고전 문법에서 패러다임은 라틴어 단수 명사의 제1변화-puella, puellae, puellae, puellam, puella-처럼 올바른 용법을 보여주는 모형을 말한다. 쿤의 용어는 '진앙'이나 '양자 도약' 같은 과학에서 빌린 다른 용어들처럼 널리 제멋대로 활용되어 왔다.) 과학 혁명의 역사를 자세히 살펴본 결과 쿤의 기본 틀이 맞지 않는다는 것이 이미 오래 전에 드러났다. 하지만 그것의 부차적인 요소, 즉 그가 '수수께끼 풀기'라고 치부한 정상 과학이라는 개념은 지속적으로 영향을 미쳐 왔다. 그것은 과학 탐구 활동을 베버가 말한 고고한 소명으로부터 다른 많은 직업들과 같은 평범한 직업으로 단번에 끌어내렸다. 이따금 열띤 흥분을 불러일으키는 발견이 이루어진다고 할지라도 말이다.

쿤을 선두로 변화를 더 세분하는 흐름이 이어졌다. 과학 활동을 분석하려는 사회학자들은 과학 이론, 더 나아가 대다수 사람들이 과학적 사실로 간주하는 것이 과학자들 자신의 가정 및 편견으로부터 독립된 현실에 토대를 둔 믿을 만한 주장이 될 수 있는 범위를 놓고 격렬한 논쟁을 벌이는 일에 점점 더 몰두했다. 과학사회학자 패거리는 1980년대와 90년대에 번영을 누렸고, 그들은 과학의 모든 것, 과학 이론이나 가설, 방법과 기구, 과학적 사실 자체가 과학자들의 동의를 통해 구축된 것—극단적인 강경한 입장은 협상을 통해 이룬 과학자들의 합의에 다름 아니라고 보았다—이자 그것이 객관적인 현실이라고 추정할 만한 근거가 전혀 없다는 것을 입증할 수 있음을 보여주는 것이 자신들의 과제라고 선언했다. 그런 교리에 따르면 과학자들의 동의, 즉 사실이 무엇인가에 관한 합의는 진리에 관한 것이 아니라 사회적 통제, 위계질서, 더 큰 자본주의 맥락에서의 권력 관계에 관한 것이다. 그리고 이런 의미에서 볼 때 일부에게는 과학의 모든 것이 사기 같았을 것이 분명하다. 그 교리를 사회구성주의(social constructionism)라고 한다. 그것의 옹호자들은 '과학과 기술 연구'라는 표찰이 붙은 학과와 학술지를 중심으로 모인다. 그들은 '머튼 헤게모니'를 타도하자고 말한다. 1995년 한 손꼽히는 활동가는 이렇게 썼다. "마르크스주의는 전통적인 과학사, 과학철학, 과학사회학과 관련된 과학 연구 분야들에서 혁신적인 것의 대다수의 뿌리에 놓여 있다." 노골적으로 말하자면, 그 교리는 실제로 이따금 마르크스주의 색채를 띠곤 하는 사회학의 요소들과 포스트모더니즘이나 비판이론이라고 하는 학계의 문화 연구 분야에서 유행하는 운동의 여러 측면들이 뒤섞인 것이다. 신기하게도 아마 우연의 일치는 아니겠지만, 사회구성주의는 과학 사기 사건들이 급증하던 바로 그 시기에 절정에 달했다.

그 논쟁들이 실험실에서 이루어지는 활동, 실험 기구와 재료와 방법이 과학자의 질문(할 수단을 갖고 있을 때 자신이 원하는 것을 할 수 있다)과 결과를 형성하는 방식, 신참자들에게 암묵적인 지식과 방법을 전수하는 것(즉 실험을 진행하는 방법 따위), 실험실을 비롯한 과학기관들 안팎의 정치적 및 계층적 관계 같은 것들에 역사가들이 새롭게 관심을 갖게끔 한 것은 분명하다. 그런 요소들에 적절히 주의를 기울이는 것은 유익하다. 비록 그 교리가 없는 상태에서 이미 상당한 정도까지 주의를 기울여 오긴 했지만 말이다. 그것들은 사실 과학적 과정의 필수적인 구성 요소들이기 때문이다. 하지만 그 강력한 강령은 그 요소들이 충분조건이기도 하다고 주장한다. 이 주장, 너무나 급진적으로 여겨졌던 이 도전은 1990년대 중반에 이른바 과학 전쟁, 과학사와 과학사회학 학계 내에서 미국과 캐나다에서, 영국과 유럽에서 상잔(相殘)하는 세대간 학술적 및 정치적 갈등을 촉발했다. 현장 과학자들, 아니 그 중에서 구성주의에 조금이라도 관심을 보였던 과학자들은 당혹스러워 하고, 경계심을 갖게 되었고, 때로는 분개하기도 했다. 얼마 동안 과학 전쟁은 사회학자들 및 그쪽으로 붙은 역사가들과 과학의 존엄성의 옹호자로 나선 과학자들 및 더 전통적인 역사가들 사이에 독살스러울 정도로 격렬하게 진행되었다. 그 전쟁은 많은 관객을 동원하면서 진지하거나 가벼운 논객들을 통해 수행되었다.

하긴 사기적인 과학은 사회적으로 구성된다고 해도 무방하다. 아무튼 그것이 현실에 토대를 둔다는 주장을 할 수 있을 것 같지가 않다. 따라서 무시할 수 없는 질문이 하나 떠오른다. 사기는 과학 제도에 내재된 것일까? 사기를 정당한 과학과 관련지어 보려면, 대조할 근거가 필요하다. 우리는 자료가 필요하다. 우리는 사례 연구가 필요하다.

2
과학 사기 어떤 종류인가?
― 과학 사기의 유형학 ―

> 과학 탐구는 다른 어느 분야보다 사가꾼의 침입에 더 노출되어 있습니다.
> 그리고 일신의 영달을 위해 부당한 주장을 하는 사람들이 써먹는 사기 방법들
> 을 몇 가지 폭로함으로써, 진실을 진정으로 높이 사는 모든 이들에게 감사를
> 드려야 마땅할 것이라고 느낍니다. 사기꾼들의 기술이 어떤 상황에서 먹히는지
> 알려진다면 미래의 범법자들도 단념할지 모릅니다.
>
> ― 찰스 배비지, 1830년

사례는 풍부하다. 현재의 과학 분야들에서 사기의 사례와 특성은
전문 분야에 따라 다르다. 현상들은 시간적인 차원도 지니고 있다. 즉
세월이 흐르면서 변해왔다. 예외가 있긴 하지만, 놀랍게도 고전적인
것이든 현대적인 것이든 간에, 사례들―정황, 고발, 항변 등―을 분석
하여 공통의 또는 지속적인 특징들을 찾아내어 사기의 유형학을 구축
하려고 시도한 연구는 거의 없다.

사기의 유형학을 구축하려는 시도를 처음으로 한 인물은 찰스 배
비지(Charles Babbage)였다. 그는 현재는 로그표나 아주 복잡한 미적분
같은 것들을 자동적으로 더 정확히 계산하는 이른바 '차분 기관'이라
는 컴퓨터―기계적인 것으로서, 아마 증기로 작동시킬 생각을 했을
것이다―를 만들려고 애쓰면서 인생의 많은 시간을 할애한 19세기 영
국 물리학자로 주로 알려져 있다. 그는 12년 동안 케임브리지 대학교

루카스 수학 석좌교수로 있었다. 이론물리학자가 앉는 자리였다. 그 자리에 두 번째로 앉은 인물은 아이작 뉴턴이었고, 현재는 스티븐 호킹이 앉아 있다. 배비지는 천문학과 기상학에서 공장 생산의 합리화, 심지어 나무의 나이테를 조사하여 과거 수세기의 기후를 알아내는 연구에 이르기까지 다양한 분야에 관심이 많았다. 암호해독학에서 언어학을 거쳐 보험통계학에 이르기까지 그가 보인 다양한 관심사들의 중심에는 통계와 확률이 놓여 있었다. 그는 천문학회를 창립했고, 런던 통계학회도 창립했다. 대학생일 때 그는 영국의 수학이 다른 나라들보다 크게 뒤처져 있다고 확신하고서 상황을 개선하자는 운동을 전개했다. 1920년대에 그는 케임브리지의 교육을 개혁하고 현대화하고 더 엄격하게 하자는 운동을 이끌었다. 새로운 과학 과목들과 담당 교수직을 추가하라는 요구도 있었다.

배비지는 영국 과학의 질에 계속 관심을 가졌다. 그는 사기가 그것의 한 측면이라고 보았고, 앞서 인용한 글귀는 그 관찰로부터 나온 산물이었다. 1830년 그는 『영국 과학의 쇠퇴와 그것의 몇 가지 원인에 관한 성찰』을 펴냈다. 가장 열정적인 어조와 경멸적인 어조를 번갈아 사용하면서, 그는 귀족사회와 통치계급들이 과학에 무지하며, 정부의 연구비 특히 순수과학에 아주 중요한 연구비 지원이 없으며, 재산이 없는 젊은이들을 과학 분야로 끌어들일 유인책이 없고, 성공한 과학자가 영예를 얻지 못한다는 점 등을 개탄했다. 그 책의 주된 주제는 1660~1662년에 국왕 찰스 2세의 주도로 설립된 지식을 확장한 뛰어난 자연학자들과 현장 연구자들의 모임인 왕립학회가 지금은 나태, 무지, 정실 인사, 후견제 등으로 부패해 있다는 것이었다. 배비지는 새 회원의 임명에서부터 학회가 연례적으로 메달을 수여하는 관행에 이르기까지 모든 것에 조소를 퍼부었다. 그는 개혁이 필요하다고 주장했다. 특히 군인들을 예우하기 위해 기사 작위와 새로운 귀족 지위를 주듯이, 그와 대등한 공로 훈장 제도를 창설해야 한다고 주장했다. (1740년 프로이센의 프리드리히 대왕이 처음으로 그런 제도를 창설했고, 유럽의 다른 국가들도 그 제도를 받아들였다. 하지만 영국에서는 1902년에야 공로 훈장 제도가 만들어졌다. 훈장은 국왕이 수여하며 인원은 40명으로 제한되어 있었다. 소설가, 화가, 철학자도 받았고 과학자에게도 여러 차례 수여되곤 했다. 프랜시스 크릭도 그 훈장을 받았다.)

총 6장으로 된 그 책의 5장에서 배비지는 '관찰과 실험을 하는 법'을 설명했다. 그는 정밀하게 보이도록 하는 일에 몰두하지 말라고 경고하는 말로 시작했다. "현대의 몇몇 과학 분야들에서 요구되는 극도의 정확성은 몇 가지 측면에서 불행한 영향을 미쳤다. 그 견해를 뒤쫓다가는 측정이 가장 세밀하게 이루어지지 않는다면, 따라서 가장 완벽한 측정이 아니라면 그 어떤 실험도 무가치한 것이라고 보게 된다." 그 경고는 선견지명을 담고 있었다. 당시와 마찬가지로 지금도 그 문제는 심각한 것이다. 이어서 그는 현재의 정의를 예견한 듯이 보이는 '관측자들의 사기' 유형을 분류했다.

> 과학에서 자행되어 온 몇 가지 사기 유형이 있다. 그것들은 전수받은 자들을 제외하고는 외부에 거의 알려져 있지 않으며, 아마 평범한 이해 능력을 지닌 사람을 아주 지적으로 보이게 할 수도 있는 것 같다. 그것은 장난질(hoaxing), 날조하기(forging), 다듬기(trimming), 요리하기(cooking)로 구분할 수 있다.

그는 40년 전에 나폴리에서 발표된 새로운 과와 종에 속하는 연체동물을 사례로 들어 길게 설명하면서 노골적인 장난질을 역설적으로 재미있게 살펴보았다. 논문에는 그 연체동물의 구조와 껍데기, 움직이는 모습과 속도 등을 비롯한 사항들을 '대단히 상세히' 묘사한 그림 및 설명이 실려 있었다. 발견자는 그것에 자신의 이름을 따 붙였다. 새 동물은 도판 및 모든 기재문과 함께 한 프랑스 백과사전에 고스란히 실렸다. "그러나 사실 그런 동물은 아예 존재하지 않는다." 배비지는 발견자가 시칠리아의 해안에서 알려진 연체동물 종의 뼈 조각을 3개 발견했고, '그 뼈들을 지극히 정확히 기재하고 그림으로 그린 뒤 자신의 상상력을 발휘하여 나머지 부위 전체를 그리고 기재했다'고 말했다. "그런 사기는 정당화할 수 없다. 그런 일들이 과학계가 노망

이 들었던 시기에 횡행했다는 것이 유일한 변명이라고 할 수 있다.”
그의 말을 계속 들어보자.

> 날조하기는 장난질과 다르다. 후자에서는 속임수가 어느 기간만 지속되다가 발각되어 그것을 믿은 사람을 조롱거리로 만들려는 의도로 이루어진다. 반면에 날조하기는 과학으로 명성을 얻고자 하는 사람이 자신이 결코 한 적이 없는 관찰 결과를 기록하는 것이다 …… 다행히 날조 사례는 드물다.

> 다듬기는 주로 평균에서 지나치게 벗어나는 관찰 자료들을 여기저기 조금씩 잘라내고 평균에 아주 가까운 자료들만을 남기는 것이다. 급진주의자들(즉 당시의 영국 정치에서 부의 더 평등한 분배를 주장하는 사람들)이 ‘공평한 조정’이라고 부를 만한 이 방식은 과학에서는 용납될 수 없다.

> 이 사기는 다음 절에서 다룰 요리하기보다는 덜 해로울 것이다(다듬는 사람의 인격에 해롭다는 것을 제외하고). 이유는 다듬는 사람의 관찰 자료들로부터 나온 평균이 그 자료를 다듬든 다듬지 않든 간에 똑같기 때문이다. 그의 목적은 관측을 극도로 정확히 했다는 평판을 얻는 것이다. 그러나 진실 또는 현명한 선견지명이라는 관점에서 보면 그는 자신이 자연에서 얻은 사실의 상태를 왜곡시키는 것이 아니며, 그가 한 짓을 간파하기란 대개 어렵다. 그는 제임스 쿡 선장보다는 더 분별이 있거나 모험심이 덜하다고 할 수 있다.

배비지가 든 사례들은 대부분 자신에게 가장 익숙한 분야인 수학, 물리학, 특히 천문학에서 찾아낸 것들이었다(그래서 ‘관측자’라는 표현을 썼다). 물론 그가 분류한 유형들은 생물학과 사회과학들에서도 번성하고 있다. 그는 진지하게 요리법을 제시하는 듯한 태도로 ‘요리하기’에 관해 썼다.

> 그것의 수많은 과정들 중 하나는 관측을 많이 한 다음 그 중에서 일치하는 것이나 거의 일치하는 것만을 고르는 것이다. 관측을 100번 했을 때, 아주 운이 나쁘지 않다면 요리사는 떡 하니 내놓을 만한 자료를 15개나 20개 고를 수 있을 것이다.

또 하나 공인된 요리법은 사용될 관측 자료가 그들이 적용할 정확도 한계 내에 들어가지 않을 때, 두 가지 다른 공식을 써서 그것들을 계산하는 것이다. 그 공식들에 쓰이는 상수들의 차이는 합치되지 않는 측정값들을 일치시키는 아주 행복한 효과를 빚어내곤 한다……

때로는 가장 권위가 있는 인물들이 제시한 공식들의 상수값들이 비록 그들끼리도 다르지만 정작 원재료에 적합하지 않을 때도 있다. 바로 거기에서 대가의 솜씨가 발휘된다. 그리고 능란한 요리사는 의기양양하게 일을 해낼 것이다.

하지만 요리하기에 위험이 없지는 않았다.

내가 요리하는 사람들에게 감히 제시하고 싶은 의견이 몇 가지 있다. 비록 내 생각으로는 그것들이 대가의 펜에서 나오는 것이 아니라서, 마땅히 받아야 할 주목을 받지 못할지라도 말이다……

이 모든 사례들과 다른 무수한 사례들에서 아마도 요리사는 영구적인 명성을 희생시키는 대가로 아무도 따라오지 못할 만큼 정확하다는 일시적인 평판을 얻을 가능성이 가장 높을 것이다. 또 그것은 그의 모든 엉성한 관측 자료들(원자료라고 말할 수 있는 것들)을 아무런 가치가 없게 만드는 효과도 미칠 것이다. 그의 견해가 가장 대접을 받는 과학 분야는 일반적으로 너무 비합리적이어서 어느 경우에도 조작의 흔적이 발견되면 모든 관측 자료들을 다 무시해버리기 때문이다. 사실 관측자의 인격, 여성의 인격과 마찬가지로 의심이 제기되면 파괴된다.

물론 배비지의 날조하기는 우리가 현재 위조라고 부르는 것이다. 그의 다듬기와 요리하기는 변조의 변형 사례들이다. 그 구분은 유용하다. 그의 조소를 담은 건조한 어조는 아무도 흉내낼 수 없다.

고전적인 사기 가운데 가장 두드러진 것들은 배비지 유형학의 각 유형들을 골고루 보여준다. 8건의 사기와 1건의 장난질이 우리의 관심을 끈다. 그 장난질은 필트다운인(Piltdown Man) 사건이다. 나머지 사기 사례들에는 몇몇 저명한 인물들의 이름이 연루되어 있다. 아이작 뉴턴, 그레고어 멘델, 찰스 다윈, 루이 파스퇴르, 로버트 밀리컨, 에른스트 헤켈, 지그문트 프로이트, 시릴 버트가 그렇다.

이 고전적인 사례들을 복시안(double vision)으로 살펴보자. 비록 많은 평론가들은 그것이 자신들의 판단에 어떤 영향을 미칠지 깨닫지 못하는 듯하지만 말이다. 우리는 어쩔 수 없이 그들을 현재의 기준으로 평가하게 마련이다. 그렇다고 현재의 기준이 지도자들과 옹호자들의 더 고상한 척하는 관점을 제외할 때 당시의 기준보다 반드시 더 높은 것은 아니며, 그 기준에 부합되는 사례가 더 많은 것도 결코 아니다. 하지만 현재 기준은 세심한지 너저분한지, 정직한지, 사기를 치는지 등 연구 행위를 더 체계적으로 살펴보게끔 한다. 하지만 그와 동시에 우리는 고전적인 사례들을 그 자체로도, 당시의 과학계와 그 일이 일어난 더 넓은 주위 환경 속에서도 살펴보아야 한다. 물론 그런 일은 역사가의 핵심 과제이다. 하지만 과거를 살펴보는 일이 과학 분야라고 해서 더 어려운 것은 결코 아니다.

의문을 제기하는 것이 유죄임을 증명하는 것은 아니라는 말을 해야 하지 않겠는가? 하지만 이 고전적인 사례들의 이야기에서 보편적이고 눈에 띄는 것은 의문을 제기한 사람들, 증거를 제시한 사람들이 드러낸 당혹감이었다. 과학자들은 종종 단단한 껍데기 밑으로 조금만 들어가면 아주 이상주의인 면모를 드러내곤 한다. 그들은 마음속에 영웅을 품고 있다. 그뿐 아니라 많은 과학자들에게는 과학 자체가 여주인공—프랑스인들은 과학의 성별을 제대로 붙였다(La Science)—이며, 그 순결하고 청순한 본연의 명성은 옹호되어야 한다. 위대한 과학자들이 공격을 받을 때, 검찰 스스로가 피고를 옹호하기 위해 나선다. 멘델. 멘델? 정원의 수도사? 문제는 그의 자료들 중 일부가 너무나 완벽하다는 것이다. 그래요. "어쨌거나 멘델은 분리되는 것들을 맨 처음으로 세어본 사람이었죠. 그가 현재 전적으로 객관적인 자료를 얻는 데 반드시 필요하다고 알려진 주의사항들을 인식하고 있었다고 기대한다는 것은 무리입니다." 다윈. 다윈? 문제는 『인간과 동물의 감정 표현』에 실린 사진들 중 일부가 변조되었다는 것이다. 아, 그렇죠. 하지만요. "『표현』의 출간은 다양한 측면에서 경험주의 사진술의 탄생을 의미합니다. 거기에는 과학적 사진술의 규칙들을 적용할 수가 없습니다. 그것이 바로 그 규칙들을 만들고 있었으니까요." 위인들을 구하고 과학 자체의 평판을 보호하고자 하는 욕망이 너무나 강한 나머지 방어는 추잡한 인신공격 쪽으로 흘러간다. 파스퇴르. 파스퇴르라고요? 수많은 세대에 걸쳐 프랑스 학생들의 영웅이었고, 숱한 학생들에게 과학자가 되고픈 열망을 불어넣은 바로 그 사람 말인가요? 문제는 그가 개인 공책에 기록한 내용들이, 광견병 예방주사를 비롯하여 그의 가장 유명한 성과들을 어떻게 달성했는지를 공개적으로 말한 내용과 상당히 모순된다는 것이다. 아니, 그렇지 않아요. 그를 비난하는 자는 '위대한 인물을 끌어내리려는 완전히 쓰레기이며, 잘못된 부분을 찾기 위해 파스퇴르의 공책을 샅샅이 파고들 때 비윤리적이고 불쾌한 행위를 저지른 겁니다'.

심한 비난과 가장 열렬한 분석이 진행되는 와중에, 필트다운인이 사기로 드러난다. 그렇다, 하지만 그것은 배비지가 즐거워했을 만한 종류의 우스꽝스러운 기념비적인 장난질이었다. 1912년 12월 런던 지질학회의 한 모임에서 아서 스미스 우드워드와 찰스 도슨은 서섹스 필트다운의 한 자갈 채취장에서 석기시대 초기의 인간 턱뼈와 두개골 파편들이 석기 및 골각기와 함께 있는 것을 발견했다고 발표했다. 스미스 우드워드는 대영 박물관의 지질학과를 맡은 고생물학자였다. 도슨은 사무 변호사이자 아마추어 과학자였다. 필트다운인은 처음부터 아주 이상했지만, 영국 언론과 대중은 앞 다투어 그를 열렬히 환영했다. 그보다 반세기 전인 1856년 8월 독일 네안더 강의 계곡에 있는 한 채석장에서 인간의 것이 분명하나 현생 인류의 것과 근본적으로 다른 두개골과 많은 뼈들이 발견되었다. 네안데르탈인은 인류 고생물학을 출범시켰다. 이어서 20세기 초의 첫 10년 동안 프랑스와 독일 전역에서 구석기시대 도구들, 동굴 벽화들, 인간의 뼈들이 계속 발견되었다. 필트다운인 덕분에 이제 영국도 자체 인류를 지닌 셈이었다. 게다가 그는 당시 진화생물학의 보급자들이 요구하던 '잃어버린 고리'의 후보이기도 했다. 도슨은 1916년에 돌연사했다. 스미스 우드워드는 1944년까지 살았다. 사망한 뒤인 1948년 『최초의 영국인』이라는 그럴듯한 제목을 단 그의 대중서가 출간되었다. 거기에는 다른 눈요 깃거리들과 함께 1914년 그 자갈 채취장에서 발견된 커다란 골각기 이야기도 실려 있었다. 그와 도슨은 '손상된 끝이 인간이 다듬은 것이고 크리켓 방망이의 끝과 아주 흡사하다는 사실에 놀랐다'.

인간의 것처럼 보이는 두개골과 유인원의 것처럼 보이는 턱뼈를 지닌 필트다운인은 다른 발견들로부터 얻은 인류 진화 양상과 전혀 들어맞지 않았다. 1925년 레이먼드 다트와 로버트 브룸은 아프리카에서 또 다른 초기 인류 조상을 발견했다고 발표했다. 그들은 그 화석에 오스트랄로피테쿠스라는 이름을 붙였다. 그 화석은 유인원을 닮은 작은 두개골을 지니고 있었지만 턱과 이빨은 인간 쪽으로 더 진화해 있었다. 필트다운인은 증거 부족으로, 무엇보다도 연결성이 없어서 한쪽으로 제쳐놓아야 할 불가해한 수수께끼였다. 그러다가 1953년 옥스퍼드 출신의 인류학자 조지프 시드니 위너가 필트다운인 화석들이 정말로 한 생물의 것인지 의심을 품기 시작했다. 그는 화학검사들을 통해서 두개골과 턱뼈가 같은 생물의 것이 아니며, 그 화석 조각들이 모두 연대를 위조하기 위해 화학물질들로 처리한 현대의 유물이라는 사실을 밝혀냈다. 자갈 채취장에서 발견된 나머지 것들은 갖다놓은 것들임이 금방 드러났다. 필트다운인은 필트다운 장난질이었다.

장난질을 친 것이 누구였을까? 도슨일 가능성은 분명히 있었다. 예수회 사제이자 일종의 고생물학자이자 신비주의자인 피에르 테일라르 드 샤르댕도 무대에 등장하며 적어도 봉 역할을 한 것은 분명했다. 증명할 수 있는 것은 아무것도 없었다. 1978년 가을 새로운 용의자가 등장했다. 원래의 발견이 이루어질 당시부터 1937년 사망할 때까지 옥스퍼드 지질학 교수로 있었던 윌리엄 솔러스였다. 솔러스를 지목한 것은 그의 자리를 이은 J. A. 더글러스였다. 더글러스는 1978년에 세상을 떠났는데, 그보다 10년 전, 은퇴한 뒤에 녹음한 테이프를 남겼다. 테이프는 한 고생물학 심포지엄에서 처음으로 공개되었다. 테이프에서 더글러스는 두 가지를 지적했다. 첫째는 동기였다. 솔러스는 스미스 우드워드가 잘난 척하는 무식한 바보라고 생각했고, 앞서 과학 논쟁에서 몇 차례 그를 공개적으로 경멸한 바 있었다. 두 번째는 수단이었다. 솔러스는 그런 종류의 뼈를 다룰 권한을 지니고 있었고, 더글러스는 솔러스가 옥스퍼드 학과에서 유인원의 이빨을 가져갔던 일이나 필트다운 두개골을 염색하는 데 쓰인 것과 같은 화학물질들 중 하나를 구입한 일 등을 기억하고 있었다.

비록 통상적인 공식에 대한 대답은 아닐지라도, 이것은 과학이 자기 교정적(self-correcting)이라는 하나의 사례였다. 그러나 교정 양상을 주목하라. 그리고 발각되기 전까지는 그 장난질이 별 문제를 야기하지 않았다는 것도. 필트다운인은 탄생부터 사망까지 40년 동안 예외 사례로 있었다. 그는 어디에도 들어맞지 않았다. 설령 그것을 진짜라고 받아들였던 시기에도 인간의 가계도를 추적할수록 필트다운인은 점점 더 고립되고 다른 인류들과 무관해졌다. 과학계는 그것을 잘 봉인하여 한쪽에 치워두고서 가계도 논쟁을 벌여나갔다.

뉴턴과 멘델은 다듬기, 즉 위조의 변이 형태를 제공한다. 뉴턴의 사례는 명확하며 아니라고 부인하는 사람도 없다. 비록 그것이 완전히 폭로되기까지 250년이나 걸렸지만 말이다. 그는 자신의 음속 계산값, 춘분점의 세차 계산값, 달의 궤도에 관한 초기 연구 자료를 이론에 더 잘 들어맞도록 조정했다. 사실상 그는 관찰에서 이론으로 나아간 것이 아니라 거꾸로 진행한 셈이었다. 적어도 최종 단계에서는 그랬다. 하향식, 즉 자신이 진리라고 확신한 것에서부터 그것을 뒷받침할 자료를 찾는 쪽으로 나아갔다. 뉴턴의 전기를 쓴 리처드 웨스트폴은 비록 타인의 추종을 불허하는 뉴턴의 지성과 성취에 압도되긴 했어도 그 증거를 직시했다.

정확한 상관관계를 진리의 기준으로 제안했다면, 그는 그 정확한 상관관계가 제시되어 있는지, 그것이 제댈 파악되었는지 알아보기 위해 노력했다. 『프린키피아』가 설득력을 발휘했던 데는 합당한 주장을 크게 넘어서서 계획적으로 정확도가 아주 높은 척한 것이 적잖은 역할을 했다. 『프린키피아』가 현대 과학의 정량적인 흐름을 확립했다면, 그와 함께 덜 숭고한 진리도 시사한 셈이다. 수학의 대가인 그 자신만큼 효과적으로 계수를 조작할 수 있는 사람은 없다고.

계획적으로 극도로 정확한 척 했다. 뉴턴의 후임인 배비지가 기술한 것이 바로 그 증상이었다. 그 이야기는 자신들이 안다고 생각하는 것에 자료를 끼워 맞추는 덜 천재적인 과학자들의 오만함을 다룰 때 다시 하기로 하자.

멘델 사례는 가장 잦은 문제 유형 중 하나, 즉 통계상 있을 법하지 않은 자료의 최초 사례이다. 그리고 가장 의견이 분분하고 감질나게 하는 사례이기도 하다. 1936년 집단유전학의 창시자 중 한 명인 성격 급한 영국인 로널드 에일머 피셔는 유전학의 토대를 확립한 그레고어 멘델의 완두 실험에 문제가 있다고 제기했다. 멘델은 아우구스티누스파 수도사이자 과학 교사였으며, 1857년부터 당시 오스트리아령인 모라비아의 브륀, 즉 지금의 브루노에 있는 수도원 앞뜰에 작은 정원을 만들어 실험을 했다. 그는 1865년 2월 8일과 3월 8일 브륀 자연사학회 모임에서 자신의 연구 결과를 낭독했다. 1년 뒤 그 학회 회지에 논문이 실렸다. 그 학회지는 꽤 널리 배부되었지만 잘 알려져 있듯이 그의 논문은 거의 무시되었다. 그 세기가 지날 무렵, 즉 그가 사망한 지 오랜 세월이 지난 뒤, 몇몇 자연학자들이 멘델의 유전법칙들과 그의 논문을 재발견함으로써 그는 마침내 인정을 받았다. 피셔의 논문은 멘델이 일부 자료를 조작했다고 비난하는 내용이라고 인식되어 왔다. 하지만 피셔가 쓴 것은 그보다 더 복잡하며, 전적으로 존경과 찬사를 담고 있었다. 그는 후대 연구자들과 비교했을 때 멘델이 '자기 체계의 이론적 결과들을 철저히 파헤쳤으며, 그 점에서 그의 생각은 그의 연구가 재발견되면서 출현한 첫 세대의 유전학자들의 생각보다 훨씬 더 앞서 있었다'라고 썼다. (그의 논문과 재발견자들의 논문을 아주 단순하게 비교만 해도 그렇다는 것이 뚜렷이 드러난다.) 요약하자면 그는 멘델의 연구를 '결과를 보면 결정적이고, 발표된 방식도 나무랄 데 없이 명쾌하며, 현재 관심 있는 문제뿐 아니라 다른 많은 문제들의 이해에 대단히 중요한’ 것이라고 경의를 표했다.

멘델은 자신의 자료를 지극히 꼼꼼하게 제시했지만, 피셔의 비판을 이해하기 쉽도록 멘델의 발견을 간단하게 요약하기로 하자. 멘델은 7가지 특징, 즉 형질이 서로 대비되는 완두들을 골랐다. 줄기 옆에서 꽃이 피는 종류와 줄기 끝에서 꽃들이 모여 피는 종류, 꼬투리가 성숙하지 않은 상태에서 초록색을 띠는 종류와 노란색을 띠는 종류 등. 그는 이 형질 쌍들 중 어느 하나, 이를테면 초록 꼬투리나 노란 꼬투리의 유전이 다른 형질 쌍들의 유전과 상관없이 독립적으로 이루어진다는 것을 알았다. 더 나아가 그는 각 형질 쌍에서 한쪽이 ‘우성’이고 다른 쪽이 ‘열성’이라는 것을 알았다. 즉 잡종인 식물은 형질 쌍에서 어느 한쪽만을 드러낸다. 꽃들이 다 줄기 옆에서 피고, 꼬투리가 다 초록색이고 하는 식이다. 하지만 잡종에서 드러나지 않는다고 해서 열성 형질이 사라진 것은 아니었다. 잡종과 잡종을 교배하자 자손 식물 개체들 중 4분의 1에서 열성 형질이 다시 나타났다. 그 열성 형질을 보이는 개체들을 같은 열성 형질을 지닌 개체와 교배시키자 다음 세대에도 계속 열성 형질이 나타났다. 이를테면 계속 노란 꼬투리가 열렸다. 하지만 우성 형질을 보이는 개체들은 서로 교배시켰을 때, 후손들 중 3분의 1은 순종 우성 형질이었고 3분의 2는 잡종이었다. 따라서 3:1이었던 전체 비율이 1:2:1이 된다. 이런 양상이 멘델 발견의 핵심이다. 그는 다양한 형질 쌍을 연구했고 두세 가지 형질을 함께 살펴보기도 했다. 그래도 일관적인 양상이 나타났다.

너무나 일관적이었다고? 멘델의 법칙과 논문이 재발견된 지 10년 뒤인 1911년 당시 케임브리지 학부 마지막 학년이었던 피셔는 그 문제에 주목했다. 그는 케임브리지 대학교 우생학회의 한 모임에서 이렇게 말했다.

> 멘델의 원래 결과들이 모두 확률 오차 범위 내에 들어간다는 것은 흥미로운 일이다. 그의 실험을 재연했을 때 그렇게 좋은 결과가 나올 확률은 약 16분의 1이다. 그저 운이 좋아서 그랬을 수도 있다. 아니면 그 훌륭한 독일인 대수도원장이 확률 오차라는 것을 모르는 상태에서 미심쩍은 식물

들을 무의식적으로 자기 가설을 지지하는 쪽에 놓았을지도 모른다.

19세기 중반에 멘델(사실 그는 독일인이 아니었고, 아직 대수도원장이 되기 전이었다)이 완두 교배 실험을 하고 있을 때, 통계학은 다윈의 사촌인 프랜시스 골턴과 배비지 같은 인물들의 분석을 통해 급격히 발전하고 있었다. 피셔는 1936년 이렇게 썼다. "기댓값에서 편차의 유의성 검정은 적어도 18세기 중반부터 수학자들에게 친숙한 것이었다." 사실 빈 대학교에서 2년을 지내면서 멘델은 수학과 물리학을 공부한 적이 있었다. 그의 독창성의 한 가지 중요한 측면은 유전을 통계적으로 처리한 점이었다. 그렇긴 해도 자료의 통계 처리는 아직 초보 단계에 있었고 드물었다. 그리고 피셔도 지적했다시피, 멘델의 '자신감과 회의감 부재'가 논문 전체에 뚜렷하다.

피셔는 과학자의 기민한 감각으로 8년에 걸쳐 완두 수천 개체를 다룬 그 실험들을 다방면으로 고찰했다. "그의 논문을 전부 다 적힌 그대로 받아들일 수 있고 그의 실험들이 상세히 적힌 그 방법대로 거의 그 순서대로 수행되었다는 데 의심의 여지가 없다고 나는 믿는다." 하지만 정밀 조사를 통해 피셔는 멘델이 발표한 자료에 너무 양호하여 참이라고 보기가 어려운 부분이 많다고 생각하게 되었다. 요점은 어떤 실험이든 실제로 하면 전적으로 우연이 작용하여 결과가 때로 이상적인 값에서 상당히 벗어날 것이고, 그보다 더 작은 편차들은 더 많으리라는 것이다. 비록 멘델이 수천 개체를 다루긴 했지만, 각 실험에서 센 개체수는 사실 적었다. 카이 제곱 검정이라는 분석 도구를 이용하여 피셔는 멘델의 실제 자료가 이론상의 기댓값과 편차가 얼마나 나는지를 표로 작성했다. 그러자 멘델의 우열 형질 비가 가설로 예측한 이상적인 값에 수상쩍을 정도로 근접해 있다는 것이 드러났다. 한 분석 결과에 대해 피셔는 이렇게 썼다. "그렇게 낮은 값이 2,000번에 한 번 나타나는 일이 우연히 일어날 가능성은 거의 없다. 나중 해에 얻은 실험 자료들이 기댓값과 일치하는 쪽으로 강한 편향을 보인다는 것은 의심의 여지가 없다." 문제의 핵심은 이렇다. "가공의 자료는 꼼꼼한 검토를 거의 견뎌낼 수 없으며, 대다수 사람들은 우연히 생기는 큰 편차의 발생 빈도를 과소평가하므로 그런 자료는 전반적으로 진짜 자료보다 기댓값에 더 가까운 경향을 보일 것이라고 예상할 수 있다."

피셔는 그 불일치를 설명하기 위해 생각할 수 있는 것은 다 시도해 보았다. 편향의 원천은 많을 수 있다. 우선 논문을 꼼꼼하게 읽어 보면 초기 단계부터 멘델이 자신의 이론을 펼쳤다는 것이 명확히 드러난다. 아마 색깔과 모양 별로 완두를 솎아낼 때 그는 무의식적으로 기댓값에 더 가까운 숫자가 나오도록 경계선을 설정하는 경향을 보였을지 모른다. 하지만 그런 설명은 그 실험의 대다수 형질 쌍들에는 전혀 적용되지 않는다. 또 논문을 보면 멘델이 개체를 전부 다 세지 않았던 교배실험도 있었음을 알 수 있다. 아마 이상적인 결과에 접근했을 때, 세는 것을 중단하는 경향이 있었거나, 세기에 가장 적합한 식물들만을 골라 세었을─그런 경향을 회피하기는 어려웠을 것이다─것이다. 하지만 개체를 전부 다 세어야 했던 실험들도 있었다. 피셔는 스스로 떠맡은 시련에 몸부림치다가 새로운 개념을 제시하기도 했다. 유령 정원사가 있었다는 것이다. "비록 어떤 설명도 만족스러울 것이라고 기대할 수 없지만, 어떤 결과가 나올지를 너무나 잘 알고 있던 어떤 조수가 멘델을 속였을 가능성도 있다."

과학의 낙원에서 성인임을 나타내는 표지는 영어로 -(i)an이라는 접미사가 붙는가 여부이다. 코페르니쿠스(Copernican), 갈릴레오(Galilean), 뉴턴(Newtonian), 다윈(Darwinian), 아인슈타인(Einsteinian)이 그렇고 멘델도 그렇다. 피셔 이래로 수십 년 동안 과학자들과 역사가들은 창의력을 보여주는 많은 책과 논문을 통해 그 예외 사례들을 파악하려 시도했다. 일부 저명한 유전학자들을 비롯한 낙관적인 옹호자들은 좌절과 곤혹스러움을 느끼곤 한다.

아마 피셔와 동시대의 미국 유전학자인 시월 라이트가 1966년 피셔의 논문 재판에 짧게 쓴 촌평이 가장 단순한 설명일 것이다. 그는 피셔의 검사 결과를 다시 계산하여 '실질적으로 같은 결과'를 얻었다. 하지만 그는 피셔가 '총계를 낼 때 예상 결과를 선호하는 약간의 무의식적인 성향'의 누적적인 효과를 충분히 고려하지 않았다고 주장했다. 더 나아가 그는 이렇게 말했다. "어쨌거나 멘델은 분리되는 것들을 맨 처음으로 세어본 사람이었다. 그가 현재 전적으로 객관적인 자료를 얻는 데 반드시 필요하다고 알려진 주의사항들을 인식하고 있었다고 기대하는 것은 무리이다." 다시 세어본다는 것은 놀라울 정도로 어려운 일이다. 라이트는 한 저명한 통계학자의 말을 인용했다. "훈련된 관찰자 15명에게 옥수수 알 532개를 세도록 하자 놀라울 정도로 서로 다른 결과가 나왔다. 다르게 센 사람에게 자기 것을 다시 세어보도록 하면 일치하는 쪽으로 일정한 편향이 나타날 수 있다." 멘델의 자료는 대부분, 설령 개수들 중에 고친 것이 약간 있다고 할지라도—'1,000개에 2개 이하'—피셔가 큰 불일치라고 간주한 것을 낳을 수 있었다. 라이트는 멘델의 실험들 중 일부가 그보다 더 큰 편향을 보여준다고 인정했다. "하지만 나는 모든 것을 종합할 때, 일부러 위조하려고 시도하지는 않았다고 확신한다."

피셔로부터 50년이 지난 뒤 영국의 유전학자 앤서니 에드워즈가 그 의문을 철저히 파헤친 연구 결과를 발표했다. 그는 이전의 모든 분석과 설명 자료들을 검토한 끝에 '피셔(1936)만이 상세한 비판을 견뎌낼 수 있었다'고 결론지었다. "오랜 세월 동안 나는 피셔의 분석에 오류가 있을 수 있다고 가정했다 …… 하지만 그 문제 전체를 철저하게 검토한 지금은 그의 '혐오스러운 발견'이 유효하다고 믿게 되었다 …… 자료가 정확히 어떤 방식으로 고쳐졌는지 나는 추측하지 않으련다. 비록 멘델 자신을 향한 그 어떤 비판도 몹시 부당한 듯이 보이긴 하지만. 설령 치우쳐서 센 책임이 그 개인에게 있다고 할지라도, 그의 행동을 현대의 자료 기록 기준으로 판단해서는 안 된다." 에드워즈는 피셔의 첫 문장을 마지막 문장으로 바꾸었다. "아마도 대학생이었던 피셔는 75년 전에 올바른 해답에 접근한 듯하다. '그 훌륭한 독일인 대수도원장이 확률 오차라는 것을 모르는 상태에서 미심쩍은 식물들을 무의식적으로 자기 가설을 지지하는 쪽에 놓았을지도 모른다.'"

그 문제는 여전히 거북스럽게 남아 있다. 가장 최근의 논객들은 멘델의 심리를 변명하려고 시도하는 대신에 피셔의 통계적 방법들과 더 나아가 에드워즈의 방법들을 공격한다. 논증은 점점 더 복잡해지고 심오해지고 있다. 몇몇 유전학자들과 통계 이론가들이 <유전학회지>에 논문을 발표하면서 끼어들기도 했다. 피셔가 의지한 카이 제곱 검정은 사실 모든 실험 연구에 적용되는 기준이다. 그러나 피셔를 반박하는 가장 최근 세대의 과학자들은 그 방법이 피셔가 주장한 방식대로 멘델의 자료에 적용되지는 않는다고 주장한다. 완두의 유전학은 멘델이 알 수 있었던 것이나 피셔가 고려할 수 있었던 것보다 여러 세세한 측면에서 더 복잡한 것으로 드러났다. 아마 이 재분석 사례들 중 독일 식물학자 프란츠 바일링이 1986년에 발표한 것이 가장 최종판이라 할 수 있을 것이다. 그것은 유전적으로나 통계적으로 난해하다. 미시건 주립대의 유전학자 앨런 코커스와 플로이드 모너핸은 1993년 멘델의 위대한 논문을 해설한 탁월한 안내서를 펴냈다. 그 책의 부록 '멘델 실험에서 편향이 나타나는 곳은 어디인가?'에서 그들은 바일링이 '피셔가 사용한 카이 제곱 검정의 전제들이 멘델의 실험에서는 충족되지 못했으므로 피셔가 이끌어낸 결론들이 잘못되었다는 것을 보여주었다. 그것은 마치 멘델의 정당성이 옹호되었다는 양 들린다.'라는 말로 결론을 내렸다.

최근에 코커스와 대화를 나눈 적이 있는데, 그는 이 판정이 현재의 합의된 결론이라고 했다. 월드와이드웹에는 앞으로의 논쟁터가 될 멘델 웹사이트들이 몇 군데 있다.

"그의 행동을 현재의 기준으로 판단해서는 안 된다." 뉴턴, 멘델, 다윈, 파스퇴르 등 과학 사기의 고전적인 사례들을 살펴볼 때마다 우리는 그런 변론과 맞닥뜨린다. 그러나 뉴턴과 파스퇴르 사례에는 배비지가 주목하지 않은 동기가 숨어 있다. 바로 자신이 이미 답을 알고 있다는 과학자의 확신이다. 여기에서 다소 다른 두 번째 변론이 도출된다. "그들은 옳았다." 그들의 과학적 결론들은 비난할 여지가 없다. 하지만 그러므로…뭐라고? 우리는 그런 사례들에서 정말로 조작이나 날조가 중요하지 않다고, 용서되어야 한다고 결론을 내려야 할까? 그 논리는 아주 설득력이 있다. 앞으로 살펴보겠지만, 그것은 현재의 부정행위를 변호하는 말로도 너무나 빈번하게 쓰인다. 그 변론의 한 형태는 이렇다. "그들은 위대한 과학자들이다." 하지만 그렇다고 해서 그 범죄가 더 나아지는 것은 아니지 않는가?

피셔의 멘델 논의는 계속 되풀이되는 한 현상의 첫 사례이다. 고전적이든 현대적이든 간에 사기의 분류학에서 통계적 예외 사례들은 문제가 있다는 것을 드러내는 신호들 중 가장 흔한 것에 속한다. 현재 모든 분야의 과학자들은 자료와 표준 통계 검정법들의 관계를 무시했다가는 위험에 빠지리라는 것을 아주 잘 인식하고 있다.

1976년 괴팅겐에서 대화를 할 때 하인리히 마타이가 내게 해준—보여준—이야기가 떠오른다. 그 이야기를 이 책의 맥락에서 다시 하기에 앞서, 그것이 과학에서의 사기를 다룬 사례가 결코 아니라는 점을 강조해두자. 오히려 그것은 피셔가 사람들의 주의를 환기시켰던 것과 같은 종류의 문제를 과학자들이 어떻게 이해하고 있는지를 독특하게 보여준다. 키 크고 깡마르고 까다로운 독일인인 마타이는 중요한 발견에 공동으로 기여했지만, 노벨상을 받지 못한 사람 특유의 불만 어린 분위기를 풍겼다. 1950년대 말에 분자생물학의 최우선 과제는 유전암호를 푸는 것, 즉 DNA 가닥에서 단백질 사슬의 아미노산 서열을 지정하는 화학 단위들의 서열을 파악하는 것이었다. (DNA와 RNA는 염기라는 네 종류의 화학적 구성 단위의 서열로 이루어져 있는 반면, 아미노산의 종류는 20가지이므로, 아미노산 하나를 지정하려면 염기 3개가, 즉 코돈이 필요하다.) 당시 젊은 무명 인사였던 마타이는 마찬가지로 무명이었던 미국 생화학자 마셜 니런버그와 공동으로 연구하고 있었다. 그 무렵에 니런버그는 최초로 코돈을 밝혀냈다. 아미노산인 페닐알라닌을 지정하는 3개의 염기였다.

마타이는 자신의 공책들을 들고 왔다. 고전적인 공책이었다(지금은 보기 어렵고 소멸 위기에 속한). 연한 회색의 빳빳한 표지에 두꺼운 속지가 있는 큼직한 장부처럼 생겼고 잉크로 기입을 했다. "나는 내 스스로를 부지런하고 정확한 일꾼, 깔끔한 일꾼이라고 말하곤 합니다." 마타이는 그렇게 말하면서 공책을 펼쳤다. "꽤 깔끔하지요." 그는 변명하는 듯한 어조로 말했다. 그는 책장을 차례로 넘겼다. "물론 내가, 우리가 서둘렀기 때문에 전부 다 아주 깔끔해 보이지는 않지요." 사실 아주 깔끔했다. 그와 니런버그는 당시 국립 관절염 및 대사 질환 연구소에서 서로 1미터쯤 떨어진 실험대에서 연구를 하고 있었다. 니런버그는 서열이 낮은 연구원이었고, 마타이는 그보다 더 낮은 나토 박사후과정 연구원이었다. 그들은 온갖 실험을 계획했다. 니런버그는 산탄총식 접근법을 썼다. 즉 모든 것을 시도해서 그 중에 무엇이 들어맞는지 알아내는 식이었다. 마타이는 공책에 그 실험 절차들을 전부 꼼꼼하게 기록했다. 그는 실험을 할 때 결과는 다른 공책에 기입했다. 그들은 남들이 발표한 논문들로부터 세포 자체가 아니라 단백질 합성에 필요한 세포 성분들만을 시험관에 넣어 하나의 계를 만드는 법을 알아냈다. 그들은 그 세포가 없는 계에 서열을 알고 있는 RNA 가닥을 넣어서 아미노산 가닥의 합성을 유도하고, 그 가닥의 서열을 알아내어 암호를 풀고자 했다. 그들은 시도할 만한 다양한 기법들을 생각해보곤 했다. 그 중에 한 종류의 염기만으로 이루어진 인공 RNA 가닥을 사용하자는 착상도 있었다. 그러면 한 종류의 아미노산만으로 이루어진 가닥이 합성될 것이 분명했다. 운 좋게도 선배 동료인 레온 헤펠과 맥신 싱어가 이미 그런 RNA 가닥들을 만들어 냉동고에 보관하고 있었다.

"마셜은 꼼꼼한 실험자가 아니었어요. 그는 피펫을 5퍼센트 이내로 다룰 줄도 몰랐어요." 즉 측정 도구로도 쓰이는 눈금이 달린 유리관 속에 액체를 넣어 정확한 양을 한 실험 용기에서 다른 용기로 옮길 수 없었다는 말이다. "나는 아주 정확했지요." 마타이는 공책을 넘겨서 1960년 5월에 최초의 코돈을 알아낸 실험 과정을 적은 부분을 펼쳤다. 한 주 내내 흥분이 점점 고조되고 있었고, 5월 28일 토요일 밤, 밤새도록 실험한 끝에 새벽에 마침내 성공의 기쁨을 만끽했다고 말했다. 그 주에 니런버그는 버클리에 있는 다른 실험실을 방문하고 있었다.

마타이는 몇 장을 뒤로 넘겨 더 앞쪽을 펼쳤다. 그 결정적인 실험이 있기 몇 달 전 어느 날 니런버그가 와서는 마타이가 다른 실험을 하면서 적은 결과들을 훑어보았다. "그러더니 말하더군요. '결과들이 기댓값에 너무 근접해 있어. 사람들이 절대로 안 믿을 거야. 너무 좋다구.’ 마셜은 펜을 꺼내더니 기입된 몇 개의 수치에 가위표를 하더니 평균에서 좀 더 먼 숫자들을 써넣더군요.” 마타이는 그 부분을 찾아냈다. “그가 말했지요. ‘어떻게 보일지 잘 봐.’” 그랬다. 말끔하게 기입된 숫자들 중 몇 개가 볼펜으로 지워지고 약간 흘리는 필체로 새 숫자들이 적혀 있었다. 가위표를 했다고 해도 원래 숫자를 알아보기에는 아무 문제가 없었지만, 마타이는 우표 만한 종이 조각에 원래 숫자를 적은 뒤 투명 테이프로 들출 수 있도록 옆에 붙여놓았다. 아주 깔끔했다. 원래 자료는 사라지지 않았다. 마타이는 어쨌든 그 실험 결과는 논문으로 발표되지 않았다고 했다. 그는 옛 생각에 잠긴 표정으로 그 부분을 다시 쳐다보았다.

찰스 다윈의 가벼운 과오—그 이상일 리가 거의 없는—는 걸핏하면 그 변론이 제시되는 생생한 사례이다. “그의 행동을 지금의 기준으로 판단해서는 안 된다.” 『종의 기원』 초판이 나온 지 13년이 지난 1872년 11월에 그는 행동 형질의 진화를 다룬 최초의 문헌인 『인간과 동물의 감정 표현』을 출간했다. 이 책은 사진을 활용한 최초의 과학 책들 중 하나였으며, 그 사진들은 유명해졌다. 그가 본질적이고 보편적인 감정이라고 간주한 것들, 즉 슬픔, 기쁨, 고양, 분노, 경멸, 혐오, 놀람, 근심, 공포, 부끄러움을 표현한 사람의 얼굴을 찍은 사진들이었다. 비록 사진에 실린 사람들은 모두 유럽인이었지만, 본문에서 그는 전 세계 모든 인류 집단들이 그런 감정을 느낄 때 똑같은 표정을 짓는다고 설명했다. (사로잡혀 꼼짝도 못하거나 심한 상처를 입어 울어 대는 코끼리 같은 애처로운 사례들을 비롯하여 진화 연구 결과 동물들도 그렇다고 했다.) 그는 계속 감정에 관심을 갖고 있었다. 그는 자신이 소장한 그 책 여백에 빽빽하게 주석을 달았고, 공책에 새 판의 원고를 썼다. 1889년 그의 사후에 아들인 프랜시스 다윈이 그 원고들을 일부 포함시켜서 『감정 표현』 재판을 출간했다. 나중에 1998년 샌프란시스코에 있는 캘리포니아 대학교의 사회심리학자이자 다윈주의자인 폴 에크먼은 다윈의 원고 나머지 부분들과 다윈이 제기한 현상들과 쟁점들의 현재 상황을 다룬 주석들을 추가하여 학술적으로 완벽하게 보완한 3판을 펴냈다. 또 그는 첫 판에 실렸던 사진들의 많은 원판들과 다윈이 언급은 했지만 싣지 않았던 사진들도 찾아냈다.

에크먼은 이 유명한 사진들 중 일부가 변조되었다는 사실도 밝혀냈다. 다윈은 만족스러운 사진들을 모으는 데 어려움을 겪었다. 특히 당시의 사진술은 너무 느려서 아기가 겁을 먹었다가 울음을 터뜨릴 때처럼 빠르게 변하는 표정을 포착할 수 없었다. 표정을 잡고 찍은 사진도 있고, 변형을 가한 사진도 있다는 사실을 다윈이 비밀로 한 것은 아니었지만, 에크먼은 다윈의 자료들과 서신들을 통해 변형이 알려진 것보다 훨씬 더 광범위하게 이루어졌음을 알아냈다. 그는 그 문제를 다룬 영국 예술사가인 필립 프로저의 글을 부록으로 첨부했다. 한 예로 그 세기 중반에 파리의 빈민 병원인 라 살페트리에르에서 일하던 생리학자 기욤-벵자맹 뒤센 드 불로뉴는 전극으로 얼굴 근육을 자극하여 다양한 표정을 짓도록 하는 방법을 고안했다. 뒤센은 그런 치료를 받은 환자들의 사진이 실린 근육 관련 책을 냈다. 다윈은 그 사진들 중 8장을 사용했다. 그는 그 중 몇 장을 자극받은 표정은 그대로 남기고 전극을 지우는 식으로 변형시켰다. 다윈은 다른 경로로 얻은 사진들에서도 이마에 주름살을 덧붙이는 등 손질을 가했다. 런던 사진사 오스카 레일랜더는 다윈이 원하는 표정을 얻어내는 데 특히 뛰어났다. 『감정 표현』에서 가장 유명한 사진은 우는 아기의 모습이다. 그 모습은 비록 사진을 토대로 한 것이지만, 사실 레일랜더가 사진처럼 보이도록 그린 그림이었다. 프로저는 레일랜더가 때로 자기가 표정을 지은 사진도 찍었고, 다윈을 위해 비웃는 표정이 아주 뚜렷이 담긴 자기 아내 사진을 찍기도 했다는 것을 알아냈다.

상황이 아주 미묘하다. 프로저는 이렇게 썼다. "다윈은 사진을 표현 행동의 세세한 점들을 알려줄 증거로 사용하여 표정의 객관적인 연구 결과를 내놓고 싶어 했다."

다윈과 레일랜더는 도판을 준비하면서 수정을 가했다는 비판을 널리 받아 왔다. 비록 이 비판들 중 상당수는 현대의 기준으로 보면 정당할지도 모르겠지만, 그 책이 출간된 역사적 맥락을 염두에 두는 것이 현명하다. 사진을 과학적 자료로 받아들인 전례가 거의 없었기에 증거와 도판의 구분은 모호하다. 사진의 객관성에 관한 규칙들은 아직 등장하지 않았다. 그것은 사진사들이 자기 사진의 시각적 호소력과 선명함을 강화시키기 위해 작품을 조작할 필요성을 느낄 때가 아주 많았기 때문이기도 하다. 많은 면에서 『표현』의 출간은 경험주의적 사진술의 탄생을 의미했다. 거기에는 과학적 사진술의 규칙들을 적용할 수가 없었다. 그것이 바로 그 규칙들을 만들고 있었기 때문이다. 그 책이 나오기 전까지 사진은 얼마나 정확히 재현했느냐가 아니라 얼마나 진짜처럼 보이느냐에 따라 평가되었다. 나중에 과학자들이 사진을 맨눈에 보이지 않는 사건들의 증거로 사용하기 시작하면서, 보는 이들은 사진이 정확하다는 것을 입증하라고 요구하기 시작했다. 『표현』은 그렇게 관점이 변하기 시작하는 시점에 출간되었다.

어느 부분이 사기인가를 둘러싼 사례들에 자극을 받아, 최근에 과학자의 일지(日誌)와 발표된 연구 결과의 관계를 놓고 논쟁이 끓어오르고 있다. 일부는 여기에서 법적인 수수께끼를 본다. 즉 누가 연구비를 대고 실제로 일지를 소유한 사람이 누구인지에 관한 논쟁이다. 일부는 철학적 수수께끼를 본다. 그것은 인식론, 즉 우리가 안다고 주장하는 것을 어떻게 아는가 하는 문제에 관한 논쟁이다. 과학자의 일지가 발표된 연구 결과와 일치하지 않거나, 더 나아가 모순된다는 것이 밝혀질 때 아주 당혹스러운 상황이 벌어진다.

루이 파스퇴르의 업적은 모든 프랑스인, 모든 프랑스 학생들의 자긍심을 크게 높였다. 그는 질병의 세균 이론을 내세웠다. 그는 생명이 자연발생을 통해 기원한다는 믿음에 반대되는 증거를 내놓고 널리 알렸다. 우리는 우유를 파스퇴르가 했던 식으로 저온살균을 한다(따라서 그의 발효 연구가 프랑스 맥주의 맛을 향상시키는 데 기여하지 못했다고 해도 개의치 말라). 충직한 동료 과학자들과 함께, 파스퇴르는 프랑스 농민들의 천형이었던 가금콜레라(인간의 콜레라와 아무 관계가 없다)를 예방하는 백신과 탄저병을 예방하는 백신을 개발했다. 1885년 그는 광견병을 막는 전설적인 위업을 달성했다. 그는 엄격하고 과묵하며 오랫동안 지칠 줄 모른 채 일하고, 냉정하게 규칙적이고,

직관이 아주 뛰어난 영웅적인 과학자의 역할 모델이었다. 그는 자주 인용되는 자신의 좌우명을 그대로 요약한 인물이었다. "우연은 준비된 정신을 선호한다." 프랑스인에게 파스퇴르는 과학적 방법을 현실에 구현시킨 인물이었다. 게다가 그는 과학이 전투를 벌이는 시기에는 능란한 논객이었고, 자신의 연구에 공개적인 도전이 제기되었을 때는 대담하게 맞선 흥행사였다. 민족주의 정서가 고조될 시기에 그는 내용과 형식 양쪽으로 프랑스 과학의 투사였으며, 베를린의 로베르트 코흐나 기센의 유스투스 폰 리비히 같은 독일인들과 경쟁할 때는 더욱 그러했다. 파스퇴르가 사망하기 8년 전인 1887년 오귀스트 루토는 이렇게 말했다. "프랑스에 무정부주의자, 공산주의자, 허무주의자는 있을지언정, 파스퇴르 반대론자는 없다. 단순한 과학적 문제가 애국심의 문제가 되고 말았다."

그러니, 1995년 가을 제럴드 가이슨이 『루이 파스퇴르의 비밀 과학』을 펴냈을 때 사람들이 얼마나 경악했고 욕설을 퍼부었을지 상상해보라. 2001년 여름에 사망한 가이슨은 프린스턴의 과학사가였다. 그는 12년 넘게 파스퇴르의 실험일지를 깊이 파고들었다. 102권에 1만 쪽이 넘는 일지들은 알아보기 힘든 필체로 암호처럼 적혀 있었는데, 강박적일 정도로 세세하게 기록되어 있었다. 가이스는 그 일지를 해독할 수 있었던 최초의 역사가이자 전기작가였다. 그 점에서는 과학자라고도 할 수 있었다. 파스퇴르는 비밀주의 성향이 아주 강한 인물이었다. 그는 생전에 어느 누구에게도, 심지어 가장 가까운 공동 연구자들에게도 자신의 일지를 보여주지 않았다. 가족들은 그의 지시에 따라서 그가 사망한 뒤에도 일지를 아무도 보지 못하게 했다. 1964년 마지막까지 살아남은 직계 후손인 남자가 일지를 국립도서관에 기증했고, 일지는 그곳에서 분류되지 않은 수많은 문헌들 속에 섞여 있었다. 일지는 1971년에야 열람이 가능해졌다.

가이슨은 다른 무엇보다도 시연을 통해 찬사를 받은 두 가지 중요한 연구―양의 탄저병 백신 접종과 조제프 마이스터 소년에게 광견병 백신 접종을 한 것―에서 파스퇴르가 사용한 백신, 그것을 준비한 방법, 안정성과 효율에 관한 사전 검사 측면에서 과학자들과 대중을 심하게 오도했다고 주장했다.

저명한 과학자들은 분개했다. 프랑스 과학자들만 분노한 것이 아니었다. 한 예로 막스 페루츠는 <뉴욕 리뷰 오브 북스>에 가이슨의 책 서평을 썼다. (페루츠는 헤모글로빈의 분자 구조를 밝혀낸 공로로 노벨상을 받은 노장 결정학자였다. 그는 서평에 언급하지 않았지만, 파스퇴르는 어린 시절 그의 영웅이었다.) 그는 몹시 흥분한 어조로 이런저런 말들을 했지만, 무엇보다도 가이슨이 자신이 이해하지 못한 연구를 한 과학자를 재판하는 역할을 자임하고 있다고 평했다. "내가 볼 때는 파스퇴르가 아니라 오히려 가이슨이 파스퇴르의 일지에서 잘못을 한 듯한 부분을 파헤친 뒤 그것이 전체인 양 부풀리는 비윤리적이고 불쾌한 행위를 저지르는 듯하다." 간단히 말하면 페루츠는 나와의 전화 통화에서, 그 책이 '완전히 쓰레기'이며 가이슨이 '위대한 인물을 끌어내릴 것을 찾으려 애쓰고 있다'고 했다.

그런 견해들은 가이슨이 의도하고 이룬 것이 무엇인지를 망각하고 있다. 그가 중점을 두었던 것은 사기의 폭로가 아니라 역사였다. 최근 역사가들은 이미 파스퇴르의 초상화에 더 짙은 그늘을 드리워 왔다. 가이슨이 글로 쓰고 내게 말한 바에 따르면, 그는 일지에 적힌 내용을 깨닫고 경악했다. 하지만 그는 파스퇴르가 평생에 걸쳐 구축했고 한 세기 동안 정성껏 유지되어 왔던 위대한 신화가 비록 프랑스와 과학계에 여러 가지 방식으로 봉사했다고 할지라도—애국자의 상징, 과학의 역할 모형, 젊은이들에게 귀감이 됨으로써—이제 아직 쓰여지지 않은 더 복잡하고 더 미묘한 역사로 대체되어야 한다고 믿는다. 파스퇴르의 행위, 복잡한 동기, 부정할 수 없는 비범한 성취 사이의 긴장 때문에 이제 그는 훨씬 더 흥미로운 과학자가 되어 있다. "그에 따라 수정되는 파스퇴르 이야기는 우리 시대와 이후 세대에 유용한 기능을 할 수도 있다." 가이슨은 그 새로운 이야기가 과학적 과정이 실제로 진행되는 방식에 관한 우리의 이해를 깊게 할 것이라고 생각했다.

덜 중요한 탄저병 일화부터 살펴보자. 그 일은 1881년에 일어났다. 그 병은 양을 죽인다. 탄저병에 따른 손실은 연간 2~3천만 프랑으로 추정되었다. 파스퇴르는 면역에 관한 일반 이론—즉 대충 정립된 생각─을 지니고 있었고, 배양하는 병원성 생물을 공기 중의 산소에 오래 노출시키면 서서히 병원성이 약해진다는 백신 이론도 갖고 있었다. 경쟁자들은 이 모든 이론들에 회의적이었지만, 그는 1년 앞서 그 방법으로 가금콜레라 백신을 실험할 때 성공을 거둔 바 있었다. 1881년 2월 그는 그 방법으로 탄저병 백신을 만들었다는 상세한 내용이 담긴 논문을 발표했다. 다른 과학자들도 나름대로의 방법으로 실험을 하고 있었다. 파스퇴르의 공동 연구자 중 한 명인 샤를 샹베를랑은 방부제인 중크롬산칼륨으로 배양하는 병원체를 약화시키는 방법을 썼다.

파스퇴르는 스스로 공개 도전장을 던졌다. 파리 근처의 한 농장에 그는 동료들과 함께 50마리의 양을 모았다. 5월 5일과 5월 17일 두 차례에 걸쳐 그들은 양 25마리에게 파스퇴르가 제공한 백신을 주사했다. 나머지 양들은 백신을 접종하지 않았다. 5월 31일 양 50마리 모두에게 병원성을 전혀 약화시키지 않은 탄저균을 주사했다. 파스퇴르는 백신 접종을 한 양들은 모두 살아남을 것이고 그렇지 않은 양들은 탄저병으로 모두 죽을 것이라고 선언했다. 이틀 뒤인 1881년 6월 2일 목요일, 공무원, 정치가, 언론인, 농부 등 2백 명이 넘는 사람들─가이슨은 생생하게 현장 분위기를 담아낸다─이 농장에 모였다. 파스퇴르와 동료들은 공무원들의 호위를 받으면서 2시에 현장에 도착했다. 박수갈채와 축하의 말들이 쏟아졌다. 백신 접종을 안 받은 양 25마리 중 23마리가 죽었고 나머지 2마리도 죽어가고 있었다. 반면에 접종을 받은 양들은 25마리 중 24마리가 건강하게 살아 있었고 임신한 암양 한 마리만 죽어가고 있었다. "파스퇴르는 실험 백신을 세계 최초로 공개 시연하면서 결정적인 결과를 예측함으로써 큰 흥분을 불러일으켰다."

그 뒤에 몇 주, 몇 달, 몇 년에 걸쳐 파스퇴르는 그 시연회에 관해 설명을 할 때마다 비록 딱 부러지게 말한 적은 없었지만 자신이 제공한 백신이 진짜로 공기에 노출시켜 약화시키는 방법을 써서 만든 것임을 암시했다. 그러나 가이슨은 일지에서 파스퇴르가 백신을 접종할 때 첫 번째는 심하게 약화시킨 것을 썼고, 두 번째는 덜 약한 것을 썼는데, 중크롬산칼륨으로 약화시키는 샹베를랑의 방법으로 만든 것을 썼다는 사실을 알아냈다. 가이슨은 일지의 해당 부분을 사진으로 찍어 증거로 제시했다.

"결론은 불가피하다. 파스퇴르는 푸이르포르 농장에서 실제로 쓰인 백신의 정체에 관해 자신의 발표된 연구를 가장 잘 알고 있는 과학자들까지 포함하여—거기에는 그와 오랫동안 함께 했던 동료들도 포함되어 있었다—대중을 계획적으로 속였다." 하지만 그것이 중요했을까? 여기서 가이슨은 친절한 성향을 드러낸다. 끈기는 파스퇴르의 돋보이는 성격 가운데 하나였다. "푸이르포르의 비밀을 드러내는 실험일지에는 푸이르포르 시연이 진행 중인 와중에 파스퇴르가 산소로 약화시킨 백신을 이용한 결과를 착실히 얻어내고 있었다는 것도 보여준다." 성공을 거둔 지 한 달도 채 지나지 않았을 때, 그는 75마리의 양을 대상으로 새 백신을 시험했다. "그 실험과 이후 실험들의 결과는 압도적일 정도로 양호했다."

가이슨은 분석을 한 단계 더 멀리 끌고 나가서 파스퇴르가 일하던 전문 분야의 격렬한 때로는 악의적인 경쟁, 프랑스와 특히 베를린의 강적인 코흐의 격렬한 반대 견해라는 전체 맥락에서 그 사건을 이해할 수 있도록 해준다. 종합하면 이렇다.

> 파스퇴르는 자신의 적들을 잘 알고 있었다. 결국 속임수라는 중요하면서 부정할 수 없는 한 요소가 과학 역사상 가장 위대한 영웅 중 한 명의 가장 유명한 공개 실험에 끼어들게 된 것은 현대 과학—그리고 파스퇴르가 살고 활동했고 존재했던 경쟁적인 환경—에서 독창성이 대단히 중요시되기 때문이다.

이말은 위대한 인물을 끌어내리는 것이 아니다. 그리고 무엇보다도 그것은 과거 과학자들의 행위를 볼 때 쓰는 복시안을 인정한다.

4년 뒤인 1885년 10월 26일 파스퇴르는 과학아카데미에서 7월에 새 방법으로 약화시킨 백신으로 조제프 마이스터라는 소년을 치료하는 데 성공했다고 발표했다. 광견병에 걸린 개에게 심하게 물린 소년이었다. 파스퇴르는 더 심하게 물린 장-밥티스트 쥐필이라는 젊은이도 치료 중이라고 말했다. 며칠 지나지 않아 파스퇴르는 세계의 영웅이 되었다. 몇 달 지나지 않아 그의 방법을 이용한 치료소들이 많은 국가들에서 설립되었다. 1년도 지나지 않아 파리 지역에서만 광견병에 걸린 개에게 물린 환자 2,000명 이상이 그 방법으로 치료를 받았다.

광견병은 백신의 성공 여부 판단을 어렵게 만드는 두 가지 특징을 지니고 있다. 증상과 징후가 나타나기 전의 잠복기가 여러 달까지 아주 길어질 수 있다. 게다가 치료를 받지 않아도 광견에 물린 동물이나 사람의 대다수—약 85퍼센트—는 발병하지 않는다.

10월 26일 논문에서 파스퇴르는 마이스터를 치료하기 전에 개 50마리에게 광견병 예방 접종을 실시했는데 모두 다 성공했다고 주장했다. "그 50마리는 광견병에 내성을 갖게 하기 이전에는 분명히 물린 적이 없었다. 그것은 내 선입견에서 나온 것이 아니다. 이미 다른 실험을 하면서 아주 많은 개들을 광견에 물린 뒤에 내성을 갖게 했기 때문이다."

파스퇴르의 일지로 다시 돌아가자. 일지에는 불일치하는 내용들이 많으며, 그것은 전설과 모순되는 결론을 낳는다. 탄저병 시연을 한 뒤로 4년 동안 파스퇴르는 가장 병원성이 강한 것부터 적절히 약화시킨 것에 이르기까지 다양한 광견병 균주를 만들어서 아주 다양한 방식으로 실험을 했다. 그는 수많은 토끼와 개, 많은 원숭이를 희생시킨 끝에 가장 강한 균주에 죽은 토끼의 척수를 공기 중에서 건조시켜 약화시키는 방법을 선택했다. 말리는 데는 며칠이 걸렸다. 시간이 길수록 병원성은 더 약해졌다. 그가 아카데미에서 발표한 것이 바로 그 방법이었다. 마이스터에게 사용한 백신을 만든 방법이라고 말이다. 그—아니 그의 감독 하에 있는 자격 있는 의사—는 여러 날에 걸쳐 소년에게 13차례 접종을 했다. 배꼽의 피부 속에 15일 동안 말려서 가장 약화시킨 것부터 14일, 12일, 11일 말린 것 등 점점 강한 것을 거쳐서 마지막에는 전혀 약화시키지 않은 것까지 척수액 0.5ml 씩을 주사했다. 청중들은 자연히 그가 개 50마리와 '물린 뒤에 내성을 갖게 한 아주 많은 개'에게 사용한 방법이 그것이라고 가정했다. 하지만 가이슨은 이렇게 썼다.

> 파스퇴르의 실험일지를 상세히 연구함으로써 나온 첫 번째 놀라운 결론은 이 '아주 많은' 개가 사실 20마리도 채 못 되었다는 것이다. 더 중요한 점은 이 물린 개들—내가 헤아린 바로는 16마리에 불과하다—에게 면역성을 갖게 하는 과정에서 같은 시기에 같은 방법으로 처리한 개들 중 10마리가 죽었다는 것이다.

물린 개들을 대상으로 한 실험은 4월 13일에 시작되어 5월 22일에 끝났다. "게다가 물리게 한 뒤에 개들을 치료했을 때의 성공률이나 물리게 한 뒤에 그냥 방치한 개들의 생존율이나 본질적으로 아무 차이가 없었다." 게다가 광견병 백신 실험에서 파스퇴르는 대조군을 거의 또는 전혀 설정하지 않았다. 따라서 그 분석은 파스퇴르가 백신 개발에 성공했다고 주장할 만한 통계적 근거가 전혀 없었다는 것을 보여준다. 파스퇴르 자신 외에는 어느 누구도 그 사실을 알 수 없었을 것이다. 그리고 그 자료들은 아예 발표되지 않았다.

첫 번째 문제는 파스퇴르가 물린 26마리의 개에게 쓴 방법들이다. 일지는 접종 순서가 2달 뒤에 마이스터에게 쓴 방법과 정반대였다는 것을 보여준다. 파스퇴르는 그 해 봄에 지녔던 면역 이론에 따라서 가장 병원성이 강한 토끼 척수에서 얻은 백신부터 시작하여 점점 더 약한 백신을 투여하는 방법을 썼다. 가이슨은 이탤릭체로 그 부분을 강조했다. "파스퇴르의 실험일지에 적힌 바로는 광견병에 내성을 지니게 된 16마리를 포함하여, 이 26마리의 개들 가운데 단 한 마리도 나중에 어린 마이스터에게 썼던 방법대로 치료받지 않았다."

두 번째 문제는 물리지 않은 개들을 대상으로 한 실험이다. 파스퇴르가 10마리에게 처음 접종을 한 것은 겨우 5월 28일이었다. 그리고 6월 3일에 10마리, 6월 25일에 다시 10마리, 이틀 뒤인 6월 27일에 또 10마리를 접종했다. 총 40마리였다. 이 개들에게는 모두 정말로 파스퇴르가 곧 마이스터에게 쓸 방법이 쓰였다. 즉 가장 약한 백신부터 가장 병원성이 강한 백신의 순서로 매일 서서히 조금씩 더 강한 백신을 주사하는 방법이었다. 파스퇴르가 마이스터를 치료하기 시작한 7월 6일에 그 40마리의 개들은 모두 건강했다. 모두 다 광견에 물린 적이 없었다. 물론 백신에 든 바이러스가 광견병을 예방하기보다는 광견병에 걸리게 할 수도 있었다. 하지만 최초로 접종이 이루어진 때로부터 6주가 채 지나지 않은 상태였고, 가장 최근의 접종은 겨우 10일 전에 있었다. "마지막(가장 치명적인) 접종이 이루어진 뒤 30일 동안 살아남은 개는 단 한 마리도 없었다." 이 개들의 면역성은 증명되지 않았고, 그 방법의 안정성도 마찬가지였다. 그리고 마이스터는 증상이 나타나지 않은 상태였다. "이런 배경에 비추어볼 때, 파스퇴르가 소년을 치료하기로 결심했던 시점에 '마이스터 방법'의 동물 실험 상태를 공개하지 않았던 것도 그리 놀랄 일은 아니다. 게다가 사실 그 결과는 지금까지도 발표된 적이 없다."

이 모든 것들을 밝혀낸 뒤 가이슨은 그것들을 제쳐두고, 처음에 일지를 검토할 동기가 된 중요한 질문들을 조사했다. 파스퇴르는 어떤 역사적 정황에서 일을 했을까? 실험실에서 주요 동료들과의 관계는 어떠했을까? 1885년 10월 26일의 유명한 논문이 나왔을 당시에 비평가들은 어떤 질문이나 의구심을 제기했을까? 과학적으로 실제 그의 연구실에서는 실험이 어떻게 이루어지고 있었을까? 그리고 그 중요한 시기에 파스퇴르의 면역 이론은 어떤 변화를 거쳤을까? 가이슨의 설명은 명쾌하고 심오하며, 저술 동기는 복잡하다. 파스퇴르의 허위 발표는 그 과정에서 발견된 것이다. 그럼으로써 그 인물을 보는 불편하지만 독특하면서 이루 가치를 따질 수 없는 관점이 도출되었다. 새롭게 드러난 파스퇴르는 야심, 명민함, 육감, 사적인 일지에서도 명확히 드러나지 않는 암묵적인 지식, 행운의 비범한 혼합물, 즉 우리가 천재라고 말하는 휘발성 화합물로 추진되는, 때로는 자기 자신에게까지도 모호했던 음침하고 솔직하지 못한 인물이다.

다시 실험일지로 돌아가보자. 이번에는 다른 의문들을 제기하고 과학자들이 실제로 어떤 식으로 일을 하는지를, 따라서 사기라는 문제의 미묘한 점들을 더 깊이 파헤칠 수 있도록 해주는 로버트 밀리컨의 일지이다. 여기에서는 좀 더 세세하게 파고들 필요가 있다. 일지의 과학, 발표한 주장들의 과학, 경쟁 이론들과 인신공격과 논쟁이 난무하는 국제적인 물리학 세계라는 무대의 과학을 말이다.

밀리컨은 다양한 업적으로 1923년 노벨 물리학상을 받았다. 그의 업적들 중 가장 앞서 이루어졌고 당시나 지금이나 그의 명성의 토대가 되어 있는 것은 전자의 전하, 즉 e(아인슈타인의 $e=mc^2$ 공식에서 에너지를 가리키는 e와 다른 것이다)라는 값을 측정한 것이었다. 그는 1907년 시카고 대학교에서 그 연구를 시작하여, 1909년 첫 번째 중간 논문을 발표했고, 1913년 모든 전자의 e값이 똑같다는 사실과 함께 아주 정확한 값을 제시했다. e값은 물리학의 기본 상수이다. 사실 1917년 그는 그것을 '물리학이나 화학의 상수들 중 가장 근본적인 것이자, 현대 물리학의 수많은 문제들의 해결에 가장 중요한 것 중 하나'라고 했다(그는 이탤릭체를 즐겨 썼다).

밀리컨의 측정값과 그의 이탤릭체는 더 크고 더 격심한 논쟁의 산물이었다. 주로 유럽인들이자 저명한 인사들도 일부 포함된 일단의 물리학자들은 물질이 원자로 이루어져 있다는 이론을 나중까지도 완강하게 거부했다. 밀리컨은 그들 중 한 명인 펠릭스 에렌하프트의 견해를 정면으로 반박했다. 에렌하프트는 전기를 입자, 즉 '아전자'로 이루어진 액체와 비슷한 것이라고 보아야 하며, 아전자들의 전하가 상당히 넓은 범위에 걸쳐 연속적인 변이를 보인다고 주장했다. 그 견해에 따르면 e는 평균값에 불과했다. 밀리컨에게 e값의 측정, 그것도 그렇게 정확한 측정은 원자론을 최종적으로 입증하는 데 핵심이 되는 탁월한 반론 증거였다.

몇 가지 실험 방법들을 시도한 끝에, 밀리컨과 그의 조수는 황동판 두 개를 수평으로 나란히 놓고 그 사이에 강한 전기장을 켜고 끌 수 있도록 한 상자를 만들었다. 그의 목적은 황동판 사이에서 하전된 아주 작은 기름방울 하나의 행동을 관찰하는 것이었다. 그는 눈금이 새겨진 대안렌즈가 달린 초점거리가 짧은 망원경을 통해 기름방울들을 하나하나 관찰했다. 5년이 넘게 연구를 하면서 그는 장치를 놀라울 정도로 개량했다. 그는 온도와 기압을 아주 정확히 일정하게 유지했다. 방울을 비추는 가느다란 빛줄기에서 열을 생산하는 적외선을 걸러냈을 정도였다. 기름방울은 공기 중에서 서서히 낙하하지만, 전기장이 걸리면 낙하 속도가 더 느려지다가 약하게 증발이 일어나면서 10~15초 정도 그 자리에 머물러 있다가 솟아오르기 시작하곤 했다. 그는 X선을 쬐어 기름방울의 전하를 바꿀 수 있었다. 전하가 바뀌면 기름방울의 행동도 갑자기 변했다. 그것은 전하가 불연속적인 단위를 이루고 있다는 극적인 증거였다. 그는 각 방울의 움직임을 시간별로 관찰했다. (그 실험은 대단히 까다로운 것으로 유명하다. 지금도 물리학 개론 시간에 그 실험을 하곤 한다.) 밀리컨은 이 관찰을 수백 번 했고 결과를 일지에 기록했다. 그는 각 방울의 전하를 계산했다. 그는 전하들이 언제나 더 약분되지 않는 한정된 최소값의 정수 배라는 것을 밝혀냈다. 그 최소값이 e이다. 1910년부터 그는 기름방울 실험에 관한 일련의 논문들을 발표했다.

1978년 하버드 대학교의 물리학자이자 과학사가인 제럴드 홀튼은 『과학적 상상력』을 다룬 글들을 모은 책을 펴냈다. 그 책의 두 번째 장은 밀리컨과 에렌하프트의 논쟁을 다루었다. 홀튼은 그 연구를 잘 알았고, 대륙 물리학자들의 철학적 적대감을 이해했으며, 기록 보관소에 있는 밀리컨의 실험일지를 조사하기 위해 캘리포니아 공대를 방문했다. (그 대학은 1891년 트루프 공대로 설립되었다가 1920년에 현재의 이름으로 바뀌었다. 밀리컨은 1차 세계대전 때 복무한 뒤 1921년 그 대학으로 자리를 옮겼다. 그의 전기작가의 말에 따르면, '사실상 그 학교의 학장이었다'. 그는 수십 년 동안 칼텍의 발전을 이끌었고, 그곳에서 존경을 받고 있다.)

홀튼의 연구―가이슨의 파스퇴르 연구보다 17년 앞섰다―는 실험일지와 발표된 논문의 관계를 통해 과학자의 연구를 분석하고 해석하려는 차후의 연구에 적용된 높은 기준을 설정했다. 그의 주된 관심사는 자신이 테마타(themata)라고 부른 것 중 두 가지, '원자론의 테마 개념과 연속체의 테마 개념'을 대비시키는 것이었다. 하지만 그가 일지에서 발견한 것은 밀리컨이 많은 기름방울 관찰 자료들을 e를 계산할 때 내버렸다는 사실이었다. 이 말은 e값을 정한 일련의 논문들 전체에 적용된다. 1913년 장치와 방법이 정교해진 시기에, 밀리컨은 <피지컬 리뷰>에 결정적인 논문을 발표했다. 거기에는 58개의 기름방울을 차례로 관찰했다고 실려 있었다. 그는 평소처럼 이탤릭체로 이렇게 썼다. "이것이 따로 골라낸 물방울 집단이 아니라 장치를 몇 차례 분해하여 새로 설치한 시기에 60일 동안 연속하여 실험한 기름방울 전부라는 말을 해야겠다." 밀리컨은 자서전에 이 문장을 다시 싣고서 이렇게 덧붙였다. "이 방울들은 60일 동안 죽 살펴본 것들 전체이다. 한 방울도 누락되지 않았다."

문제는 일지에 60일 동안 관찰한 방울들 중에 많은 것들이 누락되었다고 나와 있다는 것이다. 읽은 수치를 적을 때마다 밀리컨은 대강 계산을 해서 각 실험마다 판정한 결과를 적었다. 홀튼은 많은 쪽들에 이런 식의 글이 적혀 있다고 했다. '이건 거의 정확히 들어맞고 여태껏 얻은 결과 중 최고야!!!'나 '이 아름다운 결과를 발표할 것', 또는 '정확히 옳음'이나 '완벽한 발표거리' 등. 다른 많은 쪽들에 이런 말이 적혀 있었다. '너무 낮아 잘못된 것', '거의 일치하지 않음. 들어맞지 않을 것임', '이 방울은 비대칭적으로 오락가락함', '아님, 뭔가 잘못되었음'. 홀튼은 이 일지에서 이어진 두 쪽의 사진을 실었다. 첫 번째 쪽에는 '1912년 3월 12일 금요일'이라고 적혀 있었고, 자료들과 계산 값들이 표로 죽 적혀 있었다. 하단 왼쪽에는 '아름답다'와 '이 진짜 아름다운 것을 발표하라!!!'라고 적혀 있다. 다음 쪽에는 '1912년 3월 15일 금요일, 오후 5:00 두 번째 관찰'이라고 적혀 있다. 표는 더 짧고 계산 값도 더 적으며, '오후 5:35'에 끝냈다고 적혀 있었다. 그 오른쪽에는 '오차가 너무 커서 사용 불가'라고 적혀 있었고, 날짜와 쓴 내용으로 판단할 때 더 나중에 적은 글이 있었다. "이 일을 계속할 수 있고 아마도 잘 되겠지만 그점은 중요하지 않다. 8월 22일까지 시간이 있다면 할 것이다." 홀튼은 이것을 '실패한 실험, 아니 사실상 아예 하지 않은 실험이라'고 했다.

밀리컨이 1913년 논문에 발표한 58개의 기름방울은 홀튼이 헤아린 바에 따르면 약 140개에서 고른 것들이었다. 배비지의 용어로 말하자

면, 밀리컨은 뛰어난 요리사, 즉 관측 결과 중 발표할 것을 취사선택
한 사람이었다. 다시 말하지만 목적은 정확도를 크게 높이는 것이었
다. 하지만 홀튼의 평가는 호의적이었다. 그는 일지를 '비밀 과학'이
라고 불렀다. 그는 주로 밀리컨이 올바른 실험 조건을 어떻게 발견했
는지―운 좋게 때려 맞추었는지―에 관심이 있었다. 그의 생각과 상
상이 실험 기구와 소통하면서 관찰을 하고 평가를 하는 매순간 어떻
게 작용했을지. 그 결론이 다른 곳에서 이루어진 다른 연구, 특히 알
파 입자의 전하를 계산한 영국의 언스트 러더퍼드의 연구를 통해 어
떻게 뒷받침되었는지. 에렌하프트라면 그 은폐된 일지를 토대로 다른
결론에 도달했을지. 무엇보다도 홀튼은 자신의 설명 체계, 즉 연속체
론에 맞선 원자론이라는 테마적 선입견의 지배력을 보았다. 밀리컨의
간결한 주석 가운데 하나―'e=4.98로서 이것은 기름방울일 수 없다는
의미이다'―에 대해 홀튼은 이렇게 썼다.

> 이 말은 밀리컨과 에렌하프트의 결과가 자료의 처리에 아주 민감하며,
> 그보다 앞서 무엇이 실험 설계와 관련이 있는지 혹은 더 나아가 실험 설계
> 의 핵심 측면인지, 어느 자료가 불일치하거나 의심스러운지, 어느 자료를
> 설득력 있는 근거 하에 배제시킬지에 관한 결정에 아주 민감하다는 것을
> 새삼 말해준다. 연구 결과는 정전(正典)을 이루는 지식에 흡수되기에 앞서
> 일반적으로 그러하듯이, 가설의 인도를 받으며, 그 가설은 주로 '관련된'
> 부분을 다루는 데 성공함으로써, 그리고 그것에 주목하도록 돕는 테마적
> 가정을 통해서 안정해진다.

다른 사람들은 홀튼의 밀리컨을 다른 식으로 해석해 왔다. 홀튼의
'원칙적으로 무한한 경험 가운데 관련된 부분을 선택하는 일은' 같은
말은 따로 떼어내면 사회구성주의자들을 즐겁게 한다. 구성주의는 홀
튼의 미움을 받는다. 홀튼은 그것을 둘러싼 논쟁에 적극 참여했다.
더 일반적으로 볼 때 밀리컨의 요리하기가 폭로된 뒤 반응들은 양
극화해 왔다. 옹호자들은 밀리컨이 엄청난 새 연구 계획―양자물리학
과 에너지가 불연속적인 덩어리 형태라는 개념―의 맥락에서 일을 하

고 있었고, 그가 어떤 것이 제대로 될지 제대로 안 될지를 직관적으로 느끼는 재능을 지닌 위대한 실험과학자였다고 말한다. 비판자들은 밀리컨이 선입견에 휩싸여서 부당하게 치우쳐 있었고, 결정적인 논문에 쓰인 대부분의 실험에서 포함시키고 싶지 않은 자료들은 제멋대로 제외시켰다고 말한다. 그리고 그가 뻔뻔스럽게 반복해서 그것에 관해 거짓말을 했으니 천재가 어떻다는 이야기는 하지 말라고 한다. 1995년 <과학과 공학 윤리학> 학회지 창간호에 실린 밀리컨 논쟁을 날카롭고 폭넓게 다룬 글에 일리노이 공대의 울리카 세저스트레일은 이렇게 썼다. "이 사례에서 흥미로운 점은 저자들에 따라 밀리컨의 사례가 과학적 부정행위 또는 좋은 과학적 판단의 사례로 다루어진다는 것이다."

밀리컨 옹호자들 중 가장 꼼꼼한 인물은 코넬 대학교의 물리학자이자 과학철학자 겸 과학사가인 앨런 프랭클린이다. 그는 1984년 <미국 물리학회지>에 다른 질문들을 염두에 두고서 밀리컨의 일지를 재분석한 글을 발표했다. 어떤 논조인지 살펴보자.

프랭클린의 설명에 따르면 일지에 1913년 논문과 관련된 기름방울은 모두 177개였다. 그는 그 반복된 실험들을 세분하고 또 세분했다.

밀리컨이 제외시킨 방울들만을 살펴볼 때, 프랭클린은 먼저 밀리컨이 실제로 사용한 최초의 관찰 자료보다 더 이전에 관찰된 것들을 조사했다. 모두 68개였다. 그 중에 처음의 15개는 장치를 설치하고 작동시킬 때 한 것들이라고 프랭클린은 판단했다. 남은 것은 53개였다. 프랭클린은 그것들만으로 e값을 계산했다. 이상하게도 밀리컨은 그 계산을 하지 않았다. 밀리컨 비판자들은 아마도 그 결과에 놀랐을 것이다. '이전의 어떤 측정값보다도 더 정확한' 값이 나왔기 때문이다. 프랭클린은 밀리컨이 발표할 때 쓴 첫 번째 방울을 측정할 무렵에 장치 성능과 측정 실력이 제대로 발휘된다고 흡족해했을 것이라고 가정했다. 사실상 69번째 방울이 1번 방울이 되었다.

시험 기간—실험을 위해 실험하는 기간—은 독창적인 실험 연구에 늘 있기 마련이며, 그렇게 번호를 다시 매기는 것도 으레 있는 일이다. 그렇다면 이제 107방울이 남는다. 하지만 밀리컨은 그 중에서 58

방울만 논문에 실었을 뿐 49방울은 제외시켰다. 프랭클린은 그 방울들을 더 세분했다. 나머지 49개 가운데, 밀리컨은 22개는 아예 무시했지만 27개는 계산을 했다. 프랭클린은 27개 방울을 일일이 조사했다. 21개는 밀리컨이 예상한 값에 근접해 있었는 데에도 배제되었다. 19개는 이런저런 식으로 실험 조건을 충족시키지 못했고, 2개는 '명백한 이유 없이, 아마도 불필요했기 때문에' 제외된 듯했다.

나머지 6개는 정말로 예상한 결과에서 너무나 벗어났기에 뺀 것이라고 볼 수 있었다. 하지만 그 중에서 5개는 오차가 2퍼센트를 넘지 않았다. 여기까지 논리를 전개한 뒤 프랭클린은 밀리컨이 많이 요리한 것이 아니라 아주 약간 다듬기를 했을 뿐이라고 하면서 그를 복권시켰다. 즉 엄밀하게 배비지의 용어로 말하자면, '관찰을 극도로 정확히 했다는 평판을 얻기 위해' 한 일이었다고 말이다. 나머지 여섯 번째 방울은 오차가 40퍼센트나 되었다. 하지만 그 결과는 표준화한 실험 조건에 문제가 생겨서 나타났을 수도 있었다.

유감스럽게도 밀리컨의 옹호자로 나선 다른 사람들은 그렇게 세심하지 못하다. "밀리컨은 마음에 들지 않은 방울들을 그냥 빼버린 것이 아니었다. 정말로 그랬다면 그것은 어느 과학자의 기준으로 보아도 사기였을 것이다." 칼텍의 물리학자 데이비드 굿스타인은 1991년 문예 계간지 <아메리칸 스콜라>에 실린 현학적이고 너저분하고 감상적인 글에 그렇게 썼다. 굿스타인도 밀리컨의 실험일지를 살펴보았고, 그것을 참조했다고 언급했다. 특히 밀리컨이 다양한 관찰 결과들의 특성을 언급한 말과 대학생들에게 물리학을 가르치면서 한 말을 언급했다. 굿스타인은 이렇게 설명했다. "그가 기름방울을 제외시키려고 했을 때는 그 자료를 무효로 만들 오류를 찾아냈던 것이 분명하다." 그는 '밀리컨에게는 어떤 오류든 간에 에렌하프트의 주장을 입증하는 것처럼 보였을 것이다'라는 주장—그렇다, 변호한답시고 내놓은 것이다—을 비롯한 옹호론을 간략하게 펼쳤다. 그는 현명한 척 결론지었다. "밀리컨은 사기를 저지르고 있지 않았다. 그는 과학적 판단을 내리고 있었다."

그 말에 굳이 사족을 달 필요는 없다. 한 가지만 빼고. 제외시킨

방울들이 에렌하프트를 도왔을 가능성이 있다고 태평하게 용서를 한 굿스타인의 말을 어떻게 받아들여야 할까? 다행히도 프랭클린의 분석은 그럴 가능성이 없다는 것을 보여주었다.

홀튼은 일부 측정 결과를 제외시키기로 한 밀리컨의 결정이 '현재의 과학 정신에서는 용납되지 않는다'라고 솔직히 말했다. 하지만 홀튼이 볼 때 밀리컨의 죄—그것을 죄라고 한다면—는 그 정도에 불과했다. 그는 1996년 봄 지식인 잡지인 <데덜러스(Daedalus)>에 다시 그 사례를 다룬 글을 썼다.

> 오늘날까지 모든 실험자, 특히 새로 발명된 장비를 갖고 실험하는 사람들은 외부 환경—이 사례에서는 전압 변화, 온도 변화, 상자 속의 난류—이 실험의 전제조건들을 간섭하는지 날카롭게 주시하고 있어야 한다. 갈릴레오도 새 망원경을 사용할 때 유사한 문제들과 마주쳤다. 오늘날 우리가 어긋나는 자료들을 다루는 전략은 전혀 다르며, 현재 통용되는 훨씬 더 엄격한 규칙들에 비추어보면, 밀리컨이 한 일은 그저 장난 수준이라고 말하고 싶어진다.

이제 우리는 이런 식으로 과거의 과학자들을 옹호하는 말에 익숙해져 있다.

밀리컨의 사례에 대한 구체적인 견해들을 넘어서서 과학 활동과 실험일지에 관해 우리가 구별해야 하는 두 가지 현안이 있다. 첫째, 제럴드 홀튼이 도입하고 제럴드 가이슨이 다듬은(그리고 자신의 책제목에 쓴) 비밀 과학이라는 이 개념을 가지고 우리는 무엇을 할 수 있을까? 그 개념이 적용되는 최근 사례들도 있다. 위대한 과학자들의 실험일지를 꼼꼼히 읽는 행위는 독자적인 학술 분야로 자리를 잡았다. 스틸먼 드레이크를 비롯한 이탈리아의 여러 학자들은 갈릴레오의 논문들을 꼼꼼히 연구해 왔다. 또 수많은 역사가들이 뉴턴과 다윈의 일지를 파헤치고 있다. 이 분야에서는 예일 대학교의 프레더릭 로렌스 홈스가 거장으로 인정받고 있다. 홈스는 1974년 19세기의 저명한 프랑스 생리학자 베르나르 클로드의 연구를 세밀하게 살펴본 책을 시작으로, 18세기 프랑스 화학자 앙투안 라부아지에의 생애에서 일지와 발표된 성과 사이의 관계를 마찬가지로 치밀하게 분석한 연구 결과를 1985년에 내놓았고, 1991년과 1993년에는 노벨상을 받은 생화학자 한스 크렙스를 분석한 두 권의 책을 냈다. 홈스는 크렙스를 수십 차례 인터뷰하면서, 일지와 발표된 논문의 문장들을 일일이 대조하면서 논의를 했다.

가이슨은 자신이 파스퇴르에 관해 말하지 않은 것이 무엇인지 꼼꼼하게 명확히 밝히면서, 홀튼과 자신의 연구를 비롯한 이러한 실험 일지 등의 연구에 관해 언급했다.

> 이 연구 계통에는 할 일이 많이 남아 있다. 하지만 지금까지 '비밀 과학'의 기록들을 자세히 조사한 모든 사례에서 이 기록들과 발표된 결과 사이에 이런저런 불일치를 찾아낼 수 있다. 최고의 과학자들조차도 어긋난 자료를 '잘못된 실험'에서 나온 일탈 사례로, 따라서 발표할 때 빼거나 '감추어야' 하는 것으로 보고 으레 내버린다. 그러다 보면 모호한 실험 결과가 결정적인 결과로 변하기도 한다. 실험들이 진행되는 순서가 역전되기도 한다. 그리고 연구의 실제 특성이나 방향은 간결해지고 압축되고 일반적으로 '산뜻해진다'. 그런 행위에 악의적인 요소는 거의 없으며, 속이려는 의도도 거의 없고, 그 행위는 오래 전부터 익히 알려져 있었다. 오래 전인 17세기에 프랜시스 베이컨은 '그 어떤 지식도 처음에 밝혀진 순서대로 전달되지는 않는다'라고 했고, 라이프니츠는 '저자들이 우리에게 자기 발견의 역사와 그 발견을 이루기까지의 단계들을 알려주기를' 바란다고 했다. 그 이후로 과학자들과 미국의 영향력 있는 과학사회학자 로버트 머튼 같은 사람들은 이 '공개기록에 실제 과학 탐구 과정이 제대로 실려 있지 않는' 현상에 새롭게 관심을 갖게 했다.

가이슨은 홈스의 연구를 언급하면서 그가 '자신의 역사적 주인공들이 일부러 속이는 짓을 했다는 주장'을 결코 한 적이 없다고 썼다.

> 대신에 그는 라부아지에, 베르나르, 크렙스가 비밀 실험 기록과 그것을

공공 영역에서 효과적이고 설득력 있게 발표한 것 사이에 늘 개입하는 표준적인 행위들과 수사학적 전략들을 단순히 현명하게 채택했다는 견해를 취한다. 이런 배경에 놓고 보면, 실험일지가 공개된 연구 결과에 담긴 것과 다른 연구 과정을 보여줄 때마다 파스퇴르가 '과학 사기'를 저지르고 있었던 것이 아님이 명확히 드러난다.

그 말도 일리가 있지만, 특정한 가능성 있는 행위들까지 포괄하지는 못한다. 일지에 기입된 내용 자체가 위조되거나 변조되었다면? 그 비판은 최근에 아주 널리 알려진 사례들에서 제기되어 왔다. 그것은 많은 과학자들이 알지 못할 수도 있는 한 가지 사실 때문에 복잡해진다. 일부에게는 부당하게 여겨지겠지만, 현재 미국 연방정부의 연구비 지원을 받는 연구를 통제하는 규제 법규들은 일지와 기타 자료들이 개별 과학자의 소유가 아니라 법적으로 연구비를 제공하는 연구기관의 재산이라고 본다. 그렇다면 현재의 일지를 어떤 의미에서 비밀 과학이라고 부를 수 있다는 것일까?

게다가 멘델을 변호하는 일부의 말에 암시되어 있고, 밀리컨을 변호하는 많은 사람들이 노골적으로 주장하는(홀튼은 아니다) 개념이 하나 있다. 자신이나 남의 후속 연구로 자신이 위조하거나 날조한 결과가 옳은 것으로 입증된다면 자신이 현재 발표한 결과의 토대인 부정 행위도 정당성을 획득할 수 있다는 것이다. 한 논문에서 주장된 결론이 설령 근거가 없다고 할지라도 그 결론이 나중에 입증된다면 현재의 사기가 사후에 용서될 수 있다는 주장은 최근 사례들을 둘러싼 논쟁에서도 제기되곤 했다. 그것은 유혹적인 개념이다. 그것은 현재 과학자들 사이에 가장 깊은 분열을 야기하는 개념 중 하나이다.

이제 배비지가 말한 날조하기, 즉 노골적인 위조의 고전적인 사례를 세 가지 살펴보자. 에른스트 헤켈, 지그문트 프로이트, 시릴 버트의 사례이다.

최근 독일 생물학자 에른스트 하인리히 헤켈이 날조자였음이 폭로되었다. 그는 위조함으로써 수십 년 동안 발생학자들과 진화생물학자들을 오도했다. 1874년 헤켈은 발생의 세 단계를 연속적으로 보여주는 척추동물 배아들을 그린 그림을 발표했다. 그는 그 그림들이 표본들을 직접 관찰하여 그린 것이라고 주장했다. 물고기, 도롱뇽, 거북, 닭, 돼지, 소, 토끼, 인간을 그린 그 그림들은 서로 크게 다른 생물들의 배아들이 상응하는 발생 단계에서는 거의 동일하다는 것을 보여주었다. 헤켈은 자신이 내놓은 이른바 진화의 보편 법칙, '개체 발생은 계통 발생을 반복한다'를 뒷받침하기 위해 그 그림들을 제시했다. 그 말은 포유류, 조류, 인간 같은 더 고등한 척추동물의 배아들이 수정란에서 발생할 때 더 원시적인 조상들의 모습을 취하는 단계들을 거치다가 나중에 새 단계들이 추가되면서 분화한다는 것이다. 이 발생 반복 개념과 그 표어는 오랜 기간 대단한 영향을 미쳤다. 다윈 사후에 진화론을 널리 퍼뜨린 인물인 조지 존 로메인스가 채택한 뒤로 그 그림들은 수십 년 동안 교과서에 으레 실리곤 했다.

널리 알려졌고 대단한 영향을 미쳤던 그 그림들은 위조된 것들이었다. 진화생물학자들이 오래 전부터 헤켈의 법칙을 경원시한 것은 분명하다. 그 그림이 처음 등장한 무렵부터, 다윈주의자들, 특히 다윈의 친구인 애덤 세지윅은 의구심을 품었다. 사실 헤켈도 당시에 기억을 토대로 꽤 제멋대로 그린 것임을 인정했다. 하지만 그가 인정했다는 사실은 잊혀지고 말았다. 1990년대 중반에 런던 세인트조지 병원 부속 의대에 재직하던 발생학자 마이클 리처드슨이 그 그림을 보게 되었다. 그는 자신이 알고 있는 척추동물 배아들의 특징들이 발달하는 양상과 그 그림들이 맞지 않는다는 것을 알아차렸다. 그는 동료들(오스트레일리아, 캐나다, 프랑스, 미국의)과 함께 사진들을 갖고 비교 연구를 했으며, 그 결과를 1997년 여름에 발표했다. 배아들은 '종종 놀라울 정도로 달랐다'. 게다가 헤켈은 인간 배아의 부속지 맹아 같은 많은 세세한 것들을 빠뜨렸다. 그는 닭의 배아가 인간의 배아와 닮아보이도록 꼬리를 구부리는 등 특징들을 덧붙이기도 했다. 그는 배아들의 크기가 10배까지 차이가 나는 데도 그것들이 모두 같은 크기인 양 그렸다. 리처드슨은 이렇게 썼다. "생물학에서 가장 유명한 사기 중 하나가 드러난 것 같다…… 수정된 그림들은 원본이 지지하지 않았던 이론들을 뒷받침한다.”

　지그문트 프로이트와 그의 정신분석의 입지를 뒤흔드는 쟁점들이 많이 있다. 그의 이론이 처음 제기된 뒤로 한 세기 동안 논쟁들이 끊이지 않고 벌어졌다. 그 중에 프로이트가 사기꾼이라는 비판은 최근에 극히 일부에서 제기한 것이다. 그러나 그것은 그 영웅의 조각상의 받침대에 설치된 다이너마이트이다.

　초창기부터 비판자들은 의문들을 제기했다. 자신의 방법이 진정한 과학으로서 타당하다는 그 거장의 주장. 정신질환에 관한 그의 마음 모형과 그 뒤의 많은 모형들, 그의 추종자와 해설자와 반대파들이 제시한 모형들이 현실과 관계가 있는가 하는 의문. ‘당신의 반발이 그 방법이 옳음을 보여준다’는 비판에 대한 역공에서 보이는 것 같은 순환논법. 그와 제자들의 안 좋은 관계를 둘러싼 추문들과 상당한 위치에 있는 정신분석학자들의 이데올로기에 매몰된 사교 집단 같은 행동. 일부 문학 비평가 집단들이 보이는 무분별한 프로이트 개념의 수용. ‘그 방법이 치료법으로 이어지는가’ 라는 현실적이지만 무시할 수 없는 노골적인 질문. 1980년대와 1990년대 초에는 설득력 있고 체계적인 대규모의 새로운 공격들이 가해졌다.

　그 중에 가장 중요한 것은 세 가지였다. 첫째는 피츠버그 대학교의 철학 및 정신의학 교수인 아돌프 그륀바움이 제기한 것이었다. 그륀바움은 1984년에 출간된 『정신분석의 기초: 철학적 비평(The Foundations of Psychoanalysis: A Philosophical Critique)』에서 프로이트 임상 이론과 그 변형 이론들의 인식론적 토대를 분석하여 그것들이 참일 수 없다는 것을 보여주었다. 1991년 당시 오스트레일리아 모나시 대학교의 심리학 교수였던 맬컴 맥밀란은 『프로이트 평가(Freud Evaluated: The Completed Arc)』라는 해박한 지식이 담긴 방대한 역작을 펴냈다. 그는 정신분석의 역사적 발전 과정을 꼼꼼하게 조사하면서 프로이트와 추종자들의 방법론적 주장들과 실제 적용 양상들을 세심하게 분석했다. 6백 쪽에 달하는 그 책에서 그는 이렇게 요약했다.

따라서 우리는 정신분석이 과학이라고 결론지어야 하는가? 내 평가는 그의 발전 단계들 중 어디에서도 프로이트의 이론이 충분한 설명을 내놓지 못했다는 것을 보여준다. 이론이라고 간주되어 온 것은 대부분 애초부터 기재, 그것도 엉성한 기재에 불과했다.

맥밀란은 이렇게 덧붙였다. "후기의 발달 관련 핵심 주제들 하나하나에 대해서 프로이트는 무엇무엇이 설명되어야 한다고 가정을 했다."

세 번째 비평가는 프랭크 설로웨이였다. 그는 일찍이 1979년 『프로이트, 마음의 생물학자(Freud, Biologist of the Mind: Beyond the Psychoanalytic Legend)』에서 장황하고 설득력 있게 젊은 프로이트가 과학자라고 옹호함으로써, 프로이트 학파 사람들로부터 찬사를 받았고 과학사협회로부터 상도 받았다. 하지만 설로웨이는 강박적일 정도로 냉엄한 학자였다. 1980년대 말에 그는 학술지들에 옹호하는 글을 쓰는 것을 그만두고 그 책의 개정판을 냈다.

이런 논쟁들을 다룬 입문서는 『기억 전쟁(The Memory Wars: Freud's Legacy in Dispute)』이다. 그 책은 프레더릭 크루스가 1993년과 1994년에 <뉴욕 리뷰 오브 북스>에 쓴 글들과 그 글들에 분개한 독자들과 편지로 격렬하게 논쟁을 벌인 글들을 모은 것이다. 크루스는 십여 년 동안 공격과 방어를 주고받는 책들에 대해 꼼꼼하게 서평을 쓰면서 프로이트 학문 전체를 살펴보았다. 결코 평범한 서평이 아니다. 그는 심술궂게 비꼬는 유쾌한 논객이기 때문이다. 그럼으로써 그는 처음으로 프로이트가 증거를 날조하고 위조했다는 사실을 교양 있는 일반 대중이 주목하도록 만들었다.

프로이트는 자신의 이론과 방법이 사례 연구를 토대로 한 것이라고 한결같이 주장했다. 개별적인 진짜 환자들을 다룬 경험을 토대로 한 것이라고 말이다. 그는 처음부터 그렇게 말했다. 1890년대 초 정신분석의 가짜 새벽이 올 때, 프로이트는 여성 히스테리 환자들이 유년기에 실제 어른으로부터 성적 유혹을 받은 희생자들이라는 설명을 내놓았다. 1896년 봄, 빈의 한 학회에 모인 신경학자들과 정신의학자들에게 유혹 이론이 '약 18명의 히스테리 환자들'을 통해 입증되었으며, 그들을 치료하는 데 상당한 성공을 거두었다고 주장했다. 정신분석의 원대한 역사에 비추어볼 때 초라하게도, 빈의 전문가들 앞에서 발표한 지 1년 뒤에 프로이트는 유년기에 어른에게서 실제로 유혹을 받은 것이 원인이라는 이론을 포기했다. 그는 히스테리 여성들 자신에게 책임을 씌우는 쪽으로 돌아섰다. 그들이 유아나 어린이 때 자기 아버지를 유혹하는 환상에 빠졌으며, 억압되고 인정되지 않은 그 환상이 어른이 되어 신경증 증상들을 낳는다고 했다. 부모 중 이성 쪽을 유혹하고 싶은 유아의 욕망과 억압기제는 정신분석 이론의 첫 번째이자 핵심 교리가 되었다. 그륀바움, 맥밀란, 설로웨이를 비롯한 사람들이 다양한 형태로 제기한 비판은 이것과 나중의 수정된 프로이트의 이론 및 치료 행위가 임의적이며 과학적 근거가 없었다는 것이다.

하지만 이 이야기들은 늘 듣던 것이다. 새로운 것은 프로이트가 든 사례들이 처음부터 끝까지 가짜였다는 발견이다. 1887년부터 1904년까지 태동기에, 프로이트의 활동을 파악할 수 있는 문헌은 그가 친한 친구이자 동료인 베를린의 의사 빌헬름 플리스에게 보낸 편지들이다. 이 서신이 공개된 것은 1950년이 되어서였다. 같은 정신분석학자의 길을 걸은 프로이트의 딸 안나를 비롯한 제자 3명이 편찬한 독일판이었다. 그 편찬자들은 편지를 심하게 검열했다. 그 사실은 1985년에 다른 편찬자가 온전한 편지들을 펴내면서 명확히 드러났다. 사례들과 그 결과들이 잘못 알려졌다는 사실은 더 일찍부터 드러나기 시작했다. 빈의 의사들 앞에서 발표할 무렵에 프로이트는 플리스에게 보낸 편지에 13명의 히스테리 여성들을 치료했지만 한 명도 성공을 거두지 못했다고 시인했다.

이어서 등장한 것이 엠마 에크슈타인의 끔찍한 치료 사례였다. 플리스는 프로이트에게 절친한 친구 이상의 존재였다. 그는 환자 치료에 관한 프로이트의 믿음에 깊이—기이하게—영향을 미쳤다. 플리스는 생식기와 코가 관련이 있다는 이론을 전개했다. 코의 장애가 '재채기 반사신경증' 같은 성심리적 문제를 일으킬 수 있으므로, 콧구멍의 해면뼈를 지지고 코카인을 넣어 치료해야 한다는 식이었다. 프로이트는 플리스의 별난 개념을 받아들였고 1895년 초 그에게 매력적인 젊은 환자 엠마 에크슈타인을 보냈다. 플리스는 뼈를 몇 개 제거하는 수술을 했다.

빈으로 돌아온 에크슈타인은 심한 감염 증세를 보였고 거의 사망에 이를 정도의 출혈이 일어났다. 프로이트는 원인을 진단했다. 에크슈타인이 그를 '사랑하여 피를 흘리는 것'이라고 말이다. 그녀는 플리스가 수술할 때 집어넣은 0.5미터나 되는 거즈가 발견된 덕분에 가까스로 목숨을 구했다. 하지만 평생을 추한 모습으로 살아야 했다.

프로이트 연표에서 이 사건들은 정신분석이 본격적으로 시작되기 전 청년기에 일어난 당혹스러운 일들이었다. 그 사건을 90년 동안 은폐한 행위는 은폐의 모델이라고 할 수 있다. 프로이트가 정신분석, 이론, 치료에 관한 대담한 주장의 토대로 삼은 사례들은 놀라울 정도로 적다. 프랭크 설로웨이는 1991년에 그것들을 다룬 글에서 겨우 8건에 불과하다고 했다. 두 가지만 들면 충분할 것이다.

프로이트는 1905년에 최초의 사례를 발표했다. 비록 실제 연대는 1900년 가을로 거슬러 올라가지만. 그것은 '도라'의 이야기였다. 그는 거기에 '히스테리 사례 분석의 일부(Fragment of an Analysis of a Case of Hysteria).'라는 제목을 붙였다. '도라'는 정통 학파에서 오랫동안 '히스테리의 구조와 기원의 고전적인 분석'이라고 여겨졌다. 저명한 정신분석 치료사이자 이론가인 에릭 에릭슨은 1962년까지도 그렇게 말했다. 현재 우리는 '도라'를 오진의 고전적인 사례로 이해한다. 그 사례는 아무리 강조해도 지나치지 않다. 요약하면 이렇다. '도라'는 이다 바우어였다. 나이는 열여덟 살이었고 어른들의 불쾌한 관계망에 사로잡혀 있었다. 그녀의 아버지는 매독 말기 증상을 보이긴 했지만 K 부인이라는 매력적인 여성과 몇 년째 열애 중이었다. 이다 바우어는 K 부인을 좋아했다. 그녀는 그 불륜 관계를 오래 전부터 알고 있었다. K씨는 바우어 가족의 친구였고, 가끔 이다에게 선물을 주곤 했다. 그가 이다에게 성적인 관심을 갖고 있다는 것은 명백했다. 그녀는 열네 살 때 그가 억지로 키스를 했던 불쾌한 일을 기억하고 있었다. 그녀가 열여섯 살 때 K씨는 시골길을 산책하던 중에 성적으로 접근

했고 그녀는 혐오감을 드러내면서 그의 뺨을 때리고 달아났다. 그녀는 아버지에게 그 일을 말했고, 아버지가 K씨에게 항의하자 K씨는 아니라고 잡아뗐다. 그녀는 K씨 가족과 관계를 끊자고 계속 격렬하게 주장했다. 그녀의 아버지는 K씨 편을 들었고, 불륜관계도 계속 유지했다. 그녀는 기침을 몇 주 동안 계속하고 질분비물이 많아지고 야뇨를 하는 일이 잦아지고 자살을 생각하는 등의 증세를 보였다. 그녀의 아버지는 이런 증상들과 반항심을 치료해 달라고 그녀를 프로이트에게 보냈다. 그녀는 억지로 프로이트에게 갔던 것이다.

치료는 난장판이 되기 일쑤였고 겨우 석 달 만에 중단되었다. 그럼에도 그 무렵에 프로이트는 이다 바우어의 꿈 몇 가지를 대담하게 해석하여 진단을 꾸며낼 수 있었다. 요약하면 이렇다. 그는 그녀가 무의식적으로 K씨를 사랑하게 되었다고 주장했다. 그녀의 야뇨증과 질분비물을 그는 그녀가 자위행위를 했다는―그는 그것이 건강하지 못한 행위라고 믿었다―증거로 간주했다. 그녀가 부인했음에도 말이다. 그녀가 강압적인 키스를 혐오스럽다고 한 것은 사실상 성적으로, 즉 생식기상으로 흥분했다는 사실을 감추기 위함이라고 보았다. 프로이트는 그것이 사춘기 소녀가 보일 유일하게 건강한 반응이라고 생각했다. 그녀가 K씨네와 관계를 끊자고 집요하게 주장한 것은 자신의 어머니와 일종의 대리모인 K 부인에게 동성애를 느꼈고, K 부인과 자기 아버지의 연애에 질투를 느꼈기 때문이라는 것이었다. 그 외에도 많았다. 그녀가 정신분석을 받지 않겠다고 하자 프로이트는 플리스에게 몹시 애석한 일이라고 말했다. 그녀의 행태가 잘못되었다는 것을 거의 납득시킬 단계에 와 있었기 때문이라고 했다.

우리는 프로이트가 환자를 오만하고 강압적으로 대하고, 소아성애증이 있는 K씨를 변호하고 그녀의 아버지에게 아첨하는 태도에 화가 치민다. 하지만 여기서 말하려는 요점은 그런 것들이 아니다. 지금까지 '도라' 사례를 폭로하는 책들이 여러 권 나왔다. 맥밀란은 그 내용을 해부하여 15쪽 분량으로 압축했다. 난삽한 질못된 치료 행위로부터 가능한 멀리 떼어놓고 보았을 때 과학 사기는 맥밀란이 보여주었듯이 프로이트가 이다 바우어에 관한 사실들 및 그녀의 실제 반응들과 연상 관념들을 체계적이고 놀라울 정도로 기민하게 거부하고 늘 자신이 미리 생각해둔 구조를 선호했다는 데에서 비롯된다. 그는 그것을 자신의 새 과학의 첫 번째 성과로 제시했다.

프로이트가 발표한 가장 큰 성과이자 치료 사례는 늑대인간의 사례였다. 늑대인간은 세르게이 판키에프였다. 그는 아주 어릴 때부터 의기소침했고 불안과 강박증을 갖고 있었으며, 네 살 때 악몽을 꾼 뒤로 늑대 공포증에 시달렸다. 프로이트는 1910년부터 5년 동안 그를 집중적으로 정신분석했다. 그의 원대한 이론이 구축되던 시기였다. 프로이트는 그 증상이 유아가 부모의 성행위를 목격함으로써 나타나는 이른바 원초적 장면(primal scene)의 정신 외상 효과 때문이라고 보았다. 즉 오이디푸스 콤플렉스와 거세 공포 때문이라는 것이다. 그리고 마음이 이드(id), 자아, 초자아로 삼분되어 있기 때문이기도 했다. 널리 알려져 있듯이, 프로이트는 거세 불안과 오이디푸스 콤플렉스를 단지 신경증의 원인이 아니라 개인의 초자아 형성의 필수불가결한 보편적인 원인이며, 따라서 원초적인 충동을 억압하고 통제하며 더 나아가 문명을 보존하는 핵심 요소라고 보았다. 판키에프의 정신분석은 이 모든 것의 핵심 토대이자, 추정 증거의 상당 부분을 차지했다.

프로이트는 그 사례를 1918년에 '유아 신경증의 역사(From the History of an Infantile Neurosis)'라는 제목으로 발표했다. 논문에서 그는 판키에프가 완치되었으며 모든 두려움과 강박관념에서 풀려났다고 주장했다. 그것은 거짓말이었다. 게다가 판키에프의 유년기 초의 모든 중요한 기억들은 사실 자신이 말한 것이 아니라 프로이트가 그에게 떠안긴 것이었다. 진실을 말하자면 판키에프는 거의 70년 동안 정신분석을 받기 위해 프로이트와 후계자들의 여러 진료실과 각종 시설들을 들락날락했으며, 사망할 때까지 그의 증상은 악화되기만 했다. 그는 입을 다물라고 요구받았으며 이따금 생활비를 받기도 했다. 1970년대에 오스트리아 언론인 카린 옵홀저는 판키에프를 찾아내서 장시간 인터뷰를 했다. 판키에프는 그녀에게 절망에 빠져 말했다. "이 모든 일이 재앙 같아요. 내 상태는 프로이트에게 갔을 때나 지금이나 똑같아요. 프로이트도 이제 별 다를 바 없지만요."

설로웨이는 프로이트 사례들 하나하나가 심하게 위조되고 변조된 것들이어서 무용지물임을 보여주었다. 프레더릭 크루스는 이렇게 요약했다. "프로이트의 인격과 신경증 이론—오도시키는 선례들, 공허한 사이비 자연과학적 비유들, 경험적 검토의 대상이 될 수 없는 장황하게 이어지는 잘못된 추론들로부터 나온—은 사상누각에 불과했다."

시릴 버트(Cyril Burt)는 고전적인 사기와 현대적인 사기의 경계에 놓여 있다. 사기의 유형론으로 볼 때 그의 연구는 중요한 특성들을 골고루 조합한 양상을 보여준다. 우선 그의 연구는 정치적으로 아주 중요했다. 특히 미국에서는 인종차별주의와 엘리트주의 논리를 뒷받침하는 데 쓰였다. 그것이 사기로 점철되어 있다는 폭로는 격렬한 논란을 촉발시켰고 논쟁은 지금까지 계속되고 있다. 그런 상황에 비추어 볼 때 그가 반세기가 넘게 간파당하지 않은 채 그 뻔한 결함들로 영예까지 얻었다는 사실이 놀랍기만 하다. 버트의 발표 행태는 의심을 불러일으켰어야 마땅하다. 그리고 출판이 과학의 진행 과정에서 중요한 역할을 한다는 것을 우리에게 일깨워준다. 버트의 사례에서 우리는 다시 통계적 예외 사례와 마주친다. 그의 사례에서는 누구나 뻔히 알 수 있는 통계적 모순이 나타난다. 그런데 왜 못 본 것일까?
버트는 영국의 교육심리학자로서 20세기 전반기에 천재와 저능아 연구를 비롯하여 지능 연구에 대단한 영향력을 발휘했다. 그의 전문 분야는 아동 지능검사와 지능의 유전학—유전 가능성—이었다. 그는 그런 연구의 통계적 방법들에 관해 손꼽히는 전문가였으며 일반 대중에게 결론을 설명하는 솜씨도 뛰어났다. 1차 세계대전 때부터 수십 년 동안 그는 대런던 교육구의 수석 심리학자였다. 1909년부터 1975년까지 그는 기술적 분석에서 카를 융이 주장한 초자연적 현상의 탐구에 이르기까지 4백 편이 넘는 논문, 공저서, 백과사전 항목, 책, 대중적인 글을 쓰고, 라디오 대담 등을 하면서 왕성한 활동을 했다. (기이하게도 버트는 평생 심령 연구에 깊은 관심을 갖고 있었다.)
유전 가능성의 분석에 특히 중요한 것은 쌍둥이 연구이다. 버트는 그 분야를 창시하고 주도했다. 그것은 1란성 쌍둥이—같은 난자에서 유래한—와 2란성 쌍둥이를 찾아 살펴보는 방법이다. 특정한 심리적 형질들이 2란성 쌍둥이보다 1란성 쌍둥이에게서 서로 더 비슷하게 나타나는지 검사하는 것이다. 결과가 그렇다고 나오면 그 형질이 측정할 수 있는 정도로 유전된다는 논리이다. 특히 흥미로운 쪽은 태어난 지 얼마 안 되었을 때 떨어져서 서로 다른 가정에서 자란 1란성 쌍둥이다. 그들을 함께 자란 1란성 쌍둥이와 비교하면 유사점들의 환경 요인과 유전 요인을 구분할 수 있을 것 같기 때문이다.

버트의 연구에서 주로 논의된 형질은 물론 지능이었다. 런던에서 차지하는 지위 덕분에 그는 아이들과 학교 기록에 접근할 권한을 갖고 있었다. 그는 일찍이 1913년부터 쌍둥이 자료를 수집하기 시작한 듯하다. 그는 1943년 '능력과 소득'이라는 논문에 쌍둥이 자료를 처음으로 발표했다. 논문에서 그는 62쌍의 1란성 쌍둥이와 156쌍의 1란성 쌍둥이를 연구했다고 적었다. 1란성 쌍둥이 중 15쌍은 떨어져서 자랐다. 함께 자란 1란성 쌍둥이의 IQ 상관관계는 0.86이었고, 떨어져 자란 1란성 쌍둥이는 0.77, 2란성 쌍둥이는 0.54였다. 이런 상관관계에서는 1이 아주 큰 수이며, 0도 마찬가지이다. 상관관계가 1.00이라는 말은 두 사건이나 현상, 두 자료가 언제나 연관되어 있다는 뜻이다. 즉 한쪽을 알면 다른 한쪽도 아는 셈이다. 상관관계가 0.00이라는 말은 양쪽이 전혀 연관성이 없고 똑같이 강력한 진술이라는 의미이다. 두 현상이 서로 독립적이고 종종 함께 나타난다면 상관관계는 0.5이다. 버트의 수치는 IQ로 측정되는 지능이 유전적 요소가 강하다는 것을 명백하게 보여준다. 그는 그 쌍둥이들을 언제 어떻게 찾아냈는지 결코 말하지 않았다. 원자료도 결코 공개하지 않았다.

1946년 버트는 기사 작위를 받았다. 1947년에 그는 동료인 고프리 톰슨과 함께 영국 심리학회의 후원으로 <영국 통계심리학회지>라는 새 학술지를 발간하기 시작했다. 구독자는 100명을 넘은 적이 없었다. 톰슨은 1954년에 사망했고, 버트는 단독 편집자로 남았다. 그는 나중에 한 연구의 상당 부분을 거기에 발표했다. 그 논문들은 길고 건조하고 장황했으며 동료 심사 과정을 거치지 않았다.

1955년 버트는 쌍둥이 연구로 돌아가서 '지능 개념의 증거'라는 논문을 냈다. 조사한 쌍둥이 수가 늘어났고, 그는 그들을 찾아내는 데 도움을 준 조수 제인 콘웨이에게 감사한다는 말을 넣었다. 상관관계 수치들은 1943년에 발표한 결과와 똑같았다. 1년 뒤 그는 자기 학술지에 긴 논문을 발표했다. 공저자는 마거릿 하워드였다. 떨어져 자란 1란성 쌍둥이의 상관관계가 소수점 셋째 자리까지 계산되어 있었다. 세부적인 내용은 빈약했고, 이번에도 원자료는 싣지 않았다. 그는 IQ 차이의 약 87퍼센트는 유전, 13퍼센트는 환경 차이 때문이라고 결론지었다.

1년 뒤인 1957년 버트는 영국 심리학회의 연례행사인 빙엄 메모리얼 강연을 했다. 주제는 '정신 능력의 유전'이었다. 그는 서로 떨어져 자란 1란성 쌍둥이 수가 '30쌍 이상'이라고 말하긴 했지만, 각 쌍둥이 집단의 정확한 수를 제시하지는 않았다. 그런데 발표한 상관관계는 1955년 논문과 똑같았다. 청중 가운데 미국의 교육심리학자이자 버트의 찬미자인 아서 젠슨도 있었다.

1958년과 1959년 버트의 학술지에 제인 콘웨이가 쌍둥이에 관한 두 편의 논문을 실었다. 두 논문에는 떨어져 자란 1란성 쌍둥이의 수가 3년 전 그의 논문이 나왔을 때보다 무려 두 배나 늘어난 42쌍이라고 되어 있었다. 이어서 1966년 그는 '지능의 유전적 결정: 함께 자랐거나 떨어져 자란 1란성 쌍둥이 연구'라는 논문을 자기 학술지가 아닌 곳에 발표했다. 떨어져 자란 1란성 쌍둥이 수는 이제 53쌍으로 늘어났다. 다른 쌍둥이 집단들의 수도 늘어났다. 그럼에도 그가 제시한 상관관계 수치들은 이전의 논문들과 소수점 세 자리까지 똑같았다.

당시 여러 교육심리학자들이 몇 가지 비정상적인 점들을 알아차리긴 했지만, 규명된 경우는 거의 없었다. 버트의 연구와 그의 통계적 주장들, 각 범주에 속한 쌍둥이들의 수, 상관관계 표는 비슷한 쌍둥이 연구를 하는 다른 학자들도 자료로 활용했다. 그의 자료와 결론은 점점 더 정치적 논란거리가 되었다. 영국의 행동학자 한스 아이젠크, 미국의 아서 젠슨과 리처드 헌스타인 같은 보수적인 비평가들은 버트의 연구와 다른 학자들의 관련 연구를 백인과 흑인의 IQ 차이가 주로 타고난, 물려받은 것이라는 증거로 활용했다. 따라서 교육을 통해 흑인을 백인 수준으로 끌어올릴 수는 없다는 것이다. 1969년 젠슨은 그런 주장을 담은 123쪽에 달하는 'IQ와 학업 성취도를 얼마나 높일 수 있을까?'라는 논문을 <하버드 교육 평론>에 실었다. 그는 버트의 쌍둥이 연구에 크게 의존했으며, 그 자료들을 자신과 다른 학자들의 연구 자료와 하나로 합쳐서 활용했다.

젠슨에게 맨 처음 반기를 든 사람은 하버드의 리처드 르원틴이었다. 르원틴은 과학계에서 유명한 집단유전학자이자 정치 활동가이자 마르크스주의자이다. <핵과학자회보(Bulletin of the Atomic Scientists)> 1970년 3월호를 통해 그는 통렬한 공격을 가했다. 반박 근거는 많았다. 하나는 서로 떨어진 쌍둥이들이 대개 사회경제적, 인종적, 종교적, 교육적으로 거의 동일한 가정에서 자랐다는 것이며, 그것은 지능에 대한 환경의 기여도가 은폐될 수 있음을 시사했다. 하지만 당시와 그 뒤의 오랜 세월에 걸친 논쟁에서 쟁점이 된 르원틴 분석의 핵심은 특정한 집단 내의 유전 가능성 연구로부터 나온 자료—누구의 자료든 간에—를 집단 사이를 비교하는 데 쓸 수는 없다는 주장이었다. 일부는 그 요지가 전문적이고 미묘하며 상식적이지 않다고 보았지만, 그것은 옳으며 정치적 주장들을 타파한다.

버트는 1971년 10월 10일 89세에 온갖 영예를 누리면서 사망했다. 그의 명성은 아직 무너지지 않은 상태였다.

르원틴이 반박한 상대는 젠슨이었다. 버트를 처음으로 직접 공격한 인물은 사회학자이자 좌익이었던 프린스턴의 레온 카민이었다. 1972년 4월 그곳 심리학과에서 카민은 지능의 유전 가능성에 관한 소규모 학회를 주최했다. 그 해 9월 그는 펜실베이니아 대학교에서 공개 강연을 통해 공격을 더 정교하게 다듬었고, 가을과 겨울에 다른 대학들에서도 같은 내용의 강연을 했으며, 1973년 5월 동부심리학연합회에서의 강연은 그 절정이었다. 1974년 10월 그는 『IQ의 과학과 정치학』이라는 책을 펴냈다.

버트의 다양한 연구 결과들 사이에는 충돌과 모순이 가득하다. 자료를 어떻게 어떤 집단에서 수집했는가 하는 정보가 전혀 없다. 또 작은 오류들이 무수히 많다. 하지만 의심의 주된 원인은 쌍둥이의 수가 두 배나 그 이상으로 늘어났음에도 버트가 오랜 세월에 걸쳐 발표한 상관관계들이 통계적으로 불가능할 정도로 동일하다는 점이었다. 세 집단에서 쌍둥이의 수는 발표할 때마다 늘어났다. 그런데 상관관계는 소수점 셋째 자리까지 한결같았다. 상관관계 수치 총 60개 중에서 20개가 그렇게 같았다. 카민은 일부를 표로 작성했다.

논문 발표 연도	1955	1958	1966
떨어져 자란 일란성 쌍둥이 쌍의 수	21	30 이상	53
그들의 IQ 상관관계	0.771	0.771	0.771
함께 자란 일란성 쌍둥이 쌍의 수	83	미제시	95
그들의 IQ 상관관계	0.944	0.944	0.944

카민은 아주 자제하면서 말했다. "버트 교수가 남긴 수치들은 현재 우리가 과학적 관심을 둘 가치가 아예 없는 것들이다."

아서 젠슨은 이런 폭로에 가장 충격을 받은 사람 중 하나였다. 그는 1970년과 1971년 여름에 버트와 친하게 지낸 바 있었다. 그의 연구는 버트의 자료에 깊이 의존했다. 젠슨은 1960년대와 70년대에 정치적으로 들끓던 캘리포니아 버클리 대학교에 재직하고 있었다. 인종과 지능의 관계를 둘러싸고 미국이 논쟁의 소용돌이에 휩싸여 있을 때, 즉 IQ 전쟁이 벌어질 때 그 중심에 있었던 것이다. 학생들은 그를 반대하는 시위를 벌이고 그의 강의실에 몰려와 물러나라고 외쳤다. 그래서 얼마간 대학 경호원이 그를 따라다니기도 했다. 하지만 젠슨은 정직한 사람이었기에 런던으로 가서 직접 증거를 조사했다. 그는 이렇게 결론지었다. "그 상관관계들은 가설을 검증하는 데 아무 쓸모가 없다."

1976년 10월 24일 영국 의학 기자 올리버 질리는 수집된 증거들을 런던의 <선데이 타임스> 전면에 '저명한 심리학자의 핵심 자료가 위조되었다'라는 선정적인 제목으로 대중 앞에 공개했고, 비난의 수위를 한 단계 더 높였다. 질리는 여러 가지를 언급하면서 그 경이로운 상관관계 값들이 버트가 거꾸로 자료를 짜맞추었다고 가정해야만 설명될 수 있다고 주장했다. 질리가 한 일은 주로 카민과 젠슨을 비롯한 사람들이 발견한 것에서 필연적으로 도출되는 추론을 노골적으로 말한 것이었다. 질리의 비판 중 가장 충격적인 것은 쌍둥이 논문들에서 저자나 공저자였던 버트의 두 연구원인 마거릿 하워드와 제인 콘웨이가 실존 인물이 아니라는 것이었다.

몇 달 동안 격렬한 논쟁이 벌어졌다. 최근 들어 버트를 부활시키려는 시도가 이루어지기도 했다. 하지만 모두 실패했다.

이런 고전적인 사례들은 아마도 위인들의 타락한 이야기일 것이다. 그것이 그 사례들이 폭로되고 우리가 그것들이 흥미를 갖는 주된 이유일 것이다. 뚜렷이 편향되어 있긴 하다. 과거에 덜 유명한 인물들이 더 일상적인 연구를 하면서 저지른 일상적인 사기라고 할 만한 잡다한 사례들은 알려지지 않았다. 물론 2차 세계대전 때까지도 과학계는 거의 상상할 수 없을 정도로 규모가 작았지만, 그런 사례들이 있었다는 것은 분명하다. 게다가 위인들의 사례가 이야기되는 방식은 그들의 실험실이나 더 넓게 당시 사회 상황에 관한 정보를 거의 제공하지 않는다. 뉴턴에서 버트에 이르기까지 과학자들은 고독한 인물로 제시된다. 물론 가이슨은 파스퇴르의 비밀주의를 강조하긴 하지만 주위 환경과 관련을 지어 설명한다. 다윈과 프로이트도 어느 정도는 예외 사례이다. 비록 서로 딴판이긴 하지만.

우리가 사기 해부의 출발점으로 삼은 배비지의 유형론은 잘 들어맞는다. 그는 대단히 정확하게 보이려는 욕망이 동기라고 보았다. 비록 우리는 동기가 무엇이었는지 알아낼 수는 없지만, 뉴턴, 밀리컨, 버트 등의 사례에서 과도한 정확성이 나쁜 징후로서 계속 나타난다는 것은 분명하다. 물론 필트다운인은 장난질이었고, 비록 드러나긴 했지만 범인에게서 기쁨을 앗아가기에는 너무 늦은 상태였다. 헤켈, 프로이트, 버트는 날조자였고, 뉴턴은 다듬는 자였고(멘델도 그렇다), 파스퇴르와 밀리컨은 뛰어난 요리사였다. 수세기 동안 실험일지는 증거가 되어 왔고, 표준 규범은 진화했다. 프로저는 다윈의 『감정 표현』이 설명이 아니라 자료이며 사진을 보는 '관점이 변화하는 시점에 출간되었다'고 옹호한다. 뉴턴을 다룬 웨스트폴과 밀리컨을 다룬 홀튼은 자신이 대놓고 비난할 수 없었던 그 행위들이 오늘날에는 용납될 수 없을 것이라고 인정한다.

발전이 없는 듯이 보이는 것은 그것을 과학적 판단이라고 옹호하는 태도이다. 뉴턴이나 밀리컨 같은 천재적인 과학자들의 체계적이고 중요한 요리하기가 타당한 과학적 판단 행위라고 변호된다면, 일상적인 과학 탐구 행위에 대해 가장 성가신 의문이 제기된다. 판단 요구는 일상적인 과학 활동에서 매순간 피할 수 없고 필요한 것이지만, 그것이 사기 쪽으로 방향을 틀 때도 그러할까? 판단의 기준은 어떻게 얻는가? 그것은 분야마다 다를까? 결론이 옳다고 입증된다면 사기 행위도 좋다고 정말로 인정해야 할까?

이것은 반복해서 나타나는, 즉 거의 보편적인 주제이다. 한 위대한 과학자가 해답을 내놓았을 때, 특히 그 연구로 위대해졌을 때, 우리는 그를 존경한다. 하지만 나중에 그가 그 일에 사기를 쳤다는 사실이 드러난다면 우리는 심한 양면적인 감정에 빠진다. 다른 식으로 질문을 해보자. 직관과 거짓말은 어떤 차이가 있는가? 그런 사례들을 조사하면 미묘한 과학 연구의 더 복잡한 측면들을 이해할 수 있을까?

3

연루 양상

- 최근 사례들 -

드러난 드문 사례들은 지극히 나쁜 판단―윤리적인 판단은 논외로 하고―
을 하는 사람들, 적어도 정신이 오락가락한다고 볼 수도 있는 사람들의 정신병
적 행동이라고 판단할 수밖에 없습니다.”
　　　　- 필립 핸들러, 국립 과학 아카데미 회장의 1981년 의회 증언 중에서

　고전적인 사기 사례에서 범인은 홀로 행동했다. 아니면 그런 식으
로 이야기가 되었든지. 혁신적인 발견을 한―날조한?―고독한 천재의
전형적인 모습과 수상쩍을 정도로 잘 들어맞으니 말이다. 최근의 과
학 사기들은 다르다. 거의 모든 사례에서 누군가 비난을 받지만, 이
사기들은 연구실과 더 큰 제도적 환경 내의 많은 사람들 사이의 관계
를 고려하지 않은 일화 형태로 제시할 수 없다. 이 사례들은 다수가
뒤얽힌 연루 양상을 보여준다.
　연루 양상들은 특정한 기준, 심지어 예측까지 가능한 증후군들, 즉
정체를 드러내는 징후들의 집합에 들어맞는다. 그것들에 이름이 있을
까? 주된 증후군은 비범함이다. 그 외에 유혹당하는 스승, 이중 정신
병(folie a deux), 권력 남용이 있다. 이것들은 결코 과학에만 국한되어
있지 않다. 사실 가장 흔한 증상인 비범함을 더 씁쓸하게 상세히 보
여주는 과학 바깥 분야의 사례부터 드는 편이 가장 나을 수 있다.
2003년 5월에 폭로되어 <뉴욕 타임스>의 명성을 훼손한 제이슨 블

레어라는 기자의 위조와 표절이라는 악명 높은 사례가 그것이다.

그 눈사태가 처음 인지된 것은 5월 2일 '타임스 기자, 기사에 의문이 제기되자 사임하다'라는 제목의 기사가 전면에 실리면서였다. 제이슨 블레어는 전주 토요일에 실린 이라크에서 작전 중에 실종된 미국 병사의 텍사스에 사는 가족에 관한 기사가 앞서 <산안토니오 속보>에 실린 기사의 문장들을 도용했다는 것이 밝혀지면서 전날 사직했다. 블레어가 원본 기사에서 어느 부분을 짜깁기해 넣었는지는 아직 밝혀지지 않은 상태였다. 기사에는 짧은 '사고'가 달려 있었다. <타임스>가 가족에게 사과를 하고 블레어의 기사를 조사한다는 내용이었다.

<타임스>가 최선을 다해 신속하게 대량의 보도를 통해 대처했다는 점을 언급해두자. 9일 뒤인 5월 11일 일요일 '정정 보도: 사직한 타임스 기자 긴 사기의 흔적을 남기다'라는 기사가 전면에 실렸다. 7명이 공동으로 쓴 기사였다. 7,397 단어 분량이었고 2002년 10월 말까지 거슬러 올라가서 블레어의 기사들에서 드러난 위조와 표절 대목을 조목조목 밝힌 7,023 단어로 된 기사가 함께 실렸다. 당시 신참 기자였던 그는 워싱턴 지국으로 파견되어 교외에서 자행되는 저격수의 공격 사건을 취재하는 일을 돕고 있었다. 파견은 <타임스> 편집실 책임자인 편집국장 하웰 레인스와 편집 주간인 제럴드 보이드 두 사람의 결정이었다. 레인스는 블레어가 '굶주린 친구'라고 판단했다.

자체 폭로 기사는 4면에 걸쳐 실렸다. 블레어는 기자 생활을 4년을 채 못 채웠지만 약 7백 건의 기사를 썼으며, 마지막 6개월 동안에는 73건, 그것도 4월에만 15건을 썼다. <타임스>는 '자주 일어나는 언론 사기 행위'를 두 문장에 걸쳐 언급한 뒤 이렇게 설명했다.

> 27세의 제이슨 블레어 기자는 멀리 뉴욕에 있으면서도 메릴랜드나 텍사스 같은 주들로부터 송고하는 양 독자들과 타임스 동료들을 속였다. 그는 논평을 위조했다. 그는 장면을 꾸며냈다. 그는 다른 신문사와 통신사의 기사를 표절했다. 그는 사진에서 세세한 부분을 골라 자신이 어디에 가 있다거나 누군가를 보았다는 식의 인상을 꾸며냈다.

그리고 그는 그 기법들을 활용하여 워싱턴 교외의 극악무도한 저격수 공격에서 이라크에서 죽은 사랑하는 사람을 애도하는 가족의 고통에 이르기까지 최근 역사에서 감정이 북받치는 순간들에 관한 허위 기사를 썼다.

폭로가 잠잠해질 무렵, 조사관들은 73건의 기사 중 '적어도 36건에서 새로운 문제점들을 밝혀냈다'. 또 블레어가 그 해 이전에 쓴 기사들을 무작위로 추출해 조사하자 '다른 명백한 위조 사례들'이 드러났다. 그는 창의적이었다. "그의 사기 도구는 휴대전화와 랩탑 컴퓨터—그가 진짜로 있는 곳이 어디인지 모르게 하는—와 자신이 훔친 새 기사들의 데이터베이스에 항시 접근할 수 있는 권한이었다." 이라크 침공과 함께 그의 활동 범위도 넓어졌다. 그는 베데스다의 국립 해군의료센터에서 부상당한 병사들을 인터뷰한 기사들을 실었다. 또 볼티모어 북부 교외와 클리블랜드에서 실종된 군인들의 가족을 인터뷰한 기사도 썼고, 포로로 잡혔다가(나중에 구출된) 군인 제시카 린치의 가족을 웨스트버지니아에서 인터뷰한 기사까지 썼다. 그 기사들은 시각적으로 상세히 기술되고 가슴에 사무치는 인용문들이 가득하곤 했다. 또 레인스와 보이드의 신뢰도 정당화해주는 듯했다. 하지만 기사들은 계속 문제를 야기했다. 저격수 사건에서 용의자들을 언급한 전면 폭로 기사들이 실렸을 때 검찰은 반박하는 기자회견을 열었다. 기사마다 오류투성이라는 사실이 계속해서 드러나곤 했다. 그는 점점 더 부주의하다는 평판을 얻어 갔다. 하지만 그의 활약은 인상적이었다. "10월 말에 첫 저격수 공격 기사를 썼을 때부터 4월 말까지 블레어는 6개 주 20개 도시에서 기사를 송고한 척했다."

그러던 중 <산안토니오 속보>가 표절 의혹을 제기했다. 사기가 드러났다. 비용 청구 기록을 살펴보니 블레어가 베데스다의 병원을 방문하지 않은 것으로 드러났다. 그는 볼티모어 북부의 가족을 방문한 적도 없었다. 클리블랜드에도 가지 않았다. 그는 5건의 기사에서 제시카 린치의 가족을 우려먹었지만, 웨스트버지니아에 간 적도 없는 것이 거의 확실했다. "블레어는 허공에서 세세한 사항들을 끄집어냈다.” 그는 린치 일병의 부친이 '담배밭과 소 목장이 내다보이는 현관에 서서 울먹였다'라고 썼다. 하지만 '그 현관에는 그런 전경이 보이지 않았다'. 그는 그 집이 언덕 꼭대기에 있다고 썼다. 하지만 '집은 계곡에 있다'. 게다가 식구들 중 어느 누구도 그와 대화를 한 기억이 없었다. 그가 현장에 가지 않고 뉴욕에서 전자우편으로 기사를 보낸 사례가 많았다는 것이 드러났다. 조사관들은 이렇게 썼다. “마지막 몇 달은 한 주가 흐를 때마다 사기도 점점 대담해졌다. 그 탈 많은 젊은 이는 자멸을 향해 나아갔다.”

폭로 기사는 상세했으며, 거부할 수 없을 정도로 흥이 나는 대목이 많았고 우습기까지 한 부분도 있었다. 경건하고 심금을 울리는 대목도 있었다. 하지만 분석에 할애된 부분은 적었다.

비범함 증후군은 실상을 내비치는 징후들을 보여준다. 범인은 매력과 설득력이 있다. 블레어는 1998년 여름에 실습생으로 처음 <타임스>에 들어왔다. 당시 그는 메릴랜드 대학교 재학생이었고 앞서 <타임스>가 소유한 <보스턴 글로브>에서 실습생으로도 근무한 적이 있었다. 그곳에서 그는 '칭찬 일색의 추천장과 놀라운 업무 능력 인정'을 받았다. 그는 1년 뒤 다시 와서 정식 직원이 되었고, 사교성이 뛰어나다고 정평이 났다. 한 동료는 조사관들에게 이렇게 말했다. “카리스마가 있었죠. 엄청난 카리스마였어요.” 또 한 가지 징후는 장시간 놀라운 생산성을 보이며 열심히 일을 한다는 것이다. 그리고 결과물은 인상적이고 중요해 보인다. 하지만 대담함은 부주의함이 된다. 종종 범인은 점점 더 적당주의자가 되고 심지어 무모해지기도 한다. <타임스>의 설명에 따르면, 블레어는 그렇게 하다가 자멸을 자초한 듯했다.

전문 분야라는 환경의 제반 특징들 속에 그 증후군의 이면이 있다는 본질적인 점을 알기 위해서는 이 모든 일들이 어떻게 일어났는지 질문해보면 된다. 대개 문제는 배경을 살펴보지 못한 데서 시작된다. 사실 여부를 조사하다 보면 허위 표시나 이전의 문제를 발견하는 일이 너무나 흔하다. 따라서 다른 언론 기사를 인용한—다른 신문들도 각자 조사에 나섰다—<타임스>의 설명에 따르면, <보스턴 글로브>

에 있을 때 '블레어가 워싱턴 시장 앤서니 윌리엄스를 인터뷰한 내용은 명백히 거짓이었다'. 1999년 <타임스>로 돌아왔을 때, 그는 메릴랜드 대학교를 졸업한 척했지만 사실 재학 기간이 1년 넘게 남아 있었던 것으로 드러났다.

사기가 진행될 때 특유의 문제가 있다는 징후들이 나타나지만 그것들은 무시된다. 때로는 일부러 안 보는 듯이 보이기도 한다. 블레어 사례에서는 이 양상이 극단적으로 나타났다. 몇 달, 몇 년 동안 <타임스>의 여러 중간 관리자들은 그의 기사가 지독히도 부주의하다고 불신했다. 사실 <타임스>에 적힌 바에 따르면, 2002년 4월에 "사회부장인 조너선 랜드먼이 편집실의 책임자들에게 두 문장으로 된 전자우편을 보낸 바 있었다. '제이슨이 <타임스>에 기사를 쓰지 못하게 해야 합니다. 당장.'" 그럼에도 그 해 가을에 레인스와 보이드는 블레어가 문제가 있음을 알면서도 승진시켜 워싱턴으로 내보냈다. 그리고 어느 누구도 새 상사인 짐 로버츠 전국부장에게 경고를 해주지 않았다.

<타임스> 폭로 기사에 따르면, 감독도 의사소통도 제대로 이루어지지 않았다고 한다. 문제는 더욱 심각하다. 가장 근원적인 것은 대다수 사기 사례들과 마찬가지로 이 사례에서도 실제 범인과 접촉하는 중간직과 고위직 사이의 권력 관계망이다. 이 관계의 특성은 위로부터 설정된다. 사기의 원인론을 이해하려는 입장에서 볼 때, <뉴욕 타임스>의 제이슨 블레어 사례는 한 가지 이점을 제공한다. 신문이 그 사건을 공개 보도했다는 점이다. <타임스>의 발행인은 아서 설즈버거이다. 그와 레인스를 비롯한 모든 임직원들은 다른 방법이 없다는 것을 인식했다.

4면에 걸친 폭로 기사가 나온 지 3일 뒤, 레인스는 편집실 간부 회의를 소집했다. 다음날 5월 15일 신문에 그 기사가 실렸다. 회의는 끝났고, 일부러 참석하지 않은 재크 스타인버그가 기사를 썼다. 회의 때 불평과 분노가 빗발쳤다. 한 대목에 문제들과 레인스의 반응이 요약되어 있다.

　　레인스는 단순한 회의가 아님을 명확히 밝혔다. 자신이 편집실 책임자로서 20개월을 재직한 시점에 열린 공개 토론회였다. 이 기간에 본보는 퓰리처상을 8번 받았지만—2001년 9월 11일 테러리스트들의 공격을 다룬 기사들로 6번—분란의 시기이기도 했다. 하향식 관리 방식이라고 여겨지는 것에 깊은 우려를 표명하는 직원들이 점점 늘어났고, 그들은 블레어가 그토록 오래 들키지 않은 채 사기를 저지를 수 있었던 것이 그 때문이라고 말한다.

　　"여러분은 나를 가까이하기 어렵고 오만하다고 보았지요." 레인스는 최근에 자신의 편집실에서 인터뷰한 목록을 훑어보면서 말했다. "여러분은 편집실이 너무 위계적이라고, 내 생각만 강요하고 남들의 생각은 무시한다고 믿고 있어요. 내가 좋아하는 사람을 골라 승진시키는 스타 키우기 제도가 있다고 확신한다는 말을 들었습니다."

　　"편집자들이 내게 나쁜 뉴스를 가져오는 것을 겁낼 정도까지 두려움이 문제가 되어 있습니다."

　　레인스는 사임하지 않겠다고 말했다. 설즈버거는 그 회의에서 사직서를 제출해도 받지 않겠다고 했다.

　　하여튼 제이슨 블레어 사건은 한 가지 측면에서 과학에서의 사기 사건들과 달랐다. 3주 뒤인 6월 5일 하웰 레인스와 제럴드 보이드는 사임했다.

　　지난 30년 동안의 수많은 과학 사기 사례들 중 여기에서는 18건을 다룬다. 간략하게 다루는 것도 있고 꽤 상세히 소개하는 것도 있다. 9건은 미국의 사례이다. 하지만 오늘날 과학은 범세계적이며, 사기도 그렇다. 다른 9건은 인도, 영국, 독일의 사례이다. 더 많은 사례를 포함시킬 수도 있지만, 나는 여러 이유로 이것들을 골랐다. 비록 생물학 분야의 사례가 대부분이지만, 과학 분야들에서 골고루 사례를 골랐다. 이 사례들은 위조, 변조, 표절의 다양한 형태들을 보여준다. 그리고 이 18건은 증후군들; 즉 사기의 다양한 구성 양상들과 그것의 폭로 양상들을 펼쳐 보인다.

　　이 사례들은 또 하나의 결과를 낳았다. 이 사례들은 누적되면서 일반적인 문제를 가시적이고 절박한 것으로 만들어 왔다. 그것들은 과학계 너머까지 여파를 미쳐서 연구비 지원 기관, 의원, 언론인의 관심을 끌고 있다. 오래토록 여파를 끼치는 것들도 있었다. 존 다시의 추문이 그렇다. 그 사례는 데이비드 볼티모어 사건과 신기한 연관성을 보인다. 최근의 사기는 1974년 봄 윌리엄 서머린 사건부터 대중의 주목을 받기 시작했다고 할 수 있다. 그 사례는 비범함과 색칠한 생쥐를 우리에게 보여준다.

*

　윌리엄 서머린은 메모리얼 슬로언케터링 암 센터 산하 슬로언케터링 암 연구소의 이식면역학 책임자였다. 맨해튼 동부의 유명한 암병원도 그 센터 산하에 있다. 그는 매력적이며 설득력이 있었고, 중요한 연구를 하고 있었다. 그는 애틀란타 에모리 대학교에서 학부를 다닌 뒤 의대생이 되어 텍사스의 외과에서 인턴 생활을 했다. 그 뒤에 스탠퍼드 대학교에서 피부과 레지던트로 4년간 있었다. 스탠퍼드에서 그는 피부의 생화학을 연구했다. 1971년 여름 그는 미네소타 대학교로 옮겨 독특한 이론과 공격적인 태도로 종종 논쟁을 불러일으키곤 하는 대담하고 영향력이 있는 면역학자 로버트 굿의 연구실로 들어갔다.

　서머린은 놀라운 결과들을 연달아 내놓았다. 동물은 기증자의 조직이 유전적으로 동일하거나 거의 동일하지 않으면 이식된 외래 조직을 거부한다고 익히 알려져 있다. 사실 현대 면역학은 2차 세계대전 동안과 그 직후에 화상 환자 등에게 피부이식을 했을 때 거부반응이 일어나는 유전적 토대를 규명한 연구에 상당 부분 뿌리를 두고 있다. 하지만 서머린은 이식할 조직을 몇 주 동안 일종의 조직배양 처리를 한 뒤에 이식하면 거부반응을 피할 수 있다는 것이 실험을 통해 드러났다고 발표했다. 그는 몇몇 사람을 피실험자로 쓰기도 했지만, 주로 생쥐와 토끼를 대상으로 각막, 특정한 샘, 주로 피부를 이식하는 실험을 했다. 종종 이종간 이식도 시도했다. 그런 결과가 입증되고 확대된다면 면역학의 토대뿐 아니라 이식수술 분야에 큰 변화가 일어날 것이 분명했다.

1973년 1월 굿은 뉴욕으로 옮겨 슬로언케터링 연구소장, 즉 연구 최고 책임자로 부임했다. 그의 상관은 연구소와 병원을 총괄하는 전체 조직인 메모리얼 슬로언케터링 암 센터의 회장이자 일반인들에게 고아한 수필가로 알려져 있는 루이스 토머스였다. 그 연구소의 과학과 명성은 내리막길을 걸어왔다. 굿은 고압적인 시설의 고압적인 인물이었다. 4월에 그는 서머린을 연구소로 데려왔다. 하지만 다음 6개월 동안 서머린의 연구에 대해 의문들이 제기되었다. 미국과 외국의 과학자들, 슬로언케터링의 서머린 연구실에 있는 동료 존 니너만은 생쥐와 토끼를 대상으로 한 미네소타 실험을 재연할 수 없었다. 그해 말 굿은 자신, 니너만, 서머린이 공동으로 <트랜스플랜테이션>지에 그 문제를 다룬 논문을 게재하자고 주장했다. 1974년 3월 26일 아침 7시, 서머린은 논문 문제로 굿을 만나기로 되어 있었다. 연구가 현재 순조롭게 진척되고 있음을 보여주기 위해, 그는 등에 검은 생쥐의 피부를 이식받은 흰 생쥐 18마리가 든 우리를 들고 갔다. 승강기에서 서머린은 생쥐 두 마리를 꺼내어 검은 펜으로 이식 부위를 검게 칠했다.

속임수는 거의 즉시 탄로가 나기 시작했다. 면담이 끝난 뒤, 서머린은 생쥐들을 동물 실험실로 다시 가져갔다. 한 달 뒤, 조사 위원회 보고서에는 '고참 연구 보조원인 제임스 마틴이 우리들을 제자리에 놓다가 흰 생쥐 두 마리의 검게 이식된 부위가 좀 이상하다는 것을 눈치챘다. 그가 그 부위를 알코올로 닦자 검은 색이 묻어 나왔다'라고 적혀 있었다. 그 사실은 곧 단계적으로 상급자에게 전달되었다. 마틴의 발견은 고참 연구원, 초빙 연구원, 서머린 연구실에 있는 니너만의 동료에게 전해졌고, 11시 경에 연구소의 부소장 로이드 올드를 거쳐 굿에게까지 전달되었다. 서머린은 충동적으로 그런 행동을 했으며 깊이 뉘우치고 있다고 실토했지만, 정오쯤에 굿은 그의 업무를 정지시켰다. 일주일이 지나기 전에 굿은 슬로언케터링 과학자 6명을 지명하여 서머린의 연구와 허위 발표 등을 조사하도록 했다. 위원회는 전화 통화를 하고 17명을 면담하고 공증된 진술서를 받고 하면서 신속하고 바쁘게 움직였다. 그들은 서머린을 불러서 약 8시간 동안 조사를 했다.

의문이 계속 꼬리를 이었다. 서머린이 미네소타에서 한 연구를 조사하니 다른 혈통의 생쥐 피부를 이식받은 생쥐들 중에 아직 살아 있는 것은 한 마리뿐이었다. 혈액을 검사하니 그 생쥐가 두 혈통의 잡종이어서 이식이 정상적으로 이루어진 것으로 드러났다. 위원회는 그 연구 자료 중 상당 부분이 누락되거나 모호하거나 분석할 수 없을 정도로 체계가 안 잡혀 있다는 것을 알았다. 서머린은 이식 실험에 대해 모순되는 진술들을 했다. 이쪽에서는 생쥐의 '외래 조직 이식이 대개 거부반응 없이 받아들여진다'고 주장했다가 저쪽에서는 '5개월에 걸쳐 이식을 받은 생쥐들 가운데 50퍼센트'에게서 거부반응이 없었다고 했다. 그는 록펠러 대학교에서 발행하는 유명한 면역학 관련 학술지인 <실험 의학 저널>에 논문을 제출해놓고 있었는데, 논문에 실린 표에 생쥐의 수와 이식된 피부를 받아들였다는 생쥐의 비율이 일치하지 않았다. 논문이 아직 실리지 않은 상태였기에, 굿은 서머린의 동의를 얻어 논문을 철회했다.

최악의 사례는 각막 이식에 관한 서머린의 주장들이었다. 미네소타의 안과학자 동료들은 두 가지 수술법을 사용하여 기니아피그, 닭, 인간, 다른 토끼에게서 떼어낸 각막을 토끼들에게 이식하는 시술을 했다. 1973년 5월에 발표한 논문 초록(앞으로 발표될 더 긴 논문의 요약본을 미리 제출한 것)에서 서머린은 조직배양을 거친 각막이 6개월 동안 제 기능을 한 반면, 대조군으로 쓴 보통 각막은 이식된 지 2주 만에 거부반응을 일으켰다고 했다. 그는 다른 초록들에서도 비슷한 주장을 펼쳤다. 위원회는 기니아피그나 인간의 각막을 이식했을 때 40일 이상 견딘 사례가 아예 없다는 것을 알았다. 닭의 각막들 중에서 소수가 그보다 더 오래 견디긴 했지만, 6개월을 넘긴 것은 없었다. 그리고 토끼 대 토끼 각막 이식조차도 결국은 다 거부 반응을 일으켰다. 더구나 서머린의 미네소타 동료들은 위원회에서 조직배양을 한다고 달라질 것은 없다는 견해를 피력했다.

　여기에 개략적으로 말한 것 외에 다른 문제들도 나타났다. 5월 20일 위원회는 루이스 토머스에게 서머린의 결과가 광범위하게 허위 발표됐다고 보고했다. 4일 뒤 기자 회견을 통해 실상이 낱낱이 공개되었다. 서머린은 의학계를 떠나 두 번 다시 돌아오지 못했다.

　상황은 제이슨 블레어 사건과 똑같이 전개되었다. 로버트 굿은 사임하지 않았다. 1985년 63세의 나이로 그는 플로리다 주 세인트피터스버그 아동병원의 내과 과장 겸 사우스플로리다 대학교의 연구 교수가 되었다. 그는 2003년 6월에 사망했다.

　1981년 3월 미국 하원 과학기술위원회 산하 조사 소위원회에서 청문회가 열렸다. 의장은 테네시 주 민주당 의원인 앨버트(아직은 앨이라는 애칭도 얻지 않았고 상원의원도 아니었다) 고어였다. 그는 그 전해에 우려할 만큼 늘어난 과학 사기 사건들을 다루고자 청문회를 열었다. 이 사례들은 그 뒤로 부정행위의 규범이 되었다. 불명예자 명단인 셈이었다.

　롱 사례: 찰스 강 옆에 자리한 보스턴의 매사추세츠 종합병원의 레지던트로 시작한 존 롱은 암의 일종인 호지킨병 연구로 유명한 생화학자이자 분자생물학자인 폴 자메니크 밑에서 연구를 했다. 그는 부교수로 승진했고, 국립보건연구원으로부터 총 75만 9,000달러의 연구비를 받았다. 1979년 그는 찰스 강 너머의 매사추세츠 공대의 데이비드 볼티모어와 공동 연구를 시작했다. 그러나 1980년 초에 한 젊은 동료가 롱이 연구 결과를 위조했다고 고발하고 나섰다. 자기 과의 학과장이 주재한 회의에서 그는 그 사실을 시인하고 사직했다. 그의 나머지 연구에 대해 정밀 조사가 이루어졌고 그가 확립한 호지킨 세포주 네 가지 중 셋이 사실은 남아메리카원숭이에게서 유래한 것이며, 나머지 하나는 그 병에 걸린 적이 없는 환자의 것임이 드러났다. 사직할 당시에 롱은 국립보건연구원에서 받은 연구비 중 30만 5,000달러를 쓴 상태였다. 후속 연구를 했거나 그의 세포주를 사용한 사람들이 허비한 시간과 연구비, 그리고 그들의 경력 훼손을 생각하면 그의

사기가 입힌 피해는 이루 말할 수 없을 정도이다.

알사브티 사례: 이라크에서 태어나고 요르단 국적에 의학학위와 박사학위가 있다고 주장한 엘리아스 알사브티는 3년에 걸쳐 필라델피아와 휴스턴의 여러 대학과 병원들, 버지니아 대학교 의대와 협력 관계에 있는 로어노크의 한 병원, 마지막으로 보스턴 대학교와 제휴한 한 병원에서 연구원 생활을 했다고 말했다. 20대 중반이었던 그는 60편의 논문을 발표했다고 목록을 제출했다. 그 중 대부분은 아니 아마 전부 다 표절이었을 것이다. 그는 잘 알려지지 않은 학술지에서 논문을 골라 제목을 바꾸어 자기 이름을 붙이고 때로는 실존하지 않은 동료 연구자의 이름까지 붙여서 일본, 체코슬로바키아, 스위스, 영국 등지의 그다지 알려지지 않은 학술지에 보냈다. 한 학술지가 심사를 위해 보낸 원고를 학과 우편함에서 훔쳐서 살짝 손을 본 뒤 일본의 학술지에 보낸 사례도 적어도 한 건 있었다. 그 논문은 원본보다 더 먼저 나왔다. 다른 더 복잡한 사례들에서도 보겠지만, 사기 유형들의 스펙트럼 한쪽 끝에는 표절이 자리한다. 표절은 대개 더 단순하고 덜 창의적이고 더 단독으로 이루어진다. 알사브티에게는 뒤를 봐주는 인물이 없었다. 사실 그는 이곳저곳 옮길 때마다 의심과 폭로에 시달렸다. 하지만 그의 사기는 1980년 봄과 여름에야 널리 알려졌다. 의학학위가 있다는 그의 주장은 거짓이었고 박사학위도 공인된 것이 아니었다. 알사브티는 그 뒤 사라졌다.

소만과 펠릭 사례: 1980년 여름 세 과학자와 많은 행정가들, 두 학술지의 편집자들, 예일 의대와 컬럼비아 의대 및 국립보건연구원이 관련된 복잡다단한 사건이 터졌다. 이 사건은 위조, 변조, 표절이라는 사기의 표준 형태 세 가지를 모두 보여준다. 그 사례는 논문 원고 심사와 내부 고발자 및 행정 당국의 대응 등 많은 것을 알려준다.

사건은 1978년 가을 극적인 우연의 일치로 시작되었고 한 거물이 거기에 연루되었다. 당시 44세였던 필립 펠릭은 예일대 의과의 부학과장이었고, 자기 사무실에서 두 블록 떨어진 건물에 연구실을 갖고 있었다. 그 연구실에는 인도 푸나 출신의 37세의 비제이 소만이 있었다. 그는 사려 깊고 활발하게 연구 성과를 내는 전도 양양한 조교수였다. 두 사람은 많은 논문을 공동으로 저술했다.

당시 29세였던 헬레나 왁슬릭트-로드바드는 베데스다에 있는 국립 관절염 및 대사질환 연구소의 당뇨병 분과의 선임 연구원인 제시 로스의 연구실에서 일하고 있었다. 그녀는 병적으로 마르는 섭식장애인 신경성식욕부진증에 걸린 환자들의 인슐린 수용체에 관한 논문을 로스 및 다른 저자와 함께 썼다. 1978년 11월 9일 그녀는 <뉴잉글랜드 의학회지>에 그 논문을 제출했다. 편집장은 아놀드 렐먼이었다. 대개 그 학술지는 논문을 두 과학자에게 보내어 익명으로 심사를 맡겼다.

과학계에서 특정한 분야의 전공자 수가 아주 적은 경우도 있다. 논문 심사자 중 한 명은 펠릭이었다. 그는 그 원고 심사라는 잡일을 소만에게 떠넘겼다. 그보다 2년 전 소만은 사실상 똑같은 연구 과제로 승인을 받은 바 있었고 논문을 쓰지 않은 상태였다. 심사 의견서(논문 사본과 함께)가 <뉴잉글랜드 의학회지>에 도착했다. 하나는 호의적이었지만, 펠릭의 의견서는 부정적이었다. 그래서 편집자들은 논문을 제3의 심사자에게 보냈다. 펠릭은 편집진에게 의견서를 소만이 썼으며 오래 전에 비슷한 연구 계획을 세웠다는 말을 하지 않았다. 그는 소만이 기회를 틈타서 왁슬릭트-로드바드의 논문을 복사해두었다는 사실을 알지 못했다. 약 3개월 뒤인 1월 말, <뉴잉글랜드 의학회지>의 렐먼은 왁슬릭트-로드바드에게 세 명의 심사자 중 한 명이 부정적인 의견을 냈기 때문에 수정을 하지 않으면 논문을 실을 수 없다고 통보했다. 관례대로 그는 부정적인 견해를 낸 사람이 누구인지 알려주지 않았다.

왁슬릭트-로드바드의 논문을 본 지 약 6주 뒤인 12월 말에 소만은 펠릭을 공저자로 하여 인슐린과 식욕부진에 관한 논문을 <아메리칸 의학회보>에 제출했다. 펠릭은 그 학술지의 편집위원이었다. 그 학술지의 편집자들은 소만과 펠릭에게 으레 논문 심사를 요청하곤 했다. 공교롭게도 이번에는 제시 로스에게 논문이 보내졌고, 로스는 그것을 왁슬릭트-로드바드에게 떠넘겼다. 그녀는 보자마자 그 논문이 자신의 논문과 거의 똑같다는 것을 알아차렸다. 사실 그녀의 원래 논문에 있던 일부 문장들까지 고스란히 들어 있었다. 플라우투스나 셰익스피어도 그보다 더 대칭적인 희극을 창작할 수 없었을 것이다.

이야기는 전개되고 끝을 맺기 마련이었지만, 이 이야기는 길고도 혼란스럽게 이어졌다. 주인공들의 반응은 뻔했고, 그들은 암울한 운명을 맞이했다. (그 사건의 흥분이 아직 채 가라앉지 않은 1980년 10월 윌리엄 브로드는 <사이언스>에 실린 두 편의 긴 기사에 사건의 연표를 아주 상세히 재구성했다.) 결국 소만이 연구 결과들을 위조했음이 밝혀졌다. 조사를 받을 때 그는 이 논문과 다른 많은 논문들의 핵심 원본 자료를 제출하지 못했고, 논문들을 철회한 후 사직하고 인도로 돌아가지 않을 수 없었다. 헬레나 왁슬릭트-로드바드는 NIH를 떠나 연구에서 손을 뗐다. 펠릭은 1980년 봄 컬럼비아 대학교 내외과 대학의 의학과 학과장—의대에서 가장 수위에 놓이는 학과와 직책—이라는 새 직책을 맡은 상태였다. 7월 말에 그 사건이 컬럼비아에까지 알려졌다. 보건과학 분야의 부학장인 폴 막스는 즉시 교직원 위원회를 소집했다. 펠릭이 사기를 쳤다고 비난한 사람은 아무도 없었지만, 위원회는 7쪽의 조사보고서를 내놓았다. 핵심은 모든 단계에서 펠릭이 부적절하고 부당하게 행동했다는 것이다. 사실 왁슬릭트-로드바드의 논문 심사를 거절하지 않았던 때부터 그랬다. 그리고 최악의 행동은 컬럼비아 대학교의 모든 사람들에게 충분히 알리지 않았다는 것이었다. 8월 1일 위원회는 펠릭에게 사직을 요구했다. 1980년 8월 8일 <뉴욕 타임스> 전면에 그 추문 기사가 실렸다.

이 사례들 가운데 사소한 것은 없다. 사건이 널리 알려지자마자 의회는 청문회를 열었다.

약 8개월이 지난 1981년 3월 31일 당시 국립과학아카데미 원장인 필립 핸들러는 고어의 조사 소위원회에서 오만할 정도로 완고하게 이렇게 증언했다. "나는 자료의 변조 문제에 사회 전체가 관심을 가질 필요는 없다고 봅니다. 그것은 여타 문제들에 비하면 상대적으로 작은 문제이며 대개 사회의 더 작은 부문인 과학계에서 적절히 처리되고 있습니다.” 그는 과학의 ‘대단히 효율적이고 민주적인 자기 교정 방식’, 특히 동료 심사 체계를 언급했다. 더 나아가 이렇게 말했다. “드러난 드문 사례들은 지극히 나쁜 판단—윤리적인 판단은 논외로 하고—을 하는 사람들, 적어도 정신이 오락가락한다고 볼 수도 있을 사람들의 정신병적 행동이라고 판단할 수밖에 없습니다.” 핸들러가 그런 증언을 한 것은 존 다시의 행위가 드러나기 7주 전의 일이었다.

*

존 다시는 비범했고 최고 기관의 최고 실험실에 있었다. 그의 실상은 최고 언론들의 주목을 받았다. 또 그 사례는 권력의 오만함도 설명했다. 그리고 그것은 공저자들의 연루에 관한 놀라운 분석을 낳았다. 1981년 봄까지만 해도 다시는 엄청난 연구 업적을 쏟아내는 능력 있는 젊은 과학자로서 자기 분야에서 감탄과 질시의 대상이었다. 당시 33세였던 그는 에모리 대학교 의대에 있다가 하버드 의대로 옮겼으며, 연구 논문, 책, 짧은 글, 초록을 합쳐 무려 125편이 넘는 글을 펴냈다. 심장마비 때 심장근의 손상 원인을 파악하고 손상의 정도에 따라 회복 가능 여부를 알아내는 것이 그의 전공 분야였다. 다시는 1979년 7월 에모리에서 하버드로 특채되어 갔다. 그가 옮긴 것은 당시 50세였던 유진 브라운월드의 권유 때문이었다. 브라운월드는 약 600편의 논문을 낸 아주 정력적인 심장학자이자 연구자이자 행정가로서, 이론 및 실험 물리학 교수, 하버드 의대 의학과 운영위원, 자매병원인 브리검 여성병원의 내과과장을 겸직하고 있었다. 1981년 봄 브라운월드는 두 곳의 연구실에서 20여 명의 연구자를 데리고 있었고, NIH에서 300만 달러의 연구비를 지원받고 있었다. 연구실 한 곳은 브리검 여성병원에 있었고, 다른 한 곳은 두 블록 떨어진 베스이스라엘 병원에 있었다. 다시는 브리검에 있는 심장병 연구실에서 일했다. 그는 브라운월드와 공저로 많은 논문을 펴냈고 브라운월드가 쓴 두꺼운 결정판에 해당하는 심장학 교재의 한 장을 맡아 쓰기도 했다. 그는 조교수로 승진할 예정이었다. 브라운월드는 자기 연구원이 경력을 쌓도록 밀어주었고, 나중에 그를 자신이 본 사람 중에 가장 명석하고 창의적이고 근면한 젊은 동료라고 옹호했다. 그들은 서로 대등하게 학문적인 토론을 했다. 이미 우리는 그런 패턴에 익숙하다. 생산적이고 똑똑하고 감화력이 있는 젊은 동료와 그의 멘토 즉 정신적 스승 간의 상호작용 말이다. 물론 그런 상호작용은 대개 경력을 쌓기 시작하는 사람들이 으레 접하고(과학에서만 그런 것이 아니다) 좋은 과학을 산출하는 정상적인 과정이다.

다시의 사례는 다음 해 1월 윌리엄 브로드가 <사이언스>에 쓴 상세한 기사와 나중에 독자적인 세 조사 보고서와 하버드 의대 교수진에게 배부된 사건 개요서에 낱낱이 드러나 있다. 몇 달동안 그와 매일 같이 마주치는 동료들 세 명은 점점 더 미심쩍은 생각이 들었다. 박사후과정 연구원인 에드워드 브라운과 또 한 명, 그리고 연구원 한 명이었다. 1981년 5월 18일 세 명은 바로 위 상급자인 로버트 클로너에게 다시가 가을 학회에 논문으로 발표할 개 실험에 관한 초록을 다 써놓았는데 자신들이 보기에는 위조한 것이라고, 즉 자료를 날조한 것이 분명하다고 말했다. 클로너는 믿을 수 없다는 반응을 보이면서도 바짝 긴장했다. 다시의 논문들 중에 자신의 이름이 공저자로 들어간 것이 많았기 때문이다. 그는 다시에게 초록의 원자료를 보여달라고 요구했다. 다시는 정리하여 보여주겠다고 했다. 5월 21일 목요일 그는 연구실에서 개 실험 자료를 기입하기 시작했다. 그는 마치 2주에 걸쳐 적은 것처럼 보이도록 1일, 2일 식으로 차례로 표시를 하면서 자료를 죽 적어나갔다. 동료들이 다 보고 있는 상황에서 말이다. 동료들은 도저히 믿을 수 없다는 표정으로 지켜보았다.

폭로의 심리는 기묘하다. 다시는 다른 더 병적인 연쇄범들과 마찬가지로 탄로났으면 하는 심리 상태에 도달했던 것일까? "더 사기 치기 전에 좀 잡아달라?" 그럴지도 모르겠지만, 그는 클로너와 면담할 때 자료 원본을 버렸기 때문에 자료를 다시 적어 넣었을 뿐이라고 주장했다. 최근에 한 연구이니까 기억하고 있다고 말이다. 다시는 당시부터 몇 달 동안 위조한 것은 그것뿐이라고 주장했다. 다음 날인 금요일 클로너는 브라운월드에게 보고를 했다. 곧이어 브라운과 동료들은 클로너에게 자신들은 다시가 일상적으로 논문을 날조했다고 생각한다고 말했다.

하버드 대학교는 한편으로는 신속하면서 다른 한편으로는 느린 반응을 보였다. 기관이 보이는 전형적인 양면 반응이었다. 그렇게 재능 있는 사람이 그랬다니 정말인가? 조치를 취해야 한다. 하지만 우리는 추문을 은폐할 수도 있지 않은가? 다시는 학교와 병원의 직위에서 물러났다. 승진도 취소되었다. 브라운월드와 클로너는 다시의 연구를 조사하기 시작했다. 6월 의대는 그의 국립보건연구원 연구비를 끊었다. 하지만 부정행위에 관한 언급은 없었다. 다시는 논문 발표를 중단하지 않았다. 한 예로 5월 말 <서큘레인션(Circulation)>지에 그가 가을에 발표할 예정인 논문들의 초록 10편이 실렸다. 의대는 그가 다른 주요 연구 과제들은 계속할 수 있도록 허용했다.

5개월이 지난 10월이 되어서야 브라운월드와 클로너는 다시의 위조가 광범위하게 이루어졌다는 사실을 직시했으며, 5월 21일 이후에도 조작이 계속되었음을 알았다. 다시의 논문들과 초록들이 철회된 것은 11월 3일이 되어서였다. 그 달에야 의대학장인 대니얼 토스트슨은 공식 조사위원회를 설치했다. 위원회는 강한 면모를 보여주었다. 의대의 다른 학과 소속 위원이 3명, 동 대학교의 과학기술 분야의 교수가 1명, 또 법학 교수가 1명, 하버드가 아닌 다른 기관의 인사 3명으로 위원회가 구성되었고, 위원장은 존스홉킨스 의대 학장인 그 분야의 거장이라고 할 리처드 로스가 맡았다. 11월 중순에야 브라운월드는 에모리 대학교에 그 문제를 통보하면서 다시가 그곳에서 한 연구를 조사하라고 조언했다. 12월에 국립 심장폐혈액 연구소도 조사에 들어갔다. 그보다 늦게 에모리 대학교도 자체 조사위원회를 꾸렸다.

브라운월드는 그 문제를 처리하는 데 유달리 늦장을 부렸다. 다시의 자료 위조를 처음 안 날로부터 5개월이 지난 뒤에야 클로너는 베데스다에서 열린 한 학회 때 심장 연구원에 그 사실을 알렸다. 그 동안 다시는 브라운월드 연구실에서 계속 일했다. 브로드는 <사이언스>에 쓴 상세한 기사에서 그렇게 지체된 이유가 모든 단계에서 의심스럽다는 점을 명확히 밝혔다. 색칠한 생쥐 사건에서 서머린이 실토한 바로 그 날에 그의 업무를 중단시킨 로버트 굿의 일 처리와 정반대였다. 브로드는 브라운월드가 상황을 '관리'하고자 했기 때문에 지체가 된 것이라는 토스트슨의 말을 인용했다. 비록 브로드는 굳이 그 점을 강조할 필요를 느끼지 못했지만, 일부에서는 그런 단어가 은폐를 뜻하는 완곡어법이라고 여긴다. 사실 브리검 병원의 다른 학과장으로서 운영 위원회에 참석하여 그 추문의 진행 과정을 실시간으로 지켜볼 위치에 있었던 한 사람은 여전히 분노를 삭이지 못한 어조로 내게 말했다. "브라운월드는 처음부터 문제를 양탄자 밑으로 쓸어 넣는 식으로 숨기려고 했어요." 자신의 이름은 밝히지 말아달라고 하면서 그는 내게 2000년 2월 전자우편으로 긴 비망록을 보냈고, 2004년 3월에는 전화로 상세한 이야기를 했다. "아마 윤리 기준으로 볼 때 브라운월드의 가장 큰 잘못은 다시의 공동연구자들에게 위기 상황이라는 사실을 알리지 않은 것이겠지요." 다른 학과 사람도 적어도 네 명이 포함되어 있었다. "몇 명은 여름에도 다시와 공동 연구를 계속했어요." 논문을 같이 쓰면서. 조사는 1981년 12월 NIH 산하 심장 연구원에서 시작되어 14개월 뒤 하버드를 통렬히 비판하고 특히 사건을 잘못 처리한 브라운월드와 토스트슨을 비난하는 보고서가 나왔다. 브라운월드 연구실은 논문 발표 압박이 아주 강했고, 선임 과학자들의 감독이 느슨했다. 보고서에는 브라운월드와 클로너의 느려 터진 조사가 '엄밀성이 부족했고 명확하지 않았다'고 적혀 있었다. 독립된 조사위원회가 즉시 설치되어야 했다는 것이다. NIH는 즉시 통보를 받았어야 했다. 에모리 대학교는 더 일찍 그래야 했고. NIH는 다시에게 10년간 연구비 지원을 금지했고 하버드에 쓸모 없는 것으로 드러난 다시의 연구 과제 중 하나에 지급된 연구비 12만 2,371달러를 돌려달라고 요구했다. NIH 원장 제임스 윈가든은 전례 없이 강경한 조치를 취했다. 그는 브라운월드 연구실의 기록과 감독이 제대로 이루어지는지 1년 동안 지켜본 뒤에 연방정부 연구비를 추가로 지원할지를 결정하겠다고 했다.

결국 다시가 두 기관에서 수십 편의 논문 자료를 위조했다는 것이 드러났다. 그 중에 109편이 공저였고, 공저자 수는 총 47명이었다. 모두 에모리나 하버드의 연구자들이었다. 그들 중 어느 누구도 다시의 사기에 공모했다는 흔적은 없었다. 그렇다면 이런 질문이 남는다. 왜 공저자들은 아무도 알아차리지 못한 것일까?

과학 사기의 최근 역사를 연구하는 가장 기이한 인물에 속하는 두 명이 그 점에 호기심과 관심을 갖게 되었다. 월터 스튜어트와 네드 페더였다. 그들은 메릴랜드 주 베데스다에 있는 국립보건연구원 산하의 국립 관절염 당뇨병 소화기 및 신장 질환 연구소이라는 다목적 기관의 연구자들이었다. (나중에 그 연구소는 면역반응에 관련된 알레르기와 감염성 질환을 연구하는 곳과 당뇨병과 소화기 및 신장 질환을 연구하는 곳으로 나뉘었다.) 그들은 공식인가를 받지 않은 채 점점 강렬해지는 개인적 호기심에 이끌려서 부정행위를 조사하고 있었다.

월터 스튜어트를 만나면 활기찬 목소리에 반기는 태도를 보이므로 접하자마자 그가 유쾌한 사람임을 즉시 알 수 있다. 그는 과학이나 사기 문제에 관해 주장을 펼 때면 어디로 튈 줄 모르게 갖가지 생각을 쏟아내면서 속사포처럼 말을 한다. 외모를 보면 숱이 많은 검은머리, 창백한 피부, 납작한 이마에 튀어나온 턱, 크고 두꺼운 입술이 눈에 띈다. 그는 하버드 대학을 최우등으로 졸업하고 록펠러 대학교에서 대학원을 다니다가 NIH로 옮겼다. 그는 박사학위를 따지 않았다. 사기 사건이 빈발하던 시기에 그는 반바지에 꽉 끼는 셔츠에 샌들을 신은 채 냉방이 되는 연구실에 앉아 전신기로 모스부호를 연습하곤 했다. 그는 아이들에게 모스부호 읽는 법을 가르쳤다고 그것이 대단한 성취라고 주장하곤 했다. 그는 아주 드물게 정장을 입을 때가 있는데, 그러면 마치 네안데르탈인처럼 보였다. 그와 그의 연구를 혐오하는 과학자들도 그가 대단히 명석하다는 데는 이의가 없었다. 그의 기벽과 광적으로 무언가에 집착하는 성향은 친구들과 동료들까지 다 인정했다.

네드 페더는 그보다 18세 나이가 많은 더 마르고 더 키가 크고 더 과묵하며, 그다지 유별나다고는 할 수 없는 인물이었다. 그는 미니애폴리스에서 태어나 하버드에서 유기화학 학사 학위를 받고 하버드 의대에 들어갔다. 거기서 젊은 교수가 되었다가 종신 재직권을 받지 않은 채 1967년 NIH로 옮겼다. 스튜어트는 그가 하버드에 재직할 때 제자였으며, 페더는 그가 '훌륭하고 특별한' 사람이라고 평가했다. 비록 더 부드럽고 풍자하듯이 말을 하지만, 페더도 스튜어트만큼이나 과학적 정직성에 대해 완고한—일부에서 광적이라고 말할 정도로—견해를 지니고 있었다. 두 사람은 마치 부자 관계처럼 긴밀하게 특별한 관계를 맺어왔다. 네더는 침착한 판단력으로 스튜어트의 충동적인 천재성을 논리적이고 체계적으로 이끌며 개인 조수 역할까지 한다.

낮에 페더와 스튜어트는 달팽이 신경세포의 모양을 결정하는 유전자를 연구하는 실험실을 꾸려나갔다. 그들은 달팽이를 살펴보면서 다시의 사건을 놓고 토론을 했으며 이야기를 나눌수록 분노가 점점 쌓여갔다. 물론 마음만 먹으면 누구든 파헤칠 수 있는 문헌이 109편이나 있었다. 세 군데에서 독자적으로 이루어진 조사 결과 논문들과 동료들에 관한 사항들이 이미 많이 밝혀져 있었다. 달팽이는 원래 행동이 느린 법이었다. 1983년 봄 페더의 격려와 도움을 받아 그 논문들을 찾아내고 복사하는 일을 시작으로 스튜어트는 설령 사기임을 몰랐어도 공저자들이 눈치챘어야 할 만한 단서들이 있는지 알아보기 위해 상세히 조사했다.

그들은 비정상적인 점들을 발견했다. 본문에 나온 숫자와 표에 적힌 숫자가 일치하지 않는 등 수준 미달 사례가 많았다. 물론 주의를 기울인 동료라면 누구라도 충분히 알아차릴 수 있는 것들이었다. 심각한 것도 있었다. 스튜어트와 페더는 발견한 사항들을 발표했다. 그들은 오류들이 '상식에 어긋날 정도로 너무나 명백했다'고 썼다. 가장 지독한 사례는 다시가 에모리 대학교에 있을 때 공저자들과 발표한 한 논문에 실린 '특이한 심장병의 발병률이 높은 집안의 인상적인 가계도'였다.

가계도를 살펴보니 17세의 남성이 8, 7, 5, 4세인 네 아이를 낳은 것으로 되어 있다. (아버지의 나이가 잘못 인쇄되었을 가능성은 없다. 그림과 본문의 두 곳에 나오기 때문이다.) 따라서 아버지는 8세나 9세 때(아마 8세 때) 첫 아이의 어머니를 임신시켰을 것이고, 둘째 아이는 9세나 10세 때 임신시켰을 것이다. 논문 전체의 타당성에 의문을 제기했을 수 있는 가계도의 이 기이한 점에 공저자도 심사자도 주목하지 않은 것이 분명했다. 게다가 있을 법하지 않은 연령대 구분도 그랬다. 그의 여동생, 남동생, 사촌은 16, 15, 15세에 첫 아이를 낳았고, 그 이전 세대의 세 여성은 41, 45, 52세에 막내를 가졌다.

그들은 이 논문에서만 10여 건의 불일치를 발견했다고 말했다. '그냥 훑어보기만 해도 이 두 숫자 집합이 동시에 타당할 수 없다는 것'이 뚜렷할 정도로 요약과 본문과 표의 자료가 달랐다. 앞서 발표한 같은 연구의 초록들과 논문 사이에도 자료가 달랐다. 그 초록들에 언급된 세 식구는 논문에는 그 연구가 시작되기도 전에 죽은 것으로 되어 있었다.

스튜어트와 페더는 다시가 에모리에 있을 때 다섯 명의 공저자와 발표한 다른 논문을 상세히 조사했다. 환자 5명에게 수술을 한 결과를 다룬 논문이었다. "이 논문의 자료들은 거의 모두 서로 조화시킬 수 없는 세 그림에 들어 있다." 게다가 그 그림들에 표현된 결과들은 통계적으로 받아들이기 어려울 뿐 아니라, 본문에 산재된 자료들과 일치시킬 수도 없었다. 논문의 서론에는 환자 중 네 명이 '합병증이 없었다'라고 기술해놓고, 본문에는 그들 중 한 명이 심한 합병증에 시달렸다고 적었다. 앞서 발표한 초록들 중에 같은 환자들을 언급한 것이 두 편 있었는데, 그 세 문헌의 자료도 서로 크게 달랐다.

스튜어트와 페더는 총 18편의 논문을 살펴보았다. "한 논문에서 최대 39개의 오류와 불일치가 나타났고, 평균적으로 논문당 12개였다. 논문의 공저자들 22명 중에 19명이 10개 이상의 오류나 불일치가 있는 논문 가운데 적어도 한 편의 공저자였다."

이어서 두 사람은 몇몇 조사위원회의 보고서들을 들추어보았다. 부주의하고 엉성한 점들이 놀라울 정도로 많이 나열되어 있었다. 공저자들은 논문의 토대가 되는 실험자료나 임상자료를 거의 보관하고 있지 않았다. 스튜어트와 페더는 논문에 이름이 적힌 공저자가 실제로 관여했는지 살펴보았는데, 3분의 1은 결과에 거의 관여하지 않았으므로 차라리 명예 저자로 분류해야 마땅했다. 그 용어에는 경멸의 의미가 담겨 있다. 게다가 '적어도 명예 저자가 한 명 있는 논문 13편이 명예 저자가 없는 5편보다 오류와 불일치가 더 많았다'.

하버드 대학의 논문들은 주로 개 실험에 관한 것이었다. 물론 그런 실험들에는 대조군이 사용되었다. 비록 논문들에는 그렇다고 나와 있지 않았지만, 다른 논문에 같은 개들을 대조군으로 삼은 사례들이 많았다. 몇 달 사이를 두고 이루어진 서로 다른 실험들에서도 말이다. 스튜어트와 페더는 그런 역사적 대조군들이 이상적이라고는 할 수 없지만 때로 정당할 수도 있다고 인정한다. 특히 실험에 쓰일 동물의 수를 줄인다는 측면에서 그렇다. 그들이 비판한 점은 그렇게 했다는 사실을 독자에게 전혀 알리지 않았기에 독자가 실제 실험 과정이 어떠했는지 판단할 수 없다는 것이다. 그것뿐이 아니다. 한 논문에는 실험에 쓰인 개들을 모두 바르비투르산염을 과량 투여하여 죽인 뒤 '재빨리 심장을 꺼내어 얼음에 담갔다'고 나와 있었다. 그런데 바로 그 동물들 중 일부는 더 나중 실험들에도 언급되고 있었다. "우리는 그 논문의 두 공저자가 발표 당시에 이 비정상적인 점을 알아차리지 못했다고 가정했다." 스튜어트와 페더는 의아스럽다는 듯 온화하게 비꼬는 어조로 그렇게 썼다. 하지만 그런 빈정거림이 누적되면 통렬한 효과를 낳는다.

대조군만 이리저리 갖다 써먹은 것이 아니었다. 다시는 몇 번이나 상호 인용 없이 똑같은 자료를 여러 논문으로 발표함으로써 논문 수를 늘렸다. 또 자주 똑같은 초록을 서너 학술지에 싣곤 했다. "초록 88편 중에 한 차례만 실린 것은 47편에 불과했다. 나머지는 두세 차례 실렸다." 초록을 수정할 때도 있었고, 그냥 제목만 바꾸어 실은 적도 있었다. 예를 들어 '괴사가 없는 일시적 관상동맥폐색증에 이은 영구적 심근 이상'이라는 초록은 '경색증 없는 일시적 심근 허혈에 이은 지속적인 대사적, 기능적, 초구조적 이상'이라는 제목으로 다시 발표되었다. 저자들도 같았고, 본문과 수치 자료도 거의 동일했다.

스튜어트와 페더는 냉담하게 다른 방향의 결론들을 제시했다.

"여기서 제시한 증거는 일반적으로 받아들여진 기준들에서 벗어나는 사례가 놀라울 정도로 많았음을 시사한다. 우리가 고른 논문들의 공저자들과 다시의 관계를 통해 그 현상을 설명할 수 있을지도 모른다. 즉 그가 공저자들을 전형적이지 않은 방식으로 행동하도록 유인했을지도 모른다. 두 번째 가능성은 공저자들이 자기 분야의 대변자가 아닐 수도 있다는 것이다. 세 번째 가능성은 용인된 기준으로부터 벗어나는 것이 이 과학자들이 연구하는 전문 분야, 즉 임상 연구 분야 전반이나 의대나 의사들이 수행하는 연구에서 유달리 흔할 수도 있다는 것이다. (우리가 표본으로 삼은 논문들의 공저자들은 주로 의사들이었고, 그 연구는 전적으로 의대에서 수행되었다.) 네 번째의 불안한 가능성은 용인된 기준으로부터 벗어나는 일이 현재 인식되는 것보다 생명과학자들 사이에 더 흔할지도 모른다는 것이다.

스튜어트와 페더의 개입이 빚어낸 기이하고 전혀 예기치 않았던 한 가지 결과는 사건들이 연쇄적으로 이어지면서 볼티모어 사건이 터졌다는 것이다.

*

마크 스펙터 사례는 유혹당한 스승이라는 패턴에 들어맞는다. 또 한 명의 천재인 스펙터는 그를 아는 모든 사람들로부터 명석하고 매력적이고 다재다능하다는 평가를 받았다. 그는 그림을 그리고 시도 쓰고 실험에도 대가였다. 그의 스승이자 가까운 친구였던 이프레임 래커는 나중에 이렇게 썼다. "국립보건연구원에서 그가 실험하는 모습을 지켜본 한 젊은 과학자는 베토벤이 피아노를 연주하는 모습을 지켜보는 것 같았다고 말했다." 래커는 이렇게 덧붙였다. "스펙터의 강연은 청중을 사로잡았고 대학원생일 때 그는 NIH를 비롯하여 많은 곳으로부터 강연 초청을 받았다. 또 그는 뛰어난 교사이기도 했다." 1980년 스펙터는 코넬 대학교의 래커 연구실에 대학원생으로 왔다. 래커는 생화학자로서 당시 60대 후반이었다. 그는 빈에서 태어나 교육을 받았고 2차 세계대전이 일어나기 전에 미국으로 피신했다. 그의 전문 분야는 세포막에서 필수 대사 기능을 조절하는 효소인 나트륨-

칼슘 ATP아제의 생화학적 상호작용이었다. 생화학의 고전시대인 1920 년대 이후로 과학자들은 암세포들이 비효율적으로 일한다는 것을 알았다. 거기에 래커의 효소가 핵심적인 역할을 했다.

들어온 지 1년도 안 되어 스펙터는 그 효소를 분리했다. 다음 몇 달 사이에 그는 암세포에서 세 가지 다른 효소들이 연쇄적으로 작용하여 그 효소의 효율이 떨어진다는 증거를 찾아냈다. 그 세 효소들은 과학계에 새로운 것이었다. 그는 엄청난 활력으로 가끔 밤늦게까지 연구실에서 일하면서 그것들을 분리해냈다. 그의 방법은 표준적이었다. 그는 방사성 인을 자신의 생화학 계에 넣었다. 그러면 그 계에서 단백질이 만들어질 때 인이 섞여 들어갔다. 이윽고 많은 종류의 소량의 미지의 분자들을 뒤섞은 용액이 형성되었다. 그는 전기영동법으로 효소를 분리했다. 젤라틴 판의 한쪽 끝에 그 용액을 한 줄로 채워 넣고 약한 전기장을 가하면 분자들이 판의 반대쪽 끝으로 이동한다. 분자들은 미미한 전하 차이에 따라 더 멀리 가고 덜 가고 한다. 그 겔에 X선 필름을 붙여 놓으면 방사성 분자들이 있는 부위마다 필름이 감광되어 점들이 나타난다. 그 겔들은 멋진 증거였다. X선 필름은 논문을 위한 설득력 있는 사진이자 강연 때 보여줄 만한 슬라이드가 되었다. 더 나아가 그는 자신의 효소들이 암세포의 유전학과 관련이 있음을 보여주었다.

그가 보여준 가능성에 세계의 생화학계는 전율했다. 그 발견은 중요한 것이었다. 오랜 세월 래커가 경력을 쌓은 고전적인 연구 분야에는 세 개의 노벨상이 주어졌다. 1981년 봄까지 스펙터와 래커는 공동으로 논문들을 썼고, 비록 아직 출간되지 않은 것들이 많았지만 그들은 가인쇄본을 배부했고 청중이 가득한 강당에서 강연을 하곤 했다. 스펙터는 여기저기서 교수직을 제안받기 시작했다.

회의적인 생화학자들도 일부 있었다. 스펙터의 효소 체계는 다른 특정한 자료들과 잘 들어맞지 않았다. 그는 경이로운 생산성을 발휘했다. 20년에 걸쳐 이루어진 고전적인 발견들에 비견될 만한 성과를 2년만에 이루어냈다. 남들이 결과를 재연할 수 없는 사례가 몇 건 있긴 했다. 하지만 스펙터가 실험에 참여하여 재료를 넣으면 실험은 성공했다. 그래도 예외 사례들이 누적되어 갔다. 코넬 대학교의 같은 학과에 있던 종양바이러스학자인 볼커 보그트도 실험을 재연할 수가 없었다. 그는 스펙터의 겔들을 보자고 요구했다. 그것들을 조사하다가 그는 실수로 한 겔에 유리판을 덮었는데, 모니터에 여전히 방사능이 검출되고 있다는 것을 알아차렸다. 원래 인의 방사능은 아주 약해서 유리판을 뚫고 갈 수가 없다. 스펙터가 분리한 효소에는 방사성 인이 아니라 방사성 요드가 들어 있었다. 증거를 들이대자, 래커는 조치를 취해야 했다.

7년 뒤 <네이처>에 실린 기사에서 그 이야기를 하면서 래커는 스펙터가 진정한 '전문' 사기의 특출난 사례라고 했다. 그가 자기 주장을 뒷받침할 증거가 될 만한 현상들을 삽입함으로써 다양한 방식으로 실험을 조작하는 일을 감쪽같이 저질러온 것으로 드러났다. 스펙터는 해임되었다. 래커는 보냈던 원고들을 거두어들이고 논문들을 철회했다. 조사 결과 스펙터가 학사학위를 받은 적이 없다는 사실이 드러났다. 그리고 수표위조 혐의로 유죄판결을 받은 일도 있었다. 래커는 나중에 오랜 친구에게 자신이 스펙터를 아들처럼 대했다고 털어놓았다.

유혹당한 또 한 명의 스승을 살펴보자. 내부 고발자가 처벌을 받은 사례이기도 하다. 1979년 로버트 스프래그는 스티븐 브루닝을 만났다. 스프래그는 48세였고, 15년 동안 일리노이 대학교에서 신경이완제의 효과를 연구하고 있던 심리학자였다. 신경이완제는 머리를 벽에 계속 찧어대는 등의 자해를 하는 중증 정신지체자들에게 널리 쓰이는 진정제의 일종이다. 신경이완제는 그들을 진정시킨다. 하지만 장기간 사용을 하면 지연운동이상증이라는 심각한 부작용이 나타난다. 몸이 저절로 경련을 일으키거나 휙 움직이는 증상인데, 불편할 뿐 비교적 해가 없는 사례가 많지만 아주 드물게 치명적일 때도 있다. 브루닝은 30대 초반이었고 시카고에 있는 일리노이 공대에서 심리학 박사학위를 받은 지 2년째였다. 그는 스프래그가 지적이고 생산적인 '아주 유능하고 사리 분별이 뛰어난 젊은이'라는 인상을 받았다. 당시 브루닝은 미시건의 콜드워터 지역 센터라는 정신지체자들을 위한 요양시설에서 일하고 있었는데, 거기에는 많은 젊은 심리학자들이 있었다. 스프래그와 브루닝은 이해관계가 서로 들어맞았다. 스프래그는 동료와 환자가 필요했고, 1979년 여름 연구비를 콜드워터 센터로 보냈다. 그 연구비로 브루닝은 연달아 논문을 써서 새 친구이자 스승에게 보냈다. 스프래그는 그것들이 '많은 피실험자들을 탁월한 방법론으로 연구한 우수한 논문들'이라고 판단했다고 1992년 4월의 한 토론회에서 말했다. "아주 중요한 결과들을 포함하고 있었다."

브루닝이 우수한 논문들을 연달아 쏟아내자 협력 관계를 시작한 지 2년쯤 지나면서 스프래그는 의구심이 들었다. "그런 연구를 그가 발표하는 것처럼 내 자신이 해낼 수 없다는 것을 알았다. 그 점을 생각하면 할수록 그가 발표하는 것들을 내가 해낼 수 없으면, 그 역시 해낼 수 없었을 것이라는 의심이 점점 더 들었다." 그는 조사를 시작했다.

1981년에 들어설 즈음, 브루닝은 연구 환경이 좋은 피츠버그 대학교의 웨스턴 정신의학 연구소로 옮겼다. 그는 대학 당국을 거쳐 국립정신건강연구소로부터 연구비를 따냈다. 그 동안에도 전화와 우편을 통해 협력 관계는 계속되었다. 그들은 격월로 번갈아 서로를 방문했다. 스프래그는 브루닝의 주장들 중 일부가 명백히 불가능한 것이라는 생각을 품기 시작했다.

1981년 말에 브루닝은 스프래그에게 자신의 첫 연례 보고서 사본을 한 부 건넸다. 거기에는 그가 그 해에 7건의 연구를 수행했다고 적혀 있었다. 스프래그는 그 연구들이 동시에 할 수 있는 것이 아니라 순차적으로만 할 수 있는 것임을 알았다. 그는 브루닝이 토요일, 일요일, 공휴일에는 연구실 문을 닫는다는 것을 알고 있었다. 그 연구들을 했다고 한 날수를 다 더해보니 273일이었다. 하지만 그 해에 평일은 263일에 불과했다. "현실에서는 피실험자들이 아프거나 실험 기기가 고장나거나 대학생 연구 보조원들이 실험 기기를 제대로 다루지 못하는 등의 일이 벌어진다. 따라서 아무리 최고의 환경이라고 해도, 이 연구들의 복잡성을 고려할 때 연구자의 작업 능률은 80~85퍼센트라고 보아야 한다."

브루닝의 주된 주장은 신경이완제가 환자들에게 이롭지 않고 해로울 때가 종종 있다는 것이었다. 그의 연구는 그 주장을 뒷받침했다. 환자들이 먹는 약을 끊자 지능지수가 놀랍게도 두 배로 늘었다는 연구 결과도 하나 있었다. 그는 이런 위험을 정신병학자들에게 경고했다는 점에서 대단한 찬사를 받았다. 그는 임상 치료에 변화를 불러오고 있었다. 스프래그의 걱정은 점점 커져갔다. 환자들에게 나타나는 발작의 유형과 경중을 정량화하는 기술적인 문제가 하나 있었다. 보고를 표준화하려면 환자들을 돌보는 간호사들이 발작 정도를 등급화할 필요가 있었다. 하지만 예상할 수 있겠지만, 간호사들이 관찰한 등급이 서로 언제나 일치한다는 것은 불가능했다. 스프래그가 미네소타의 다른 동료와 연구를 해본 결과, 등급 판정이 일치할 확률은 가장 좋아야 약 78퍼센트였다. 1983년 9월 스프래그가 피츠버그를 방문했을 때, 브루닝의 여자친구가 잘못된 것이 뭐 있냐고 따졌다. "그들이 자기 병동의 간호사들로부터 100퍼센트 신뢰받고 있다는 것이었다. 그녀가 그 말을 했을 때 나는 거의 의자에서 떨어질 뻔했다. 브루닝이 거짓말을 하고 있다는 것을 알았으니까. 당신이 누구이고 얼마나 뛰어난 연구자이든 간에 이런 아주 어려운 평가를 하는 간호사들로부터 100퍼센트 일치하는 결과를 얻기란 불가능하다."

스프래그는 다음 석 달을 브루닝의 연구를 조사하면서 보냈다. 1983년 늦여름 그는 지연운동이상증에 관한 심포지엄을 열 계획을 세웠다. 그는 참여할 사람들에게 초록을 보내달라고 요청했다. 11월에 브루닝이 초록을 보냈다. 거기에는 브루닝과 공저자들이 콜드워터에서 57명의 환자들을 대상으로 1980년 말까지 2년간에 걸쳐 연구하여 발표한 논문이 언급되어 있었다. 새 초록은 45명의 환자를 대상으로 브루닝이 피츠버그로 옮긴 시점에 시작했을 것이 분명한 2년간의 후속 연구에 관한 것이었다. 그는 각 피실험자를 6개월 간격으로 조사했고 총 180개의 평가값을 얻었다고 주장했다. 스프래그는 콜드워터에서 브루닝의 재직 기간 내내 그리고 브루닝이 피츠버그로 떠난 뒤에도 여러 해 동안 그곳에서 일했던 심리학자 닐 데이비슨에게 전화를 했다. "데이비슨은 브루닝이 연구 보조원 없이 콜드워터를 떠났고 다시 찾아온 적도 없으므로 그 연구를 해낼 방법이 없었을 것이라고 말했다." 스프래그는 브루닝에게 전화를 해서 48시간 내에 180개의 평가값의 근거가 되는 원자료를 보내라고 요구했다. "그 요구에 그는 무척 놀란 눈치였다. 그렇게 흥분하고 분개해서 말을 제대로 하지 못하는 모습을 처음으로 접했다." 사흘 뒤 그는 '24개의 평가값이 적힌 24장의 종이'를 받았다. "그 평가값들 중에도 일부 의심스러운 것들이 있었다. 평가를 한 사람의 서명이 전혀 없었고, 날짜도 앞서 언급된 날짜와 일치하지 않았다." 의심스러운 것은 그것만이 아니었다. "180개의 평가값을 얻었다고 주장하는 사람이 고작 24개의 자료만 제출했다는 것은 거짓말을 한다는 의미였다." 1983년 12월 20일 스프래그는 국립정신건강연구소의 감독자에게 친구의 행위를 보고했다. 본문 8쪽에 부록이 44페이지나 되는 문서였다.

이어서 복잡다단한 일들이 벌어졌다. 1984년 2월 피츠버그 대학교는 국립정신건강연구소의 압력을 받아 조사위원회를 구성했다. 브루닝은 콜드워터에서 위조를 했다고 실토하고 3월에 사직했다. 하지만 브루닝이 피츠버그에서도 계속 사기를 저질렀다고 보고했음에도, 위원회는 그곳에서 이루어진 연구는 조사하지 않았다. 사실 1984년 7월 그 대학교 의대의 학장은 NIH에 브루닝에게 '조치를 취할 근거가 전혀 없습니다'라는 편지를 쓰기도 했다.

그러더니 스프래그에게로 비난의 화살이 돌아왔다. 국립정신건강연구소의 소장 대리는 조사관을 임명했다. 조사관은 먼저 2주에 걸쳐 스프래그를 조사했다. 피츠버그 대학교에는 2년 넘게 더 이상의 아무런 조치도 취해지지 않았다. 그러다가 스프래그가 <사이언스> 기사 등을 통해 진상을 널리 공개하자, 맨 처음 돌아온 반응은 그가 17년 동안 받아오던 연방 연구비가 뚝 끊긴 것이었다. 그것이 끝이 아니었다. 1988년 스프래그는 세 차례 증인으로 의회 위원회에 출석하라는 요구를 받았다. 4월 12일 그는 그 사건을 다루는 존 딩겔 의원의 감독 및 조사 소위원회에서 피츠버그 대학교의 은폐를 비롯한 일들을 증언했다. (볼티모어-이마니시-카리 사건의 증언도 있었던 기나긴 날이었다.) 스프래그는 곧 그 대학교 의대의 부학장이자 법률고문인 조지 후버로부터 모욕죄로 고발하겠다는 무시무시한 편지를 받았다. 스프래그는 그 편지를 소위원회에 회람시켰다. 내부 고발자를 보호하는 일에 늘 즉각적이고 적극적으로 나서는 딩겔은 그 대학교 총장 웨슬리 포스바에게 편지를 썼다. 그러자 포스바는 스프래그에게 사과 편지를 보냈다.

　　로버트 슬러츠키 사건은 그 자체로 보면 비교적 복잡하지 않고 신속하고 효율적으로 처리되었다. 그 사건의 증후군은 친숙한 것이다. 하지만 사건 폭로는 깊이와 독창성이 있는 분석적인 설명을 낳았고, 그 점에서 그 사건은 중요하다. 슬러츠키는 캘리포니아 샌디에이고 대학교 방사선의학과의 젊은 내과의사이자 방사선의학 레지던트이자 임상 조교수였다(무급으로). 그는 7년 동안 크고 작은 학술지 34곳에 137편의 실험 및 리뷰 논문을 썼으니 능력 있고 생산적인 양 보였다. 1985년 초 그는 의대 방사선의학과 조교수로 승진할 예정이었다. 늘 그렇듯이 그의 업적을 평가할 임시 위원회가 구성되었다. 그런데 위원 한 명이 슬러츠키가 발표한 두 논문에 같은 자료가 쓰였다는 것을 알아차렸다. 두 번째 임시 위원회가 구성되었다. 위원들은 슬러츠키의 발표되거나 최근에 제출된 논문들, 그의 실험일지를 상세히 조사했고 연구실 직원들과 박사후과정 연구원 등에게 질문을 했다. 그러자 문제가 점점 더 커져갔다. 최근의 세 원고에 기재된 실험들이 결코 이루어진 적이 없다는 증거가 드러났다. 그들은 자료가 중복된 두 발표 논문을 철회하라고 요구했다. 그들은 더 철저한 조사를 요청했다. 첫 고발이 있은 지 한 달이 채 지나기 전에 슬러츠키는 사직했다. 조사는 계속되었다. 조사가 진행되는 사이에 그의 변호사가 8개 학술지에 발표된 논문 15편을 철회해달라는 요청을 했다. '슬러츠키 박사가 최근의 결과에 의심스러운 부분이 있다는 점을 알아차렸다'라고 말하면서. 1987년 11월 <뉴잉글랜드 의학회지>에 그 사례를 분석한 글이 실렸다. 저자는 로버트 잉글러, 제임스 코벨, 폴 프리드먼, 필립 키처, 리처드 피터스였다. 키처를 제외하고 모두 이런저런 위원회에서 그 사건을 조사한 위원들이었다. 키처는 당시 캘리포니아 샌디에이고 대학교(지금의 컬럼비아 대학교)의 과학철학자이자 과학사가였는데, 다른 사람들로부터 토의에 합류하라는 요청을 받았다. 거기에는 이런 내용이 적혀 있었다. "10명의 위원으로 이루어진 위원회는 슬러츠키의 저술 목록 전체를 조사했다. 77편은 타당한 것, 48편은 의심스러운 것, 12편은 사기로 분류되었다." 사기에는 '수행된 적이 없는 많은 실험들', 이루어진 적이 없는 측정들, 기재되었지만 결코 수행된 적이 없는 통계 분석들이 포함된다. 조사 위원회는 슬러츠키의 공저자들─총 93명─중 몇 명에게 편지를 썼고, '이 젊은 연구자의 위조가 어떻게 그렇게 오랫동안 드러나지 않았는지'를 알아내기 위해 학과의 고참 교수들을 면담했다.

<뉴잉글랜드 의학회지> 분석글의 저자들은 '과도한 논문 출판'이라는 것을 언급했다. 그의 역할 모델들은 아주 많은 논문을 발표한 인물들이었다. "슬러츠키가 믿어지지 않을 정도의 생산성(방사선의학 레지던트이자 방사선의학 임상 조교수 일을 동시에 하면서 10일마다 논문을 한 편씩 썼다)을 보였음에도 사람들은 경계심을 갖지 않았다." 그들은 이유를 이렇게 설명했다.

첫째, 그의 논문들은 세 하위 전문 분야들에 속한 여러 학술지에 발표되었기에, 어떤 집단도 그의 연구 전체를 살펴보지 못했다. 둘째, 슬러츠키는 거의 또는 전혀 기여하지 않은 동료나 학생의 이름을 공저자로 넣음으로써 협동 생산성이 아주 높은 양 인상을 심어주었다.

노골적인, 심지어 기묘하기까지 한 사례들도 있었다. 일부 공저자들은 조사 위원회가 질문을 할 때까지 논문의 존재 자체도 몰랐다. 슬러츠키는 저작권 양식에 서명을 위조해 넣었던 것이다. 그것만이 아니었다.

한 신입 연구원에게는 연구실에 들어온 날 바로 논문을 보여주면서 공저자로 이름을 올리겠다고 했다. 일부 동료들과 연구원들은 너무 굽실거렸거나 당황하는 바람에 자신이 기여하지 않은 논문에서 이름을 빼달라는 말을 못했다 …… 한편 일부 교수들은 실질적인 공헌을 하지도 않고 연구가 타당한지 여부도 알지 못한 채 연구 계획에 실험 장비를 제공했을 뿐이면서도 공저자로 이름이 오르기를 기대하기도 했다. 따라서 공저자 지위라는 선물이 사실상 한 사람이 불가능할 정도로 많은 연구를 한다는 점을 사실상 은폐한 것이었다.

공저자 지위 선물은 오류를 검출하지 못하게 했을 뿐 아니라, 그 자체가 '계획적인 허위 발표라는 범죄 행위이기도 하다'.

슬러츠키가 그만큼 사기를 계속 저지를 수 있었던 것은 무엇보다도 함께 실험하는 동료들이 각 논문 원고의 타당성이나 그의 생산성이나 그의 부주의한 실험 태도에 의심을 품긴 했을지라도, '해당 학과의 책임자(학과장), 의대의 책임자(학장), 다른 감독자에게 우려를 이야기하지 않았기' 때문이다.

서머린 이후로 알려진 이런 타락한 이야기들은 여기 언급된 것보다 네 배는 더 많을 것이다. 하지만 슬러츠키 사건은 <뉴잉글랜드 의학회지>에 실린 기사의 질적 측면에서 두드러진다. 6쪽에 주가 붙은 그 기사에는 명쾌하거나 미묘한 사실들과 권고들이 가득하며, 생생하고 재미있게 읽힌다. (철학자이자 역사가인 필립 키처의 손이 닿았음을 알 수 있다. 그가 동료들에게 종류와 수준이 다른 추론 방식을 제공했을 것이기 때문이다.)

*

교훈이란 습득하기가 어려운 것임이 드러나곤 한다. 고어의 조사 소위원회에서 필립 핸들러의 아둔한 증언이 있은 지 6년 뒤 <사이언스> 편집장 대니얼 코실랜드는 1987년 1월 9일자 호에 '과학에서의 사기'라는 사설을 썼다. 코실랜드가 그 학술지의 편집장이 된 것은 그보다 2년 전이었다. 그는 캘리포니아 버클리 대학교의 생화학자였으며 학과장을 역임한 바 있었다. <사이언스>에 오기 전에 그는

<국립 과학 아카데미 회보(Proceedings of the National Academy of Sciences)>의 편집장으로 있었다. 한 마디로 그는 대단한 지위에 있는 과학자였다. 볼티모어 사건이 대중의 주목을 받은 것이 1987년 1월이었지만, 막 다시 사건이 새로 알려졌고, 앞서 살펴보았듯이 또 다른 인물들이 곧 등장했다. 과학자들, 과학 및 거기에 연구비를 지원하는 일에 관여하는 국회의원들, 언론인들 사이에 경계심이 점점 커지고 있었다. 코실랜드는 사설에서 뻔하긴 해도 수긍이 가는 것을, 그렇지만 기껏해야 낙천적인 양 보일 것들을 이야기했다. "의도가 좋다고 다 용납되지는 않는다. 엉성한 실험과 얄팍한 학식은 비난을 받는다. 노골적인 사기는 두고볼 수 없다." 하지만 그 뒤에 이렇게 덧붙였다. "과학의 누적적인 특성 때문에 사기는 대개 다소 짧은 기간에 필연적으로 드러나게 마련이다." 그는 몇몇 우려할 부분이 있음을 인정하면서도 '우리는 발표된 것들의 99.9999퍼센트가 정확하고 믿을 수 있으며 자료를 수집하기 어려운 급속히 전진하는 최전선에서 나오기도 한다는 것을 인정해야 한다'고 결론지었다. 우리는 코실랜드가 과학계를 보호하기 위해 사설을 써야 하겠다는 생각을 했다고 가정할 수밖에 없다. 배비지 시대의 과학계는 작고 개방적이고 끈끈한 인간관계로 이어져 있었다. 아마 그의 확신은 당연했을 것이다. 코실랜드의 주장은 대단히 어리석었음이 금방 드러났다. 그것은 사실 어느 쪽으로도 아무 근거가 없기 때문이다.

*

사기는 미국 과학계에만 있는 문제가 아니다. 호주, 영국, 프랑스, 독일, 인도, 폴란드, 스웨덴 등에서도 사례들이 보고되었다. 국가 간 비교를 하기가 까다로운 것은 분명하다. 내부 고발에서부터 조사를 하거나 하지 않는 행위, 판결과 개선에 이르기까지 전 과정이 다 그렇다. 미국 바깥으로 가면 과학자들과 연구실들의 수가 더 적고 일반적으로 연구비도 더 적다. 유럽에서는 연구계획이 대개 더 장기적으로 수립되고 연구비도 장기간에 걸쳐 지원된다는 점도 비교를 더 우렵게 만든다. 질문 자체가 다르고 압력도 다르다. 과학 조직, 다양한 과학 분야, 개별 연구실은 모든 수준에서 더 계층적이다. 연구실들은 대학교와 분리되어 있는 경우가 많으며, 미국 과학자들이 당연하게 여기는 노예나 다름없는 대학원생들—노예이기는 하나 훈련생이다— 이 없다. 독일과도 많은 차이점들이 있는데 그 중 하나를 꼽으라면 많은 연구실들이 모든 논문에 자동적으로 지도 교수의 이름을 공저자로 올리는 전통을 고수하고 있다는 것이다. 비록 그런 전통의 평판이 점점 나빠지고 있긴 하지만 말이다. 또 사기 사건이 대중에게 알려지는 경우도 훨씬 적다. 기관들은 훨씬 더 통제력을 발휘하면서 대처하는 경향이 있다. 프랑스는 은폐하는 데 대단히 뛰어나며, 그 결과 뚜껑이 열려서 부패의 악취가 정부를 뒤흔드는 사례도 극히 드물다. 하지만 꼼꼼히 살펴보면 일부 사례들에서 흥미로운 공통의 특징들이 드러난다.

1989년 4월 가장 악취가 심한 거품 하나가 수면으로 떠올랐다. <네이처>에 존 텔런트의 기사가 실렸을 때였다. 그는 호주의 고생물학자로서 히말라야산맥의 지질학, 특히 층서(stratigraphy)와 화석의 전문가였다. 그의 논문 '걸어다니는 화석들의 사례'는 25년에 걸쳐 카슈미르에서 인도 북부와 네팔을 거쳐 동쪽의 부탄에 이르기까지 높은 히말라야 산기슭을 아우르는 '고생물학 자료의 산사태'라고 할 놀라운 화석들의 발견을 보고한 300편이 넘는 논문들의 이야기를 담고 있다. "인도는 한 세기가 넘는 지질조사 논문들에서 드러나듯이 지질학과 고생물학 분야에서 탁월한 명성을 오랫동안 이어온 전통을 간직한 것으로 유명하다." 새 발견들은 고대에 존재했던 종들의 '동물상 목록에 생물지리학적으로 경이로운 동물들을 추가했다'. 한 일련의 논문들에는 앞서 뉴욕 북부의 한 채석장에서만 발견된 잘 알려진 종류의 코노돈트—썩어서 사라진 생물의 잔해로서 작고 원추형의 반들거리는 이빨처럼 생긴 것들—가 인도와 네팔의 동북부에서 나왔다면서 표본이 제시되어 있었다. 그 근처에서는 모로코에서 나온 것으로 잘 알려진 표본들과 똑같은 암모노이드(ammonoid)—앵무조개의 친척인 화석

동물들―도 발견되었다. 그 발견들은 기존에 확정된 많은 층서 관계들을 뒤엎었고, 고생물학뿐 아니라 히말라야 지질학을 소란의 도가니에 몰아넣었다. 이 모든 발견을 한 사람은 찬디가르에 있는 펀자브 대학교의 비스와트 지트 굽타 교수였다. 4반세기 동안 3백 편이 넘는 논문을 쓰면서 굽타는 교육용 표본 중에서 꺼낸 것이 분명한 표본들을 갖고 그 초승달 모양의 드넓은 땅에 말그대로 소금을 뿌려왔다. 혼란을 정리하는 데 든 고생, 노력, 시간은 이루 말할 수 없었다. 남은 의구심은 후대의 연구에 긴 그늘을 드리울 것이다.

영국 과학자들과 학술지 편집자들은 좀 같잖다는 태도로 미국에서 줄줄이 이어지는 사기 사례들을 지켜보았다. 맬컴 피어스 사건은 그들의 그런 자기만족에 충격을 가했다. 1994년 8월 <영국 산부인과학회지(British Journal of Obstetrics and Gynaecology)>에 런던 세인트조지 병원의 산과 전문의인 피어스가 쓴 논문이 실렸다. 그는 자궁외임신을 한 여성에게 근본적으로 새로운 방법을 써서 건강한 여아를 출산시키는 데 성공했다고 말했다. 피어스는 그 학술지의 편집자였다. 그 논문은 즉시 전 세계의 이목을 끌었다. 자궁외임신은 배아가 자궁 바깥에서 착상이 이루어지는 것을 말하며, 대개 나팔관에 착상된다. 자궁외임신은 예외 없이 출산까지 이어지지 못하며, 위험하기도 하다. 첫 번째 증상은 대개 배가 심하게 아파오는 것이다. 출혈이 일어나서 사망할 수도 있다. 미국에서는 해마다 10만 명 정도의 여성들이 자궁외임신으로 입원 치료를 받는다. 피어스는 X라는 환자를 치료했다고 주장했다. 29세의 아프리카 여성이었는데, 5주가 된 자궁외임신 배아를 나팔관에서 떼어내 자궁 경부를 통해 자궁으로 옮겨 놓자 제대로 착상이 이루어졌다는 것이다. "환자는 시술 후 4일째 퇴원했다." 거기에는 조프리 체임벌린이 공저자로 되어 있었다. 그는 왕립 산부인과 대학의 학장이자 세인트조지 병원에서 피어스가 속한 과의 과장이었고, 그 학술지의 편집장이기도 했다. 젊은 의사인 아이작 매니언다도 공저자였다.

그 학술지 같은 호에 피어스는 유산을 하고 자궁물혹이 난 경험이 있는 여성 191명을 대상으로 3년간 이중맹검법으로 무작위적인 실험을 했다고 주장하는 논문을 발표했다. 그는 그들에게 사람융모성 생식샘자극호르몬을 투여하거나 위약을 투여했다. 논문에는 호르몬을 투여한 여성들의 유산 빈도가 더 적었다고 나와 있었다. 피어스 밑에 있는 의사인 로소엘 하미드가 공저자로 나와 있었다.

피어스가 치료했다는 증상은 사실 드물게 나타나는 것이다. 당시 <영국 의학회지>의 편집자였던 스티븐 로크는 체임벌린의 학술지에 분명히 문제가 있다고 말했다. "이 사례에서 더 냉정한 편집자라면 그런 증상을 지닌 새 환자를 기껏 한 달에 한두 명 볼까말까 한 병원에서 그렇게 드문 증상을 지닌 여성을 3년 동안 191명이나 모았다는 점에 의문이 들었을 것이다. 게다가 그들 모두에게 부부의 핵형 분석 ―염색체 검사―을 비롯한 온갖 복잡한 검사들을 했다니."

피어스의 논문이 나온 뒤 세인트조지 병원 사람들은 피실험자가 유달리 많다는 데 의구심을 갖게 되었다. 다른 의사들은 그 연구가 이루어지고 있다거나 환자 X의 자궁외임신 수술이 성공을 거두었다는 말을 전혀 들은 적이 없었다. 그것이 사실이라면 대단히 중요한 의미를 지니고 있으므로 그들은 충격을 받았다. 체임벌린은 조사를 지시했고, 피어스는 일지, 동의서, 호르몬 시험 기록 등 어느 것도 내놓지 못했다. 게다가 환자 X에 관한 컴퓨터 기록도 위조된 것임이 드러났다. 그녀는 유산했다. 피어스는 체임벌린에게 사실 진짜 엄마는 환자 Y인데, 이전에 낙태시술을 한 것이 드러날까 봐 겁이 나서 숨겼다고 말했다. 하지만 환자 Y의 기록도 조작된 것이었다. 게다가 서둘러 조작했다는 것이 빤히 드러났다. 컴퓨터 기록상으로 그녀는 1910년에 태어났고 그 시술이 초기 단계에 있던 시기에 사망했기 때문이다.

영국에서 의학 분야의 자격 및 윤리적 기준을 마련하고 규제하는 곳은 일반의학위원회(General Medical Council)로서, 의사 명단을 관리하며 징계 위원회도 두고 있다. 9개월이 채 지나기 전인 1995년 6월 초 일반의학위원회는 피어스가 '심각한 직업상의 부정행위'를 저질렀다고 결정하고 그의 의사 자격을 박탈했다. 그는 병원과 학술지 편집자

직위에서 해임되었다. 체임벌린은 왕립 산부인과 대학 학장과 그 학술지 편집장을 사임했지만, 세인트조지 병원의 과장직은 유지했다. 그와 두 젊은 의사는 논문을 세심하게 살펴보지도 않은 채 객원 저자로 이름을 올렸기에 징계를 받았다. 체임벌린은 <영국 의학회지>에 그 기사를 쓴 영국 의학 전문 자유 기고가인 오웬 다이어에게 이렇게 말했다. "나는 예의 때문에 그리고 그가 학과장으로서 내게 요청했기에 그 논문을 살펴보지도 않고 승인했습니다." 그해 11월 <영국 산부인과학회지>는 피어스의 논문 네 편을 철회했다. 유산 연구 결과를 담은 두 편은 그 연구가 수행되었다는 '증거를 전혀 찾을 수 없었다'. 다른 두 편은 '입증이 안 되고 신뢰할 수 없었다'.

체임벌린은 억양도 그렇지만 전형적인 영국인이었다. 그는 다이어에게 이렇게 말했다. "맬컴이 이 사례에서는 대단히 어리석은 행동을 한 것이 분명하지만, 예전에는 좋은 연구를 많이 했어요."

<영국 의학회지>의 논리 정연한 사설에서 스티븐 로크는 그 사건으로부터 우울한 결론을 이끌어냈다. "늦었지만 영국은 과학 사기에 대한 안이한 접근 방식을 버려야 한다."

> 지난 주 영국 부인과의사 맬컴 피어스가 사기로 의사 자격이 박탈되었다. 그는 <영국 산부인과학회지>에 결코 한 적이 없는 연구를 했다고 논문 두 편을 발표했다. 피어스에 관한 내부 고발이 있었던 때부터 면허 취소가 이루어질 때까지 걸린 기간은 9개월이 채 못 된다. 따라서 외부 인사들은 다른 나라들과 마찬가지로 영국도 연구 부정행위를 예방하고 찾아내고 관리하는 체계를 갖추고 있다는 결론을 내릴지 모르겠다. 그 생각은 틀렸다. 피어스 사건이 잘 처리된 것은 예외적인 경우였다. 피어스가 속한 의대의 학장이 무엇을 해야 할지 알았고 단호하게 결정을 내렸기 때문이다. 즉 그는 신속하게 처리를 하면서 피고발자와 내부 고발자 둘 다의 권리를 보호하는 조치를 취했다. 영국의 다른 대다수 기관들에서는 아무 일도 일어나지 않을 것이다. 사건은 아마 은폐되었을 것이고, 내부 고발자는 시달리다가 내쫓길 것이다.
>
> 왕립 의대의 보고서에도 불구하고 영국은 1983년 미국에서 다시 사건이 터져 처음으로 그 문제가 주목을 받은 이래로 사기 문제에 적절히 대처

할 방안을 거의 마련하지 못했다.

사실 피어스 사건만 있었던 것이 아니었다. 1990년대 중반에 더 많은 사례들이 드러났다. 1994년 2월 한 텔레비전 다큐멘터리는 런던의 심장학자 피터 닉슨이 논문에서 사기를 쳤고 환자들을 심히 잘못 치료했다고 폭로했다. 닉슨은 모욕죄로 고소했다. 1997년 5월 법원에서 대질심문 때 닉슨은 많은 논문들의 결과를 조작했고, 환자들에게 위험하거나 더 나아가 치명적일 수 있는 진단 검사들을 했다고 시인했다. 그는 고소를 취하했다. 법원은 그에게 75만 파운드의 비용을 텔레비전 방송국에 지불하라고 명령했다.

에든버러의 신장 전문의 존 앤더튼은 제약회사인 파이자의 지원을 받아 한 약물의 효능을 연구하는 임상 실험을 했다. 연구는 15개월 동안 진행되었고 비용은 4만 2,000파운드가 소요되었다(아무튼 앤더튼은 한 푼도 사적으로 유용하지 않았다). 제약회사의 임상실험 책임자는 앤더튼의 보고서에서 문제점들을 발견했다. 회사는 민간 조사회사인 메디코리걸인베스티게이션에 조사를 의뢰했다. 영국 제약산업 협회의 의학부장을 역임한 프랭크 웰스가 은퇴한 한 고위 수사관과 공동으로 설립한 회사였다. 그들은 앤더튼이 환자들의 심장초음파 검사 및 자기공명영상 자료를 조작했고 조수에게 자료를 날조하고 환자 동의서를 위조하도록 했다는 것을 알아냈다. 조사가 진행될 때 그는 위조된 자료를 새피크 의사가 제공했다고 주장했지만, 가공의 인물이었다. 1997년 7월, 앤더튼의 의사면허는 취소되었다.

그 무렵 웰스의 조사 회사는 일반의학위원회에 심각한 부정행위가 있었음이 드러난 사례가 17건, 조사 중인 사례가 12건이 있다고 알렸다.

1998년 2월 마크 윌리엄스 사건도 비슷한 결론에 이르렀다. 그는 브리스톨 대학교의 공중보건의학 분야에서 경력이 있는 강사였다. 1994년 스웨덴의 한 학회에서 그가 발표한 논문 초고에 실린 통계값들이 의심을 받게 되었고, 그가 케임브리지 대학교에서 의학박사와 철학박사 학위를 받았다는 주장이 허위라는 것도 드러났다. 그는 학위증의 기재 오류는 서기가 실수한 것이라고 설명했고, 통계수치들이 모호하다는 점을 인정했다. 그 학과 교수 스티븐 프랭클은 그러려니 하고 넘어갔다. 1995년 9월 프랭클은 윌리엄스가 <영국 의학회지>에 논문을 제출하기 위해 얻은 자료가 미심쩍다는 생각이 들었다. 프랭클은 그 학술지의 법률 담당 기자(그리고 오웬 다이어의 어머니)인 클레어 다이어에게 이렇게 말했다. "우리는 그 자료를 재분석했습니다. 그러자 온갖 사실들이 드러났습니다. 우리는 그를 불렀고 그는 자신이 저지른 일을 실토했습니다. 어떤 일이 있었을지 의심이 들자마자, 우리는 그가 했던 모든 연구를 철두철미하게 조사했습니다." 윌리엄스가 1991년 그 대학교에 처음 임용될 때, 그리고 2년 뒤에 승진할 때 경력을 위조했다는 사실이 발견되었다. 그는 사직했고, 다른 도시의 대진(代診) 의사로 취업했다. 물론 면허가 취소되자 그 일자리도 잃었다.

그 다음, 과학 분야에서는 드물게(상업이라는 큰 세계와 대조적으로) 공모한 사기 사례가 독일에서 나타났다. 그것도 대단한 규모로 말이다. 독일의 분자생물학자들인 프리드헬름 헤르만과 마리온 브라흐는 주목할 만한 성과를 연달아 내놓은 과학자들이었다. 그들의 관계는 하버드에서 시작되었다. 당시 그는 30대 중반이었고 그녀는 11살 연하였다. 그들은 함께 일하고 함께 생활했다. 그들은 함께 독일 프라이부르크 대학교로 돌아왔다가 1992년 베를린으로 자리를 옮겼다. 헤르만은 유전자요법 개발에 몰두하면서 유명해졌고 독일 통일 뒤에 베를린 동부에 설립된 막스 델브뤼크 분자의학 센터에서 연구진을 이끌었다. 브라흐는 그곳에서 그의 밑에 있는 네 연구진 중 하나를 이끌었다. 그녀의 전공은 암 치료, 특히 대단한 치료 잠재력을 지닌 듯한 종양괴사인자들 중 하나인 사이토카인(cytokine)이라는 세포 물질로 암을 공격하는 과정이었다. 1996년 초 그들은 독일 서부의 울름 대학교로 옮겼다. 그 직후 둘은 헤어졌고 브라흐는 함부르크 근처 뤼베크 대학교의 교수직을 받아들였고 그곳의 신설 분자의학 연구소를 맡았다.

1997년 초 델브뤼크 센터에 있다가 떠난 젊은 과학자 에버하르트 힐트는 특정한 논문들의 자료가 위조되었다고 공개 주장하고 나섰다. 그를 비롯한 젊은 연구자들은 위조 사실을 이미 알고 있었지만 두려워서 털어놓지 못하고 있었다. 헤르만과 브라흐는 오랫동안 연합 전선을 유지하면서 학생들에게 털어놓으면 몰락시킬 것이라고 위협하고 서로를 보호해 왔다. 그러다가 서로 갈라선 뒤로 조금씩 서로에 관해 평을 하기 시작했다. 3월에 울름과 뤼베크 대학교 그리고 델브뤼크 센터에서 조사가 시작되었다. 곧 브라흐는 베를린에 있을 때 네 편의 연구 논문을 위조했다고 시인했다. 하나는 1995년 <실험의학저널(The Journal of Experimental Medicine)>에 실렸다. 권위 있는 유명 학술지였다. 논문에는 암세포들이 종양괴사인자에 반응하는 양상을 나타낸 자가방사선상이라는 그림이 실려 있었다. 다른 연구 논문에 실린 세 방사선상 그림의 일부를 따서 조작하여 컴퓨터로 그린 그림이었다. 헤르만은 그 네 논문의 공저자였음에도 자신은 사기인 줄 전혀 몰랐다고 주장했다. 그 해 봄 힐트가 믿고 의지하던 뮌헨 인근 막스플랑크 연구소 소장이 몇몇 기자들에게 실상을 털어놓았다. 5월 중순 한 지역 일간지와 창간된 지 3년밖에 안 되었지만 공격적인 경영을 펼치고 있는 독일 시사 주간지 <포쿠스>가 그 추문을 폭로했다. <네이처>의 유럽 특파원 앨리슨 애벗(뮌헨에 있는 활력 넘치는 양식 있는 언론인)은 그 이야기를 전 세계에 알렸다.

그 추문은 용암이 흐르듯 거침없이 퍼져 나갔다. 몇 주 지나지 않아 각 기관의 조사 위원장들은 본에 합동 위원회를 설치하기로 동의했고 브라흐로부터 더 많은 증거를 얻어냈다. 헤르만은 여전히 결백하다고 항변하면서 본의 위원회에 출석을 거부했다. 유죄가 입증된다고 하더라도 둘을 어떻게 처벌할지도 문제였다. 독일의 대학 교수들은 각 주에 고용된 공무원들이다. 독일 전역의 80여 개 과학 및 인문학 연구 기관들—대부분 대학과 별개의 기관들—의 모임인 막스플랑크 협회는 그 전해애 사기를 다루는 규칙들을 제정할 위원회를 설립한 바 있었다. 위원장인 프라이부르크 막스플랑크연구소의 국제형법 전문가인 알빈 에저는 독일 법률에 부합되는 절차를 마련하기가 쉽지 않다고 말했다. 협회는 헤르만과 브라흐에게 연구비를 지원한 적이 없었다. 둘은 독일암재단과 정부 연구비 예산을 대학들에 배분하는 역할을 담당한 독일연구협회로부터 지원을 받았으며, 두 기관도 조사를 받기 시작했다.

여름이 끝날 무렵 브라흐는 교수직에서 물러났고 헤르만은 정직을 받았다. 30편이 넘는 논문이 위조된 자료를 사용했음이 드러났다. 그들이 흔히 쓴 수법은 컴퓨터로 그럴 듯한 자료를 만들어낸 다음 중간 수준의 학술지에 논문을 내는 것이었다. <실험의학회지>에 실린 논문은 야심이 빚어낸 예외 사례였다. 헤르만과 브라흐가 베를린으로 가기 전에 재직했던 프라이부르크 대학교도 자체 진상 조사에 착수했고, 책임자는 막스플랑크 협회의 에저였다. 그 시기에 발표된 논문 12편도 의심스러웠다. 그곳 임상학과장은 롤란트 메르텔스만이었는데, 그도 조작된 논문 중 25편의 공저자였다. 에저 위원회는 그가 공모했다고는 말하지 않았지만, 자기 학과에서 이루어진 사기에 공동 책임이 있다고 했다. 9월 첫째 주에 헤르만은 자신의 경력이 파탄났으며 울름 의대 학장과 모든 조사 위원회에 1,000만 마르크의 손해배상 소송을 제기하겠다고 발표했다. 그의 변호사는 위조 책임은 전적으로 브라흐에게 있다고 말했다. 11월 말이 되자 사기 논문 수는 적어도 47편으로 늘어났다. 브라흐는 헤르만이 다 알고 있었고 자신에게 조작하라고 압력을 가했다고 주장했다. 1998년 4월 그녀는 <네이처>에 자신을 희생양 삼으려 한다고 항변했다.

> 나는 내가 그다지 자랑하지 않는 성과인 과학 논문들의 위조에 관여했다는 점을 너무 일찍 인정했다. 조사 초기에 나만이 실수를 인정한 탓에 공식 조사기관들이 내가 주요 또는 유일한 범인인 양 그리고 수많은 논문들, 심지어 공저자 명단에 내 이름도 실리지 않은 논문들에 있는 가짜 자료들까지도 내가 했다는 식으로 말한다는 사실에 분통이 터진다.

9월에 헤르만은 교수직에서 물러나 뮌헨에 의원을 차렸다. 새 특별 조사단이 꾸려져 헤르만, 브라흐, 동료들이 쓴 수십 군데의 학술지, 약 80권의 책에 실린 약 340편의 글들을 꼼꼼히 조사했다. 특별 조사단은 2000년 6월 보고서를 펴냈다. 그들은 조작된 것이 명백하거나 그럴 가능성이 아주 높은 논문이 94편이라고 보았다. 그 중에 헤르만과 브라흐가 쓴 것이 53편이었다. 메르텔스만이 공저자인 논문은 59편이었다. 메르텔스만은 자기 연구실에서 나오는 모든 논문에 자신의 이름을 올렸다. 이 추문이 터진 뒤에야 비로소 한 세기 넘게 이어져 온 독일의 그런 관습이 불명예스러운 것으로 여겨지게 되었다. 또 특별 조사단은 메르텔스만의 이름만 있고 헤르만의 이름이 없는 논문 5편도 조사했다. 그 중에 적어도 한 편, <블러드(Blood)>에 발표된 논문이 ‘자료가 부적절하게 다루어졌다’고 판단되었다. 튀빙겐 대학교의 로타 칸츠와 울프람 브루거가 이 논문의 공저자였기에, 독일 연구협회는 그들을 조사하기 시작했다. 유일하게 깨끗하다고 판명난 사람은 뮌헨 대학교에서 한 연구진을 이끌었던 내부 고발자인 에버하르트 힐트였다. 힐트는 나중에 베를린의 로버트코흐 연구소로 옮겼다.

특별 조사단의 보고서가 나온 지 2년 뒤 <네이처>는 문제가 된 논문들을 실은 학술지 29곳을 대상으로 설문 조사를 했다. 20개 학술지가 답변을 했다. 14곳은 그 논문들을 취소하지 않았고, ‘7곳은 조사가 이루어졌는지조차도 몰랐으며, 4곳은 조사가 끝났다는 것을 몰랐다’.

미국과 영국에서 그랬듯이, 주요 사기 사례가 공개되자 갑자기 다른 사례들이 연달아 터져 나오기 시작했다. 가장 큰 추문은 쾰른의 막스플랑크 식물육종연구소에서 터졌다. 1998년 3월 초 그곳의 연구원 잉게 차야가 사직했고, 그 연구실의 책임자인 리차르트 발덴도 사임했다. 차야는 식물세포 성장에 관여하는 효소를 다룬 논문에서 자료를 조작했다고 시인했다. 그녀 연구실의 동료들은 그녀의 실험을 재연하는 데 어려움을 겪어 왔다. 5월 말까지 검증이 이루어진 결과 6편 이상의 논문에 실린 실험들도 재연이 불가능하다는 사실이 드러났다. 30편의 논문이 의심스러웠고, 조사단은 6년 넘게 위조가 이루어졌다고 판단했다. 헤르만과 브라흐의 통상적인 수법과 대조적으로 발덴은 거창한 주장들을 해 왔고 최고의 학술지들에 논문을 발표했다.

1999년 봄 샌프란시스코에서 유전자기술로 인간성장호르몬을 생산하는 특허 방법을 침해했다는 이유로 캘리포니아 대학교가 지넨테크(Genentech)사를 상대로 소송을 걸었다. 1979년 <네이처>에 실린 논문에서 지넨테크의 과학자들은 오염되지 않은 인간성장호르몬을 최초로 생산했다고 발표했는데, 그 논문이 소송의 대상이었다. 4월 20일과 21일 법정에서 하이델베르크의 막스플랑크 의학연구소 연구 분과장인 페터 제부르크(Peter Seeburg)는 공저자 자격으로 출석하여 자료가 허위 발표되었다고 증언했다. 5월에 그는 자기 증언을 둘러싼 의문들에 답하고자 <사이언스>와 <네이처>에 허위 발표를 인정하면서도 그것이 사소한 기술적 문제라고 주장하는 편지를 보냈다. 막스플랑크 협회는 조사위원회를 설치했다. 결과는 가벼운 견책 수준이었다. 위원회는 제부르크가 부정행위를 인정했으나 그것이 20년 전의 일이라고 했다. 그는 처벌을 받지 않았다.

거기에는 우스꽝스러운 사족이 붙었다. 1999년 10월 훔볼트 대학교(예전 베를린 대학교)는 최근에 홀게 키에제베터(Holger Kiesewetter)가 발표한 논문에 위조 혐의가 있다면서 정식 조사에 착수했다. 그는 마늘환을 4년 동안 다량 섭취하면 죽상경화판(atherosclerotic plaque, 혈관에 지방과 콜레스테롤이 쌓여 혈관이 좁아지는 증상 중 하나-역주)의 진행을 늦추거나 심지어 줄여줄 수 있다고 주장했다. 많은 독일인들은 마늘이 놀라운 치료 효과가 있다고 굳게 믿고 있다. 위원회는 코방귀를 뀌었지만, 그 보고서는 발표되지 않았다.

*

이제 한 걸음 뒤로 물러나 최근 사례들의 특징들을 더 상세히 분석할 때다. 주의할 점이 있다. 이것은 파헤친 정도와 관점이 서로 크게 다른 보고서들을 종합한 별난 행동의 역사라는 것이다. 그렇긴 해도 많은 사례들은 몇몇 단순한 특징들을 공통으로 지니고 있다. 1974년의 서머린, 1980년의 소만, 1년 뒤의 다시와 스펙터, 1983년의 브루닝을 비교해보자. 큰 기관을 다스리고, 세세히 감독할 시간은 거의 없는, 강력하고 생산적이고 강요적인 스승은 스펙터와 브루닝의 사례처럼 젊은 연구자에게서 자신의 희망을 보고 현혹된다. 다른 곳에서 탁월한 연구 성과와 논문을 내놓은 명석하고 매력적이고 설득력을 갖춘 젊은 과학자를 자기 밑으로 데려와 친한 동료 관계를 맺는다. 래커가 스펙터를 '아들처럼' 대한 것은 유별난 경우가 아니라 오히려 스승과 피후견인 사이에 반복되어 나타나는 상호작용의 극단적인 사례이다. 저자 지위 선물은 말썽의 징후에 불과한 것이 아니다. 그것은 오류 검출의 실패로 이어지며 그 자체가 허위 발표이다. 자료의 불일치가 뻔히 보이는 데도 눈치채지 못한다. 이런 특징들이 일반적인 진단 형질들이 된다.

폭로 이야기들은 연관된 특징들을 보여준다. 종종 한 동료(소만의 경우에는 경쟁자)가 문제점을 눈치챈 뒤 점점 의심을 품는다. 때로는 주장하는 결과를 재연하려는 시도가 이루어지지만 실패한다. 통계처리는 엉성해 보인다. 범인은 점점 지나친 자신감을 갖거나(시릴 버트의 통계가 엉성하다고 누가 생각할 수 있었겠는가?) 심지어 무모해지며, 때로는 발각되기를 원하는 듯이 보일 정도가 된다. 중복 발표가 발각된다. 자료들이 누락되거나 엉성하게 처리된 것이 발견된 논문들과 원고들 안팎에 있는 불일치들이 때로는 뻔하지만 오랫동안 발각되지 않다가 마침내 발각된 대개 발각은 오랫동안 지속되어 온 문제들의 시작을 알렸다. 하지만 드러난 이 사기들이 대단히 파렴치한 짓임을 생각할 때, 특히 우려되는 것은 이런 폭로가 우연한 사건의 형태를 취한다는 것이다. 체계적인 안전장치는 개입할 여지가 없는 듯하다. 한 예로 과학계의 옹호자들로부터 그토록 찬사를 받은 동료 심사는 그 문제들을 검출하지 못했다.

사실이라고 받아들이기에는 너무 좋은 생산성이 한 가지 경고 표시라는 것은 분명하다. 알사브티는 20대 중반에 60편의 논문을 냈다. 33세였던 다시는 125편의 논문을 냈고, 처음 폭로가 이루어진 주에만도 <서큘레이션>에는 그가 차후 몇 달 동안 발표할 논문들의 초록 10편이 새로 실렸다. 20대 후반인 스펙터는 대학원생들의 집단, 교수들의 집단이 내놓는 것에 맞먹는 성과를 낸다는 평판을 받기도 했다.

슬러츠키는 7년 동안 137편의 논문을 냈다. 사실이라고 하기에는 너무 좋다는 다른 형태를 취하기도 한다. 서머린은 놀랍고 혁신적이기까지 한 연구 결과들을 내놓았지만 남들을 통해 입증되지 못했다.

우리는 성공, 겉보기에 대단한 성취 자체를 의심해야 할까? 분명히 그것은 우리를 놀라게 한다. 놀랍다! 그는 어떻게 그것을 해낼까? 폭로된 뒤에 돌이켜볼 때 이 사례들 그리고 비슷한 사례들에서 놀라운 생산성은 우리가 살펴본 복잡한 사회 환경의 가장 두드러진 특징이다. 점점 심해지는 현재의 과학계의 경쟁이 부정행위의 설명으로 으레 인용되곤 하면서 비판을 받아왔다. 하지만 경쟁은 적어도 두 종류가 있다. 하나는 구조적인 것, 이를테면 연구비 획득, 구직, 승진 사다리, 문제 선택, 발표 전략, 학술지에 싣는 절차, 보상과 영예 체계와 관련된 구조적인 것이다. 또 하나는 개인적인 것, 즉 연구실 책임자의 태도와 행동에서 비롯되는 압력, 연구원과 대학원생과 박사후과정 연구원 사이의 분위기이다.

그렇다면 책임자, 후견인, 모방하고 싶거나 모방하는 척 비위를 맞추는 대상의 생산성 또는 단순히 공사다망함을 생각해보자. 그가 하는 일의 규모라는 기본적인 문제를 생각해보라. 로버트 굿은 사망할 때까지 2,000편이 넘는 논문의 저자나 공저자였고, 약 50권의 책을 쓰거나 편찬했다. 하버드에서 다시의 후견인이었던 유진 브라운월드는 600편이 넘는 출판물에 이름을 올렸다. 그는 두 곳의 병원에서 두 개의 연구실을 운영했다. 이들 중 사기에 연루되었다고 스스로 공표한 사람은 아무도 없었다. 그들은 의욕적이고 거칠고 강인하며, 우수한 연구자들을 원한다는 평판을 얻었다. 하지만 우리는 비록 엉성한 잣대이긴 하지만 그 숫자들이 그들의 야심, 성취 기준, 중요시하는 문제, 철저히 감독할 능력이나 의지를 명확히 보여준다면 굳이 그들의 개성이 어떤 유형인지 따질 필요가 없다. 로버트 스프래그는 그런 숫자들을 통해 자신의 생산성을 측정하지 않는 예외적인 인물이었다. 그러나 물론 그는 훨씬 더 중요한 측면에서 예외적이었다. 우리가 개괄한 사례들에 나온 후견인들 가운데 유일하게—사실 부정 행위로 비난받은 사람들의 선배 과학자들 가운데 거의 유일하게—스프래그는 내부 고발자였다. 보편적으로 상관들은 거의 정반대로 대응한다.

물론 오류는 정직함을 보여주는 것일 수도 있고 부주의한 결과일 수도 있으며, 의도적인 것일 수도 있다. 그 구분은 원리상으로는 자명하나 현실적으로는 어렵다. 정직한 오류는 물론 과학의 필수적이며 필요한 부분이다. 그리고 물론 사기라는 비난에 맞서 옹호할 때 전형적으로 주장되는 근거이다. 이런 문제들에 관여하는 과학자들은 부정행위를 정의하고 드러내려는 시도들이 정직한 오류를 범죄시함으로써 과학을 질식시킬 것이라고 항변한다. 하지만 캘리포니아 버클리 대학교에서 은퇴한 분자생물학자로서 과학의 자유를 적극 옹호하는 인물인 하워드 샤크만(Howard Schachman)은 "'과학에서의 부정행위'가 오류, 자료들의 모순, 자료나 실험 설계의 해석이나 판단 차이 같은 과학의 과정들에 본질적인 요소들을 수반하지 않는다"는 점을 명확히 하기 위해 애써 왔다.

그러나 그런 항변은 현실적인 위험 앞에 무색해 보일 때가, 그리고 과학의 자치를 위협할 수도 있을 조치들에 저항하기 위해 급조하여 내놓은 듯이 보일 때가 종종 있다. 심각한 문제는 다른 곳에 있다. 진정한 날조, 사기 자체가 다른 중범죄들과 지닌 공통점은 의도라는 요소이다. 따라서 그것이 계획된 것임을 입증해야 한다. 과학에서는 그것을 증명하기 어려울 뿐 아니라 그것이 과정과 기록을 보호하는 것과 무관할 수도 있다.

정직한 오류와 부정직한 오류의 차이는 부주의에 있다. 그리고 그것은 몹시 모호하다. 막스 델브뤼크는 자신이 찾는 것이 무엇인지 모를 때는 눈썹을 치켜 올리면서 보면 그가 '제한적 부주의 원리'라고 부른 것으로부터 유용한 결과가 나오기도 한다는 유명한 개념을 내놓았다. 부주의는 이마니시-카리 사례에서처럼 방어용으로 제시된다. 하지만 그것은 지푸라기라도 잡는 심정으로 보인다. 총체적인 부주의(슬러츠키 분석의 저자들이 말했듯이)는 옹호가 아니라 심각한 비난임이 분명하기 때문이다. 비난으로서 보면 그것은 의도를 증명하는 문제를 산뜻하게 회피한다. 총체적 부주의를 범죄시하는 쪽으로 부정행위를 정의한다면 강력한 효과를 발휘할 것이다.

이프레임 래커는 스펙터 사례를 비롯한 여러 사례들을 돌아보면서 계획적인 사기꾼들을 더 세분했다.

> 이 과학자들이 지닌 공통점은 무엇이었을까? 그들은 비범한 지능을 지녔고, 자기 연구 분야를 잘 알았고 해결되면 돌파구가 될 잃어버린 고리들이 무엇인지 알고 있었다. 그들은 숙련된 실험가들이었고 특정한 연구 분야의 최전선에 있고, 정직하다는 평판을 받는 연구자가 이끄는 연구실에 합류했다…이런 것들이 '전문가'라는 증표이며 보편적인 것은 아니다. '아마추어', 예를 들어 존재하지 않는 환자들에 관한 자료를 발표하는 사람은 대개 동료나 학생들에게 발각되기가 더 쉽다.

슬러츠키 분석의 저자들은 사기를 직접적인 관련이 있는 심리적 및 사회적 맥락에 놓으려 시도하면서, 과학자들을 이끄는 두 가지 동기 사이의 갈등 속에 문제들을 놓았다. "연구자들은 대개 어느 정도는 지적 동기, 특히 호기심과 새 정보를 얻고 퍼뜨리고 싶어하는 욕구에 이끌린다. 하지만 개인적 동기—정도의 차이가 있지만 명성과 부를 향한 욕망이나 어떤 대의를 구현하려는 욕망—도 무시할 수 없다." 둘이 조화를 이룰 때, 그 조화는 '사회와 연구자 양쪽에 이득이 된다'. "무지와 사기는 이 행복한 조화가 깨질 때 일어난다."

그들은 여기에서부터 사기에 대한 가장 흔한 설명들이 똑같이 미진하다는 결론이 나온다고 말했다. "'썩은 사과' 이론은 과실 있는 허위 발표의 사례들을 제대로 설명하는 듯이 보인다. 잘못을 한 과학자가 성격 결함 때문에 지적 목적보다 개인적 동기를 우선시킨다는 것이다." 사실 이것이 기관에서 높은 자리에 있는 과학자들이 선호하는 진단이다. 그들은 사기가 드물며 '적어도 정신이 오락가락한다고 볼 수도 있을 사람들의 정신병적 행동이라고' 판단해야 한다고 주장한다.

하지만 그 보완적인 설명도 들어맞지 않을 것이다.

> 한편 '썩은 체제' 이론은 과학 기관들의 조직에 책임이 있다고 주장한

다. 우리 판단에 따르면 이 이론들 각각은 극도로 단순하다. 개인적 동기가 지적 동기와 충돌하는 상황을 빚어낼 수 있는 사회 요인들은 다양하며 개인적 목적과 그것을 달성하기 위해 사용하는 수단들에 상대적인 우선 순위를 부여하는 것은 과학자 개인의 특성이기 때문이다.

이 글을 읽으면 과학의 사회 체제가 과학자들을 정직한 상태로 유지할 것이라는 로버트 머튼의 희망이 떠오른다. 지난 4반세기에 발견된 사기 행동의 종류와 많은 사례들이라는 깜박거리는 불빛에 비추어 볼 때, 그 희망은 아주 어리석은 듯하다. 슬러츠키 분석가들은 그것을 뒤엎었다. 여기서 연구실, 그것의 계층 구조, 더 큰 제도적 환경—분석되고 예측되고 아마도 수정될 수 있는 요인들—이 개인의 지적 동기와 개인적 동기 사이의 갈등을 더 심하게 하거나 약하게 할 수도 있다는 교훈을 얻을 수 있다.

사기가 임상 연구에서 일어날 때 우선 잘못된 자료의 발표에 영향을 받을 수 있는 치료 과정에 있는 환자들이 희생자가 될 가능성이 높다. 여기에 상술한 사례들 중에 정신장애가 있는 자해 환자들을 치료하는 데 사용되는 신경이완제들이 환자에게 득보다 실이 더 많다는 증거를 위조한 브루닝의 사례가 가장 피해를 입힐 수 있다. 그런 사기가 암 같은 것에 대해 이루어졌는데 발각되지 않았다면 어떻게 될까? 범인의 동료들도 피해자들이다. 어느 사례를 보든 간에 어느 수준에 있는 공저자든 모두 피해를 입었다. 슬러츠키 사건의 분석가들은 이렇게 말한다.

사기가 이루어질 당시에 연구실에서 배우던 젊은 연구자들은 자신들의 저술 목록에서 공동 연구 논문들을 빼야 했으며 사기꾼과 함께 일했다는 부담을 안고 살아가야 했다. 가장 취약한 부류는 사기 연구가 이루어질 당시 독자적인 연구를 하고 있었지만 아직 확고한 기반을 마련하지 못한 젊은 교수들이었다. 연륜이 깊은 교수들은 앞으로도 지위나 연구비를 어떻게든 획득할 기회가 있을 것이다.

따라서 연구 사기는 책임이나 과실의 정도가 다르긴 해도 공저자들의 경력에 피해를 준다.

　물론 이런 말들은 우리가 살펴본 거의 모든 최근 사례에도 적용된다. 요약하자면 사기와 그것의 결과는 연구실 생활의 사회 역학과 과학계라는 더 크고 진화하는 공동체의 환경을 파악하지 않고서는 이해할 수 없다.

　따라서 과학에서의 사기를 어떻게 예방하고 예견하고 발견하고 조치할 것인가라는 질문들이 제기된다. 우선 그것은 얼마나 만연해 있는가? 발생 빈도를 측정할 수 있을까? 과학 사기를 효과적인 대응이 가능한 방식으로 정의하는 것만이라도 가능할까?

　그 문제는 사라진 것이 아니다. 2002년 5월 22일 <뉴욕 타임스>는 '벨연구소 연구 부정행위가 있었다는 주장을 조사할 조사단을 구성하다'라는 기사를 실었다. 벨연구소는 수십 년 동안 세계에서 가장 생산적이고 때묻지 않은 연구기관 중 한 곳으로 정평이 나 있었다. (당시는 AT&T에 속해 있었고 지금은 루슨트테크놀로지사에 속해 있다). 벨연구소는 물리학 쪽으로 11명의 과학자에게 총 6개의 노벨상을 안겨주었다. 그리고 또 다른 노벨상 후보를 배출하고 있는 듯이 보였다. 분자 몇 개 수준을 다루는 나노 규모의 전자공학 분야에서 일하는 얀 헨드리크 쇤(Jan Hendrik Schön)의 연구가 전 세계를 경악시키고 있었으니 말이다. <타임스> 기자 케니스 창은 '하나의 분자로 이루어진 전자 스위치인 트랜지스터를 만들었다는 지난 가을의 주장을 비롯하여 최근의 몇몇 인상적인 실험들의 타당성'에 의문이 제기되었다고 썼다.

　창은 다음날 더 상세한 기사를 썼다. 그 사례는 비범함의 고전적인 징후들을 보여준다.

　　몇 달 전에 분자 크기 전자공학의 돌파구라고 찬사를 받았던 것이 지금 의심을 받고 있으며, 벨연구소의 떠오르는 별이 유명한 과학 학술지들에 발표한 연구 논문들의 자료를 부적절하게 조작했다는 의심을 사고 있다.

　　그 연구에 연루되지 않은 과학자들의 고발이 금주에 터져 나왔고, 벨연구소는 고발 내용을 조사할 독립된 조사단을 구성했다. 어제 그 과학자들은 논문도 다르고 자료를 얻는 데 사용한 장치도 다른 데 그래프들은 거의 똑같다는 점이 의심스럽다고 말했다. 일부 그래프에서는 전적으로 무작위적인 요동에서 비롯되는 미세한 굴곡까지 정확히 일치했다.

조사단은 외부 과학자들로 구성되었고, 스탠퍼드 대학교의 응용물리학 교수 맬컴 비즐리가 조사단장을 맡았다. 벨연구소는 다섯 편의 연구 보고서를 조사단에 제출했다.

그 5건 모두 책임 저자는 헨드리크 쇤이었다. 31세로서 뉴저지 주 머리 힐에 소재한 벨연구소의 물리학자인 쇤은 지난 2년 반 동안 〈사이언스〉와 〈네이처〉에 각각 7편씩 논문을 발표한 것을 비롯하여 놀라운 연구 성과를 내왔다.

그 후에 <네이처>와 <사이언스>는 앞다투어 상세한 해명을 내놓았다. 사기가 아닐까 하는 의심이 처음 제기된 것은 4월에 프린스턴 대학교의 물리학자 리디아 손(Lydia Sohn)이 그 전해 말 쇤과 두 동료의 이름으로 두 학술지에 발표된 두 논문의 그래프를 비교했을 때였다. 손도 전공이 나노전자공학이었다. 두 그래프는 서로 다른 실험의 결과였음에도 동일했다. 손의 동료인 코넬 대학교에 있는 폴 매퀴언(Paul McEuen)도 쇤의 이전 논문들을 조사했는데, 한 그래프가 무작위 배경 요동 때문에 일어나는 잡음이라는 미세한 파동들까지도 다른 그래프들과 똑같다는 것을 발견했다. 손과 매퀴언은 그 문제를 즉시 쇤, 벨연구소의 상급자들, 학술지 편집자들에게 알렸다. 쇤은 실수로 몇몇 논문에 잘못된 그래프를 실었다고 해명했다. 바로 그 연구로 명성을 얻었음에도 말이다. 그런 사례들에서 으레 그렇듯이, 손이 쇤의 논문들을 검토하면 할수록 서로 다른 실험들에서 나온 것이라고 하는 자료들 가운데 중복되는 것이 더 많이 발견되었다. 의심스러운 논문의 수는 5편에서 7편으로, 11편으로 늘어났다. 이어서 세 편이 더 늘어났다. 검증된다면 쇤에게 노벨상을 안겨줄 것이 확실하다고 여겨졌던 논문들이었다.

그 뒤의 상황은 뻔했다. 5월 31일 의심스러운 그래프가 실린 논문의 수는 13편으로 늘었다. 창은 이렇게 썼다. "조사는 쉰 박사의 모든 연구에 사망 선고를 내리고 있다. 그는 지난 2년 반 동안 70편이 넘는 과학 논문들을 썼다. 진정으로 놀라운 결과이다." 2001년에 쉰은 평균 8일에 한 편씩 과학 논문을 썼다.

그 사건의 한 가지 특이한 측면은 벨연구소와 학술지들이 고발에 민첩하고 공개적으로 대처했다는 것이다. 리디아 손이 의구심을 제기한 뒤, 첫 번째 관련 기사가 나오기까지 한 달밖에 걸리지 않았다. 비즐리 위원회는 2002년 9월 25일 조사 결과를 발표했다. 쉰의 논문 중 17편이 조작된, 심지어 위조된 자료들을 토대로 했다. 그가 함께 논문을 쓴 공저자는 총 20명에 달했다. 위원회는 그들은 모두 혐의가 없다고 선언했다. 그 날짜로 벨연구소는 쉰을 해고했다.

하지만 전체적으로 볼 때 기관의 대응은 전형적이었다. "이것은 개인이 저지른 개인적인 사건입니다." 벨연구소 소장은 창에게 그렇게 말했다. "과학이 요구하는 정직성을 갖추지 못한 사람이 재직했던 것뿐입니다." 그러나 그가 했다고 주장한 발견들은 놀라운 것들이었기에 당연히 꼼꼼하게 검토를 했어야 하며, 일부 논문들은 자세히 조사하자 일치하지 않는 점들이 뚜렷이 드러났다. 쉰과 존 다시의 사례가 비슷하다는 것, 아니 거의 똑같다는 결론을 피할 수 없다.

과학에서의 대표적인 사기 사례들에 대한 우리의 개괄적이고 간단한 분석은 언론에 실린 또 다른 사례에도 산뜻하게 들어맞는다. 2004년 1월 6일 최근 10년 동안 전 세계의 소식을 전하는 아주 존경받는 해외 특파원으로 근무하는 등 <USA 투데이>의 창간 때부터 21년 동안 기자 생활을 한 43세의 잭 켈리가 사직했다. 멋쟁이에다가 순수한 표정에 자신감이 넘치는 인물인 켈리는 가끔 세간의 화제를 불러일으키는 소식을 전하곤 했다. 예루살렘에서 자살 폭파범과 만난 기사, 오사마 빈 라덴의 발자취를 추적한 기사, 파키스탄과 아프간의 국경에 있는 작은 마을에서 아프가니스탄의 저항 조직 지도자를 인터뷰한 기사 등. 신문사는 그를 5번 퓰리처상 후보로 올렸고, 2002년에는 결선까지 가기도 했다. 하지만 그 와중에 의심이 점점 커지고 있었다. 동료들은 편집자에게 사실 관계가 일치하지 않는다고 불만을 터뜨리곤 했다. 그러다가 <타임스>에서 제이슨 블레어 추문이 터진 뒤, 한 익명의 불만자가 조사를 촉구하고 나섰다. 3월 19일 그 신문의 전면에 '전직 USA 투데이 기자가 주요 기사들을 날조했다'라는 기사가 실렸다. 그 기사와 안쪽의 두 면에 걸친 기사에서 <USA 투데이>는 켈리가 가장 유명한 기사들을 비롯하여 많은 기사들을 심심치 않게 위조했으며, <워싱턴 포스트>를 비롯한 적어도 10곳의 신문들에 실린 기사들을 '수십 차례' 표절했다고 선언했다. 켈리 추문은 블레어 추문을 거의 고스란히 재연하는 식으로 전개되었다. 그 신문의 규모를 생각할 때 진상 보도 수준은 <타임스>에 상응할 만큼 훌륭했다. 한 예로 비용 처리 항목들을 상세히 조사하여 켈리가 기사에 쓴 장소들을 방문할 수가 없었다는 것을 밝혀낸 사례가 그렇다. 파키스탄 국경 마을이 대표적이다. 1999년부터 그 신문의 편집국장으로 재직한 카렌 위거슨은 4월 20일 사임했다.

제인 오스틴은 『오만과 편견』에서 '뻔뻔한 사람의 후안무치에는 한계가 없다'라고 했다. 2004년 3월 제이슨 블레어는 『타버린 부친의 집: 나의 뉴욕 타임스 생활』이라는 회고록을 출간했다.

4

헤아리기 어렵고, 정의하기 어렵다

― 과학 사기의 발생률과 그 정의를 둘러싼 논란 ―

일화는 풍부하다. 사례는 쌓이고 있다. 사기를 광범위하게 연구하는 사람들은 대부분 과학계가 마지못해 인정하는 것보다 사기가 훨씬 더 만연해 있다고 믿는다. 우리는 아직 과학 사기의 진정한 발생률을 알아낼 방법을 갖고 있지 않다. 수치로 간주될 법한 다른 은밀한 행위들과 마찬가지로―일부 성적(性的) 행위들 같은―사기는 조사하기가 어렵다. 공개된 자료가 없다는 바로 그 점 때문에 힘 있는 과학자들, 그 체제의 옹호자들은 발각된 사례들을 불행한 탈선 사례들일 뿐이라고 치부할 수 있다. 고위 과학자들은 늘 사회에 경각심을 일으키고 의회를 놀라게 하는 일을 피하려는, 따라서 부정행위의 심각성과 빈도를 낮추어 보려는 본능이 강하다.

과학적 부정행위, 즉 사기를 정의하는 일은 쉽지 않으며 심각한 의견 충돌을 빚어내곤 한다. 심층적인 이유는 명확히 표현된 정의에는 온갖 과학사회학적 견해들이 따라붙기 때문이다. 그보다 더 근본적인 이유는 그런 정의는 필연적으로 과학의 독립성이라는 표어를 위협하기 때문이다. 사기는 중범죄이다. 과학 사기의 가장 피상적인 정의조차도 과학계의 요구와 미국(또는 영국)의 법체계, 즉 모두가 알다시피 개인의 유죄냐 무죄냐에 초점을 맞춘 당사자주의를 채택한 법체계 사이의 상충 관계를 전면으로 불러낸다. 과학 사기의 진지한 정의는 무엇이든 간에 과학의 방식들과 법적 절차 및 법률상의 추정 사이를 매개해야 한다. 그리고 양쪽은 서로 맞지 않을 듯하다. 따라서 그런 정의는 정부 간섭, 감독, 규제라는 망령을 불러낸다. 그 논쟁은 점점 더 격렬해져 왔다.

논쟁에서 무지는 불신과 늘 함께 간다. 표절로 옥신각신하는 사람들도 있긴 하겠지만, 생생한 표절 사례를 많이 접한 과학자들은 거의 없다. 학과장이나 학장을 비롯한 관리자들은 부정행위 고발 사건을 다루어야 했을는지는 몰라도 그 경험은 한 기관에 국한되어 있기 십상이다. 연방정부가 경성 과학의 연구비 대부분과 연성 과학의 연구비 상당 부분을 지원하기 때문에, 더 심각한 사례들에는 개입하는 절차가 확립되어 있긴 하지만, 그것들을 상세하게 다룰 책임은 보건복지부 공중보건청 산하 연구진실성국의 비교적 소수의 직원들, 그리고 국립과학재단의 감사국에 소속된 더 적은 수의 직원들에게 맡겨져 있다.

하지만 나름대로 이런저런 경로를 거쳐 전문가가 된 사람들도 있다. 일부 과학 기자들은 사기 전문가가 다 되었다. <시카고 트리뷴>의 존 크루드슨이 유명하며 <뉴욕 타임스>의 니콜라스 웨이드도 그렇다. 학술지 편집자들 중에는 <영국 의학회지>에 있었던 스티븐 로크가 그 전염병을 단순히 미국적인 문제로 치부해서는 안 되며 영국 과학의 산물로 생각해야 함을 인정한 최초의 인물이었다. 그의 후임인 현 편집장 리처드 스미스는 영국의 사기 대응 방식, 특히 연구에서의 이해 충돌 처리 방식을 개혁해야 한다고 적극적이고 지속적으로 주장해 왔다.

과학 사기의 분석과 대응을 깊이 연구한 사람들 가운데 지적 열정, 엄밀함, 명쾌함이 돋보이는 인물이 둘 있다. C. K. (티나) 건살루스(Gunsalus)는 우르바나샴페인의 일리노이 대학교에서 부총장으로 다년간 재직했다. 그녀의 부친은 저명한 화학자이며 그녀의 형제자매들 중 몇 명은 과학자의 길을 걷고 있지만, 그녀는 법학을 전공한 법률가이며 현재 그곳 법대에 재직하고 있다. 그 대학교에서 인문학, 직업학교, 연성 및 경성 과학 등 모든 유형의 학계 부정행위에 관한 자문을 구할 때 그녀에게 찾아가면 된다. 그녀는 부정행위 고발에 대한 기관의 대응 문제들과 개혁에 관한 손꼽히는 전문가로서 전국적으로 알려져 있다.

하지만 현재 그리고 20년 동안 특히 생명의학 분야에서 일어난 사기와 기타 부정행위의 근본 원인들을 파악하는 일을 가장 냉철하고 폭넓고 독창적이고 효과적으로 해낸 인물은 드러먼드 레니(Drumond Rennie)이다. 그는 <미국 의학협회지(The Journal of the American Medical Association, JAMA)>의 (서부) 부편집장이라는 유리한 위치에 있다. 레니는 하얀 머리칼과 턱수염에 안경을 쓴, 키 크고 육중한 몸집에 굼뜨고 좀 처량한 어투로 말을 하는 인물이다. 젊은 시절에 그는 유명한 산악인이었다. 그리고 등산 경력이 좀 있는 의사들에게 인기가 많았다. 그러다가 에베레스트산에서 마주친 동료 산악인을 구조하여 하산했는데, 그 일로 다리를 절게 되었다. 그는 자신의 연구 가운데 안데스, 알프스, 유콘과 알래스카, 히말라야 고산지대에서의 산소 결핍, 즉 저산소증의 생리학을 다방면으로 연구한 결과들을 가장 높이 친다. 그는 영국 북부에서 태어나 케임브리지 대학교에서 의학학위를 받은 뒤, 시카고의 러시프레스비테리언-세인트루크 의학센터와 부설 의대에서 잠시 근무하다가 1977년 <뉴잉글랜드 의학회지>의 부편집장이 되었다. 또 하버드 의대 부교수로서 브리검 여성 병원에서 근무하기도 했다. 그는 1979년 펠리그와 소만 사건이 <뉴잉글랜드 의학회지>에 실렸을 때 사기를 처음으로 직접 접했고, 1980년 매사추세츠 종합병원에서 존 롱의 사례를, 1981년 브리검에서 다시 사건을 접했다. 레니는 1983년 가을에 <JAMA>로 옮겼다. 그곳 편집장 조지 런드버그는 지리멸렬한 학술지를 현재의 강력하고 활기찬 간행물로 바꾸는 길고도 험난한 과정을 막 시작한 참이었다. 레니는 일류 의대인 캘리포니아 샌프란시스코 대학교에 적을 두고 있다. 그곳에서 그는 여러 일을 하면서 지역 코크란 센터의 공동 소장을 맡고 있다. 그 곳은 최고의 증거를 통해 확립된 양호한 치료법이 무엇인지를 의사들에게 알려줄 목적으로 특정한 질병들의 생명의학 문헌들을 꼼꼼히 평가하고 통계적으로 분석하는 일을 하는 개인들과 단체들의 국제 네트워크 중 한 지점이다. 레니는 쉴 새 없이 여행을 하고 임상시험, 연구 진실성, 저자 지위, 전자 출판, 연구진을 이루어 하는 과학에 관한 저술과 강연도 하고 있다. 한 번에 서너 가지 일을 하지 않으면 마음이 편치 않은 모양이다. 그리고 학술지의 동료 심사도. 그는 시카고에서 1989년부터 그것에 관한 국제 연구학회를 개최해 왔다. 5회째는 2005년 9월 시카고에서 열렸다. 건살루스와 레니는 오랜 동지 관계를 맺어 왔다. 그는 대서양 너머의 스티븐 로크 및 리처드 스미스와도 끈끈한 관계를 유지해 왔다. 여기에 하나의 네트워크가 있으며, 그 중심에 레니가 있다.

*

우리는 적어도 과학의 스펙트럼을 따라 발생률이 크게 다르리라고 확신할 수 있다. 한쪽 극단에는 수학에서의 사기가 있으며, 그 사기는 틀림없이 불가능할 것이다. 하지만 수학에서도 이따금 악취가 풍길 때가 있다. 지난 4반세기 동안 일부 수학 분야들에서는 수많은 단계들을 반복하는 고속 컴퓨터만이 해낼 수 있는 대단히 어려운 증명들이 제시되어 왔다. 그런 증명은 별로 마음에 들지 않는다. 그런 증명은 추하다. 많은 수학자들은 자기 연구에 미적 감각을 불어넣는 데서 자부심을 느낀다. 게다가 그런 증명은 모든 단계들을 발표한다고 해도 검증하기가 어려울 수 있다. 그런 증명은 저자나 다른 연구자가 그 증명 사슬에서 오류나 약한 고리를 하나 찾아내면 철회될 것이다. 얼마 전에 한 젊은 수학자—이름이나 국적은 신경 쓰지 말자—가 의심을 받았다. 그는 이론이 분분한 한 추측을 컴퓨터로 유도한 방대한 증명을 발표했지만, 몇 주 뒤에 그것을 철회했으며 다시 발표하지 않았다. 사람들은 그가 증명에 결함이 있다는 것을 알았기 때문이라고 추측했지만, 적어도 그 어려운 문제를 연구했다는 공로를 인정하고자 했다. 과학적 야심은 기이한 형태를 취한다.

스펙트럼의 다른 끝에는 임상 연구가 있다. 우리가 설명한 사례들이 시사하듯이, 여기서는 사기 사례가 두려울 정도로 빈번하게 나타난다. 1988년 가을 프린스턴 대학교의 사회학자 패트리샤 울프(Patricia Woolf)는 현대의 과학적 부정행위를 분석한 글을 발표했다. 그녀는 1980년부터 1987년까지 드러난 26건의 사례를 나열했다. 그렇게 적은 표본, 즉 편향되었을 것이 분명한 표본들로부터 일반화를 하는 것이 불가능하다고 경고하면서도, 그녀는 '드러나는 뚜렷한 특징은 4건을 제외한 나머지들이 의학이나 의학적 목적과 관련이 있는 것이다'라고 썼다. 게다가 '22명은 의학학위를 갖고 있었고, 의대나 병원이나 의학 연구기관과 관계가 있었다'. '이른바 결함 있는 연구'의 대부분은 최고의 의대나 병원에서 이루어졌다. 그리고 사기꾼들 중 많은 이들은 우수한 대학교에서 의학학위를 땄다.

그런 문제들이 미국의 과학에서만 나타나는 것은 아니다. 어쨌든 과학은 세계적인 것이다. 영국은 해외에 가장 개방적인 연구 환경을 제공한다. 경험은 유익하다. 1980년대와 90년대에 영국의 과학자들, 학술지 편집자들, 공무원들은 연못 너머에 있는 사촌들보다 자신들이 윤리적으로 우월하다고 당연시하고 있을 수가 없다는 것을 깨닫기 시작했다. 1988년 10월 워싱턴의 국립과학아카데미에서 국제적인 조직인 생물학 편집자협의회가 과학연구의 윤리학을 다루는 학회를 주최했다. 스티븐 로크가 모인 편집자들 앞에서 연설을 했다. "영국이 미국보다 부정행위에 관한 연구를 하기가 더 어렵습니다. 특히 우리는 정보자유법도 모욕죄를 아주 엄격하게 다루는 법률도 없습니다. 나라가 작기에 어떤 고발이든 제기되면 모든 의대가 다 소식을 듣고 진지하게 관여할 가능성이 높습니다." 그는 생명의학 부정행위를 생각할 때, 최근에 보도된 5건의 사례만을 기억할 수 있었다고 했다. (하나는 표절의 대가 알사브티 사례였다.) 하지만…

아마 영국과 미국의 양상이 다른 이유들이 있었을 겁니다. 영국 의사들은 비공식적인 대화석상에서 미국의 바쁘게 진행되는 연구 속도와 긍정적인 결과들을 강조하는 태도를 언급하면서, 영국의 더 개화된 느슨한 요구 압력이 부정행위의 여지를 줄인다고 넌지시 시사하곤 합니다. 그렇다손 치더라도 나는 의학 연구에서의 부정행위에 관해 대학원생에게 이야기를 할 때면 강연이 끝난 뒤 의사들이 슬그머니 내게 다가와서 공표되지 않은 사례를 때로 아주 상세할 정도까지 말해준다는 데 충격을 받았습니다. 제약 회사에 근무하거나 관련이 있는 의사들은 특히 냉소적인 듯했습니다.

10년 뒤 <영국 의학회지> 1998년 6월호에 연구 사기를 다룬 특집란이 실렸다. 그 특집란을 소개하는 사설에서 리처드 스미스는 이렇게 썼다.

영국 의학계는 연구 부정행위에 대처할 방안을 마련하는 데 바쁘다. 이제 질문은 '우리에게 무슨 문제가 있나?'가 아니라 '어떻게 해야 가장 잘 대처할 수 있는가?'이다. 〈BMJ〉는 5명에게 그 질문에 대답해달라고 요청했다(1726쪽). 둘은 연구 부정행위를 다룬 경험이 풍부한 해외 인물이었다 …… 답변은 사기일 가능성이 높은 또 한 편의 논문(1700쪽)을 철회해야 하는 주에 실렸다. 철회된 논문의 저자들 중 한 명이 최근에 일반의학위원회가 연구 부정행위로 판정내린 인물이었다. 또 그는 경력도 위조했다. 공저자인 캐머런 보위는 그의 나머지 연구들도 다 그렇지 않다는 것이 증명될 때까지는 사기로 보아야 한다는 불가피한 가정에서 출발하여, 공저자가 말한 것과 달리 그 연구를 끝냈다는 것을 확신할 수 없음을 알아차렸다. 보위는 그 비참한 심정을 언급하면서, 널리 주목을 받았고 정책 개발에 영향을 미쳤던 논문을 철회했다(1755쪽).

그 특별란에서 가장 앞에 실린 가장 긴 기사는 드러먼드 레니가 썼다. 연구 부정행위에 대한 그의 분노는 오래되고 개인적인 것이다. 1979년 2월 <뉴잉글랜드 의학회지>에 헬레나 왁슬리트-로드바드가 비제이 소만과 필립 펠릭의 논문이 자신의 것을 표절했다고 고발하는 편지를 보냈을 때, 그 사건을 맨 처음 맡은 사람이 바로 부편집장이었던 그였다. 이어서 1980년 존 롱의 추문이 터졌다. 그 때 <뉴잉글랜드 의학회지>는 편집이 끝나고 인쇄에 들어간 상태였는데, 거기에 실린 한 논문의 세 공저자 중 한 명이 롱이었다. 레니는 그 논문을 빼고 그 자리에 끼워 넣을 수 있는 논문을 찾느라 주말 내내 바쁘게 보냈다. 그는 다른 두 저자에게 롱을 빼고 논문을 전면 수정하라고 말했다. 1년 뒤 수정한 논문이 실렸다. 그런데 그 호의 권두에 존 다시의 논문이 실렸고 사설은 로버트 갤로가 썼다. 레니는 그 호를 보물처럼 간직하고 있다. 1998년 <BMJ>에 레니는 영국인들에게 그 파란만장했던 시기에 관해 말했다.

> 과학 사기 주장은 고발자와 피고발자 양쪽의 경력을 파탄내고, 교수진을 분열시키고, 연구기관의 기능을 정지시키고, 언론을 신나게 하며, 과학계가 미처 대비가 되어 있지 않을 때는 그 연구 분야 전체의 신뢰를 떨어뜨릴 수 있다. 하지만 그렇다는 것을 보여주는 사례들이 반복해서 나타남에도, 과학자들은 아직 그런 불쾌한 문제를 직시하기를 꺼려한다. 3년 전 〈BMJ〉가 주최한 연구 부정행위에 관한 학회에서 나는 영국에서 미처 대비하기도 전에 다양한 기관들에서 극도로 당혹스러운 사건들이 많이 터질 것이라고 경고한 바 있다. 실제 그렇게 된 듯하다. 런던의 간행물윤리위원회가 주최한 학회에서 나는 도출된 그 문제를 직시하고자 적극 노력하는 미국의 교훈적인 경험과 풍부하고 상세히 기록된 자료들에 조금이라도 주의를 기울이는 사람들이 너무나 적은 듯하다는 데 몹시 낙심했다. 그런 편협함 때문에 영국은 남들이 이미 했던 많은 실수들을 되풀이할 운명에 처할지 모르겠다.
>
> 미국인이 보기에 연구 부정행위 사례들에 관해 영국에서 들려오는 소식들은 야구계의 대철학자 요기 베라의 말처럼 '전부 다 반복되는 기시감이다'.

레니는 말을 계속했다.

> 미국의 상황이 유달리 나쁘다는 말은 영국, 독일 등지에서 점점 늘어가는 사례들을 볼 때 공허하게 들린다. 영국의 과학자들이 미국의 과학자들

과 중요한 차이가 있다고 밝혀진 적은 없다. 따라서 영국 기관들의 부인은 더 이상 사리에 맞는 대안이 아니다.

물론 사기 발생률을 놓고 설문조사가 시도되어 왔다. 결정적이라고 할 만한 결과는 나오지 않고 있다. 가장 시사적인 답은 과학자들에게 특정한 과학적 부정행위를 저질렀는지 시인하라고 강요하기보다는 그런 행위를 동료들 중 누군가가 저지르는 것을 보았는지 말하라는 식으로 질문을 던질 때 나온다. 그런 설문조사가 한계가 있다는 것은 분명하다. 설령 익명성을 보장했다고 할지라도, 많은 사람들은 공사다망, 혐오, 불안, 죄의식 때문에 응답하기를 꺼려할 것이다. 한 기관에 있는 사람들이 같은 사례를 언급함으로써 자료가 겹쳐지기도 한다. 이런 설문조사에서는 그런 행위들의 발생률에 관한 확고한 결론을 이끌어낼 수는 없고, 기껏해야 그런 일을 널리 자각하고 있다는 것만 알 수 있을 뿐이다.

그런 사항들은 추정값을 곧이 곧대로 받아들이기 어렵게 한다. 또 설문조사 결과는 부정행위의 정의에 따라 크게 달라질 것이다. 우리는 협의의 사기, 즉 위조, 변조, 표절을 대충 기준선으로 설정할 수 있다. 공중보건청과 국립과학재단은 군사 연구와 개발을 제외한 연방 연구비의 상당 부분을 지원한다. 2002년까지 10년 동안 두 기관은 연간 20~30건씩 200건이 넘는 사례를 다루었다. 물론 이 사례들은 연구기관들이 해결하거나 은폐하지 못한 가장 심각한 것들이다. 즉 연구비 지원을 받는 과학자가 20~30만 명으로 추정되므로, 발생률은 1만분의 1인 셈이다. 하지만 그 문제를 가까이 접한 사람들 중 어느 누구도 수치가 그렇게 낮다고는 믿지 않는다. 설문조사에서 목격했다고 말한 응답자들을 보면, 100백분의 1이 부합되는 듯하다. 나와 있는 증거는 보고된 발생률이 그렇게 높지 않다는 것을 시사한다.

런던 대학교 교수인 이언 세인트 제임스-로버츠는 1976년 영국 주간지인 <뉴사이언티스트>에 쓴 글에서 엉성한 형태이긴 하나 이 접근 방식을 시도한 바 있다. 9월 초에 그는 '연구자들을 믿을 만한가?'

라는 짧은 글에 연구에서의 '의도적 편향'—역설적인 완곡어법—에 관한 설문 항목을 11가지 제시한 뒤 독자들에게 응답지를 보내달라고 요청했다. (그 사이에 올리버 질리가 <선데이 타임스>에 시릴 버트에 관한 폭로기사를 실었다.) 204명의 독자가 답신을 보냈다. 세인트 제임스-로버츠는 5건은 무용지물이라고 제외시켰다. '한 장은 실험쥐가 작성한 것이라고 적혀 있고, 한 장은 커스터드 파이의 안정성 조사자가 작성했다고 적혀 있고' 그런 식이었다. 원래 세인트 제임스-로버츠는 답변들이 전반적으로 납득할 만한 것인지를 검사하는 문항을 서너 가지 포함시켰다. 응답자들 중 3분의 2는 30세 이상이었고, 40세 이상은 36퍼센트였다. 23퍼센트는 종신 교수였고, 12퍼센트는 학생, 나머지는 잡다했다. 전공 분야를 보면, 생물학이 30퍼센트, 의학이 8퍼센트였다.

"표본은 분명 아주 편향되어 있다." 세인트 제임스-로버츠는 솔직하게 썼다. 아무튼 응답자의 92퍼센트는 직접적으로나 간접적으로 의도적인 허위 발표 사례를 접한 바 있었다. 52퍼센트는 직접 접촉하면서 경험을 했다. 자료를 전적으로 위조했다는 응답은 7퍼센트로 드물었다. 자료의 조작은 더 빈번해서 총 74퍼센트가 그렇다고 답했다. 아마 가장 유용한 것은 부정행위가 검출되는 다양한 방식들을 분석한 부분일 것이다. 3분의 1은 의심스러운 자료를 누군가 눈치챔으로써 발각되었다. 4분의 1은 재연이 어려운 바람에 들통났다. 17퍼센트는 누군가 그 행위를 목격함으로써 드러났다. 14퍼센트는 누군가 그 행위를 실토하거나 자랑스럽게 떠벌이는 바람에 알려졌다. 응답자 5분의 4는 행위자에게 아무 일도 없었다고 믿었다.

스티븐 로크는 1988년에 패트리샤 울프가 한 '탁월한 설문 조사'에 깊은 인상을 받았다. 그는 <영국 의학회지>의 편집장이라는 요직과 흉내낼 수 없는 인맥을 이용하여 독자적인 조사를 할 수 있었다. 그는 워싱턴에서 열린 학회에서 생물학 분야 학술지 편집장들에게 현재 영국의 부정행위 상황이 '거의 10년 전 미국 상황과 비슷하다'고 결론지었다. 그는 영국의 생명의학 연구 분야가 비교적 규모가 작다 보니 '끈끈한 인맥을 자랑하는 의학계의 구성원들을 학회로 불러모아 부정행위 경험을 논의하자고 요청하는 것이 가능하다'고 했다. "그래서 나는 이 유익한 측면을 활용하여 체계적이지 않은 조사를 했다."

로크는 영국의 의학기관 29곳의 의학교수 한 명과 외과의사 한 명씩에게, 대학 5곳의 교수에게, 부정행위를 겪었다고 알고 있는 기타 의사들에게, 또 의학 학술지 15곳의 편집장과 의학 연구의 책임자인 두 과학자에게 편지를 썼다. 총 80명이었다. 그는 영국에서 이미 알려진 사례들 외에 추가할 만한 사기 사례들을 더 알고 있는지 물었다. 또 소속기관이 사기 사례를 다룰 적절한 절차를 마련해두었는지도 물었다. 그는 슬러츠키 보고서가 <뉴잉글랜드 의학회지>에 실린 뒤에 쓴 사설의 사본과 반송용 우편봉투를 동봉했다.

80명 중 79명이 응답했다. (응답하지 않은 사람은 외과교수였다.) 그들이 상세히 답변을 했기에 중복되는 사례들은 제외시킬 수 있었다. 응답자 중 46명은 연구 부정행위 사례들을 안다고 답했다. 중복된 사례를 제외하니 총 61건이었다. 로크는 그 사례들이 대부분 '직접 경험한 것들이며, 근거가 확실한 간접적인 사례들도 상당히 있었다. 그리고 소문도 몇 건 있었다'고 썼다. 직접 경험한 사례는 41건이었고, '근거가 확실한 간접 사례'가 26건, 소문으로 분류된 사례가 5건이었다.

> 대부분은 영국의 사례였고(41), 미국(7), 호주(4), 기타 국가(7)의 사례들도 있었다. 국가를 언급하지 않은 사례도 13건이 있었다. 그 사례들에서 눈에 띄는 한 가지 특징은 연륜이 깊은 연구자들의 비율이 놀라울 정도로 높았다는 것이다(43건 중에 18건이 거기에 해당했다). 그 사례들 가운데 절반 이상은 결과가 논문으로 발표되었다. 그 중 6건만이 나중에 철회되었는데, 부정행위가 있었음을 시사하는 양 철회 이유들이 너무 모호했다.

의학기관 29곳 중에서 3곳만이 부정행위를 조사하는 절차를 갖추고 있었다. 로크는 '행위 당사자의 결말을 언급하지 않은 응답자도 있지만, 사직, 학위 수여 금지, 동료들로부터의 매장이 이루어진 사례들이 있었다. 중간 지위의 연구자가 발각될 당시에 다른 학과로 이미 옮겼고’ 새 학과는 아무런 책임이 없는 사례도 드물지 않았다고 한다.

　　　조사가 비공식적이라는 점이 비판을 받을 수도 있다. 검증할 방법이 없는 진술들이 많았지만, 그래도 몇 가지 이유로 볼 때 진실인 듯했다. 첫째, 나는 응답자들을 대부분 알고 있었다(세례명만 들어도 절반은 맞출 수 있다). 둘째, 5건은 다른 응답들을 통해 독자적으로 입증되었다. 셋째, 조사 상황을 고려할 때, 응답자들은 답변을 한다고 해서 얻을 것도 잃을 것도 없었다.

아무튼 로크는 ‘오히려 결과가 사례들의 진정한 수를 과소평가한다’고 믿었다. 그는 그렇게 가정하는 여러 가지 이유를 제시했다. 내부 고발자 문제, 지나친 생산성과 공저자 지위 선물 문제 모두 영국 과학에서도 드러나고 있었다. 로크는 미국과의 유사점들을 명백히 알아차렸다. “저자 지위는 더 이상 거기에 따라붙어야 할 책임―논문의 내용 전체를 지적으로 정당화하는 능력―을 수반하지 않는다.”

뭔가 해야 하지 않을까? “첫째, 사기는 범죄다. 둘째, 그런 중범죄 중에 예방도 조사도 검출도 안 된 채 넘어가는 사례들이 너무나 많으며, 그 점이 남들로 하여금 같은 시도를 하게끔 부추길 것이다.” 그리고 마지막으로 중요한 점은 ‘의학과 과학이 더 이상 전문직의 증표―자기 교정―를 지니지 않는다면, 외부의 공식기관들이 그들을 바로잡는 일을 맡을 가능성이 높다’는 것이다. 여기서 다시 미국에서 전개되는 양상이 끔찍한 경고로 다가온다.

비록 세인트 제임스-로버츠나 로크의 것과 본질적으로 같은 방법이긴 하지만, 발생률을 더 철저하고 정교하게 파악하려는 시도도 이루어졌다. 1993년 말 주디스 스와지(Judith Swazey)와 두 동료가 발표한 논문이었다. 스와지는 하버드에서 과학사를 전공했다. 1984년 그녀는 메인 주 바하버에 작은 비영리 기관인 아케이디아 연구소를 설립했다. 논문의 공저자인 멜리사 앤더슨과 카렌 시쇼어 루이스는 미네소타 대학교 교대에 있었다. 익명성을 보장하기 위해, 그들은 '화학과, 토목공학과, 미생물학과, 사회학과에서 졸업생이 가장 많은' 99곳을 골라 박사 후보자 2,000명과 교수 2,000명에게 설문지를 보냈다. 교수와 대학원생에게 보낸 설문지에는 기본적으로 13문항이 적혀 있었고, 교수에게 보낸 설문지에는 2문항이 더 적혀 있었다.

비록 우리의 결과가 부정행위의 실제 빈도를 측정하는 것은 아니지만—그 대신 우리 설문은 인지된 부정행위의 폭로율을 나타낸다—그런 문제들이 많은 내부자들이 믿는 것보다 더 만연해 있음을 보여준다. 또 우리는 의심스러운 행동의 빈도와 유형이 학문 분야에 따라 상당한 차이를 보인다는 것도 알았다.

설문지에는 이렇게 적혀 있었다. "다음 유형의 부정행위를 목격했거나 그것의 직접적인 증거를 갖고 있습니까? 귀하가 목격하거나 겪은 부정행위를 저지른 대학원생과 교수의 수를 적어주십시오." 교수진에게는 자신이 현재 속한 학과에서 5년 사이에 일어난 사례들만 고려하라고 요청했다. 문항들은 크게 세 범주로 나뉘었다. 첫 번째는 위조, 변조, 표절을 포함하는 사기에 관한 것들이었다. 두 번째는 기록을 제대로 안 하고, 방법이나 결과를 숨기고, 명예 저자를 허용하는 것 같은 의심스러운 연구 행위에 관한 것들이었다. 세 번째는 성희롱에서 정부 규제 위반에 이르는 잡다한 부정행위들, 즉 과학에만 있는 것이 아니라 '전반적으로 법적 및 사회적 처벌을 가할 수 있는 것들'에 관한 문항들이었다.

과학자와 학생 4,000명 가운데 약 2,500명이 응답했다. 교수는 72퍼센트, 학생은 59퍼센트였다. 민감한 주제라는 점을 제쳐두고라도 직접 우편물을 보내는 설문조사에서 이 정도면 놀라울 정도로 높은 응답률이다. 교수의 절반과 대학원생의 43퍼센트는 한 종류 이상의 부정행위를 직접 경험했다고 답했다. 교수의 8퍼센트, 학생의 8퍼센트는 표절을 한 교수를 직접적으로 알고 있다고 했다. 학생들의 표절을 접했다는 답변은 훨씬 더 많았고, 교수의 3분의 1은 한 건 이상의 사례를 목격했고, 학생의 5분의 1은 대학원생의 표절을 직접 접했다고 응답했다. 그리고 교수의 6퍼센트는 자료를 위조한 다른 교수를 직접 알거나 위조하는 것을 목격했다고 응답했고, 학생은 8퍼센트가 그렇다고 답했다. 교수의 13퍼센트와 학생의 15퍼센트는 자료를 위조한 대학원생을 직접 알고 있다고 했다.

전문 분야별로 유형은 다양했다. 표절은 공학자들과 사회학자들에게서 비율이 훨씬 높았다. 두 분야의 교수 40퍼센트 이상이 박사 후보자의 표절을 찾아냈다. 토목공학 교수의 18퍼센트는 동료의 표절을 안다고 답했다. 미생물학 대학원생의 12퍼센트는 교수의 자료 위조가 있었다고 응답했다. 거꾸로 그들의 교수들은 미생물학 대학원생의 약 15퍼센트가 연구자료를 위조한 것을 보았다고 답했고, 화학과 학생들도 그 정도였다.

의심스럽지만 사기는 아닌 연구들 중에서 교수의 22퍼센트는 다른 교수가 자료를 부주의하게 사용하는 것을 보았다고 응답했고, 15퍼센트는 이전 연구와 모순되는 자료를 은폐한 동료를 알고 있다고 답했다. 또 다른 분야에서, 교수의 거의 3분의 1은 연구 논문의 저자로 부적절하게 등록된 사례를 안다고 답했다.

스와지의 논문은 신랄한 공격을 받았다. 과학자의 순수성을 옹호하려는 사람들로부터가 아니라 부정행위의 진정한 규모가 알려질까봐 몹시 우려하는 사람들로부터였다. 설문에 답한 사람들이 남들보다 부정행위를 보고할 가능성이 더 높다고 추측할 수 있다. 이 논문의 한 가지 결함은 중복 계수, 즉 한 사례를 여러 관찰자가 보고하는 정도가 얼마나 되는지 알 방법이 없다는 것이다. 연구로 유명한 중서부 주에 있는 한 큰 대학교의 비평가는 이렇게 말했다. "사실 스와지 박사는 자기 연구를 가장 관대하게 해석한다고 할지라도, 부정행위를 목격했다고 답한 사람들이 말한 정도의 자료만 갖고 있을 뿐이다. 그녀는 자신이 수집한 이 관찰 결과의 신뢰성과 타당성을 보여줄 증거를 전혀 갖고 있지 않다."

공정히 말하자면 스와지와 동료들은 자기 접근 방법의 한계를 되풀이하여 경고한 바 있었다. 그들은 경계심을 불러일으켰다. "설문지는 응답자에게 자신들이 부정행위의 사례라고 믿는 것과 공식적 또는 비공식적 조사로 입증된 사례를 구별하라고 요청하지 않았기 때문에, 그들의 반응은 '강하게 의심되는 사례'라고 보아야 한다." 중복 계수의 문제는 그들도 인정했다. 하지만 그들은 그것에 전혀 새로운 해석을 붙였다.

> 우리 자료로부터는 한 학과나 네 분야의 교수나 대학원생 중 몇 퍼센트가 특정한 유형의 부정행위나 미심쩍은 연구 행위에 종사할지 추정할 수 없다. 오히려 학과와 분야가 대학원생의 교육과 사회화에 영향을 미치는 방식에 초점을 맞춘 연구 계획에서 배태된 우리 목표는 대학원생과 교수가 자기 학과에서 윤리적으로 잘못되거나 문제가 있는 행위라고 믿는 것을 폭로하는 양상을 기록하는 것이었다.

따라서 그 계획은 약점에도 불구하고 특수한 강점을 지니고 있었다. 다양한 유형의 부정 행위들이 아주 빈번하게 관찰되고 만연해 있으므로 그 특정한 나쁜 행동 유형들을 넘어서는 질문들이 제기될 것이 분명하다. 관찰자, 특히 대학원생에게 어떤 영향이 미칠까? 그들의 윤리 기준, 그들의 용납할 수 있는 행위—혹은 들키지 않고 해낼 수 있을 행위—여부 판단에는 무슨 일이 일어날까? 그런 환경, 그런 분위기에서 학생들과 교수의 의욕은 어떻게 될까? 새로운 문제가 하나 발생한다. 역 혹은 부정적인 후견 방식이 바로 그렇다.

발생률 문제에 접근하려는 다른 시도들이 있긴 했지만, 놀라울 정도로 적다. 미시건 대학교 역사학자이면서 해마다 몇 달씩 연구진실성국에서 전문위원으로도 일하는 니콜라스 스테네크(Nicholas Steneck)는 세인트 제임스-로버츠의 연구를 시작으로 지난 4반세기 동안 이루어진 연구를 모으니 7건이라고 했다. 그는 스티븐 로크의 연구를 빼먹었지만, 노르웨이의 소규모 연구 두 건을 포함시켰다. 아마 그 2건은 미국 사례에 적용하기가 쉽지 않을 듯하다. 표본 규모가 가장 큰 연구는 4,000명을 설문조사한 스와지의 연구이며, 그 연구가 응답률도 가장 높았다. 위조, 변조, 표절을 묻는 이런 설문조사들은 질문에 따라서 발생률이 3퍼센트에서 30퍼센트까지 다양하며, 너무 변이폭이 넓어서 결론에 의구심이 제기될 정도이다. 일부 분석가들은 다른 접근 방법을 취했다. 그들은 발표된 임상시험 논문들의 기반이 된 자료를 점검하는 방식을 택했다. 그 연구들을 살펴본 스테네크는 2000년에 이렇게 썼다. "'상당한 문제들'이나 10퍼센트 이상의 '두드러진 편차들'이 드러났다." 하지만 그런 결과들은 '불일치가 계획적인 행위의 결과인지 여부를 고려하지 않고 있기 때문에' 사기와 연관지을 수 없다.

더 엄밀하고 더 많은 것을 밝혀낼 연구 성과가 곧 나올지도 모른다. 스테네크는 연구진실성국에서 여러 연구 과제에 착수했으며, 부정행위 발생률에 관한 연구 결과가 2004년 여름에 거의 끝난 상태이다.

*

과학 사기와 기타 총체적인 부정행위의 주류 정의는 국립과학재단과 국립보건연구원, 아니 더 정확히 말하자면 가장 많은 연구소들을 관할하고 있는 공중보건청에서 내놓은 것이다. 두 정의는 거의 동일하며, 별 생각 없이 훑어보면 배비지의 정의를 단순히 열거한 듯하다. 그 정의들은 폭로되는 사례들이 늘어나는 데 따른 대응으로 1980대에야 마련된 것이다. 어떤 것들인지 보자.

국립과학재단 :
(1) 국립과학재단의 지원을 받은 연구 활동의 결과를 발표하거나 수행하거나 게재할 때 일반적으로 인정된 행위들에서 심각하게 벗어나는 기타 행위들, 또는 (2) 의심되거나 혐의가 있는 부정행위에 관한 정보를 악의 없이 보고하거나 제공한 사람에게 어떤 형태로든 보복을 하는 행위.

공중보건청 :
'부정행위' 또는 '과학에서의 부정행위'는 위조, 변조, 표절 또는

과학계에서 일반적으로 인정된 방식으로 연구를 제안하고 수행하고 발표하는 행위들로부터 심각하게 벗어나는 기타 행위들을 의미한다. 정직한 오류나 자료 해석이나 판단의 정직한 차이는 포함되지 않는다.

하지만 '심각하게 벗어나는 기타 행위들'이라는 구절은 최근에 그 정의에서 삭제되었다는 점을 유념하자. 그 쟁점은 좀 더 있다가 살펴보기로 하자.

위조는 배비지의 날조하기나 생물학자들이 '만들어내기(dry labbing)'라고 부르는 것이다. 변조는 배비지의 다듬기를 포함하며 자료를 고치거나 취사선택하여 발표하는 것을 의미한다. 얼마 전에 한 연륜이 깊은 생물학자가 상징적인 일화를 하나 들려주었다. 그는 면역학 분야에서 다방면으로 세계적인 경력을 쌓은 뒤 캘리포니아 북부에 있는 작은 신설 기업의 연구 책임자로 일하고 있다. 그 회사는 오랜 세월 쓰여온 중국 전통 약들 속에서 진짜 효능이 있는 활성 성분을 찾아내는 일을 하고 있다. 연구실의 한 집단이 모여서 세미나를 하고 있을 때 그는 방 뒤쪽에 멀찌감치 떨어져 앉아 있었다. 한 젊은 연구자가 일련의 실험들을 통해 얻은 자료를 발표하고 있었다. 그 자료를 토대로 논문을 쓸 예정이었다. 그녀는 점이 찍힌 그래프의 형태로 자신의 결과를 요약했고 해석을 내놓았다. 점들은 예상에 부합되게 적절히 분포되어 있었다. 한 점만 예외였는데, 다른 점들에서 멀리 떨어져 있고 해석에도 들어맞지 않았다. 그녀는 그 점을 가리켰다. 그때 우연히도 같은 여성인 선임 연구원이 그래프에서, 즉 논문에서 그 점을 빼라고 말했다. 그러자 연구 책임자인 그는 벌컥 화를 냈다. "안돼." 몇 주 전에 있었던 일이었음에도 그 이야기를 할 때 그의 목소리는 높아졌고 얼굴은 고뇌와 당혹스러움에 찌푸려졌다. "나는 그들에게 말했지요. '결코 그래서는 안 됩니다! 무엇이 잘못되었는지 알아보기 위해 실험 조건을 재검토하거나 실험을 다시 할 수는 있습니다. 결과를 설명해줄 만한 다른 실험들을 할 수도 있고요. 그래도 해결이 안 된다면, 논문의 논의 부분에서 그 비정상인 부분을 논의해야 합니다. 결과를 은폐해서는 안 됩니다.'" 그는 고개를 절레절레 흔들면서 말했다. "다 알고 있어야 하는 사항인데도 말이지요." 그의 말은 분명히 옳다. 그런 종류의 비정상적인 자료는 이탈값(outlier)이라고 하며 그것을 빼는 행위는 결코 드물지 않으며, 때로는 발견법의 일부로서 뛰어난 과학적 판단의 문제로 옹호되기도 한다. 물론 로버트 밀리컨이 고전적인 사례이다.

우리는 표절을 아이들에게 하지 말라고 경고하는 것, 즉 베끼기라고 생각하지만, 그것은 남의 연구를 자신의 것인 양 제시하는 모든 방식들을 포함하며, 정식 용어는 지적 재산권 절도이다. 위조, 변조, 표절, 이 세 가지는 모두 사기이지만, 표절은 목적, 방법, 발생률, 효과 측면에서 다른 둘과 호기심을 끄는 관계에 있다. 아무튼 자료를 위조하거나 변조하는 짓을 들키지 않고 해낸다면, 자신은 거짓임을 알고 있는 무언가로 과학 기록을 오염시키는 것이다. 하지만 거짓이라고 생각하는 남의 연구를 훔칠 사람은 없을 것이다. 표절은 그런 타락한 행위가 없다고 할지라도 그것을 보상하고 남을 정도로 만연해 있다. 아무튼 일화 수준에서 보면, 연륜이 깊은 미국 과학자들 중에서 표절로 마음 고생하지 않은 사람이 드물다. 많은 과학자들은 연구비 신청서의 동료 심사 과정에서 표절을 접했다고 말한다. 비록 우리가 살펴보았듯이 증명하긴 어렵지만 말이다. 학술지 논문을 심사하는 과정에서 착상이나 더 나아가 자료와 글을 도둑질하는 사례는 더 빈번할 것이 확실하다. 스탠퍼드 대학교의 한 연륜이 깊은 과학자는 복도를 걸으며 이야기를 나누던 중에 이렇게 말했다. "그런 일은 있습니다만, 자신이 활발한 연구 성과를 내고 있다면 자신의 연구에 별 영향을 못 미치지요."

"일반적으로 인정된 행위들로부터 심각하게 벗어나는 기타 행위들." 그 구절은 정의에 추가된 것처럼 보인다. 많은 과학자들과 법률가들은 그것이 모호하다는 것을 알아차렸다. 일부는 위협적이라고 보았다. 그 구절은 논란을 불러일으켰다. 그 구절을 조사하면 그 논쟁의 뿌리까지 다다를 수 있다.

그 정의를 개정하려는 시도는 1989년 초, 부정행위 사례들이 눈에

띄게 늘어나고 국립과학아카데미가 그 문제를 진지하게 검토할 무렵
에 시작되었다. 아카데미의 가장 상위 조직인 과학공학 공공정책위원
회는 수개월에 걸친 논의 끝에 연구가 필요하다는 데 동의했다. 그리
고 위원장을 맡겠다고 동의할 사람을 찾는 데 7개월을 더 허비했다.
이어서 당면 논쟁거리들—특히 볼티모어 사건과 지적 재산권 절도로
고발된 국립암연구소의 로버트 갤로와 동료들 사건에 관련된 지도자
급 과학자들과 긴밀한 관계에 있지 않으면서 기꺼이 책임을 맡을 위
원들을 찾아내야 하는 결코 쉽지 않은 문제를 해결해야 했다. 1990년
봄이 되어서야 아카데미의 조사단이 구성되었다. 총 22명의 위원 가
운데 11명은 대학에 재직한 다양한 분야의 과학자들이었고, 2명은 기
업체 사람이었으며, 대학교 행정 관리자, 윤리학자, 변호사, 역사가,
학술지 편집장 등이 있었다.

보도에 따르면 위원회는 처음부터 사사건건 의견충돌을 빚었다.
그래서 연구 결과가 나오기까지 2년이나 걸렸다. 1992년 4월에 발표
된 보고서는 기대에 못 미쳤다. 위원회는 발생률을 측정한 사람이 아
무도 없다는 지극히 타당한 말로 그 문제를 피해갔다. 그들의 정의는
위조, 변조, 표절이라는 과학적 부정행위에 국한되었다. 그들은 국립
과학재단과 공중보건청에 '심각하게 벗어나는 기타 행위'라는 구절을
삭제할 것을 요청했다. 보고서는 평지풍파를 일으키지 않고 무난하게
넘어가는 식이었지만, 위원회의 두 과학자는 다른 잘못된 행위들에
비해 부정행위의 중요성이 과장되었다고 말하면서 반대 의사를 표명
했다.

반대자 중 한 명은 하워드 샤크만이었다. 그는 캘리포니아 버클리
대학교의 분자생물학자로서, 자신이 치명적인 위험이라고 보는 정부
의 간섭에 맞서 오랫동안 지적으로 그리고 열정적으로 과학을 옹호해
온 인물이다. 그는 국립과학아카데미 위원회의 토론회뿐 아니라 의회
위원회에 나가 자신의 주장을 펼쳤다. 그는 자신의 말에 귀를 기울일
만한 모든 사람들을 향해 공개적으로 사적으로 호전적인 운동을 펼쳤
다. 1993년 7월 샤크만은 많은 청중을 염두에 두고 <사이언스>에 글
을 썼다.

우리 사회의 다른 사람들과 마찬가지로 많은 과학자들도 야심 있고 사욕을 지니고 기회주의적이고 이기적이고 경쟁적이고 논쟁을 마다하지 않으며 공격적이고 거만하다. 그렇다고 그들이 악당이라는 의미는 아니다. 연구 사기가 아무리 못마땅하다고 해도 과학자들의 분노를 자극하거나 부주의한 행동과 구별해야 한다. 우리는 악당과 바보를 구분해야 한다.

…나는 '과학에서의 부정행위' 라는 용어가 모호하며, 지향점이 각기 다른 사람들이 그것을 다양하게 해석하여 오용할 수 있다는 점을 우려한다.

'과학에서의 부정행위' 라는 용어가 공식적으로 사용될 때는 그것이 위조, 변조, 표절을 가리킨다는 데 합의가 이루어져 있다. 과학자들은 '과학에서의 부정행위' 에 오류, 자료의 모순, 자료나 실험 설계의 해석이나 판단의 차이 같은 과학 탐구 과정의 본질적인 요소들이 수반되지 않는다는 점을 역설해 왔다.

샤크만은 공중보건청이나 NIH의 정의에서 '과학계에서 일반적으로 인정된 방식으로 연구를 발표하고 수행하고 게재하는 행위들로부터 심각하게 벗어나는 기타 행위들'이라는 구절을 포함시킨 것은 예외라고 받아들였다. 그는 그것을 이런 식으로 해석했다.

이 말은 모호할 뿐 아니라 지나친 확대 해석을 가능하게 한다. 또 그것을 포함시키게 되면 과학의 큰 발전을 가져올 비정통적이면서 매우 혁신적인 접근 방법들을 단념시킬 수 있다. 뛰어나고 창의적이고 선구적인 연구는 과학계에 일반적으로 인정된 것에서 종종 일탈하곤 한다.

샤크만의 결론은 계시적이었다. 히틀러주의자들이 상대성 이론을 '유대인 과학'이라고 거부하고 트로핌 리센코가 소련 생물학을 15년 동안 지배하던 시절 스탈린주의자들이 멘델유전학을 마르크스-레닌주의 과학이 아니라고 하면서 유전학자들을 강제노동 수용소로 보낸 것을 염두에 두고 그는 이렇게 썼다.

역사는 일부 관리들의 분노를 자아낼 개인의 어떤 행동이라도 덮어둘

수 있을 만큼 넓고 융통성이 있는 조항들을 담은 법률을 정부가 공포한 사례들로 가득하다. 인정된 행위에서 심각하게 벗어나는 과학 논문을 발표하는 것이 일부 국가에서 중대한 범죄가 된 것은 금세기에만 그럴 뿐이다. 그런 제약은 그 국가들의 주요 과학 분야들을 거의 파괴했다. 우리는 이 나라의 과학을 비슷한 위험에 노출시켜서는 안 된다.

다른 과학자들도 동의를 표했다. 그 중에 가장 저명한 인물은 버나딘 힐리(Bernadine Healey)였다. 그녀는 아버지 쪽 조시 부시 대통령 재임시 국립보건원 원장으로 임명된 바 있었다. 그녀는 보수적이고 자신만만하며 정치적 야심이 있었지만 행정가로서는 인기가 없었다. 힐리는 공중보건청의 '심각하게 벗어나는 기타' 구절을 공격했다. '서투른 개선, 대담한 도약, 상상도 못할 실험 설계, 일반적으로 인정된 교조적인 기준에 거슬리는 도전'에 부정행위라는 꼬리표를 붙일지도 모른다는 것이 이유였다. 힐리의 후임으로서 1993년 빌 클린턴 대통령이 임명한 노벨상 수상자 해럴드 바머스는 과학계로부터 동료로 환영받은 명석하고 유능한 원장이었는데, 그 구절이 '너무 모호하고 부적절하게 사용될 수 있다'는 이유로 삭제할 것을 요구했다.

그 구절의 취지와 효용은 받아들여지고 있는 견해와 정반대일 수도 있다. 샤크만을 비롯한 사람들이 이해하지 못하고 있는 것은 '인정된 행위들로부터의 심각하게 벗어나는 기타 행위'나 그와 비슷한 구절이, 그들이 그것을 반대함으로써 옹호하고 있다고 생각하는 과학의 자율과 자치를 보존할 수 있는 부정행위 정의의 핵심이라는 것이다. 1997년 초 카렌 골드먼(Karen Goldman)과 몽고메리 피셔(Montgomery Fisher)는 '심각하게 벗어나는 기타 행위' 구절을 치밀한 논리로 옹호하는 글을 발표했다. 둘은 국립과학재단의 감사국에 있는 변호사였다. 그곳은 재단이 관여해야 할 정도로 심각한 부정행위 고발사건을 다루는 부서였다. 그들은 가장 곤란한 형태로 질문을 던졌다. 그 구절이 합법적인 것인가?

골드먼과 피셔는 재단의 정의를 통상적인 방식으로 읽지 않고 뒤집어 읽었다. 그들은 위조, 변조, 표절이 부정행위의 단지 세 가지 사레일 뿐이며, OSD라는 약자로 표기하는 '인정된 행위들로부터 심각하게 벗어나는 기타 행위'라는 구절이 가장 중요한 부분, '부정행위를 정의하는 일반 기준'이라고 썼다.

> OSD 구절은 위조, 변조, 표절 범주에 넣을 수 없는 사례들을 포함하여 과학 윤리에 심각하게 위배되는 모든 사례들에서 부정행위를 찾아내는 법적 근거를 제공한다. 그 구절은 과학계의 행위를 용인할 수 있는 것과 용인할 수 없는 것으로 구분하는 데 의존한다.

이 점은 중요하다. 그 쟁점이 된 구절은 기준을 정하는 책임을 과학자 자신들에게 다시 넘긴다. 비록 골드먼과 피셔가 그렇게 말한 것은 아니었지만, 그것이 바로 과학의 독립성을 옹호하는 사람들이 원하는 바일 것이다. 더 나아가 그들은 이렇게 말했다. "그 기준으로부터 심각하게 벗어나는 기타 행위들만이 부정행위를 구성한다." 게다가 아카데미의 위원회를 비롯한 비판자들은 연구비를 제공하는 기관들이 '책임을 질 수 있는 개인들에게만 정부 예산이 지원되도록' 해야 한다는 사실을 간과했다. 그들은 그 이유도 썼다.

> OSD 구절 같은 일반적이고 포괄적인 규정은 기관의 조치를 정당화할 만한 모든 비윤리적 행동들을 예측하고 열거하기가 불가능하기 때문에 필요하다. 다른 과학자들의 실험에 함부로 손대거나 아랫사람을 심각하게 이용하거나, 연구비 신청 서류를 심사하는 과정에서 획득한 기밀 정보를 오용하거나, 저자를 허위 표시하는 등의 행위는 과학에서 아주 심각한 부정행위라고 생각할 수 있다. 하지만 그런 행위들은 그 정의에서 구체적으로 열거한 범주들에 들어가지 않는다.

그렇긴 해도 법은 모호함을 규정이나 규칙이 무효가 될 수 있는 근거로 인정한다. 사실 미국 헌법은 막연하므로 무효(void-for-vagueness)를 하나의 원칙으로 인정하고 있다. 5차 수정 헌법의 적법 절차 조항에는 '어떤 행위가 금지되는지 충분히 알려야 한다'라고 나와 있다. 따라서 법률이나 규칙은 '금지된 행위를 합당할 정도로 명확히' 열거

해야 하며, 골드먼과 피셔가 인용한 한 결정문에 따르면 그것은 '임의적이고 차별적인 집행'을 막는다. 샤크만을 비롯한 '심각하게 벗어나는 기타 행위' 구절의 모든 비판가들이 경계하는 위험이 바로 특정하지 않았다는 점과 임의적인 집행의 가능성이 있다는 점이다. 막연하므로 무효는 그 구절을 공격하는 한 가지 가능한 법적 근거가 될 것이다.

하지만 다른 분야들에서는 공동체 내의 일반적으로 인정된 기준에 의존하는, 부정행위에 관한 개방형 일반 용어들이 계속해서 합헌 판결을 받아 왔다. 1974년 한 사건에서 "대법원은 '장교와 신사의 격에 맞지 않는 행위'와 '군대의 타당한 명령과 규율 원리들에 대한 모든 불복종과 무시'를 금하는 통합 군사 재판법의 포괄 조항들을 합헌이라고 판결했다". 골드먼과 피셔는 이런 사례들이 '포괄적이고 막연한 금지가 사회의 행위 기준과 관련지어 해석될 때는 막연하기 때문에 무효인 것이 아님을 명확히 보여준다'라고 썼다.

많은 전문직들이 그런 기준을 적용받는다. 변호사들에게는 특히 강한 기준이 적용된다. 미국변호사협회는 변호사는 '법을 준수한다는 목적에 악영향을 미치는 기타 행위'에 종사하지 말아야 한다는 구절로 끝맺는 부정행위 규정을 지닌 직업상의 책무에 관한 윤리장전을 구비하고 있다. 항고 절차에 관한 연방 규정들도 비슷하다. '법정의 변호사에게 걸맞지 않은 행위'를 하면 변호사의 직무를 정지시키거나 자격을 박탈할 수 있다. 대법원 규칙은 '본 법정의 변호사에게 걸맞지 않은 행위'를 처벌하도록 되어 있다. 주 법원들도 대개 비슷한 규칙들을 갖고 있다.

공립학교 교사들과 대학 교수들도 설령 종신 재직권을 갖고 있다고 할지라도 그런 것들을 근거로 해임될 수 있다. 골드먼과 피셔는 '그 교수가 연구비를 유용하고 자기 연구실에서 연구를 하는 외국 학생들을 착취하고 사취하고 위협하고 학대했다고 판결한 럿거스 대학교'를 비롯하여 몇몇 사례들을 인용한다. 럿거스 대학교는 '견실한 학문과 유능한 교습에 관한 기준을 지키지 못하거나, 지위에 맞게 대학이 정한 의무들을 전면 무시하거나, 무능하거나…'하는 것을 해임의 사유로 정한 규칙을 갖고 있었다. 그 교수는 소송을 제기했다. 항고심에서 연방 제3순회 법원은 1992년 '학계의 공통된 직업상의 기준'에 따라 럿거스 대학교가 그 규칙을 적용하는 것이 허용된다'면서 막연함 논리를 거부했다. 대법원은 상고를 기각했다. 의사, 간호사, 약사, 건축가, 공학자도 비슷한 규칙들의 적용을 받아 왔으며 각 주의 법원들은 그 규칙들의 편을 들어 왔다.

과학적 부정행위의 정의를 가장 깊이 상세히 연구한 기관은 연구진실성위원회이다. 그들은 회의와 협의를 하면서 2년에 걸쳐 수행했다. 1993년 여름 미국의회는 국립건강회복연구원법(National Institutes of Health Revitalization Act)을 통과시켰다. 거기에는 그 위원회를 설치하라는 조항도 있었다. 당시 보건복지부 장관 도나 샬랄라(Donna Shalala)는 1993년 11월 4일 위원회를 설치했다. 위원장은 케네스 라이언(Kenneth J. Ryan)이었다. 그는 의사이자 하버드 의대의 산부인학 및 생식생물학과 교수였으며, 브리검 여성병원의 윤리위원회 위원장도 겸직했다. 라이언은 심지가 곧은 연륜이 깊은 대중적인 인물이었다. 그는 생명의학 및 행동학 연구의 피실험자인 인간을 보호하는 규칙 초안을 만드는 연방 위원회의 전직 위원장이었고, 그 일을 원만히 해냄으로써 찬사를 받았다. 그는 새 위원회를 생명의학자들, 대학 행정가들, 부정행위에 관한 진술들을 다룬 경험이 많은 그 밖의 인물들, 변호사 한 명, 발군의 윤리학자 한 명 등 총 12명으로 구성했다. 그들의 임무는 부정행위에 대한 새 정의를 제시하고, 부정행위 관련 진술들에 대한 기관의 대응 절차를 권고하고, 내부 고발자를 보호하는 규정을 마련하는 것이었다.

1994년 6월 20일부터 1995년 10월 25일까지 그들은 워싱턴 교외의 별 특징 없는 현대적 호텔이나 덜러스 공항 등지에서 15차례 회의를 했고, 샌프란시스코의 캘리포니아 대학교, 시카고의 드폴 대학교, 하버드 의대, 버밍엄의 앨라배마 대학교 등 의대와 복합 연구단지 등을 답사했다. 회의는 하루에서 이틀로, 때로는 사흘로 늘어나기도 했다. 그들은 법이 정부 위원회에 요구하는 대로 진행 과정을 공개했다. 그들은 언론인들의 주목을 거의 받지 못했지만, 그들의 회의 때마다 부정행위의 희생자들이라고 알려진 사람들, 대부분 표절을 당했거나 내부고발을 했다가 보복을 당한 사람들이 참석하곤 했다. 초기 회의 때는 새로운 사람들로부터 이야기를 듣곤 했다. 경력이 파탄나거나 인생이 망가진 사람들의 씁쓸한 이야기들이었다. 시카고에서 그런 증인 중 한 명으로부터 아주 애처로운 증언들 들은 뒤 휴식시간에 케네스 라이언이 화장실에서 눈물을 닦고 있는 모습이 목격되기도 했다. 위원들은 부지런히 일했고, 문제의 규모가 엄청나다는 것과 과학자들이 일하는 조직들의 고위직들과 과학계가 그 문제들을 진지하고 효율적으로 예견하고 거기에 대처할 수 있도록 교육하고 자극하고 격려하는 일이 어렵다는 것을 점점 더 깊이 인식하게 되면서 점점 조급해졌다.

기존 정의는 문제를 일으켰다. 그들은 곧 위조, 변조, 표절, 기타 심각한 일탈 행위들이라는 정의에서 벗어나 더 구체적이고 더 포괄적인 용어를 탐색했다. 또 몇 달에 걸쳐 그들은 적법 절차와 대심 구조와 개인의 유무죄에 대한 집착, 법률, 사기의 법적 개념에 뿌리를 둔 기존의 과학적 부정행위 정의들을 파악하는 일도 했다. 티나 건살루스와 드러먼드 레니도 위원이었다. 그들은 개념과 용어를 엄밀하게 적용해야 한다고 역설했다.

정의의 발전 과정에서 가장 중요한 순간은 당시 캘리포니아 샌프란시스코 대학교의 학무 담당 부총장이었던 칼 하이틀먼이 위원회와 그 정의의 근본 목적을 언급한 때였다. "과학 문헌과 과학 탐구 과정의 진실성을 보호하는 것." 20개 단어도 안 되는 이 말은 법률의 입장과 과학계의 요구가 다르다는 것을 명확히 드러낸 주장이었다.

그 회기 후, 나는 정의가 진화하고 있던 그 시점에 위원들이 품고 있는 생각을 포착하려고 한 가지 정의를 제안했다.

과학적 부정행위는 과학 기록을 날조하거나 과학의 객관성이나 탐구 활동을 훼손할 가능성이 있는 행동입니다. 과학적 부정행위는 어떤 형태든 간에 어쩔 수 없이 직접적으로 연구 기관과 과학계의 책임입니다. 가장 심각한 형태들은 연구 사기입니다. 위조, 변조, 표절이 바로 그것이며, 연구가 정부의 지원을 받는다면 그 연구에서의 사기는 정부의 문제이기도 합니다. 게다가 내부 고발자의 증언은 위조나 변조나 표절을 폭로하는 데 핵심적인 역할을 합니다. 따라서 내부 고발자의 효과적인 보호도 기관뿐 아니라 정부의 일입니다. 연구 사기 범주들 중에서 위조와 변조는 다양한 형태를 취하면서 다양한 단계를 거쳐 나타날 수 있습니다…. 마찬가지로 표절도 다양한 형태를 취합니다…. 요약하자면 표절은 지적 재산권의 도둑질이나 기타 횡령을 말합니다.

하지만 과학적 부정행위는 정부의 일은 아니지만 무시하거나 얕잡아 볼 수 없는 중요한 행동 형태들을 포함합니다. 이 행동들은 크게 저자, 바른 행위, 후견이라는 세 제목으로 분류됩니다. 이 과학적 부정행위의 범주에는 특히 저자나 이름의 허위 기재, 적절한 기록의 미비, 연구 행위의 총체적인 부주의, 재료와 결과의 부당한 은폐, 학생들과 젊은 연구자들을 훈련시키고 감독하고 그들에게 조언을 하는 책임의 미이행이 포함됩니다.

마지막으로 특정한 유형의 불법적이거나 비윤리적인 행위들이, 과학적 부정행위가 아닌 연구와 연관되어 일어날 수도 있습니다. 주로 인간이나 동물을 대상으로 한 연구를 통제하는 규칙들을 지키지 않는 행위들, 성희롱, 회계상의 부정행위가 그렇습니다. 이 모든 것들―심지어 연구 방해 같은 드문 사례들까지―은 이미 규제, 법, 처벌의 대상입니다.

이 때쯤 되자 위원들끼리 서로 영향을 받다보니 지적 열정이 끓어올라 더 급진적인 개혁 쪽으로 방향이 바뀌었다. 그 집단의 기준에 민감하게, 아마도 지나치게 민감하게 반응한 탓인지 몰라도, 최종 보고서는 '새 정의가 비난이나 법적 조치의 토대를 포함시키거나 확장시키는 수단 역할보다는 행동에 윤리적 접근법을 도입하는 형식이 될 것'이라고 강조했다. 그들은 자신들의 정의를 포개진 집합 형태로 제시했다.

연구 부정행위는 남의 지적 재산권이나 공헌을 부당하게 유용하거나, 연구의 진행을 고의로 방해하거나, 과학 기록을 날조하거나, 과학 탐구 행위의 진실성을 훼손하는 중대한 잘못된 행위이다. 연구를 제안하거나 수행하거나 발표할 때나 남들의 연구 제안서나 연구 논문을 심사할 때의 비윤리적이고 용납될 수 없는 행동들이다.

FF&P를 정의하면서, 그들은 세 가지 새 범주들을 제안했다. "유용(misappropriation), 방해(interference), 허위 발표(misrepresentation), 각각은 그 정의의 토대가 되는 윤리 원칙들을 심각하게 위반하는 부정직 또는 불공정의 한 형태이다." 그 정의는 이런 식으로 제시된다.

유용: 연구자나 검토자는 계획적으로나 경솔하게 다음의 행위를 해서는 안 된다.
   a. 표절 행위, 즉 문서로 기록된 남의 말이나 생각을 발표 매체를 적시하지 않은 채 자신의 것으로 발표하는 행위를 뜻한다.
   b. 어떤 원고나 연구비 신청서의 심사와 관련된 비밀 준수 의무를 위반하여 정보를 이용하는 행위

두 번째 범주는 많은 사례들에서 나타나고 있지만 여태까지는 별개의 것으로 분리시킨 적이 없는 행위 유형을 가리킨다.

방해: 연구자나 심사자는 실험 기기, 시약, 생체 재료, 기록물, 자료, 하드웨어, 소프트웨어, 실험 행위에 쓰이거나 거기에서 산출되는 기타 물질과 장치를 비롯한 남의 연구와 관련된 재산을 권한 없이 고의로 가져가거나 압류하거나 물질적으로 손상을 입혀서는 안 된다.

위원회는 세 번째 범주에서야 통상적으로 부정행위 정의의 출발점으로 삼는 것을 내놓았다.

허위 발표: 연구자나 심사자는 진실을 고의로 속이거나 경솔하게 무시해서는 안 된다.
   a. 중요하거나 의미있는 거짓을 말하거나 제시하는 행위
   b. 말하거나 제시한 것이 전체적으로 중요하거나 의미 있는 거짓을 말하거나 제시한 것이 되도록 사실을 누락시키는 행위

법적으로 사기의 입증증명(여타 1급 범죄와 마찬가지로)은 고의가 있었음을, 즉 법률가들이 '마음 상태(state-of-mind)', 옛 법률 전문용어로 범의(犯意)라고 부르는 것이 있었음을 보여줄 것을 요구한다. 그것은 주요 부정행위 사례들을 실제로 추적할 때 거의 극복할 수 없는 장애물 역할을 해 왔다. 위원회의 정의에서 첫 번째와 세 번째 범주는 고의의 대안, 즉 경솔한 행동을 제시했다. 보고서는 이렇게 설명했다. "속이려는 의도는 입증하기 어려운 경우가 종종 있다." 따라서 '위원회가 채택한 한 가지 일반적으로 인정된 원칙은, 속이려는 의도를 진실을 경솔하게 무시하는 행위로부터 추론할 수도 있다는 것이다'.

위원회는 더 나아가 은폐, 증거 조작, 내부 고발자를 비롯한 목격자들에 대한 협박 등 조사 방해 행위와 생물학적 위해 물질을 쓰거나 인간이나 동물을 대상으로 한 연구에 적용되는 규정들을 어기는 것 같은 그 밖의 직업상인 부정행위 형태들을 정의했다. 이런 문제들을 예사롭지 않은데도 의례적으로 다루어진다. 그 정의의 핵심 내용은 그 세 범주에 담겨 있다. 논리학적으로 수사학적으로 그것들은 명쾌하고 간결하며 계층 구조를 이루고 있고 치밀하다. 곰곰이 다시 읽어 보면 그 정의가 대단히 훌륭하다는 것을 알게 된다.

그러나 멀리 나아갔기는 해도 위원회는 충분하다고 할 만큼 나아가지는 못했다. 한 위원이 지적했듯이, 윤리 원칙에 호소하고 있음에도, 그 용어는 여전히 변호사의 것이다. 그것은 어떤 징후군에 들어맞는 듯하다. 한 예로 위원들은 사기의 법률상 정의가 요구하는 고의를 입증해야 하는 어려운 문제가 남아 있음을 인정했다. 그러나 그들은 과학 문헌과 과학 탐구 과정의 진실성을 보호하려는 하이틀먼의 논리에 담긴 과학계의 요구가 영미법 체계 특유의 태도와 얼마나 차이가 나는지를, 그리고 그 차이가 얼마나 중요한 것인지를 규명하지 못했다. 그리고 아마 제대로 인식하지도 못했을 것이다. 다시 말하자면 양측은 아예 비교가 불가능할지도 모른다.

그 정의를 깊이 생각하면서 읽는 과학자는 거의 없다. 대다수는 그냥 내치고, 일부는 신랄하게 비판한다. 국립과학아카데미 원장 브루스 앨버츠(Bruce Alberts)와 이사회 임원 6명은 라이언 위원회의 보고서를 공격하는 글을 썼다. 50개 전문가 집단이 속한 총괄 조직인 미국 실험생물학협회연합(Federation of American Societies for Experimental Biology)의 회장 랠프 브래드쇼(Ralph Bradshaw)도 그랬다. 그 기관은 28만 5,000명이 넘는 과학자가 회원으로 있다고 말한다. 보고서에는 연구 부정행위의 연방 차원의 정의를 마련하기 위해 보건복지부에 새 위원회가 설치되었다고 적혀 있었다. 그 정의는 매장된 셈이었다.

그래도 과학적 부정행위의 연방 표준 정의는 반드시 필요하다. 1999년 10월 과학기술정책국—대통령실에 속해 있고 대통령 과학 자문위원이 책임자인 기관—은 여론을 반영한 정책이라고 하면서 또 다른 정의를 내놓았다. 목적은 '연구 기록의 진실성을 보호하는 것'이었다. 그것은 정의 자체와 부정행위를 발견하는 규칙, 두 부분으로 이루어져 있었다. 그 정책은 비록 몇 가지 수정을 하긴 했지만 아주 익숙한 용어를 재활용했다. 아마 그 중에 가장 중요한 것은, 명확히 밝힌 것은 아니지만 판결과 조사의 분리를 시사했다는 점일 것이다. 나름대로 부정행위 사례들을 다루고 있는 국립과학재단은 둘을 분리한다. 그러나 공중보건청은 그렇게 해오지 않았으며, 그 때문에 몇몇 큰 사건이 심히 지리멸렬하게 다루어지기도 했다. 볼티모어와 갤로 사례가 바로 그랬다.

제시된 정의에는 핵심 용어들을 담고 있는 두 하위 정의가 있다.

연구 부정행위는 연구를 제안하거나 수행하거나 심사할 때, 혹은 연구 결과를 발표할 때의 위조, 변조, 표절로서 정의된다.
여기에서 말하는 연구는 과학, 공학, 수학 모든 분야의 모든 기초, 응용, 실증 연구를 포함한다.
•위조는 결과를 꾸며내어 기록하거나 발표하는 것이다.
•변조는 연구 재료나 기기나 과정을 조작하거나, 자료나 결과를 수정하거나 뺌으로써 연구가 기록에 정확히 표시되지 않는 것이다.
연구 기록은 과학 탐구에서 나오는 사실들을 담은 자료나 결과의 기록이라고 정의되며, 물질적인 매체나 전자 매체로 된 실험 기록, 연구 제안서, 진행 보고서, 초록, 논문, 구두 발표물, 내부 보고서, 학술지 기사를 포함한다.

FF로 돌아왔다. 사라진 것은 과학계의 요구, 특성, 맥락을 고려하는 부분이다. 또 '비밀 과학', 즉 고찰과 고백의 왕국이라는 일지의 개념도 사라졌다. 그리고 여기에는 P(표절)도 있다.

- 표절은 남의 연구비 신청서와 원고를 심사하면서 얻은 것들을 비롯하여 남의 착상, 과정, 결과, 글을 적절한 언급 없이 도용하는 것이다.
- 정직한 오류나 정직한 견해 차이는 연구 부정행위에 포함하지 않는다.

이어서 판결에 대한 규칙이 나온다.

연구 부정행위로 판정하려면 다음과 같은 사항이 요구된다.
- 연구 기록의 진실성을 유지하기 위한 과학계의 일반적으로 인정된 행위들로부터의 상당한 일탈이 있을 것
- 부정행위가 의도적으로 또는 알고서 저지른 것이거나 일반적으로 인정된 행위들을 경솔하게 무시한 행위일 것
- 주장은 증거 우위(preponderance of evidence)를 통해 입증될 것

비록 그 정의 자체에는 부정행위 고발에 필요한 마음 상태 조건이 들어 있지 않지만, 고의는 무엇이 증명되어야 하는가 부분에서 다시 나온다. 하지만 그 규칙은 대안들을 허용한다. 일반적으로 인정된 행위들은 어쨌거나 무시되어서는 안 되며, 비록 그 용어의 범위가 FF&P에만 적용되는 협소한 것이라고 할지라도, 고의를 증명해야 한다는 요구 조건을 피할 수 있는 가능성을 보여주며, 그것은 별개의 수확이다. 원칙적으로 적어도 부정행위 사례를 추적하는 사람들은 더 이상 범인의 마음속을 들여다볼 필요가 없다. 그리고 부주의라고 항변하는 행위—이마니시-카리가 과학진실성국(당시에는 그 이름이었다)에서 그것을 근거로 항변했듯이—를 훨씬 더 어렵게 만들 것이다. 물론 과학

자들을 변호하는 변호사들은 고의 문제를 물고 늘어지려 할 것이다.

주장이 증거 우위를 통해 입증될 것이라는 말은 민법 사례들, 즉 합리적인 의심을 남기지 않을 정도의 증명을 요구하는 형법보다 원고의 부담이 덜한 사례들에 적용되는 기준이다. 증거 우위 기준은 사실 연방 정부 전체에서 개인이나 법인이 정부 일을 맡지 못하도록 금지시키는 사건들에 적용된다. 그것은 사실 과학적 부정행위의 사례들에 판결을 내리는 행위가 되어 왔다. 그것은 전에는 정책의 한 부분으로 명시적으로 언급된 적이 없었다. 공청회를 거치고 사소한 용어와 문맥 수정을 거친 뒤, 그 정책은 1999년 12월 6일에 완성되었다.

1999년 11월 17일 국립과학아카데미는 새 정책을 발표하고 토론하는 마을 회의를 하듯이, 워싱턴의 본부 건물에 모여 종일 회의를 열었다. 뉴욕 마운트시나이 의대의 학장 겸 최고 경영자인 아서 루벤스타인(Arthur Rubenstein)이 진행을 맡았다. 반응은 예측한 그대로였다. 과학자들은 전반적으로 그 정책에 호의적이었다. 특히 당시 미국 생화학 및 분자생물학협회를 대변하고 있던 하워드 샤크만은 과학자들이 '거의 만장일치로' '심각하게 벗어나는 기타 행위' 구절이 사라진 것을 환영했다고 주장했다. 이마니시-카리의 혐의를 벗겼던 보건복지부 소청심사위원회의 위원 3인 중 한 명이었던 줄리어스 영너는 판결 규정에 담긴 그것의 잔재조차도 거부했다. 하지만 국립과학재단의 일반 이사회 부위원장인 아니타 에이전스태트타트는 과학 분야별로 행동 양상이 지극히 다양하다는 점을 고려하여 자기 기관은 그 정의가 중요하다고 판단했다고 말했다.

샤크만을 비롯한 일부 사람들은 자료 '누락'을 변조 유형의 항목에서 삭제할 것을 요구했다. 장치가 고장날 수도 있고, 배양기가 오염될 수도 있다는 것이다. 의장석에 있던 루벤스타인이 보기에 '속일 의도 없이 자료를 제외시킬 수 있는 이유가 백 가지는 되었다'. 밀리컨의 사례에서처럼 가설과 자료의 일치 여부가 쟁점일 때의 개별 자료의 타당성에 대한 과학자의 판단이라는 문제를 끄집어내는 사람은 아무도 없었다. 분명히 미묘한 문제임에도 말이다.

가장 폭넓게 깊이 생각한 평은 티나 건살루스의 것이었다. 그녀는 여러 가지 개선할 점들을 요구했다. 그 정책은 연방정부의 지원을 받는 모든 연구에 적용한다는 취지의 것이었지만, 정의는 오직 '과학, 공학, 수학의 모든 분야들'단 언급하고, 교육이나 인문학 같은 연구는 제외시켰다. 또 그녀는 이렇게 말했다. "연구 기록의 진실성에만 초점을 맞춤으로써, 새 정의는 연방기관에 제출한 연구서 신청서의 자격 증명서 위조 같은 행위들을 제외시킨다." 또 그녀는 모든 연방기관들이 그 정의와 절차를 수용할 마감 시한을 정할 것을 요구했다. 더구나 많은 연구 과제들, 특히 의학 분야의 과제들은 여러 기관들에서 수행된다. 새 치료법을 6곳의 암센터에서 무작위로 시험하는 것처럼. 하지만 그런 과제에서 부정행위의 고발을 어떻게 처리해야 할지 알려주는 지침은 없다. 그녀는 그런 공동 연구가 시작될 때 선도기관을 지정하는 절차를 마련하라고 요구했다. 그리고 내부 고발자의 보호—구체적이고 효과적인 보호—와 조사 방해 및 관련자에 대한 보복 예방이라는 중요한 사항이 누락되었다고 했다.

5
볼티모어 사건

데이비드의 부정행위였습니다. 실험에 의문이 제기되면, 누가 제기했든 간에 점검할 책임은 실험한 당신에게 있습니다. 당신이 무언가를 발표할 때 그 책임은 당신이 진다는 것이 과학의 철칙입니다. 그리고 러시아나 독일이나 일본의 과학에 비해 미국 과학의 큰 강점 중 하나는 가장 지위가 낮은 연구원이나 대학원생이 의문을 제기하면 가장 선임인 교수도 그것을 진지하게 검토하고 그 비판을 고려해야 한다는 것이지요.

그것은 미국 과학의 가장 근본적인 측면 가운데 하나입니다.

— 하워드 테민, 1993년 3월 16일

1980년대부터 현재까지 과학에서의 사기를 둘러싼 많은 논란들 가운데, 과학계 너머까지 파장을 미친 가장 주목받았던 것이 하나 있다. 볼티모어 사건이었다. 관련자는 테레자 이마니시-카리라는 무명의 면역학자, 저명한 바이러스학자이자 분자생물학자인 데이비드 볼티모어, 이마니시-카리 연구실의 박사후과정 연구원인 마고 오툴이었다. 사건은 1986년 5월, 학술지 〈셀〉에 맨 처음 단어만 빼고 난해한 단어들로 이루어진 제목을 지닌 생쥐 면역계에 관여하는 유전자들에 관한 논문이 실린 지 며칠 뒤에 시작되었다. '재배열된 뮤 중쇄(heavy chain) 유전자를 지닌 형질전환 생쥐에서의 내인성 면역 글로불린 유전자 발현의 변화한 양상.' 저자는 데이비드 위버, 모에나 리스, 크리스토퍼 앨버니스, 프랭크 코스탄티니, 데이비드 볼티모어, 테레자 이마니시-

카리였다. 제1저자가 데이비드 위버였기에, 인용할 때는 위버 등이라고 한다. 볼티모어와 이마니시-카리의 이름은 맨 나중에 나오며, 사실상 가장 선임 저자들이었다. 사건은 이마니시-카리의 논문에 실린 자료, 아니 자료가 없음에도 이마니시-카리가 있다고 논문에 허위 발표를 했다는 오툴의 고발을 중심으로 전개되었다.

그 논문은 MIT의 화이트헤드 연구소에 있는 볼티모어의 대규모 과학 공장과 이마니시-카리가 이끄는 인원이 6명 안팎인 훨씬 더 작은 연구실 사이에 지속된 공동연구의 가장 최근 결과물이었다. 논문이 나왔을 때, 이마니시-카리는 양다리를 걸친 상태였다. 그녀는 보스턴의 터프츠 의대로 옮기기 위해 협상 중이었다. 오툴의 연구원 지위는 1986년 6월에 끝났고, 그녀는 그 뒤로 다년간 과학계에 발을 붙이지 못했다. 논란이 가열되고 있던 1990년 여름, 볼티모어는 데이비드 록펠러의 추천으로 뉴욕의 록펠러 대학교 총장이 되었고, 그곳 교수진이 그가 사건에 관련되었음을 모두 알게 되고, 언론에 이름이 계속 오르내릴 때에야 마지못해 사직했다.

볼티모어 사건은 아주 유명해졌고, 악취가 여전히 남아 있다. 명쾌한 언론기사 수준에서 보면, 그 이야기는 극적인 요소들을 갖추고 있다. 연구실 내의 불쾌하기 짝이 없는 개인적 증오심, 개성이 아주 강한 내부 고발자, 은폐하려는 다양한 시도들, 안전하게 잘 덮었다 싶을 때 비밀이 의회 조사위원회로 새어나간 일, 논란 가득한 의회 청문회, 미진한 연방 차원의 조사, 처벌 판결, 청원, 몹시 엉성한 재판, 의심스러운 평결. 그리고 이 모든 것들을 총괄하는 험악할 정도로 비타협적인 인물인 데이비드 볼티모어가 있다. 최근 과학에서의 사기에 대한 우리의 유형론에 따르면 볼티모어 사건은 권력의 오만함을 큰 규모에서 보여준 전형적인 사례이다. 또 다른 수준에서 보면, 그 어떤 사례에서도 볼 수 없는 뒤틀리고 질질 끈 볼티모어 사건은 표절만 제외하고 우리가 지금까지 살펴본 과학 사기의 모든 요소들을 관통하면서 나아갔다. 결국 사건이 터지면서 과학의 규범들을 놓고 몇 달에 걸쳐 분노에 찬 공개 논쟁이 벌어졌다. 그 사건을 서술과 분석 두 단계로 나누어 살펴보자. 둘은 서로를 보완한다.

　　최근 과학의 사기 패턴들을 정리하면서, 우리는 서머린, 소만과 펠릭, 다시, 스펙터 등의 사례들을 직접적인 맥락에서, 하지만 약식으로 중간 거리에서 살펴보았다. 볼티모어 사건은 더 상세히 살펴볼수록 좋다. 가장 원초적인 수준에서 그것은 강하고 서로 맞지 않고 과학 탐구 행위를 대하는 태도가 서로 타협 불가능할 정도로 다른 세 인격체 사이의 상호작용에서 비롯되었다. 처음부터 과학 규범들은 작용하고 있었다.

　　사건이 어떻게 시작되었는지 살펴보자. 1986년 5월 7일 수요일 아침, 매사추세츠 공대의 한 건물 1층 실험실에서 마고 오툴은 특정한 실험에 적합한 면역계를 지닌 순종 생쥐 군체들의 번식 기록을 찾아보았다. 그 순간의 모든 것들이 오툴의 인생에 지대한 의미를 지니고 있다. 시각(timing), 연구실과 그 안의 과학적 및 사회학적 맥락, 생쥐 군체와 번식 기록, 생쥐 번식 실험들. 오툴 자신과 군체를 돌보는 환경. 그녀는 박사후과정 연구원이었고 박사학위를 받은 지 7년차였다. 그녀는 전해 6월이 시작될 때 1년 기한의 연구원으로 그 연구실에 왔다. 그 6월까지 그녀의 경력은 결코 우수하다고 볼 수 없었다. "나는 좋은 학벌이나 집안 출신의 과학자가 아니었어요." 그녀는 1991년 4월에 대화를 나눌 때 그렇게 말했다. 처음에는 새 일이 마음에 쏙 들었다. 연구실은 작았고, 쾌활하고 야심적이고 과학적 창의성이 넘치는 조교수 테레자 이마니시-카리가 이끌고 있었다. 이마니시-카리는 볼티모어가 이끄는 훨씬 더 큰 연구실과 공동 연구를 하고 있었다. 볼티모어는 과학계의 왕가에 해당하는 가문 출신이었다. 그들은 중요한 발견이 나올 것 같은 연구를 하고 있었다.

　　두 연구실은 서로 보완되는 전문지식을 갖추고 있었고, 다른 혈통의 생쥐로부터 특정한 유전자, 즉 유전물질인 DNA의 한 토막을 이식받아 형질전환시킨 순수 혈통의 생쥐를 갖고 몇 년째 공동연구를 해왔다. 포유류에서 유전자를 이식하는 기술, 그럼으로써 후손들에게 그 유전자가 대물림되도록 하는 기술은 1980년에야 개발된 그 자체로도 새롭고 흥분되는 성과였다. 사실 그보다 10년 전 만해도 많은 과학자들은 그런 이식이 아주 어려워 오랜 시간이 흐른 뒤에야 실현 가능하다고 말하곤 했다. 이제 그들은 '형질전환 유전자'나 '형질전환 생물' 같은 용어들을 일상적으로 쓰고 있었다. 그런 어휘들 자체는 미래학적인 분위기를 풍겼다. 이마니시-카리, 볼티모어, 공동 연구자들은 이식한 생쥐 혈통에 형질전환 유전자가 살아남아 활동하고 있다는 것을 알았다. 그 유전자는 생쥐의 면역계 세포들로 하여금 특정한 단백질을 만들어내도록 했다. 그 생쥐 계통이 원래는 만들지 않는 항체 분자, 즉 면역글로불린이었다. 연구자들은 생쥐 혈액에서 그 면역글로불린을 분리할 수 있었고, 이마니시-카리는 특정한 면역글로불린을 찾아내어 비슷비슷한 다른 면역글로불린들과 구분하는 일에 전문가였다. 두 연구실은 그 생쥐를 어떻게 왜 만들었는지를 설명하는 논문과 형질전환 유전자가 발현되었다는, 즉 활성을 띠고 있으며 해당 면역글로불린을 만들어내고 있다고 보고하는 공동 논문을 두 편 발표했다.

당시 이마니시-카리는 형질전환 유전자가 발현될 뿐 아니라 다른 유전자들, 즉 다른 면역글로불린을 만드는 유전자들의 활동에 변화를 일으킨다는 실험 증거를 내놓았다. 영향을 받은 유전자들은 내인성 유전자들, 즉 이식 이전에 그 생쥐 계통이 이미 지니고 있던 유전자들이었다. 면역계에 새로 넣은 유전자가 기존 유전자의 활동에 영향을 미친다는 이 발견은 그 자체로도 신기한 것이었다. 그것은 엄청난 의미를 담고 있었다. 당시, 특히 유럽의 일부 면역학자들은 면역계 유전자들과 그 단백질 산물들의 방대하고 복잡한 망을 이룬 상호작용이 면역계가 스스로를 조절하는 핵심 수단임에 분명하다고 굳게 믿고 있었다. 그 조절망은 원래 1974년 족보상으로는 덴마크인이지만 출생지가 영국인 닐스 예르네(Niels Jerne)가 스위스의 바젤 면역학연구소에서 일할 때 제시한 것이었다. 그는 그곳을 대단한 연구 센터로 탈바꿈시켰다. 예르네는 현대 면역학 분야의 걸출한 이론가였다. 많은 과학자들이 그 망 조절의 증거를 찾아내기 위해 애썼다. 하지만 아무도 발견하지 못했다. 그런데 이마니시-카리가 자신이 발견했다고 말하고 나선 것이다.

짧게 요약하자면 오툴이 합류할 당시 이마니시-카리의 연구실이 흥분에 휩싸인 듯이 보인 것도 다 그 때문이었다. "내 입장에서는 너무 좋은 일이었지요. MIT의 최고 수준의 연구실에 들어가서 볼티모어 연구실과 공동연구를 한다는 거였으니까요. 행운이 찾아온 것 같았지요. 아주 큰 행운이요." 그녀가 합류한 시점은 그 흥분을 낳은 발견이 논문으로 발표되기 전이었다. 그녀는 그 발견에 시사되어 있는 후속 실험들에 착수했다. 그러나 그 때부터 1년간 그녀는 힘든 시기를 보내야했다.

1985년 6월, 연구실에 합류한 오툴은 곧 그곳이 불행한 장소임을 실감했다. 이마니시-카리는 신경질적이고 흥분 잘하고 비밀주의 성향을 지니고 있었다. 여름이 막바지에 이를 무렵 그녀는 오툴에게 남들과 연구에 대해 토론하지 말고 재료와 방법도 알려주지 말라고 금지했다. 그렇긴 해도 처음에 그녀의 연구는 순탄하게 진행되는 듯했다. 가을에 이마니시-카리 밑에서 오래 일한 동료인 모에나 리스의 도움을 받아 그녀는 이마니시-카리의 발견을 뒷받침하는 듯이 보이는 실험 결과를 하나 얻었다. 이마니시-카리는 어서 그 결과를 논문으로 쓰고 세미나에서 발표하고 논문으로 발표하라고 재촉했다. 이마니시-카리는 아예 위버 등의 논문 마지막 문장에 오툴의 미발표 결과를 살짝 언급하기까지 했다. 하지만 오툴은 혼자 실험을 했을 때는 그 첫 번째 성공 결과를 입증할 수 없다는 것을 알아차렸다. 1985년 12월 초 이마니시-카리, 볼티모어, 동료들은 논문을 완성하여 위버 등의 이름으로 <셀>에 보냈다. 오툴은 끈기 있게 그 실험을 붙들고 늘어졌다. 1985~1986년 겨울 내내 오툴은 재연할 수 없는 실험 결과를 발표할 수 없다고 완강하게 거부하면서 이마니시-카리가 한 발견의 후속 연구의 밑거름이 될 결과, 자신이 원하는 결과를 얻기 위해 세심하게 창의적으로 꾸준히 연구를 계속했다. 이마니시-카리는 오툴이 무능하다며 꾸짖었다. 고래고래 소리를 질러댔다. 이 이야기의 핵심인 의외의 결과가 나오자, 3월에 그녀는 연구실을 떠나 리스가 하던 잡일인 생쥐 군체를 돌보는 일을 하면서 연구원 기한이 끝날 때까지 지내기로 합의했다. 오툴은 자신이 명확하고 일관성이 있었음에도 '불만투성이 박사후과정 연구원’이라는 식으로 치부되어 왔다고 했다. 몇 년이 흐른 뒤인 1991년 6월에 하버드 생화학자 버나드 데이비스 (Bernard Davis)가 그 논란을 이렇게 표현할 정도였다. “오랫동안 나는 그 일이 그저 두 여자가 부엌에서 싸우는 것에 불과하다고 생각했어요.”

위버 등의 논문은 <셀> 1986년 4월 25일자에 실렸다. 그로부터 12일 뒤에 오툴의 머리 속에 생쥐의 가계도를 검증해보자는 생각이 처음으로 떠올랐다. 리스는 ‘형질전환 생쥐’라고 적은 두 권의 파란 바인더에 혈통대장을 만들어서 쉽게 꺼낼 수 있는 서가에 보관해두었다. 오툴은 혈통대장을 찾아보았지만 그 자리에 없었다. 그녀는 여기저기 뒤지다가 옆방에서 그것을 찾아냈다. “한 권을 꺼내면서 중얼거렸지요. ‘대체 내가 뭘 찾으려고 하는 거지?’ 나는 대장을 펼쳤습니다.” 그녀는 그 이야기를 하면서 탁자에 놓인 혈통대장 복사본을 펼쳤다. “이건 생쥐 수예요. 나는 이것들이 생쥐 수이고 타자로 쳐 넣은 것임을 알았어요.” 그녀는 천천히 종이를 넘겼다. “생쥐 수가 계속 나와요, 음, 흐음, 지금 어떤 생쥐를 찾고 있어요. 그리고 그녀가 대장을 어떤 체제로 구성했는지 감을 잡으려 하고 있고요. 생쥐 수가 계속 나오네요. ‘내가 찾으려는 생쥐는 어디에 있는 거야?’ 나는 계속 종이를 넘기고 있었지요. 여기 보세요. 생쥐 수만 계속 나와 있어요.”

오툴은 한 장을 더 넘기더니 멈췄다. 그녀의 목소리가 가라앉았다. 거기에 적힌 것은 생쥐 수가 아니었다. “이 쪽이에요. 이것이 내가 1년 내내 해서 얻은 결과, 얻지 않았다고, 얻어서는 안 되는 것이라는 말을 들었던 바로 그 결과입니다.”

오툴은 책장을 넘겼다. “모두가 내가 의심을 품고 일지를 뒤적거리기 시작했다고 생각하지요. 하지만 사실 나는 생쥐를 교배시키는 일을 하고 있었고 따라서 혈통을 조사해야 했어요. 바로 여기, 가계도 중간 부분이에요. 검사하고 있는 생쥐들이 다 여기에 나와 있어요.” 그것들은 실험 기록들이었다. 그 쪽을 처음 죽 훑어본 순간 오툴은 자신이 연구실에 합류하기 이전에 이미 남들—아마도 이마니시-카리 —이 자신의 실패를 예견한 실험 결과를 적어두었으며, 그것을 11월에 제출되어 막 게재된 논문과 조화시킬 수 없다는 것을 알았다.

"와! 와! 라는 말을 셀 수도 없이 했어요." 그녀는 그 쪽부터 죽 17쪽에 걸쳐 있는 자료, 실험 결과의 일부가 논문의 핵심 부분을 차지했는데, 다른 형태로, 즉 오도시키는 형태로 실렸다고 말했다. "나는 그 논문을 달달 외우고 있었으니까요."

1986년 5월 그 날 아침, 오툴이 실험 기록이 담긴 그 부분을 들여다보고 있을 때, 그녀의 세계, 아니 11개월 동안 연구실에서 실험하고 목격하고 견뎠던 모든 것들이, 그녀가 전적으로 몰입하다시피 했던 세계가 그녀의 마음속에서 한순간에 전혀 색다르고 낯선 세계로 변하기 시작했다.

데이비드 볼티모어의 경력은 널리 알려져 있다. 거기에 흥미로운 세부 사항 몇 가지만 덧붙이기로 하자. 테레자 이마니시-카리와 공동 연구를 진행할 무렵, 그의 이력서에 들어가는 출판물 목록은 약 300편에 달했다. 물론 그 중에 1970년 6월 <네이처>에 실린 현재 역전사효소라고 부르는 효소의 존재를 밝힌 논문도 있었다. (그 호에는 같은 발견을 한 하워드 테민과 사토시 미즈타니의 논문도 함께 실렸다.) 볼티모어는 필라델피아 인근 스워스모어 대학을 졸업했다. 그는 MIT의 생물리학 박사 과정에 들어갔다가 1년 뒤에 록펠러 대학교로 옮겨 분자생물학으로 전공을 바꾸었다. 그는 여러 가지 이유로 눈에 띄는 인물이었다. 사소한 이유도 있었다. 그는 뒤가 끌리는 망토를 입었고, 수업 시간에 담배를 피우고 나이든 과학자들에게 반말을 함으로써 학우들을 경악시켰다. 일부는 그를 볼티모어 경이라고 불렀다. 그는 폴리오바이러스와 또 다른 비슷한 바이러스를 연구했다. 일부 교수들은 그가 제출한 학위논문에 실린 자료가 기껏해야 가까스로 통과 기준을 넘어설 정도라고 보았다. 하지만 그는 연구 성과를 쏟아냈으며, 박사 학위를 받기 전까지 12편의 논문을 발표했다. 그는 캘리포니아 라호야의 소크연구소에 있는 레나토 둘베코의 연구실에서 박사후과정 연구원 생활을 했다. 둘베코는 동물 세포들을 세균처럼 흩어서 배양하는 방법을 발명했다. 그것은 동물 세포 바이러스를 연구하는 데 핵심적인 기술이었다. 1968년 볼티모어는 부교수가 되어 MIT로 돌아갔다. 1975년에는 테민, 둘베코와 함께 노벨 생리의학상을 받았다. MIT에서 그는 수백만 달러를 모금하여 화이트헤드 연구소를 세웠고 1982년 초대 소장이 되었다. 연구소는 이마니시-카리의 연구실이 있던 MIT 암 센터와 행정적 물리적으로 분리되어 있다.

그 사건이 처음 터졌을 무렵 과학계는 유달리 동종 번식 경향이 강했다. 1973년 마고 오툴은 케임브리지 서쪽에 있는 브랜다이스 대학교 생물학과를 우등으로 졸업했다. 그녀는 터프츠 대학교에 진학하여 보스턴에 있는 터프츠 의대의 헨리 워티스 연구실로 들어갔다. 1979년 여름 박사학위를 받고 그 해 말까지 워티스 연구실에 머물렀다. 그 뒤 남편인 피터 브로더와 함께 필라델피아 북쪽 교외의 폭스체이스에 있는 암 연구소로 옮겼다. 그녀는 그곳에서 박사후과정 연구원 생활을 했다. 1984년 크리스마스 직전에 그들은 보스턴으로 돌아왔다. 남편은 터프츠 대학교에서 조교수 생활을 시작했고 워티스의 연구실에서 복도를 따라 좀 간 곳에 연구실을 차렸다. 오툴이 스스로 인정한 바에 따르면, 그때까지 그녀는 꾸준히 경력을 쌓아가고 있었던 듯하다. 하지만 그녀는 지적이고 대단히 유능하고 타협을 모르는 양심적인 사람이었다. 그녀가 폭스체이스에서 일했던 한 연구실의 책임자는 그녀에 대해 이렇게 말했다. "마고는 재미있는 사람이었다. 어디로 튈지 모르고 고집 세고 의견이 강했다. 아주 외향적인 따스한 성격이었다." 그녀의 연구에 대해서는 이렇게 평했다. "그녀는 대조군을 강조하는 깐깐한 사람이었다. 교육을 잘 받았다는 점이 여실히 드러났다. 헨리 워티스가 잘 가르쳤다." 또 그녀는 고집 세고 융통성이 없다는 평도 받았다. 오툴은 폭스체이서에서 독자적인 연구 계획을 시작했지만, 연구비도 실험 공간도 얻을 수 없었다. 1985년 3월 말 워티스 집에서 열린 파티에서 그녀는 테레자 이마니시-카리와 처음 마주쳤다. 이마니시-카리는 MIT에서 3년 동안 있었기에 워티스를 잘 알았다. 파티에서 그녀는 자신의 중요한 발견에 관해 흥겹고 쾌활하게 떠들어댔다. 그녀는 마고에게 박사후과정 연구원 한 명이 6월에 나가는 데 그 자리에 오면 어떻겠냐고 물었다. 마고는 그렇게 하겠다고 했다. 그녀는 위버 등의 흥분되는 발견을 담은 논문 초안이 작성되기도 전에 그 발견이 시사하는 후속 실험을 맡았다. 1985년 6월 1일 오툴은 연구를 시작했다.

이마니시-카리의 배경은 꼼꼼히 살펴볼 필요가 있다. 배경이 유별나며 그녀의 과학 탐구 방식이 어디에서 비롯되었는지 시사해주기 때문이다. 1908년경부터 수십만 명의 일본인이 남미로 이주했다. 논란이 많은 전직 페루 대통령 알베르토 후지모리도 그 이민자들의 후손이다. 브라질의 상파울루 시와 주에 특히 이주자가 많았다. 사실 오늘날 상파울루의 일본인 마을인 리베르다데에는 거의 1백만 명에 달하는 후손들이 살며, 일본 본토 바깥의 일본인 공동체 중 최대 규모이다. 테레자 이마니시는 1943년 12월 상파울루에서 83킬로미터 떨어진 인다이아투바라는 작은 마을에서 태어났다. 두 세대 전에 태평양을 건넌 농민 집안의 딸이었다. 그녀의 이름에서조차도 전형적인 양상들이 드러난다. 그녀는 일본인의 특징이라고 흔히 말하곤 하는 지성과 결단력, 라틴계의 특징이라고 여겨지곤 하는 잘 흥분하는 기질을 지니고 있었다.

그녀가 국립보건원에 연구비 신청을 할 때 제출한 서류에 적힌 이력서—거짓으로 적으면 형사 처벌을 받는다—에는 그녀가 상파울루 대학교에서 생물학 학사학위를 받았다고 적혀 있다. 그 대학교의 학적과 책임자는 학적 등록부의 권, 쪽, 등록번호까지 나열하면서 '테레자 이마니시라는 이름을 지닌 사람이' 철학, 과학, 및 문학부에서 '1968년 11월 19일 생물학 학사학위를 받았다'고 확인해준다.

그녀는 1970년 교토 대학교에서 발생학으로 석사학위도 땄다고 주장했다. 하지만 그렇지 않다. 1991년 5월 <보스턴 글로브>는 도쿄지국에서 그 대학교의 학적부를 찾아보았는데 그녀가 그런 학위를 받은 기록이 없다고 폭로했다. 그러자 당시 이마니시-카리의 보스턴 지역 변호사인 브루스 싱걸은 교토 대학교 발생학 연구소에 재직하는 두 명, 즉 동물학연구소 소장 겸 방사선학 교수인 미키타 카토, 조교수인 아츠요시 하기와라가 서명한 편지를 공개했다. 편지는 1991년이 아니라 20년 전인 1970년 8월 26일에 쓴 것이었다. 거기에는 테레자 이마니시가 했던 일이 모호하게 기술되어 있었다. 예를 들면 '감마글로불린과 그 구성 단위의 분리와 정제' 등 전반적으로 면역학 쪽 일이었다. "이런 연구의 결과는 현재 논문 초고로 작성된 상태이며 발표할 예정입니다." 카토와 하기와라는 그렇게 썼다. 그녀가 어떤 논문을 썼는지는 전혀 언급되어 있지 않다. 편지는 이렇게 결론을 지었다. "이런 증거들에 비추어볼 때 그녀가 2년 동안 한 활동은 우리 대학원의 석사과정 2년을 마친 것에 상응한다고 평가할 수 있을 것입니다." 그러나 1995년에 연구진실성국이 질의를 하자 교토 대학교 과학부 학장 요시오 미야베가 1995년 5월 18일자로 편지를 보냈다. 그는 자기 대학교가 테레자 이마니시에게 과학 석사학위를 수여한 적이 없다고 썼다. "우리는 그녀가 교토 대학교에 입학했거나 어떤 지위나 학년에 있었다는 공식 증거를 찾지 못했습니다." 카토는 퇴임한 지 오래고 하기와라는 1976년에 사망했기에 조사는 거기에서 끝났다. 미야베는 이마니시가 하기와라 밑에서 사적으로 어떤 연구 활동에 종사했을지도 모르겠지만, 그것은 '결코 공식 지위가 아니므로, 우리 학부에 그녀가 다녔다는 정식 증명서를 발행할 수 없습니다'라고 썼다. 미야베의 결론은 이러했다. "따라서 그녀가 연구생이었다고 말한 그 편지는 행정적인 의미가 없는 사적인 차원의 보증이라고 봐야 할 것입니다."

1970년 가을 이마니시는 헬싱키 대학교 박사과정에 들어갔다. 그 대학교는 몇 가지 낡은 학칙을 고수하고 있었다. 학사학위를 지닌 외국 학생들은 그냥 대학생으로 보았다. 박사과정에 뽑히려면, 학생은 이미 석사학위를 지니고 있어야 했다. 이마니시의 사적인 차원의 증명서―날짜가 1970년 8월이라는 날짜가 어떤 의미인지 명확해진다―는 꼼수였던 것이 분명하다. 그녀는 1950년대와 60년대에 현대 면역학을 확립한 세계적인 우수한 과학자들 집단에서 다소 특이한 인물인 과묵하고 엄격하며 청렴한 면역학자 벌토 에로 올러비 (올리) 메켈레 (Valto Eero Olavi (Olli) Makela)의 연구실에 들어갔다. 그녀와 메켈레는 한 가지 문제를 집중 연구했다. 한 생쥐 계통을 특정한 단순한 화학 물질에 반복 노출시켜 면역력을 갖게 했을 때 체내에서 만들어지는 항체를 유전학적으로 연구했다. 그들은 고전적인 혈청학의 방법을 썼다. 즉 온갖 종류의 항체들이 풍부한 혈청 시료를 검사하여 화학물질 용액에 대항하여 활성을 띠는지 알아내는 것이었다.

헬싱키 대학교에는 별난 학칙이 또 하나 있었다. 게재된 논문 네 편을 한 묶음으로 제출하면 박사학위 논문으로 인정한다는 것이었다. (그 학칙은 드물지만 다른 유럽 국가들에 전혀 생소한 것은 아니다.) 하지만 신참 박사 과학자는 이미 독자적인 연구를 할 준비가 되었음을 입증한 사람이어야 하므로, 학위 논문을 구성하는 논문들 중에 후보자가 단독 저자인 논문이 적어도 한 편 포함되어야 했다. 메켈레는 3년마다 개최되는 세계 면역학 대회가 1992년 여름 부다페스트에서 열렸을 때 묵고 있던 호텔 로비에서 나와 대화를 하면서 이 별난 학칙들을 설명했다. 그는 공동으로 쓴 논문들 중 한 편을 이마니시의 이름만 넣어 발표하도록 조치했으며, 흔히 그렇게 한다고 말했다. 메켈레는 이마니시에 관해 깊이 이야기하는 것을 꺼렸다. 비록 그는 그녀가 학위를 받자 공동 논문 한 편을 끝내지도 않은 채 떠났다고 말하긴 했지만 말이다. 그녀가 태평하게 내뺐다는 데 화가 난 것이 분명했다. 그는 그것이 '부당하다'고 생각했다. 그 논문이 중요한 것이었다면 그는 끝내라고 더 강하게 나갔을 것이다. 그녀는 1974년 박사학위를 받았고 핀란드에서 그 해 8월에 마르카 타파니 카리라는 건축가와 혼인을 했다. (그들은 나중에 이혼했다.)

메켈레 연구실에서 1년을 더 머문 뒤인 1975년 이마니시-카리는 그 분야의 정회원 자격을 얻는 쪽으로 크게 한 걸음을 내딛었다. 쾰른 대학교 유전학연구소로 옮긴 것이다. 그녀는 클라우스 라예프스키 (Klaus Rajewsky)의 초청을 받아 갔다. 그도 현대 면역학의 창시자 중 한 명이다. 쾰른 유전학연구소는 미국식으로 대학에 속한 시설이라는 점에서 독특하다. 2차 세계대전이 끝난 뒤 귀국하여 오래 머물면서 독일 생물학을 부흥시키는 일을 도와달라는 요청에 응한 막스 델브뤼크가 설립했다. 1991년 4월 2일 쾰른에 있는 그의 연구실에서, 또 6월 18일에 뉴욕의 월도프-아스토리아 호텔에서 커피를 마시면서 그는 이마니시-카리의 5년간의 쾰른 생활에 관해 몇 가지 언급했다. 그는 매력적인 독일 억양으로 천천히 신중하게 부드럽게 말했다. 그는 이마니시-카리가 메켈레 연구실에 있던 시기에 핀란드에서 그녀를 만났으며, 당시 두 사람이 한 연구를 알고 있었다. "흥미로운 역사이지요. 그리고 테레자가 어떻게 본 경기에 참여할 수 있었는지도 말해주지요. 그들은 유전적으로 결정되는 면역 반응을 하나 발견했습니다. 그것은 일종의 멘델 유전자였지요. 그들은 생쥐를 교배시킬 수 있었지요." 그 체계에는 어떤 실험을 해야 할 지가 시사되어 있었다. "테레자가 올리의 연구실에서 박사후과정 연구원으로 있는 기간이 끝났기 때문에, 나는 테레자에게 요청했지요. '쾰른으로 오지 않겠나? 그 체계를 연구하고 싶네.' 나는 그 실험을 하고 싶었습니다."

결국 그들은 그 실험을 하지 않았다. "그녀는 아주 열정적이고 활기차고 매력적인 사람이었지요. 일까지 잘했다면 좋았겠지만요. 그녀는 그 반응의 특성을 파악하는 연구를 계속했어요." 유전성 반응의 유전학적 연구 말이다. "기본적으로는 혈청학적 분류였지요." 이마니시-카리는 쾰른의 라예프스키 연구진에 소속되어 5년을 보냈다. 첫 해에는 북대서양 조약 기구에서 연구비를 받는 박사후과정 연구원으로 있었다. 라예프스키는 2년이 다 지나가기 전에 테레자가 자기 연구소에서 독자적인 연구진을 맡게 되었다고 했다. "그래서 그녀는 더 이상 내 지시를, 내 지휘를 받지 않았지요. 그리고 그녀는 그것을 아주 심각하게 받아들였어요. 그녀는 사실상 나와의 관계를 끊었지요. 그리고 끔찍한 긴장 관계가 빚어졌습니다." 그녀의 연구진은 미국인 박사후과정 연구원 1명과 독일인 연구원 1명을 포함하여 4명이었다. 그들은 사람들이 우글거리는 방에서 실험할 공간을 마련했다. "많은 젊은 과학자들이 지니고 있는, 더한 사람도 있고 덜한 사람도 있는 증상이 하나 있습니다. 테레자는 그것을 극단적인 수준으로 지니고 있었지요. 바로 모든 사람이 자신의 지적 재산을 훔치려 한다는 생각이었습니다. 그녀는 사실 아주 중증이었어요. 그 때문에 그녀가 미국으로 간 뒤로 나는 거의 접촉하지 않았지요."

메켈레는 그녀의 태도가 마음에 안 들었지만 기회주의라고 딱 꼬집어 말하지는 않았고, 라예프스키도 본래 그녀를 데려와서 하고자 했던 연구를 이마니시-카리가 하지 않음으로써 빚어진 긴장 관계를 막연하게 언급했을 뿐이다. 비록 절제된 표현이긴 하지만 우리는 그 속에서 기질의 패턴, 즉 동료와 일하는 방식을 보기 시작한다. 이것은 그녀의 나중 행동을 설명할 수 있는 근거가 된다.

쾰른에서 라예프스키와 첫 대화를 나누기 전날, 나는 독일 면역학자인 클라우디아 베레크(Claudia Berek)를 베를린 자선병원에 있는 그녀의 사무실에서 만났다. 그곳은 프리드리히 대왕이 베를린 동부에 설립한 과거에 유명했던 의대 부속병원이었다. 독일과 베를린이 재통일되기 전에 크게 쇠퇴했던 그 병원은 물질적으로 지적으로 재건되고 있었다. 그녀는 쾰른에서 이마니시-카리를 알고 있었지만, 학문 쪽으로는 남편인 로버트 잭(Robert Jack)이 더 잘 알았을 것이라고 했다. 그는 라예프스키의 유전학연구소에 재직하고 있었다. 그래서 나는 라예프스키를 만난 뒤 잭과 이야기를 나누었다. 그는 억양이 강한 작고 가무잡잡한 스코틀랜드인이었다. "당시 테레자는 젊었습니다. 예뻤지요. 활달했고요. 에너지와 생기가 넘쳤지요. 그녀 옆에만 있어도 즐거웠어요. 정말입니다. 당시 그녀가 얼마나 삶에 열정을 갖고 있었는지 상상도 못할 겁니다. 그리고 야심도 있었고 아주 열심히 일했어요." 과학자로서의 자질은 어떠했는지 묻자 그는 이렇게 답했다. "우수하고 견실했어요. 과학자들의 90퍼센트, 95퍼센트가 그런 것처럼요. 그리 특별하지는 않았어요." 그녀가 쾰른에 온 초기에 그들은 1년쯤 함께 연구했고 논문을 한 편 썼다. 공동 연구는 막바지까지 잘 나아갔다. "막바지에 파탄이 났지요. 맞아요, 그런 일은 늘 일어나고 있지요. 우리는, 참, 누구 이름을 앞에 내세울 것인지가 문제였지요." 공동으로 발표한 그 논문? "그래요, 나는 그 논쟁을 굳이 언급할 가치는 없다고 생각해요. 이제는 상관없으니까요." 그는 이렇게 덧붙였다. "아주 간단하고 쉽고 산뜻하게 해낸 혈청학 연구였어요. 시선을 확 사로잡을 만한 논문은 아닐 겁니다. 돌이켜보면 연구를 대부분 내가 했다고 생각했는데, 갑자기 그녀가 끼어들어 제1저자가 되고 싶어 한 단순한 문제였어요. 나로서는 이해가 되지 않았지요. 내가 볼 때는 정도를 넘어서는 요구였어요."

라예프스키는 빈틈없는 관찰력을 제공했다. "어쨌거나 그녀는 혈청학에 사로잡혔어요. 그녀는 MIT로 간 뒤에도 잠시 그 연구를 계속했어요. 그다지 성과는 없었지요. ‘사로잡히다’라는 말이 무슨 뜻이냐하면, 뭐라고 할까. 탈무드와 좀 비슷해요. 즉 일부 과학자들이 문제를 갖고 있다고 합시다. 그들은 복잡한 것들을 발견하고, 그 복잡한 것들을 토대로 복잡한 것들을 구축하고, 그런 식으로 계속 더 복잡해지기만 하는 겁니다. 딱 끊고, ‘이제 그만!’이라고 말하기가 쉽지 않은 상황에 빠지는 거지요!” 아무튼 고전적 혈청학은 급속히 낡은 것이되어 가고 있었다. 1975년 처자르 밀스테인과 게오르게스 쾰러는 단일 특성을 지닌 항체를 대량으로 만드는 방법을 창안했다. 그것을 단일 클론 항체라고 했다. 그 항체는 분자생물학에서 널리 응용되었고, 면역학 연구를 훨씬 더 정확하고 통제할 수 있게끔 했다.

1981년 이마니시-카리는 MIT 조교수로 자리를 옮겼다. 암센터에 방 두 개로 된 연구실도 얻었다. 암센터 소장은 허먼 아이슨(Herman Eisen)이었다. 그도 현대 면역학의 창시자 중 한 명이지만 이 무렵에 그의 과학적 전성기는 지난 상태였다. 그녀는 빈약한 혈청학 기술들과 다양한 실험 재료를 지니고 갔다. “그녀가 그런 환경에서 어떻게 일을 했을지 생각해봅니다.” 라예프스키는 MIT의 상황을 언급했다. “앞서 말했듯이 그녀는 그다지 체계적이지 못해요. 한 예로 그녀에게는 논문을 쓰는 것이 쉬운 일이 아니었어요. 자료 더미를 아무데나 늘어놓고 있고, 책상에 앉아 정리를 하고 원고를 쓰기보다는 실험하는 쪽을 더 좋아했으니까요. 그러면 MIT 같은 환경에서는 사실 아주 불리하죠. 알다시피 그곳에 가면 논문을 발표해야 하니까요. 처음 몇년 안에 무언가, 중요한 무언가를 발표하지 않으면 힘들어져요.”

라예프스키의 우려는 타당했다. 논문 쓰는 일을 그다지 내켜하지 않았음에도, 이마니시-카리는 자리를 옮길 무렵에 적당한 수준의 연구 성과들을 발표했고, 그녀의 이름은 약 22편의 논문에 실렸다(MIT에 간 뒤에 인쇄된 몇 편을 포함하여). 하지만 그 뒤로 1985년 1월 말까지 3년 반 동안, 그녀의 이력서를 보면 고작 4편만이 발표되었다. 비록 그녀는 7편이 인쇄 단계까지는 아니나 ‘준비 중’이라고 주장했지만.

상파울루, 교토, 헬싱키, 쾰른. 테레자 이마니시-카리의 궤적은 주변부에서 시작하여 직선이 아니라 나선을 그렸다. 비록 이제 중심에 도달했지만 말이다. 그녀가 아직 과학계의 명문가 속에 실질적으로 편입되지 않았다는 추측을 할 수 있을 것이다. 그뿐 아니라 그녀는 모범 사례를 따르지도 강력한 후원자라는 규칙에 순응하지도 않았다.

MIT에 연구실을 꾸리기 위해, 이마니시-카리는 다른 연구진에서 일하고 있던 독일인 연구원 게르트루트 (트루디) 기엘스(Gertrud (Trudy) Giels)를 데려왔다. 또 그녀는 쾰른의 연구소에 있던 미국인 과학자도 데려왔다. 또 오자마자 첫 대학원생인 찰스 메이플소프(Charles Maplethorpe)를 받았다.

그 무렵 그 곳에서 이마니시-카리는 두 연구 과제를 놓고 고심했다. 면역학, 즉 그녀의 혈청학은 고등생물의 발생과 분화를 연구하는 새로운 세대의 분자생물학과 만나고 있었다. 발생을 연구하는 분자생물학자들은 실험 대상으로 적당한 생물을 찾아야 했다. 20세기에 들어설 무렵 멘델 유전학이 재발견된 이래로 유전학적 연구 대상이었던 초파리가 있었고, 효모도 있었으며, 작은 벌레인 꼬마선충(*Caenorabditis elegans*)도 있었다. 포유류에서는 생쥐가 이상적인 실험 대상에 가깝다는 것이 드러났다. 유전적으로 동일한 생쥐들의 혈통을 만들고 적응시키고 유지할 수 있다는 것이 드러나면서였다. (메인 주 바하버에 있는 잭슨연구소는 그런 순종 생쥐 혈통들을 약 1,200종류 보유하고 있으며, 더 구입하려 하고 있다. 또 액체질소 용기에 800종류의 혈통을 배아 상태로 냉동 보관하고 있다.) 그리고 연구 수단으로 삼을 유전 체계도 필요했다. 포유동물의 면역계는 복잡한 발생 과정을 제공한다. 어떤 유전자든 조작이 가능하며, 연구실 환경에서 대다수의 돌연변이들은 치명적이지 않을 것이다.

분자생물학자들이 발생 문제를 연구하기 위해 면역학의 방법들을 갖다 쓸 무렵에, 면역학자들도 면역계의 많은 구성 요소들의 온갖 상호 작용들을 규명하는 자신들의 연구를 위해서 분자생물학적 방법들을 배울 필요가 있다는 것을 깨닫기 시작했다. 분자생물학자들과 면역학자들 사이에는 처음부터 긴장이 빚어졌다. 단일 클론 항체가 등장하여 정확성이 높아졌음에도, 고전적인 분자생물학자들은 오늘날까지도 면역학을 부정확하고 모호하고 까다롭고 의심스러운 것이라고 보는 경향이 있다. 하지만 볼티모어는 1980년대 초에 면역학에 진지한 관심을 보이기 시작했다. 볼티모어가 공저자로 1981년에 발표한 논문 21편 중에 10편이 면역학 분야였다. 1982년에도 7편이 면역학 쪽이었다. 유전자, 유전자, 또 유전자. 이 논문들이 규명하려는 의문들은 유전학적이고 분자생물학적인 것이었지만, 그는 면역계를 이용하여 발생을 살펴보는 방식을 택했다.

과학 쪽으로 돌아서면, 우리는 볼티모어 사건의 근본 쟁점들을 정반대 방향에서 보는 견해와 충돌하게 된다. 비록 <셸> 논문에 실린 방법들이 난해하긴 해도, 특정한 결론이 어떤 원본 자료의 뒷받침을 받지 못한다면 그 근거를 찾을 수 있을 만큼, 그 논문의 결론은 단순화할 수 있다. 그러나 그 논문의 세세한 사항까지 파고들 필요가 없다는 견해도 있다. 그것이 가장 중요한 부분이 아니라는 이유에서이다. 중요한 것은 관련자들의 행동이라는 것이다. 논쟁을 이런 식으로 보는 사람들은 이 논쟁이 과학 윤리에 관한 것이라고 여긴다. 그들은 자기 스스로에게 가장 혹독한 비평가가 되어야 한다는 과학자의 고전적인 의무와 욕구를 들먹이면서 항변한다.

볼티모어는 생각이 다르다. 1991년 7월 31일 록펠러 대학교 내 그의 사무실에서 대화를 나눌 때, 그는 그 논문에서 과학적 주장 외에 다른 것들은 중요하지 않다고 단호하게 말했다. "그리고 현재 기본적으로 그 논문의 모든 것이 다른 자료들을 통해 뒷받침되고 있으므로, 그것을 의심할 이유가 전혀 없습니다." 잠시 뒤에 그는 이렇게 덧붙였다. "따라서 테레자가 실제로 일부 자료를 날조했고 내가 그녀가 그랬는지 안 그랬는지 알 수 없다고 해도, 오도시키는 논문을 내놓은 것 같지는 않습니다." 그 자료에 관한 질문들 또는 MIT와 터프츠 대학교의 대응에 대한 질문들은 부수적인 사항들이라는 것이었다. 다른 연구실들에서 한 후속 연구들이 비록 아직 전부 다 발표된 것은 아니지만 곧 발표될 것들이 조금씩 그것을 입증할 것이기 때문에 그 논문은 훌륭하다는 주장이었다. 그는 다음 몇 달 동안 그 주장을 되풀이하곤 했다.

위버 등은 두 가지 긴밀하게 연관된 주장을 펼쳤다. 그것들이 문제의 핵심이다. 좁게 보면 그 논문은 형질전환 유전자를 지닌 생쥐가 그것이 없는 원래의 혈통과 비교했을 때 다른 항체 집합을 만든다고 했다. 둘째로 그 논문에 실린 자료가 형질전환 생쥐의 세포가 형질전환 항체와 특이성—전문 용어로 '개별 특이성(idiotypy)'—이 비슷한 다른 항체들을 만들어낸다는 것을 보여준다고 주장했다. 그 항체들은 항원이 없는 상태에서도 계속 많이 만들어졌다. 그리고 중요한 점은 이 항체들이 형질전환된 것이 아니라 내인성, 개별 특이성 모방(idiotypic mimicry)이라는 것이었다.

논문은 두 번째 주장을 급진적으로 확장한 세 번째 주장으로 이어졌다. 형질전환 유전자의 이런 효과들이 예르네 조절망의 증거라는 것이었다. 논문의 맨 앞에 나온 초록에는 그 협소한 주장을 소개하면서 이 생쥐에서 새 내인성 항체들이 만들어진다는 것은 형질전환 유전자가 '강력한 조절작용을 활성화할 수 있다'는 것을 시사한다고 주장하는 문장으로 끝을 맺었다. 서론은 1974년 예르네의 논문을 인용하여 '내부망 상호 작용'을 통해 조절될 가능성을 언급하면서 시작되었다. 이 급진적인 주장이 없었다면, 볼티모어의 이름이 끼어 있었다고 해도 위버 등의 논문은 별 볼 일 없었을 것이다.

형질전환 유전자의 기묘한 효과를 시사한 첫 번째 실험 때부터 이마니시-카리는 자신의 발견이 조절망 이론을 뒷받침할 가능성이 있다고 열심히 선전하기 시작했다. 그녀는 MIT를 비롯하여 각지에서 세미나를 했다. 1985년 1월 말, 암센터의 소장 허먼 아이슨이 이끄는 MIT의 5개 연구실은 합동으로 국립암연구소에 대규모의 연구비 지원 신청서를 제출했다. 이마니시-카리는 거기에 자신의 흥미로운 발견을 포함시키고 더 연구하겠다고 제안했다. 볼티모어도 예르네의 이론을 뒷받침하는 발견에 흥분했다. 훗날 그는 자신이 그 개념을 믿었다는 것도, 그것이 그 논문의 핵심이었다는 것도 되풀이하여 부인했다. "그저 테레자가 흡족하도록 집어넣은 문장들일 뿐입니다." 전에 그는 내게 그렇게 말했다. "망은 결코 아닙니다. 그건 그 논문의 결론이 아닙니다. 그건 논의에 적은 한 가지 제안일 뿐이에요. 설명이라고 할 수도 있겠지요. 그건 틀렸습니다. 애당초 틀린 것이라고 생각합니다. 전에도 말한 것 같은데요. 나는 예르네 조절망을 결코 믿지 않았습니다. 우리 자료나 다른 누구의 자료도 망을 필요로 한다고는 생각하지 않았습니다."

하지만 MIT의 몇몇 생물학자들은 볼티모어가 여러 자리에서 그것이 조절망 이론의 첫 실험 증거라는 말을 하고 다녔다는 사실을 기억하고 있다. MIT의 분자 및 세포생물학 교수 낸시 홉킨스(Nancy Hopkins)는 어느 대규모 공식 만찬에서 노벨상을 받은 면역학자 스스무 도네가와(Susumu Tonegawa)와 한 식탁에 앉아 있었다. 그녀는 볼티모어가 군중 사이에 섞여 있는 것을 보았다. 이윽고 볼티모어는 그 식탁으로 다가오더니 새로운 중요한 발견을 했다고, 예르네 조절망을 뒷받침하는 첫 번째 증거를 찾았다고 말했다. 도네가와는 그 만찬을 기억하지 못했다. "하지만 내 기억에는 그보다 더 앞서 있었던 일 같은데요." 그는 1992년 8월에 그렇게 말했다. "그녀가 한 말은 맞아요. 단지 다른 행사 때였을 뿐이지요." 도네가와는 볼티모어 및 필립 샤프와 일하고 있었는데, 어느 날 MIT 대강당에서 최신 주제를 놓고 세미나가 열렸다. "우리 셋 다 세미나를 들으러 갔지요." 볼티모어는 그들에게 이마니시-카리의 발견을 말해주었다. "테레자는 이 건물에서 연구를 했지요. 하지만 볼티모어가 나와 필립에게 망의 새 증거가 있다고 말한 것은 그때가 처음이었다고 기억해요. 예르네 조절망 말이지요. 그리고 그가 말했을 때 나는 회의적이었어요." 왜일까? "그냥 그런 것은 아니었어요. 받아들이기에는 너무 이상하다고 느꼈거든요."

1985년 여름 국립암연구소는 MIT가 신청한 대규모 협동 연구 신청서를 검토하는 작업에 들어갔다. 6월 4일 암연구소는 과학자 8명을 MIT로 파견했다. 그들은 연구실 5곳에 들러서 현황 발표를 듣고 당사자들과 개별적으로 이야기를 나누었다. 7월 30일과 31일 암연구소의 연구 과제 심사위원회가 열렸다. 현장 방문자들과 위원회는 그 연구 계획을 적극 지지했다. 그들은 신청한 연구비를 전액 지급할 것을 권고했다. 이마니시-카리와 그 연구실에서 이루어질 연구는 예외였다. 그들은 거기에는 연구비를 주지 말아야 한다고 말했다. 심사위원회 보고서에는 그녀가 망 가설을 검증하겠다는 제안을 했다고 적혀 있었다.

불행히도 신청 서류를 보아도 구두 발표를 들어도 그녀의 연구 계획에 초점이 없다는 사실이 명확했다. 그녀는 잘 설계된 실험방법을 제시하지 않았고, 핵심 실험이 제대로 이루어질 것인지가 불분명했다. 게다가 제안한 실험이 가설을 검증하기에 충분한지도 명확하지 않다…. 따라서 추가 실험이 없이는 망의 교란이 있는지 여부를 확인할 수 없을 것이다. 두 번째 문제점은 인과관계이다. 17.2.25VH 유전자(형질전환 유전자)가 연쇄적인 세포 내 상호작용들을 일으킨다면, 내인성 및 외인성 유전자 발현의 후속 사건들이 아니라 이전 사건들을 검사하는 것이 적절해 보인다…. 대신에 그녀가 개괄한 것은 라예프스키의 탁월한 연구에서 파생되는 실험들이다. 신청인이 그의 발견을 토대로 더 나은 연구를 어떻게 할 수 있을지 알기 어렵다.

상세한 이유가 나열된 퉁명스러운 보고서였고 그녀는 그 과제에서 제외되었다. 그럼에도 원래의 비정상적인 결과를 싣고 망의 변동이 일어난다고 주장한 위버 등의 논문은 1985년 12월 13일 〈셀〉에 제출되었다. 그 학술지의 편집장은 논문을 세 과학자에게 보내어 익명으로 검토해줄 것을 요청했다. 〈셀〉의 편집장은 벤자민 르윈 (Benjamin Lewin)이었다. 그는 케임브리지에서 유전학으로 박사학위를 받았고 유명한 분자유전학 교재를 쓴 저자이기도 하다. 그는 오랫동안 언론인이자 편집자로 활동해 왔다. 또 르윈은 〈셀〉의 소유주이자 발행인이었다. 예외적인, 아마도 독특한 체제였을 것이다. 그가 2001년 회사를 1억 달러에 팔 때까지 말이다. 〈셀〉은 격주로 발행되며 최신 소식을 전하는, 즉 흥분되는 새 발견을 담은 논문을 확보하여 재빨리 싣기 위해 애쓰는 학술지로 알려져 있다. 그런 방식 자체는 특이한 것이 아니다. 르윈은 그 방침을 극단적으로 밀고 나갔다. 그는 일류 과학자들에게 원고를 달라고 졸라댄다고 알려져 있었다. 거절하는 과학자들도 많았다. 재조합 DNA 기술, 즉 유전공학의 토대가 된 발견들을 한 공로로 노벨상을 받은 폴 버그(Paul Berg)는 르윈의 간청을 재미있다는 듯이 경멸했다. 그리고 많은 과학자들은 이해관계가 심하게 충돌하는 상황을 겪고 마음이 상했다. 르윈은 저자들에게 직접 관련이 없는 자료들로 핵심 발견을 흐리지 말고 논문을 짧고 금방와 닿게 쓰라고 압박을 가했다. 그는 때로 심사자들의 의견을 뒤집고, 즉 거절하라는 권고를 무시하고 논문을 싣기도 했다. 어쨌든 그는 여느 학술지 편집자들처럼 논문 심사자들의 성향을 잘 알고 있었을 것이다. 그 학술지가 다루는 분야들에서 일하는 많은 젊은 과학자들은 <셀>에 발표하는 것이 경력에 대단히 중요하다고 믿는다. 록펠러 대학교의 원로 과학자 제임스 다넬(James Darnell)은 10년 전에 내게 이런 말을 했다. "많은 젊은 생물학자들은 <셀>에 논문을 싣지 못하면 경력이 끝장날 것이라고 생각하지요." 다넬은 자신은 결코 르윈에게 논문을 보내지 않을 것이라고 말했다. 그는 르윈을 '무서운 꼬마 군기반장'이라고 했다.

위버 등의 논문의 세 번째 심사자는 라예프스키였다. 그는 심사평에 논문이 흥미롭긴 하지만 '첫 단계에 불과하다'고 썼다. 그는 논문의 핵심을 파고드는 두 가지 문제점을 짚었다. 그는 부드러운 어조로 썼지만, 그것이 심각한 타격을 입힐 수 있다는 사실이 뻔히 드러나 있었다. 그는 실험 방법에 의문을 제기했다. "그 연구의 한 가지 측면(사실 중요한 측면)은 기재와 논의가 불충분하다는 것이다." 즉 내인성 유전자로부터 유도된 항체를 식별하고 구분하는 기술들이 그렇다는 말이다. 그는 해석에도 의문을 제기했다. '사실 자료에 시사되어 있는 것처럼' 미성숙한 형질전환 생쥐의 면역계 발달 속도가 단순히 느려진다고 보아도 '망 선택 없이' 모든 결과들을 설명할 수 있다는 것이다.

볼티모어는 심사평들을 그냥 무시했다. 저자들은 제시된 대안을 가장 짧게 언급하기 위해 마지막 문장을 바꾸었을 뿐이었고, 이마니시-카리는 보완 실험을 하지 않았다. 논문의 마지막 장에는 자료를 망으로 설명하는 쪽을 선호하는 태도가 명확히 드러나 있었다. <셀>은 1986년 4월 25일자 호에 논문을 실었다.

연륜이 깊은 면역학자 중에 볼티모어 사건에 진정으로 무관심한 사람은 찾기 어렵다. 그런 사람이 있긴 하다. 브랜다이스 대학교의 앨프리드 나이소너프(Alfred Nisonoff)가 그랬다(그는 2001년 작고했다). 그는 구식 원칙과 고전적인 교육을 고수하는 사람이었다. "당시에는 새 연구실에 들어가면 맨 먼저 하는 일이 무게를 보정하는 것이었지요." 나이소너프는 그 논문을 읽었고 터지는 추문을 멀찌감치 떨어져서 혐오스럽게 바라보았지만, 직접적인 요청이 왔을 때도 공개적으로는 한 마디도 발언하지 않았다. 그는 이마니시-카리의 전공 분야를 아주 잘 알고 있었다. 1992년 6월에 그와 대화를 할 때, 그는 자신이 볼티모어와 자주 만난 적이 없고 이마니시-카리는 학회에서 한두 번 보았을 뿐이라고 했다. 위버 등의 논문을 처음 읽었을 때, 그는 그녀의 방법이 비정상적인 유전자 발현을 설명할 수 없는 잘못된 것이라고 즉시 판단을 내렸다. 예르네 조절망 이론의 증거를 발견했다는 더 큰 주장, 볼티모어가 현재 중요한 것이 아니라고 부정하고 있는 부분은 어떠할까? "헛소리이지요. 그것은 분명히 그 논문의 핵심이었어요."

이마니시-카리의 행동은 변덕스러웠다. "퀸른에서 1년 정도는 아주 잘해 나갔어요." 그녀의 연구실에 있던 한 사람의 말이다. "그러다가 연구자들의 관계가 틀어지기 시작한다는 낌새를 눈치채기 시작했어요." 그것은 반복해서 나타나는 현상이다. 이마니시-카리는 아주 매력적인 인물이었다가 소리를 질러대고 잔소리를 해대는 괄괄한 인물로 변신하곤 했다. 연구자들은 오래 버티지 못하고 그만두곤 했다. 이마니시-카리의 연구 방식에 대해서도 목격자들은 이구동성으로 말했다. 창의적이고 영리하고 흥미로운 착상과 접근 방식을 끊임없이 내놓지만, 무턱대고 실행을 한다고 말이다. 계획은 거의 하루마다 바뀌곤 했다. 퀸른의 그녀 실험대, MIT의 그녀 책상은 난장판이었다. 그녀는 대조군을 설정하는 것을 소홀히 하곤 했다. 또 종이 쪼가리에 기록을 하곤 했다. 오툴이 온 여름에 MIT 대학생인 필립 코언은 그 연구실에서 일하고 있었다. "그녀는 깊이 생각하지 않은 채 계산을 해서 적어 놓곤 했고, 내게 그 숫자를 사용하라고 했지요. 그런데 내가 직접 계산을 해보니 그녀가 자릿수 하나 정도 틀렸던 것으로 기억해요." 2년 동안 그녀와 함께 일했던 다른 사람의 말을 들어보자. "연구진의 누군가가 어떤 실험을 시작하면 그녀는 그 결과를 믿지 않을 때가 많았어요. 그들이 자기 실험을 다시 해보는구나 생각할 때도 있었고요. 한 번은 그녀가 결과를 믿지 않고 당사자에게 말하지 않고 몰래 그 실험을 다시 해본 적도 있었어요. 실험은 잘 되지 않았지요. 그녀는 공동 연구자가 아니었어요. 모든 것을 혼자서 하려고 했지요." 또 있다. "밥 잭에게 들었을지도 모르겠지만, 한 가지 독특한 점은 테레자가 실험은 열심히 하지만 결과를 정리하지 않는다는 평판이 자자했다는 거지요." 비록 오툴은 그 점을 나중에 직접 겪으면서 깨달았지만.

의심하기 어려운 별도의 증언도 있다. 허먼 아이슨을 비롯한 과학자들이 제출한 MIT의 대규모 협동 연구계획서를 꼼꼼히 검토한 국립 암연구소 위원회는 1985년 5월 말에 내놓은 보고서에 이마니시-카리에 대해 좀 더 적어놓았다.

> 현장 방문시 이마니시-카리 박사와 연구진의 다른 사람들 사이에 의미 있는 상호작용이 이루어진다는 증거가 거의 없었다…. 그녀의 연구는 그 계획의 다른 사람들의 연구와 통합되어 있지 않다. 더군다나 그녀는 암센터 연구진의 다른 구성원들과 의미 있는 공동 연구를 하는 것 같지도 않다. 이것은 불행한 상황이다. 그녀가 연구진 전체로부터 기술적으로 지적으로 혜택을 볼 수 있다는 것이 분명하기 때문이다.

그런 보고서치고는 유별난 언급이다. 6월의 현장 방문에서 밝혀진 사항들은 아이슨, 볼티모어, 그리고 MIT 당국에 잘 알려졌다. 이마니시-카리는 MIT 종신 재직권을 따지 못한 상태였다. 터프츠 대학교의 워티스는 횡재다 싶어서 관행과 달리 재직기간을 길게 설정하지 않은 채 그녀를 터프츠 대학교로 데려왔다.

　　오툴이 생쥐 혈통대장에서 발견한 17쪽에 걸친 자료는 그녀가 그 연구실에 합류하기 몇 주 전에 이마니시-카리가 리스의 도움을 받아 이제 막 발표한 논문에 실린 원자료를 얻었다는 것을 보여주었다. 하지만 그 자료는 논문에 제대로 실리지 않았다. 자료를 보자마자 오툴은 그것이 자기가 반복해서 검증했던 것임을 알았다. 그 원자료가 겨울 내내 그녀가 붙들고 씨름한 결과와 사실상 같았기 때문이다. 또 그 자료는 논문이 드러나지 않은 심각한 결함들을 지니고 있음을 시사했다. 논문은 항체를 만드는 세포들이 두 가지 중요한 실험에 쓰였다고 했지만, 17쪽의 자료를 보면 사실 쓰이지 않았다. 또 논문은 이 세포들에서는 거의 예외 없이 형질전환 항체들이 발현되지 않고 있다고 했다. 그 자료는 표 2에 총 세포 개수에 대한 비율로 실려 있었는데, 17쪽에 걸쳐 실린 원래 숫자들은 대부분의 세포에서 사실상 형질전환 유전자가 발현되고 있지만 기준값을 임의로 높게 설정하여 그것들을 배제시켰다는 것을 보여주었다. 17쪽에 있는 다른 자료들은 논문의 다른 부분, 특히 표 3에 의문을 제기했다. 오툴의 우연한 발견은 다음 10년 동안 진행될 과정의 출발점이었다.

　　그녀는 사실을 판단하고 바로잡는 조치를 취할 것이라고 여겨지는 사람들에게 자신의 우려를 표명했다. 이 초기 단계에서 상황이 뻔했음에도 오툴이 곧바로 사기로 고발하지 않았다는 점을 유념하자. 그녀는 그저 위버 등의 논문이 수정되거나 철회되어야 한다고 계속 요구했을 뿐이다. 다른 원본 자료를 내놓든지, 논문을 수정하든지 철회하라고 말이다. 그녀의 사건 설명은 상세하고 확고했다. 그 오랜 세월 동안 나온 반응은 크게 세 가지였다. 이 모든 일이 그저 해석을 놓고 왈가왈부하는 것에 불과하다, 오류가 설령 있다고 해도 사소한 것이다, 이마니시-카리가 그 후 몇 차례 내놓은 자료들이 오류가 없음을 입증한 것이다 등이었다.

　　부정행위 고발을 다룰 때 결정적인 단계는 처음 몇 시간 또는 며칠에 걸쳐 기관이 어떻게 반응하는가이다. 우리가 살펴본 최근 사례들과 다른 많은 사례들은 과학 탐구 활동이 이루어지는 대다수 장소에서 새로운 고발에 대한 대응이 비참하다고 할 정도로 불충분하다는 것을 보여준다. 이 점에서 나이 지긋한 과학자들은 기업의 중역이나 고위 공무원과 별 다를 바 없다. 대개 첫 번째 충동은 문제를 최소화하고 그것을 개인의 성격 탓으로 돌리며, 은폐하거나, 다른 곳으로 책임을 떠넘기는 것이다. 그 문제와 밀접한 관계에 있는 고위 인사들은 거의 필연적으로 이해 갈등에 사로잡힌다. 적어도 개인에 대한 책임과 기관을 보호하려는 욕구의 충돌이 있다. 일부 기관들은 한 번 데고 나면 다음 번에는 더 잘 대처한다. 하지만 학습효과가 전혀 없는 것으로 유명한 기관들도 있다. 볼티모어 사건에서 터프츠 대학교와 MIT의 관련자들은 모두 현명하지 못하게 행동했다. 진행 과정을 아주 짧게 살펴보기로 하자.

17쪽의 자료를 발견한 이틀 뒤 오툴은 터프츠에서 안 과학자 브리지트 후버(Brigitte Huber)에게 고민을 털어놓았다. 오툴의 박사학위 지도교수인 후버는 이마니시-카리를 터프츠로 데려온 워티스에게 말했다. 워티스, 후버, 또 다른 과학자 로버츠 우드랜드(Robert Woodland)는 이마니시-카리를 면담했다. 오툴은 참석하지 않았다. 그녀는 논문을 수정하는 일은 없을 것이라는 말을 들었다. 그녀는 워티스가 있는 과의 학과장인 마틴 플랙스(Martin Flax)에게 문제를 이야기했다. 그는 그것이 MIT의 문제라고 말했다. 그 뒤 후버와 워티스는 이마니시-카리 및 오툴과 함께 만났다. 이마니시-카리는 두 쪽 분량의 자료를 내놓았다. 오툴이 거기에 의문을 제기하자 워티스가 이렇게 말했다고 한다. "두 분이 잘 처리하세요." 워티스는 나와 이야기를 할 때 그 회의 내용을 상세히 언급하기를 거부했다. 다른 자리에서 그는 그때 일이 생각나지 않는다고 말했다. (1년 뒤인 1987년 5월, 워티스는 분쟁이 해결되었다고 적힌 각서에 서명을 했다. 각서의 날짜는 그 모임이 있던 다음날로 소급되어 적혀 있었다.)

그 중간인 5월 29일 오툴은 MIT 과학부 학장 진 브라운(Gene Brown)을 만났다. 그는 그녀에게 정식으로 사기로 고발하든지 아예 없던 일로 하라고 말했다. (나중에 그는 그런 말을 했다는 것을 부인했다.) 이어서 그는 아이슨에게 전화를 걸어 그녀를 만나보라고 했다. 5월 30일 그녀는 아이슨이 있는 우즈홀로 가서 자료를 보여주면서 불일치하는 점들을 지적했다. 그녀는 아이슨이 17쪽의 자료를 보았을 때의 첫 반응이 '이건 사기야!'라는 말이었다고 했다. (나중에 그는 그렇게 말한 기억이 없으며 그녀의 말이 조리가 없었다고 했다.) 그는 그녀에게 그 문제를 상세히 비망록으로 쓰라고 요청했다. (그 날이 그녀의 유급 연구원 생활이 끝나는 날이었다. 그녀의 과학자 생활은 거기에서 끝났다.) 그녀는 그 말대로 5쪽 분량의 비망록을 작성하여 1986년 6월 6일자로 서명했다. 6월 9일 그녀는 사본을 브라운에게 보냈다. 6월 중순 아이슨은 자신, 볼티모어, 위버, 이마니시-카리, 오툴을 불러서 회의를 열었다. 오툴에게 아무도 동반하고 오지 못하게 했다. 이마니시-카리는 관련 자료를 내놓지 않았다. 볼티모어는 오툴이 증언했을 때 아무것도 묻지 않았지만, 자신이 아무것도 할 필요가 없다는 데 만족해했다. 모임이 끝난 뒤 아이슨은 진 브라운 등에게 보낼 회의록을 작성하여 날짜를 6월 17일로 적었다. 하지만 보내지 않고 그냥 보관했다. 12월 30일에야 그는 2쪽 분량의 회의록을 생물학과장 모리 폭스(Maury Fox)에게 보냈다.

이 8주에 걸친 사건들은 흔히 '두 건의 조사'라고 언급되어 왔다. 터프츠 대학교 사람들—티스, 후버, 우드랜드—는 워티스 위원회라고 지칭되어 왔다. 그런 명칭은 오해를 불러일으킨다. 워티스의 집단은 자체적으로 구성되었고 학교 당국을 대변하는 것이 아니었으며 겨우 두 번 회의를 열었을 뿐이다. 워티스 학과의 학과장인 플랙스는 그런 회의가 열렸는지조차 몰랐다고 했다. 이마니시-카리는 며칠 뒤 터프츠 대학교로 옮겼고 워티스가 그녀를 추천했다. 그는 본래 신중한 인물이다. 우리는 그의 동기가 무엇이었는지 추측도 할 수 없다. 하지만 그녀의 중요한 발견을 수정하거나 철회한다면 그의 판단에 문제가 있는 꼴이 될 뿐 아니라 그녀의 임용이 취소될 수도 있었다. 아이슨은 누군가의 후견인처럼 행동했다. 이마니시-카리의 퇴진은 결코 순탄하게 이루어지지 않았다. 아이슨은 볼티모어를 존경하는 인물로 널리 알려져 있다. (볼티모어의 명예를 위해 그는 그 해 여름에 잠시 논문의 수정 게재를 중재하려고 시도했지만, 소용없었다.) 현재는 과학적 부정행위가 있다는 주장이 나오면, '조회(inquiry)'라는 기관 내부의 공식 점검 절차가 진행되고, '조사(investigation)'는 다음의 더 심각한 단계에 이를 때까지 유보된다. 조사 단계에 들어서면 연구진실성국으로 사건이 넘어간다고 간주된다. 하지만 느슨한 일상용어로 말해도 터프츠 대학교와 MIT가 한 것은 조사와 거리가 멀다.

오툴은 자신이 그 문제를 없던 일로 했다고 생각했다. 하지만 그 일은 자체적으로 진행되고 있었다. 배태기인 1986년 봄 필립 보페이(Philip Boffey)라는 <뉴욕 타임스> 기자가 월터 스튜어트와 네드 페더가 다시의 공동 연구자들을 조사한 논문을 발표하는 데 어려움을 겪고 있다는 기사를 썼다. 물론 그 기사는 많은 과학자들의 주의를 끌었다. 찰스 메이플소프도 그 기사를 읽었다. 그는 그 전해 9월 MIT에서 박사학위를 받았으며, 이마니시-카리의 연구실에서 대학원생으로 있었다. 시기적으로 그와 마고 오툴은 1985년 여름 3개월 동안 함께 있었다. 그녀는 그가 지적이고 도움이 된다는 것을 알았지만, 그가 이마니시-카리와 심하게 싸우고 그녀를 경멸했고, 그녀 역시 그를 경멸한다는 것을 알았다. 그의 친구 둘이 각자 메이플소프에게 전화를 걸어서 보페이 기사를 보라고 했다. 그는 기사를 읽었고, 스튜어트와 페더가 과학 사기를 조사하는 데 관심이 있다는 데 생각이 미쳤다. 1985-1986년 겨울에 메이플소프는 그 연구실에 이따금 들렀는데, 오툴이 어려움을 겪고 있음을 알았다. 1986년 초여름에 그는 스튜어트와 페더를 만나 그 사건에 관해 말했다. 스튜어트와 페더는 딩겔과 그의 보좌관이 과학 사기를 추적한는 계획을 세웠지만 확실한 사례와 목격자를 찾지 못해 기다리는 중임을 알고 있었다.

1994년 민주당이 의회를 장악할 때까지, 딩겔은 에너지 통상 위원회를 맡으면서 그 위원회를 하원에서 가장 강력하고 포괄적인 현안을 다루는 곳으로 변모시켰고, 감독 및 조사 소위원회의 위원장도 맡았다. 그는 예산을 편성하는 의회가 돈이 정직하고 분별 있게 쓰이는지를 확인해야 한다는 원칙을 세워놓고 있었다. 그는 방위 산업체, 국가 혈액 공급, 안보산업에서의 사기, 낭비, 정부의 총체적인 관리 부실을 조사함으로써 무시무시한 평판을 얻었다. 딩겔은 레이건 행정부 초기에 환경보호청에 대한 청문회에서 청장인 앤 고서치 버포드를 사임하게 하고, 그녀의 비서 리타 레이벨을 위증죄로 유죄판결을 받도록 했다. 레이건의 전직 보좌관 마이클 대버도 청문회로 불러들여 위증죄를 받도록 했다.

1988년 4월 12일 딩겔은 'NIH 지원을 받은 연구 계획들에서의 사기'라는 첫 청문회를 열었다. 오툴이 증언을 했다. 메이플소프, 스튜어트와 페더, 그 밖의 사람들도 증언을 했다.

메이플소프는 인터뷰와 딩겔 위원회 증언에서 1985년 6월 어느 날 저녁, 연구실의 큰 쪽 방에서 일하고 있는데, 이마니시-카리가 근처에 있었고 데이비드 위버와 친구가 들어왔다고 했다. 1988년 4월 12일 소위원회 청문회에서 그는 오레곤 주 의원인 론 와이든의 질문에 이렇게 답변했다.

메이플소프. … 8월에 심사받을 학위 논문을 끝내기 위해 그 시간까지 실험실에서 일하고 있었습니다. 그래도 그들의 대화에 귀를 기울이고 있었지요. 그때 이마니시-카리 박사가 위버 박사에게 베트-1(Bet-1)이라는 시약에 좀 문제가 있다는 말을 했습니다. 뒤에 오툴 박사의 속을 썩였던 바로 그 시약이었습니다.

그 다음에 이마니시-카리 박사가 위버 박사에게 오툴 박사가 뒤에 얻은 것과 똑같은 결과를 자신이 얻고 있다는 말을 하더군요.

와이든. 그러면 볼티모어 박사, 이마니시-카리 박사, 그 외의 저자들이 논문을 출간하기 전에 이 문제들을 어떻게 해결했나요?

메이플소프. 그런데, 내가 들었던 그 문제들은 해결이 되지 않았습니다.

위버와 이마니시-카리는 그런 대화를 나눈 기억이 없다고 부인했다. 그녀는 메이플소프가 객관적인 증인이 아니라고 항변한다. 하지만 그는 당시 그 대화를 기록해두었다. 소위원회는 그 날 터프츠 대학교나 MIT 사람들의 증언은 듣지 않았다. 많은 사람들은 이것이 증거로서는 편향되어 있다고 보았다.

1988년 7월 의회의 출석 요구서를 받자 이마니시-카리는 국립보건원에 편철한 두툼한 공책을 보냈다. 원본 자료가 들어 있으며, 정리했다는 것이었다. (그것은 I-1 공책이라고 불리게 된다.) 오툴을 비롯한 사람들은 그 공책의 몇몇 쪽들이 위조된 것이 분명하다고 판단했다. 이 시점에서 처음으로 그녀에게 사기라는 혐의가 붙었다.

그 사이인 1988년 초 국립보건원 원장 제임스 윈가든(James Wyngaarden)은 위버 등의 논문을 둘러싼 논란을 살펴볼 조사단을 구성했다. 위원은 과학자 3명이었고, 단장은 GD 시어스 제약회사의 연구 책임자인 면역학자 조지프 데이비(Joseph Davie)가 맡았다. 데이비 보고서는 1989년 1월 말 NIH에서 발표되었다. 그들은 위버 등의 논문에 심각한 결함이 있음을 발견했지만, 부정행위라는 낙인은 찍지 않았다. 오툴은 이의를 제기했다. 그녀는 데이비 조사단이 의존한 특정한 자료가 그녀가 처음 그 논문에 이의를 제기했을 때 없었다고 말했다. 그녀는 이마니시-카리에게 표들 중 하나의 근거가 될 자료를 내놓으라고 요구했다. 4월 말 윈가든은 상황을 주도하고자 그 사건을 다시 들춰냈고 새 조사단을 설치할 것이라고 말했다. 또 그는 원장 직속의 과학진실성국을 설치했다. (이 부서가 연구진실성국의 전신이었다.)

1989년 5월 4일 딩겔의 새 청문회에서 감정이 폭발하는 사건이 벌어졌다. 오후 일정은 미국비밀수사국의 법의학과에서 나온 증인 3명의 증언으로 시작되었다. 그들은 I-1 공책을 비롯한 서류들을 조사했는데 몇 가지 검사 결과를 내놓았다. 법의학 연구진은 이마니시-카리의 공책에서 상당 부분이 그녀가 연구를 했다고 말한 그 시기에 쓴 것일 리가 없다고 결론지었다. 마지막 증인은 볼티모어였다. 인상적인 과시 행동을 보이면서 그는 증언이 끝나는 오후 늦게까지 심지어 의장이 의사봉을 들 때까지도 딩겔과 그의 조사관들의 행태에 대해 분노에 찬 말들을 내뱉었다.

그가 격분한 모습은 지켜보는 사람들에게 충동적이고 무모하게까지 여겨졌다. 그리고 그 자리에는 많은 동료 과학자들이 와 있었다. 그보다 2주일 전 볼티모어의 가까운 친구인 MIT의 필립 샤프(Philip Sharp)는 전국의 과학자 수십 명에게 '친애하는 동료분께'라는 격식을 차린 편지를 보낸 바 있었다. 거기에는 새 청문회가 열릴 예정이며,

딩겔이 '데이비드를 비롯한 저자들을 계속 들볶기로 했으며, 그것이 우리 모두에게 심각한 의미를 내포하고 있다'는 내용이 담겨 있었다. 샤프는 수신자들에게 자기 지역 국회의원들과 소위원회 위원들에게 편지를 쓰고, 지역 신문에 특별 기고를 하고, 다른 동료들을 모아달라고 요청했다. 그는 의원들에게 보낼 편지 초고—'이 예시문을 그대로 쓰지는 말기를'—와 관련된 요점들을 짧게 적은 종이 한 장을 동봉했다. 일부를 인용하면 이렇다.

> 고발 내용은 매사추세츠 공대와 터프츠 대학교의 조사단에 속한 훌륭한 자격을 갖춘 면역학자들이 즉시 조사했으며 저자들도 검토를 했습니다. 조사단은 사기나 허위 발표의 징후를 전혀 찾아내지 못했습니다.

전국에서 과학자들이 딩겔의 마녀 사냥의 공포에, 정부의 간섭을 저지하라는 요구에 반응을 보였다. 많은 이들이 편지를 썼고, <뉴욕 타임스>를 비롯한 여러 신문에 특별 기고가 실렸다. 논란이 들끓고 있는 와중에 록펠러 대학교 이사회는 볼티모어에게 총장직을 제안했다. 나이 지긋한 많은 교수들이 반발했지만, 이사회는 결정을 밀고 나갔다.

두 번째 NIH 조사단은 그 해 가을에 구성되었다. 조지프 데이비, 원래 위원 2명에 새 위원 2명이 추가되었다. 새 과학진실성국이 조사를 담당한 부서였다. 1991년 3월 14일이 되어서야 과학진실성국은 조사를 끝내고 기관장들에게 기밀문서인 보고서 초안을 제공했다. 제2차 데이비 조사단은 이마니시-카리가 그 논문을 쓸 당시에 그리고 자료라고 말한 것을 제출할 때, 또 한 차례 사기를 저질렀다는 것을 알아차렸다. 보고서 초안에는 상세한 내용이 담겨 있었다. 초안은 유출되었다. 3월 22일 필립 힐츠는 <뉴욕 타임스> 전면에 '많은 연구비가 쓰인 연구에 이의를 제기한 생물학자'라는 설명 기사를 썼다.

1991년 봄부터 여름을 거쳐 가을까지 그 추문은 가라앉지 않았다. 볼티모어는 마지못해 비굴하게 사과를 하고 오툴을 칭찬했다. <네이처> 편집장 존 매덕스는 5월 9일자에 '볼티모어 전설의 종말'이라는 권두사설을 썼다. 일주일 뒤 매덕스는 오툴의 답신을 실었다. 거기에는 볼티모어가 대답하지 않았다고 주장하는 혐의들이 조목조목 나열되어 있었다. 다음 날 <셀>은 볼티모어를 비롯한 저자들―리스와 이마니시-카리는 제외―의 서명을 받아 위버 등의 논문을 취소한다고 발표했다. 그 철회도 억지로 한 것이 분명했으며, 몇 주 지나지 않아 볼티모어는 논문이 기본적으로는 옳다고 다시 주장하기 시작했다.

이제 논란을 이끌고 있는 것은 과학 규범의 옹호 문제였다. 앞서 몇 달에 걸쳐 하버드의 한 집단―노령의 고고한 생리화학자 존 이드솔(John Edsall), 마크 타신(Mark Ptashne), 월터 길버트(Walter Gilbert), 존 케언스(John Cairns) 같은 분자생물학자들, 하버드의 아주 저명한 노장 생화학자 폴 도티(Paul Doty)는 논문을 꼼꼼히 살피고, 오툴과 대화를 나누고, 무엇이 틀렸는가 하는 그녀의 분석에 주의를 기울였다. 그들은 하버드를 비롯한 기관들에 재직하는 사람들의 주목을 받았다. (나중에 하버드 집단의 성격을 규정한 볼티모어의 견해에 비추어 볼 때, 타신이 볼티모어를 오랫동안 옹호해왔다는 점을 지적하는 것이 중요하다. 예를 들어 타신은 오라는 사람이 없었어도 1989년 5월 볼티모어가 증언하는 딩겔의 청문회에 참석했다.) 그들은 볼티모어가 틀렸다는 확신을 점점 더 갖게 되었다. 그가 자신의 인격, 명성, 과학계 전반에 걸친 인맥을 동원하여 현안을 덮으려고 시도하며, 과학과 대면하기를 거부하려 하고 있다는 것이다. <네이처>에는 매주 서로 치고받는 독자 투고들이 실렸고, 논의에 참여하는 과학자들도 점점 늘어났다. 매덕스만 신명이 났다. 그는 23주에 걸쳐 다양한 논객들의 글 19편을 싣는 횡재를 했다. 그러다가 볼티모어가 또 한 번 감정을 폭발시켰다.

7월 18일 폴 도티는 볼티모어뿐 아니라 그의 행동을 용인하는 과학계 전반을 비판하는 5단 칼럼을 썼다.

지금까지 주로 기록된 자료의 타당성과 부정행위 가능성을 조사하는 다양한 수단들에 초점이 맞추어져 왔다. 그 때문에 저자들이 내놓은 설명이 통상적인 연구 기준들로부터 벗어나는가 하는 문제는 가려져 있었다. 그 기준들은 비타협적인 진리 탐구를 우선시하며, 그렇다면 이 일이 연구의 수행과 발표에 관한 기준들이 전반적으로 더 낮추어졌음을 반영하는 것인지 여부가 궁금해진다.

도티는 볼티모어가 '전통적인 과학 기준들로부터 벗어난 행동을 한 사례들'을 나열했다. "이 행동 양상은 과학 논문의 저자라면 비판에 반응을 보여야 하고, 가능한 모든 각도에서 자기 연구를 검사해야 한다는 특수한 의무를 지닌다는 전통적인 견해와 정반대된다." 그는 과학이 성장하면서 빚어진 긴장에 주목했다. "연구비를 타내기 위한 거의 목숨을 건 경쟁, 동료 심사의 부패 가능성, 점점 늘어나고 있는 과학 논문들의 사기 사례들." 그러면서 그는 이렇게 결론을 내렸다.

그 결과 과학계는 이미 전통적인 과학 기준들로부터 서서히 멀어지는 상황을 이미 겪고 있는지 모른다. 이 사례에서 나타난 행동을 용서한다면 그런 상황을 더 부추길 수 있다. 그러다가 행동의 타당성을 안 걸리고 잘 해낼 수 있느냐로 판단하는 다른 일부 전문 분야들의 기준으로 내려갈 위험에 처한다.

친구들은 볼티모어에게 그 문제에서 손을 떼라고 권고했다. 그는 그럴 수 없었다. 9월 5일 그는 '폴 도티에게 보내는 공개편지'라는 분노에 찬 답장을 보냈다. 자신의 영예와 정직성을 분개한 어조로 주장하면서 그는 '그 논문의 결과를 현저할 정도로 상세히 뒷받침하는 증거들이 많이 발표되어 있고, 앞으로도 발표될 예정이다'라는 말과 함께 논문 6편을 인용했다. 10월 10일 도티는 다시 답장을 보냈다.

이 증거들을 조사한 결과 언급된 6편의 논문들이 뒷받침한다는 것이 결코 명백하지 않다는 사실이 드러난다. 하지만 더 근본적인 비판은 자신의 결론이 궁극적으로 옳은 것으로 드러난다면 아무 문제가 없다는 볼티모어의 주장에 대한 것이다. 그것이 실제로 받아들여진다면 과학 문헌은 돌이킬 수 없이 타락할 것이다…. 연구 발표는 제비뽑기나 다름없어질 것이다.

매덕스는 서신 논쟁을 거기에서 중단시키고, 사설을 통해 처음으로 자기 견해를 밝혔다. 그는 '발표된 연구 논문의 저자는 어떤 책임을 지는가?'라고 물었다.

쟁점을 단순화하면 이렇다. 비록 가장 유명한 인사이지만 논란이 된 논문(〈셀〉 45, 247;1986)의 주저자는 아닌 데이비드 볼티모어 박사는 처음부터 과학계 전체 그리고 관련 분야에서 일하는 다른 과학자들이 논란이 된 자료와 거기에서 이끌어낸 결론들이 타당한지 여부를 궁극적으로 보여줄 것이라는 견해를 취했다. 그것은 논란이 된 논문의 토대라고 여겨지는 자료의 확실성에 심각한 의문이 제기될 때 내세우는, 하지만 거의 옹호하기 어려운 관점이다.

발표된 모든 연구 논문의 저자들이 나중에도 개인적 책임을 진다는 것은 누구나 아는 진리이다….

많은 것들이 지금까지 일반적으로 받아들여져 왔다. 그렇지 않으면 과학 자체는 훼손될 것이다. 문헌에 나타난 것이 적어도 잠정적으로 확실하다고 간주될 수 있다는 츠정이 거짓이 될 것이기 때문이다. 그러면 발표된 자료를 활용하고자 하는 사람들은 자신의 연구를 수행하기 전에 그 실험들을 다시 해보아야 할 것이다. 납득이 가겠는가?

1991년 가을 록펠러 대학교에서 일어난 사건들은 다른 책의 몇 장(章)을 차지하고 남을 것이다. 거기에는 원칙과 편의주의, 긴박한 상황, 권모술수, 임원들의 정치, 연구실, 권위와 명성이 있는 기관의 이사회, 미국 과학계의 왕관에 박힌 다이아몬드 등의 요소들이 가득하다. 그와 도티의 논쟁은 록펠러 대학교의 선임 교수들 중 볼티모어 반대자들의 행동을 부추겼고, 그의 지지자들, 심지어 그의 친구들 가운데 일부까지 반대편으로 돌아서게 만들었다. 그에게는 적수들이 있었다. 일부는 떠나고 있었다. 앤서니 시래미(Anthony Cerami)는 볼티모어와 대학원 동기였고 정교수가 된 이후에도 죽 같이 있었다. 8월 말에 시래미는 분위기가 안 좋다고 확신하고 소규모 연구진을 이끌고 다른 연구 센터로 옮겼다. 명석하고 뛰어난 저술가이자 옷도 잘 입고 촌철살인의 대가이자, 면역학 연구로 노벨상을 받은 제럴드 에덜먼

(Gerald Edelman)은 신경생물학으로 돌아섰고, 그 대학교의 연구실 외에 독자적으로 연구비를 지원받아 신경과학 연구소를 운영하고 있었다. 10월 8일 그는 약 25명의 연구자들을 데리고 캘리포니아 라호야에 있는 스크립스 연구소로 옮기겠다고 선언했다.

에덜먼은 볼티모어가 그 대학교에 올 때부터 싸웠다. 그들의 반목은 유명했다. 옮기겠다고 선언한 지 2주일 뒤에 그의 사무실에서 대화를 나누었는데, 에덜먼은 경멸 어린 어조로 말했다. "내가 믿고 있는 것을 요약하면 이래요. 데이비드 볼티모어는 과학자가 아닙니다. 분명하지요. 그리고 그가 과학자가 아닌 이유는 그의 행동을 보면 명백히 드러나요. 과학자는 이의가 제기되면 실험을 다시 하니까요. 더 이상 말할 것도 없어요. 우리 모두는 인간적인 측면에 점점 더 치중하고 있어요. 우리는 속고 있는 겁니다. 그 점을 놓친다면 우리는 바보지요. 과학의 관점에서 보면 그것이 유일한 쟁점이기 때문이지요. 과학자가 하는 일에 공공 책임이 없다는 말은 아닙니다. 하지만 그가 책략, 공개 성명, 조작, 변호사, 사적인 복수에 치중하는 한, 그것들은 모두 과학과 무관해요." 에덜먼은 거드름 피우려는 기색이 전혀 없이, 자신은 과학이 종교에 가장 가까운 것이라고 본다고 했다. "그리고 우리 종교에서 우리가 이해하고 있는 것은 이것입니다. 자신이 실험자라면 실험을 반복하라는 것이지요. 실험을 다시 할 수 없다면, 동료나 친구에게 실험을 재연할 수 있는지 부탁하는 겁니다. 논쟁을 벌이지도 않고, 변호사를 고용하지도 않고, 욕을 하지도 않고, 다른 과학자들에게 부담을 떠넘기지도 않아요. 그러는 게 아니에요."

논쟁에 진력이 난 많은 선임 교수들은 볼티모어가 일을 자초했으며, 그로서는 손을 뗄 수도 없는 상황이며, 그 비난이 연구비를 따오고 교수를 충원하는 일에 몹시 방해가 된다는 사실을 이용하여 그를 축출하고자 했다. 위기는 10월 17일 목요일에 닥쳤다. 구름이 낮게 깔리고 바람이 심하게 불며 메인 주에서 버지니아 주와 그 너머까지 동해안 전역에 비가 억수같이 퍼붓던 날이었다. 그 날 아침 그 대학교의 종신 이사인 데이비드 록펠러는 대학에 2,000만 달러를 기부하겠다고 발표했다. 사실 그는 원래 1년쯤 전에 이미 기부할 계획을 세운 상태였지만, 굳이 그 말을 하지 않았다. 물론 그 발표는 볼티모어를 전폭적으로 지지한다는 양 비추어졌다. 오후 2시에 대학교의 최고 이사회가 작은 도서관 한 곳에서 열렸다. 브리스톨-마이어스 스퀴브 제약회사의 회장이자 이사회 의장인 리처드 펄로드, 꼼꼼히 기록을 할 개인 조수를 대동한 데이비드 록펠러, 이사회의 집행 위원회 위원들―여타 위원회들의 위원장들―, 머크사의 회장 겸 최고 경영자이자 연구 의사인 로이 버절로스가 맡은 과학 사건 담당 위원회의 위원들 전부로 구성되어 있었다. 록펠러, 펄로드, 버절로스가 사실상 이사회를 지배하는 3인방이었다. 물론 볼티모어도 참석했다. 참석자 수는 13명이었다. 오후 내내 펄로드는 편철한 두꺼운 공책에 기록을 했다.

집행위원회 회의가 끝난 뒤 데이비드 볼티모어가 총장직을 계속 맡는 문제에 관해 강력한 견해를 표명할 한 교수 집단이 참석할 예정이었다. 3시에 록펠러와 볼티모어는 2,000만 달러 기부에 관한 기자회견을 하러 자리를 비웠다. 잠시 뒤 볼티모어 없이 록펠러만 돌아왔다. 교수 집단이 들어왔다. 약 4시부터 휴식 한 번 없이 6시간 반 동안 회의가 계속되었다.

앞장선 사람은 노턴 진더(Norton Zinder)였다. 뉴욕 억양이 강하고 탁하고 걸쭉한 목소리를 지닌 그가 나중에 내게 들려준 바에 따르면, 그는 이렇게 말했다. "이 이야기가 연일 신문에 나고 있습니다. <네이처>에도 실리고 있어요. 여기에 별별 소문이 다 떠돌고 있어요." 그는 이사들을 죽 훑어보면서 천천히 아주 큰 소리로 말했다. "제발! 이 짓거리를 당장 집어치워요!"

사람들은 놀라서 입을 다물었다. 선임 분자생물학자이자 볼티모어의 친구인 폴 버그가 스탠퍼드에서 항공편으로 와서 참석해 있었다. 그는 그 순간을 이렇게 기억한다. "그는 그저 이렇게 말했지요. '사방에서 애처롭게 외치고 있습니다. 당장 집어치워요!'" 2월 말에 리처드 펄로드와 대담을 한 적이 있는데, 그는 두껍게 편철한 공책을 들추어서 그 부분을 가리켰다. "여기가 시작된 부분이지요." 거기에는 이렇게 적혀 있었다. "진더: 여기에 별별 소문이 다 떠돌고 있어요. 이 짓거리를 당장 집어치워요!" 펄로드는 마지막 문장의 단어들을 느낌표를 붙이면서 크게 쓰고 동그라미를 쳐 놓았다. 펄로드의 기록을 보면 진더는 이렇게 말을 이었다. "이 정기간행물들을 들춰보면 온통 그 이야기예요. 대부분의 사람들은 데이비드 볼티모어가 누구인지 모릅니다. 상황이 통제불능 상태에 빠져 있어요."

진더는 회의 참석자들의 주의를 환기시키면서 우려 사항을 전달하는 데 성공했다. 그 끝없는 논란이 대학교, 특히 교수들과 학생들의 사기, 인원 충원, 연구비 획득에 비참한 영향을 미친다고 말이다. 6주 뒤인 12월 3일 전화 통화에서 진더는 이렇게 말했다. "나는 대학교에서 벌어지는 사건들이 어떻게 보이는지를, 즉 우리가 소문으로 무성한 곳에서 생활하고 있으며, 매일 다음에 무슨 일이 벌어질지 어깨너머로 살펴보고 '이런 일이 있었대요? 정말인가요?'라고 물어보는 학생들을 아침마다 대하면서 소동 속에 살고 있다는 것을 그대로 말함으로써 회의를 시작한 것일 뿐입니다." 대학교의 지금, 현재, 당면 상황이라는 관점에서 논의가 이루어지게끔 시도한 것이지요. 그것이 논의의 진행 방향을 결정했다고 생각합니다."

다음날 나는 우즈홀에서 생물학 분야 편집장들의 작은 모임에 참석했다. 볼티모어가 와서 강연을 했다. 2,000만 달러를 기부한다는 발표가 <뉴욕 타임스>의 전면 기사로 나 있었다. 볼티모어는 왠지 시무룩했다. 다음 6주 동안 그는 평소처럼 강한 의지로 맞서 싸웠지만, 1991년 추수감사절에 우즈홀에 있는 고향집에서 전화로 펄로드에게 그만두겠다고 알렸다.

대중의 관심은 수그러들었다. 딩겔은 또 한 번 승리를 거두었다. 그러나 사건들은 자체적으로 진행되고 있었다. 과학진실성국은 NIH에서 독립되어 새 명칭을 얻었고, 이마니시-카리 사건을 다루는 인원이 보강되었다. 마침내 1994년 10월 말에 연구진실성국은 보고서를 내놓았다. 본문 231쪽에다가 부록들까지 딸려 있었고, 전보다 더 상세하게 그녀가 부정행위를 저질렀음을 말하고 있었다. 연구진실성국은 고발 내용을 열거한 편지를 그녀에게 보냈다. 논문의 자료와 나중에 그녀가 보강 증거라고 제시한 자료를 구체적이고 엄밀하게 분석한 고발 내용 18건이었다. 처벌로는 연방정부 연구비 지원을 10년간 금지할 것을 제시하고 있었다. 그녀는 보건복지부 내 소청심사위원회에 항소를 했다. 그녀의 항소를 다루기 위해 세 명으로 된 위원회가 구성되었다.

볼티모어의 전술을 생각해보자. 그는 위대한 과학자이다. 또 그는 과학의 신비한 분위기와 노벨상 수상자라는 권위를 잘 활용하는 인물이다. 처음에 의심이 제기되었을 때, 볼티모어는 논란이 된 자료를 꼼꼼히 검증하고 논문을 재검토하겠다는 선언을 함으로써 그 논란을 잠재울 수 있었다. 하지만 그는 거부했다. 위버 등의 논문에 의문을 제기하는 사람들을 그는 이해할 능력이 없는 자들이라며 맹공을 퍼부었다. 오툴과 단 한 차례 만났을 때, 그는 처음부터 증거를 살펴보는 과정을 권위로 대체하고자 했다. 그는 위버 등의 논문이 말하는 바를 계속 재정의했다. 맨 처음 해냈다는 것이 그것의 유일하게 중요한 주장이었다. 예르네 조절망 이론의 최초 증거라고 말이다. 그는 더 장기적인 과학적 연구 성과가 유일한 쟁점이라고 말함으로써 계속 논문을 옹호했다. 즉 자료나 행위의 결함은 나중에 별도로 옳다는 것이 입증되면 없어진다는 것이었다. 딩겔과 맞서서 볼티모어는 위기감을 조성하면서 자신이 정부의 간섭에 맞서 과학을 옹호하고 있는 양 처신했다. 하버드 대학교를 중심으로 한 집단과 맞설 때는 과학 논쟁을 과학계 내에서 이루어지는 개인적인 싸움으로 변형시켰다. 요약하자면 처음부터 그는 주제를 계속 바꿈으로써 논쟁을 통제하고자 했으며, 의도적이었든 그렇지 않았든 간에 그 전략은 대체로 성공을 거두었다. 하버드 집단은 소박하게 과학과 행위에 초점을 맞추어 살펴보고 있었지만, 그것은 사실 훨씬 더 미묘한 문제였다. 이마니시-카리 사건이 계속 대중의 이목을 끈 이유는 볼티모어의 비타협적인 태도 때문이었다.

소청심사위원회의 결정과 심리회를 이해하려면, 먼저 연구진실성국과 위원회의 절차가 형법이나 민법이 아니라 색다른 영역인 행정법 관할에 놓인다는 것을 알 필요가 있다. 연구진실성국은 행정법상 잡탕 기관이다. 그 기관은 조사를 하고 고발을 하고 판결을 하고 선고를 한다. 이 사례뿐 아니라 다른 사례들에서도 표적이 된 과학자들이 적법 절차에 따르지 않겠다고 항의할 여지가 많은 기능들을 잡다하게 모아놓은 기관이다. 이마니시-카리가 과학적 부정행위에 유죄임을 보여주기 위해 연구진실성국은 증거의 우위, 즉 형사재판에서 요구되는 더 엄격한 기준인 합리적인 의심을 남기지 않아야 한다는 수준까지는 아니고 법정에서 민사소송에 적용되는 기준을 적용하는 소청심사위원회에서 자신의 주장을 입증해야 했다.

이상한 점은 위원회가 사실상 준사법적인 항소법원이면서도 심리를 하듯이 변호사, 증인, 증거 서류, 전문가, 대질심문, 반대심문 등을 전부 다 새로 하면서 부정행위 소청 절차를 진행한다는 것이다. 소청이 제기된 사건은 모두 당사자주의를 채택한다. 그래서 연구진실성국의 심리 때 원고 측은 1994년 가을에 완성되었고, 이마니시-카리에게 보낸 두꺼운 조사보고서를 제출할 수 없었다. 그것이 고발 내용을 요약하고 부과되는 처벌을 상세히 나열한 통고문의 토대였음에도 말이다. 마찬가지로 이전의 조사보고서들과 딩겔 소위원회의 청문회에서 한 모든 증언들도 받아들여지지 않았다(맹세를 했음에도). 고발 통고문만이 그녀의 소청 심사에서 인정된 증거물이었다.

1996년 6월 21일 금요일 오후 늦게 위원회는 결정을 일반에 공개했다. 결정문은 191쪽에 걸쳐 글자가 빽빽하게 담긴 문서였지만, 처음 두 문장에서 책임 소재를 가렸다. '연구진실성국은 고발 내용을 증거 우위를 통해 입증하지 않았'으며 이마니시-카리에게 어떤 조치도 취하지 않았다고 말이다.

테레자 이마니시-카리의 입장에서 볼 때 위원회의 결정은 그녀가 연구비 신청 자격을 다시 지니게 되었다는 의미였다. 그 결정 뒤 터프츠 대학교 의대는 1994년 말에 정직 상태였던 그녀의 교수 직위를 복권시켰다. 그녀의 지지자들은 이 결과가 그녀의 평판을 어떤 식으로든 되돌려준 것이라고 말했다. 하지만 10년간에 걸친 가장 씁쓸한 논쟁으로 파탄이 난 과학계는 전체적으로 그렇지 못했다. 게다가 그 결정문을 훑어보기만 해도 모호한 점들이 눈에 띈다. 가장 이상한 부분은 위원회가 연구진실성국을 공정성과 적법 절차를 위반했고, 부적절하게 처신했고, 자료나 증언도 엉성했다고 계속 비난하고 있다는 점이었다. 사용된 단어로 볼 때 비난의 수위가 그다지 높지 않았기에, 몇몇 비평가들은 그 결정이 이마니시-카리가 '무죄임'이라는 의미보다는 스코틀랜드의 냉정한 평결인 '증명되지 않았음'이라는 의미에 해당한다고 날카롭게 직시했다.

소청심사위원회 결정은 과학 학술지들뿐 아니라 대중 언론들을 통해 즉시 널리 알려졌다. 언론 기사, 사설과 칼럼과 특별 기고문은 그 결정이 이마니시-카리의 무죄를 의미한다고 보았고, 오늘날까지 대다수 과학자들도 그렇게 생각한다. 게다가 비록 연구진실성국과 소청심사위원회는 데이비드 볼티모어에 대한 부정행위 고발을 다루지 않았지만, 기자들과 비평가들의 다수―<보스턴 글로브>, <뉴욕 타임스>, <워싱턴 포스트>, <월스트리트 저널> 등에 글을 쓴―는 그 결정이 10년간에 걸친 그의 행위를 옹호하는 것이기도 하다고 말했다.

소청심사위원회의 결정을 접한 많은 사람들은 그것을 딩겔 의원을 통렬히 비난할 기회로 활용했다. 그의 소위원회에서 심하게 닦달을 받았다가 이마니시-카리 판결에 환호성을 지른 사람 중에 스탠퍼드 대학교의 전 총장 도널드 케네디도 있었다. 케네디는 이마니시-카리 사건과 아무 관련도 없었지만, 1991년 그 대학교의 연방 연구비 대규모 부정 사용으로 딩겔의 조사를 받으면서 총장직을 내놓아야 했다. 그는 소청심사위원회 결정을 마치 자신에게 무죄 선언이 내려진 양 썼다. 조지 부시 대통령 행정부 말기에 국립보건원장을 지냈던 버나딘 힐리(Bernardine Healey)도 앙심을 품었던 증인 중 한 명이었다. 딩겔은 1991년 8월 1일 휴회하기 전 마지막 날 그녀를 소위원회에 출석시켜 클리블랜드 클리닉(부시 행정부가 불러들일 당시에 연구주임 교수를 맡고 있던 곳)과 그 뒤 NIH에 재직할 때 부정행위 고발을 어떻게 처리했는지 설명해달라고 했다. 힐리는 투쟁적이고 의사 방해를 하는 증인이었다. 그녀는 클리블랜드 클리닉 문제를 둘러싼 논쟁을 길게 끌어 당시 진행 중인 연구진실성국의 조사 내용을 어떻게 처리할 것인가라는 훨씬 더 민감한 질문들을 다룰 시간이 없게끔 하는 데 성공했다. 소청심사위원회의 결정에 환호하면서, 힐리는 <뉴욕 타임스> 특별 기고란에 '적법 절차가 과학 심문 과정에서 어떻게 짓밟혔는지'를 말하면서 딩겔 소위원회와 소속 직원들이 자신을 위협했다고 고발했다.

이마니시-카리에게 그다지 관심이 없고, 볼티모어의 찬미자도 아니고, 면역학이라는 난해한 분야를 잘 알지도 못하는 온갖 분야에 속한 많은 선임 과학자들도 소청심사위원회의 결정에 기뻐했다. 그들은 그 사건에서—특히 연구진실성국과 딩겔 소위원회의 활동에서—과학 자체의 자유와 진실성에 가해지는 심각한 위협을 보았기 때문이다. 느슨하게 엮여 있는 이 과학자들은 미국 과학계의 실세들에 해당한다. 즉 그들의 견해가 궁극적으로는 가장 중요하다. 그들 중에 그 사건의 경과를 상세히 지켜본 사람은 거의 없었을 것이다. 또 그 결정문을 읽은 사람도 거의 없을 것이다. 아무튼 그들은 과학은 자기 교정 능력이 있다고 끊임없이 말해 왔으며 지금도 그렇게 말하고 있다. 마음을 진정시키는 검증이 안 된 문구이다. 그리고 그들은 과학이 일종의 모험이며 계속 자치적이어야 한다고 믿는다. 즉 질과 행위의 기준을 과학계가 설정해야 한다는 것이다.

따라서 과학자들 그리고 과학자들이 일하는 대학교와 기타 기관을 운영하는 사람들에게 볼티모어 사건은 몹시 심란한 것이었다. 그것은 자기 만족감을 뒤엎었고, 혐오스러운 가능성들을 직시하라고 강요했다. 많은 과학자들에게 소청심사위원회의 결정은 구원으로 다가왔다. 만사형통이라고 말이다. 하지만 여전히 마음이 불편한 사람들도 일부 있었다.

부처 소청심사위원회의 위원들이 공정했을까? 연구진실성국의 변호사들은 그렇지 않다고 처음부터 우려했다. 위원은 세 명이었다. 의장은 세실리아 스파크스 포드였다. 그녀의 심리 방식은 경멸스러울 정도로 정확했다. 포드는 변호사였다. 주디스 밸러드는 소심하며 몸을 사리는 듯했다. 그녀는 증인에게 거의 질문을 하지 않았고 내가 보기에는 이해하지 못하는 듯할 때도 종종 있었다. 밸러드도 변호사였다.

1993년 여름 포드와 밸러드는 이전의 주요 사건에서 소청 심사를 맡은 위원 3명에 속해 있었으며, 그 사건에서도 연구진실성국은 패소했다. 그 사건에서도 위원회의 결정문은 연구진실성국을 심하게 비판하고 있었다. 그 뒤에 소청심사위원회의 위원들이 그런 사건들을 책임 있게 판단할 만한 과학적 이해력을 지니고 있지 못하다는 비판이 제기되어 왔다. 이마니시-카리 소청 심사 때는 두 변호사에다가 피츠버그 대학교 의대 미생물학 명예 교수 줄리어스 영너가 합류했다. 그는 분자생물학이 등장하기 전인 1944년에 박사학위를 받았다. 물론 그 뒤에 수십 년 동안 학과장까지 이르는 학계의 사다리를 올라갔으니 새로운 과학을 접할 기회가 있었을 것이다. 하지만 그는 바이러스학자이지 면역학자가 아니었다. 그는 지루하기 그지없는 준사법적 절차 내내 인내심을 갖고 주의를 기울였다. 그 소청 심사가 진행되는 와중에 그는 75세가 되었다.

소청심사위원회의 공정성은 그들의 결정문을 통해 판단할 수 있다. 하지만 나는 심리 때 내가 본 사례를 언급하고 싶다. 증언은 1995년 6월 12일 월요일에 시작되었다. 기소측인 연구진실성국부터였다. 그들의 첫 번째 증인은 연구진실성국의 선임 과학 조사관인 존 달버그였다. 그는 1968년 미생물학 박사학위를 받았고, 16년 동안 국립암연구소에 재직했으며, 그 기간에 주로 위버 등이 사용한 것과 비슷한 방법들을 이용하여 면역학 연구를 했다. 심사장은 뒤쪽에 방청객들이 앉는 의자들이 죽 놓여 있고 오른쪽(방청객들이 볼 때)에는 연구진실성국의 변호사들이, 왼쪽에는 이마니시-카리의 변호사들이 쓸 탁자가 있었다. 연구진실성국의 선임 변호사는 마커스 크리스트였다. 그는 체격과 행동이 무겁고 지적으로 민활하지 못한 인물이었다. 이마니시-카리의 변호인단은 공격적이고 노련한 법정 변호사인 조지프 오네크가 지휘했다. 언론인이자 과학비평가이며 당시 명성 있는 워싱턴 소식지인 <과학과 정부 리포트(Science and Government Report)>의 소유주였던 댄 그린버그는 몇 주 뒤에 오네크를 '파헤치고 짓밟는 법학파 출신'이라고 묘사했다. 오네크는 찬사로 받아들였을 것이 분명하다. 방의 앞쪽에는 약간 높이 긴 의자가 놓여 있었고 그 오른쪽으로 증인석이 있었다. 오네크와 대각선으로 마주보는 자리였다. 영너의 자리가 증인과 가장 가까웠고 포드가 중앙에 바른 자세로 앉아 있었으며, 그 왼쪽에 밸러드가 한쪽으로 기댄 채 앉아 있었다.

6월 14일 수요일 오후 3시경 오네크는 청문회에서 처음으로 대질 심문을 시작했다. 그가 탁자 너머로 몸을 기울이자—모두 그와 증인을 주시했다—밸러드도 몸을 바로 하더니 얼굴에 화색이 돌면서 눈을 크게 뜨고 오네크를 뚫어지게 쳐다보았다. 그녀는 두 손을 머리까지 들어올리더니 말없이 두 번 허공으로 주먹을 치켜 올렸다. 비록 다른 해석도 가능하긴 하지만, 내게는 분명 응원의 몸짓으로 보였다. 거기에 있던 한 사람도 휴식시간에 그 광경을 목격했다고 내게 말했다.

연구진실성국이 무능했던 것일까? 부처 소청심사위원회는 분명히 그렇게 생각했으며, 많은 사례들에서는 그들의 생각이 옳았다. 그들의 가장 큰 불만은 심리 때, 그리고 그 뒤에 제출된 수천 쪽에 달하는 자료들을 통해 연구진실성국이 고발 통고문에 언급된 것들 외에 고발 항목을 더 늘림으로써 의도적이고 계획적인 위조나 변조에 해당하지 않지만 연구진실성국이나 그 증인들이 나쁜 행위나 자료의 나쁜 해석이나 판단이라고 생각하는 행위들까지 포함시키는 데 치중했다는 점이다. 그런 행동은 기본이 되는 공정성에 의문을 제기했다.

결정문은 여러 사례들을 인용했다. 그 중에는 심각한 고발 사례들도 있었으며 그에 따르면 이마니시-카리 사례도 유죄였을 수 있지만, 위원회는 그것을 고려 사항이 아니라고 즉결로 제외시키는 올바른 판단을 내렸다.

내가 지켜본 사례를 또 하나 말해야겠다. 이번에는 볼티모어가 증인석에 있었다. 연구진실성국의 마커스 크리스트는 그에게 화이트헤드 연구소의 사무실에서 있었던 회의, 즉 아이슨, 오툴, 이마니시-카리가 참석한 1986년 6월 16일 회의가 기억나는지 물었다.

> 질문(크리스트) : 회의가 끝난 뒤 당신은 〈셀〉 45호의 논문에 아무런 심각한 문제가 없다고 결론을 내렸습니다. 그렇지요?
>
> 대답 : 네.

> 질문 : 하지만 그 회의 때 그 자료를 실제로 본 것은 아니었지요?
> 대답 : 회의 때 자료의 일부를 보긴 했는데, 앞서 말했듯이 뭘 보고 뭘
> 안 보았는지 잘 기억나지 않습니다.

크리스트는 증인에게 압박을 가하지 않았다. 나는 볼티모어의 어물쩍 넘어가려는 태도에 질리고 말았다. 내가 보기에 크리스트는 기회를 놓친 듯했다. 그는 그 문제를 아예 제쳐놓고는 짧은 휴식시간이 끝나자 1988년 5월 18일에 있었던 다른 회의를 거론했다.

두 가지 핵심 쟁점, 즉 1985년과 1986년에 누가 무엇을 시인했느냐라는 사실 관계가 논란이 될 때, 연구진실성국 쪽의 증인들은 자신들의 견해를 뒷받침할 녹음테이프들이 있다고 했다. 하지만 연구진실성국은 녹음테이프를 내놓지 못했고 그것들이 왜 사라졌는지 해명하지도 못했다. 그러자 위원회는 녹음테이프가 '존재하지 않거나 연구진실성국의 주장을 뒷받침하지 않으며' 관련 증언들을 모두 배제시킬 수 있다고 추론했으며, 그것은 지극히 합리적이었다. 사실 녹음 기록은 존재하며 그들의 증언을 뒷받침하고 있다. 비록 상황이 여의치 않아 두 테이프의 존재를 비밀로 해야 했지만. 이런저런 이유로 연구진실성국은 그것들을 내놓을 수 없었거나 내놓지 않으려 했다. 그런데 녹음테이프를 언급하는 실수를 저질렀던 것이다. 그 실수가 없었더라면, 증언은 상당한 효력을 발휘했을 것이다.

비밀수사국에서도 증인들이 나와 딩겔 청문회에서 그랬듯이 증언을 했다. 소청심사위원회의 결정문에는 이렇게 적혀 있었다. "I-1 공책에 적힌 자료의 진정성에 대한 법과학적 공격이 가해지고 있다." 비밀수사국의 분석은 분명 중요했고, 게다가 다른 증거들도 많았다. 하지만 당시 위원회는 법과학 증언을 체계적으로 공격했다.

I-1 공책에 관한 법과학적 증거는 서너 가지였다. 공책에 쓰인 종이의 출처 분석결과, 일부 지면에 주석을 다는 데 쓰인 볼펜의 잉크 분석결과, 몇몇 쪽에서 자료가 수정된 부분 탐색 결과가 그러했다. 마지막 증거는 원래 적을 때 밑에 놓인 종이에 난 눈에는 대개 보이지 않는 희미하게 눌린 자국들을 특수 장비를 이용하여 검출했다. 중요

한 것은 금전계산기에 쓰이는 것과 비슷한 종이테이프였다. 거기에는 이마니시-카리가 논란이 된 위버 등의 논문에 실린 실험들을 포함하여 1984년과 1985년에 했다고 말한 실험들에서 방사선 계수기로 측정한 수치가 찍혀 있었다. 한 장씩 끼워 넣을 수 있는 편철한 공책에 그녀는 종이테이프를 붙였다. 그런데 테이프가 붙어 있는 쪽들 중에 이상한 것들도 있었다. 테이프가 세 조각 붙어 있는 종이가 그랬다. 두 조각은 좀 길었고 위아래로 붙어 있었다. 그런데 그 사이의 3밀리미터도 안 되는 간격에 단 한 줄만 인쇄된 세 번째 조각이 붙어 있었다.

위원회는 문제가 있는 일반론을 펼쳤다. "비밀수사국은 조사한 증거가 과학적으로 어떤 의미가 있는지 전혀 알지 못했기에 과학적 설명이 있는 자료의 특징에 관해 부당한 의심을 제기했다." 위원회는 몇 차례에 걸쳐 같은 점을 지적했다. 하지만 그것은 잉크, 종이, 방사선 계수기 종이테이프의 법과학적 분석과 아무 관계가 없었다. 또 수사국의 전문가 중 한 명인 존 하게트는 증인석에서 I-1 공책이 실험이 이루어졌다고 하는 1984년에 작성된 것이라고 말했다. 하지만 하게트를 제외한 모든 사람들은 I-1 공책이 1988년에 편철되었다는 것을 알고 있었다. 소청심사위원회는 하게트의 착각이 법과학 분석의 타당성을 무효화했다고 결론지었다. 그 때문에 테이프의 작성 연대가 이마니시-카리가 나중에 테이프를 붙인 쪽의 날짜가 아니라는 중요한 분석 결과도 받아들여지지 않았다. 하게트의 착각은 그 분석과 아무런 관련이 없음에도 말이다. 하지만 연구진실성국은 사소한 혼동에 불과한 것임을 제대로 알리지 못했다.

방사선 계수기는 종이테이프에 원자료를 찍어내면서 그 여백에 등록번호라는 것을 일정한 간격으로 인쇄한다. 등록번호는 그 자료를 언제 어떤 실험을 통해 얻었는지 파악하는 데 쓰인다. 번호는 순서대로 매겨지며 새 실험을 할 때 새로 매겨지는 것이 아니다. 그런데 이마니시-카리는 I-1 공책에 붙인 테이프의 등록번호들을 잘라냈다. 하지만 전부 다 잘라내지는 못했다. 남아 있는 등록번호들은 흥미로웠다. 괘씸한 사례를 하나 들어보자.

이마니시-카리가 이틀에 걸쳐 실험을 한 결과라고 제시한 두 테이프의 등록번호는 석 달 이상의 간격을 두고 얻은 것임이 분명할 정도로 심하게 벌어져 있었다. 위원회는 그녀가 한 번의 연속 실험의 결과라고 테이프들을 제시했다는 사실을 무시한 채 그 불일치가 그녀가 날짜를 기입할 때 실수한 것이라고 치부했다.

다른 법과학적 증거들도 비슷하게 처리되었다. 그것은 빙산의 일각이었다. 위원회는 동일한 결론을 가리키는 법과학적 증거 및 다른 온갖 증거들을 인정하지 않았다. 그 결정문에는 명백하게 틀린 내용도 들어 있다. 결정문에는 서너 군데에서 과학자들이 이마니시-카리의 부정행위가 유죄라는 판단을 내리지 못했다고 적혀 있었다. 가장 강력한 어조로 쓰인 구절을 보자. "지난 10년 동안 <셀> 논문에 대해 제기된 의문들을 살펴본 과학자들(터프츠 대학교와 MIT의 과학자들, NIH의 과학 조사단)은 모두 과학적 부정행위가 일어났다는 증거를 전혀 찾아내지 못했다." 여기에 언급된 NIH 과학 조사단은 조지프 데이비가 이끈 3인으로 된 1차 조사단을 의미한다. 비록 1989년 1월에 발표된 그 보고서에는 부정행위를 발견했다고 나와 있지 않았지만, 더 이전의 초안에는 발견했다고 나와 있었다. 더군다나 데이비는 1989년 5월 4일 딩겔 소위원회의 청문회에서 질의를 받았을 때, 위버 등의 논문에서 특정한 주장들은 자료를 통해 뒷받침되지 않는다고 한 발 물러선 바 있었다. 한 예로 이마니시-카리가 논문에서 했다고 한 실험은 사실 이루어지지 않았다. 그것이 부정행위가 아닙니까? 그렇게 질문을 받자 그는 이렇게 답했다. "부정행위라고 생각합니다." 잠시 뒤에 그는 이렇게 덧붙였다. "그렇지요, 부정행위입니다. 정확하지 않은 것, 옳지 않은 것을 가리킬 때 그렇게 말하지요. 부정행위라고요. 하지만 우리는 그것을 심각한 오류라고 지칭했습니다. 그것은 미묘한 문제입니다. 지금은 그 입장을 옹호할 수 있을지 잘 모르겠습니다."

위버 등의 논문에 대한 정부의 조사 결과들은 과학자들을 통해 철저히 검토되었다. 거기에는 과학진실성국과 그 후속 기관인 연구진실성국에 소속된 과학자들, 국립암연구소의 과학자들도 참여했다. 그들은 부정행위를 찾아냈다. 또 과학자 두 명이 더 합류한 2차 데이비 조사단도 과학진실성국과 연구진실성국이 찾아낸 부정행위 사례들이 맞다고 전폭적으로 동의했다.

이마니시-카리가 자료를 조작했다고 고발된 부분들을 하나씩 검토한 소청심사위원회는 그녀에게 동기가 없다고 판단했다. 그들은 그녀가 어떤 상황에 처해 있었는지 전혀 몰랐다. 1985년과 1986년에 그녀는 MIT에서 터프츠 대학교로 옮겼고, 자기 경력에서 가장 중요한 발견이라고 기록될 법한 주장을 내놓은 상태였다. 그녀는 그 일에 매진했다. 2년 뒤 1차 데이비 조사단 및 NIH의 조사관들과 면담할 때 논문의 표 2에 실린 자료의 신뢰성에 의문이 제기되었다. 이마니시-카리는 다음날 조사단을 찾아와서 당시 실험에서 얻은 것이라면서 자료를 제출했다. 그 전까지 표 2의 근거 자료라고 한 번도 언급한 적이 없던 것을 말이다. 조사단의 추론이 이마니시-카리가 자료를 날조한 것이 아니라면 뒤늦게 제출할 이유가 전혀 없었다는 단언으로 귀결되는 과정을 보면 현기증이 일어날 수밖에 없다.

결정문에는 위원회가 넓게 보아 같은 유형이라고 본 증거 범주들, 훨씬 더 많은 사례들이 제시되어 있었다. 한 가지 눈에 띄는 특징은 부주의 옹호론을 수용하고 확장시키고 있다는 것이다. 이마니시-카리가 자료를 난삽하게 다룬다는 사실이 잘 알려져 있으므로, 부정확성, 진술 오류, 자료 누락은 부정행위가 아니라 무능으로 봐야 한다는 것이었다. 이 논리를 비틀어서 위원회는 이마니시-카리의 변호사들조차도 미처 생각지 못했던 새로운 옹호론을 창안했다. 그들은 진짜 사기라면 어떠해야 한다고 추정한 다음에 이마니시-카리의 비정상적인 자료가 그 기준을 충족시키지 못한다는 주장을 계속 펼쳤다. 예를 들면 이렇다.

의문이 제기된 일지에는 〈셀〉 논문의 결론들을 뒷받침하는 데 도움을 주지 않는 사항들이 적힌 쪽들이 많다…. 많은 사례들에서 의문이 제기된 쪽들에 적힌 결과들은 과학적 의문들을 해결하기보다는 제기하는 식으로 서로 충돌하거나 이상한 양상을 보였다. 설령 이마니시-카리 박사가 너무 완벽하게 보이지 않도록 교묘히 그렇게 했다고 할지라도, 그녀가 문제를 가리기보다는 문제에 주의를 집중시킬 수밖에 없는 이상하고 충돌하는 결과들을 만들어냈다고 볼 이유는 전혀 없다.

이마니시-카리의 손을 들어준 결정문은 그녀를 반대하는 증인들이 제시한 증거들뿐 아니라 당연히 오툴이 제시한 증거들도 다루었다. 이마니시-카리, 워티스, 아이슨, 후버, 볼티모어가 10년간에 걸쳐 말한 진술들과 증언들을 꼼꼼히 읽어보면 많은 말 바꾸기와 자기 모순이 드러난다. 오툴만이 일관적이고 한결같았다. 위원회는 그것을 그녀를 반박하는 쪽으로 이용했다. "우리는 오툴 박사의 기억의 정확성과 점점 더 심해지는 그녀의 편협한 태도에 의문을 제기한다." 불쾌하게 빈정거리는 말투를 쓰기도 했다.

> 오툴 박사는 이마니시-카리와 리스의 공책에 적힌 실험들의 '색인 작업'을 하면서 이 사건에서 조사관들과 다방면으로 함께 일했다(비록 대가 없이 일했다고는 했지만)…. 또 우리는 내부 고발자가 조사에 너무 깊숙이 개입함으로써 빚어질 일들도 우려한다. 그런 개입은 객관성을 유지하는 조사관들의 능력과 결과에 너무 깊이 관여하는 것을 피하는 내부 고발자의 능력을 손상시킬 수 있다. 우리는 여기서 그런 일이 벌어졌다고 생각한다.

그러면 무엇을 해야 할까? 나머지 장들은 경로들과 제안들을 담고 있다.

하워드 테민은 1994년 2월에 세상을 떠났다. 그는 폐암에 걸렸는데―흡연과 아무 관련이 없는 아주 극소수의 사례에 속한다―암이 뇌까지 퍼졌다. 위스콘신 대학교의 테민 연구실은 작았고, 당시에는 대학원생도 박사후과정 연구원도 얼마 없었다. 매주 금요일 그들은 한 명씩 그의 사무실로 들어와 책상 옆 딱딱한 나무 의자에 앉아서 테민에게 모든 자료를 보여주면서 그 주에 무슨 일을 했는지 상세히 설명했다. 테민은 생명공학회사나 제약회사의 고문도 임원도 맡은 적이 없고, 그런 회사를 차린 적도 없었다. 그는 공공의 연구비를 받아서 발견한 것들을 개인 재산을 불리는 데 이용하는 행태는 잘못된 것이라고 보았다. 그렇다고 그가 융통성이 없는 사람이었다는 말은 아니다. 그는 미국 과학계에서 활발한 활동을 펼치는 인물이었고, 자신과 다른 식으로 과학 탐구 활동을 하는 많은 사람들과 친구로 지냈다. 그와 볼티모어는 학창시절부터 잘 알았고, 볼티모어는 위버 등의 논문을 둘러싸고 논란이 벌어질 때 그에게 몇 차례 의견을 구하기도 했다. 테민은 자신들이 나눈 이야기를 결코 공개하지 않았다. 그는 거의 인터뷰에 응하지 않았으며, 인터뷰를 해도 별 이야기를 하지 않았다.

1992년 9월 테민은 자신의 병 상태를 알았다. 이제 그는 인터뷰를 통해 자신의 과학자 인생을 말하고 싶어 했다. 널리 알리고 싶어 했다. 대담은 1993년 3월 15일과 16일 양일간 그의 사무실에서 3회에 걸쳐 총 6시간 동안 이루어졌다. 마지막 대담이 거의 끝나가고 녹음테이프를 뒤집으려 할 때, 그는 부정행위에 관해 이야기를 하고 싶다고 했다. 그는 당시 논란이 되고 있는 몇 가지 사례를 언급했다. "우리 사회의 강점은 다원성입니다. 나는 그것을 대단히 높이 평가해요. 마찬가지로 과학에서의 다원성도 존중합니다. 나는 다른 탐구 방식들을 허용할 겁니다." 그는 논란이 되고 있는 몇몇 과학자들을 언급했다. 볼티모어 사건은 단순한 편이라고 했다. "데이비드 사건을 말하자면, 거기에는 층위가 그리 많지 않아요. 논문 자체에 관한 중요하면서 미해결된 질문이 하나 있지요." 발표된 논문의 원자료가 있느냐 없느냐 하는 문제라는 것이다. "그리고 비밀수사국의 주장은 말이지요. 그래요, 데이비드의 부정행위를 말하는 겁니다. 데이비드가 그냥 실수한 것이라고는 볼 수 없는 것들 말입니다."

"데이비드의 부정행위였습니다. 실험에 의문이 제기되면, 누가 제기했든 간에 점검할 책임은 실험한 당신에게 있습니다. 당신이 무언가를 발표할 때 그에 대한 책임은 당신이 진다는 것이 과학의 철칙입니다. 그리고 러시아나 독일이나 일본의 과학에 비해 미국 과학의 큰 강점 중 하나는 가장 지위가 낮은 연구원이나 대학원생이 의문을 제기하면 가장 선임인 교수도 그것을 진지하게 검토하고 그 비판을 고려해야 한다는 것이지요." 말하는 동안 그의 목소리는 점점 단호해졌고 발음도 명료해졌다.

"그것은 미국 과학의 가장 근본적인 측면 가운데 하나입니다."

면역계의 예르네 조절망 이론은 시야에서 사라졌다. 얼마 전에 그 이론에 관해 질문을 하자, 클라우스 라예프스키는 이렇게 말했다. "지금 아무도 관심이 없지요. 그것은 검증할 수도, 실험으로 잘못되었다는 것을 입증할 수도 없는 종류의 것입니다. 그것은 사람들이 연구할 만한 주요 패러다임이 된 적이 없었어요." 그렇다면 위버 등의 논문은? "그 논문을 놓고 왜 그렇게 호들갑을 떨었는지 사실 난 도저히 이해가 안 되요. 나는 이마니시-카리의 논문이 진지한 고려 대상이라고 생각해본 적이 없거든요. 내가 아는 사람들도 다 그렇고요."

6
동료 심사의 문제점들

따라서 탐구가 자유로워야 한다고 주장할 때, 그 말의 취지는 도덕적, 정치적, 종교적 판단이 결정의 두 가지 중요한 맥락에 끼어들어서는 안 된다는 것인 듯하다. 과학 탐구의 과제를 정할 때와 결론을 뒷받침하는 증거를 평가할 때.
— 필립 커처, 『과학, 진리, 민주주의』(2001)

동료 심사는 혜택보다 결함이 훨씬 더 뚜렷하기 때문에 사라질지 모른다. 그것은 느리고, 비용이 많이 들고, 학자의 시간을 잡아먹고, 대단히 선택적이며, 편견에 휩싸이기 쉽고, 쉽게 남용되며, 총체적인 결함을 검출하는 능력이 떨어지며, 사기를 간파하는 데는 거의 무용지물이다.
— 리처드 스미스 '동료 심사의 미래'(1999)

레오나르도 다빈치의 공책들은 관찰, 발견, 발명으로 가득하며, 거기에는 동시대의 사람들이 상상할 수 있는 수준을 훨씬 앞서 나간 것들도 있다. 그 공책들을 읽고 이해하게 되자, 그가 위대한 예술가였을 뿐 아니라 과학자, 그것도 위대한 과학자였다는 주장이 나왔다. 하지만 그렇지 않다. 레오나르도는 결코 출판을 하지 않았다. 출판이 없다면 세상의 이치를 가장 탁월하게 이해했다고 해도 그것은 과학이 될 수 없다. 출판은 과학 탐구 과정의 독특한 행위이다. 그것은 그 과정의 중간 지점을 나타낸다. 출판을 전후로 과학 연구의 특성은 비공개에서 공개로 바꾸고, 비교적 소수인 개인들의 노력의 산물이 과학계

전체의 재산—실제로는 원자료—가 된다. 소설이나 시가 출간되거나 그림이나 조각상이 전시되거나, 영화가 상영될 때, 그것은 사실상 종점에 다다른 것이나 다름없다. 음악, 춤, 드라마—잠재적인 상태가 아니라 존재하려면 매번 재연되어야 하는 형태들—는 창작을 집단적인 상호작용으로 확장시킨다. 그러나 과학에서 출판은 단지 새로운 시작에 불과하다. 그 뒤에 이루어지는 협동과 경쟁이 과학을 독특한 것으로 만들기 때문이다. 출판과 함께 그 새로운 것을 기존의 천에 짜 넣는 확장, 다듬기, 수정, 개작이 시작된다.

2차 세계대전 이후로 과학 연구는 시작부터 출판에 이르기까지 동료 심사라는 이질적이고 집단적인 행위 집합을 통해 틀이 짜여지고 요건이 갖추어져 있었다. 동료 심사는 현재 가장 깊이 관여하고 있는 사람들이 이해하고 있는 것보다 더 급진적인 변화의 흐름 속에 놓여 있다. 그 변화는 모든 과학 분야들과 전 세계에 영향을 미치고 있다. 그 변화는 구조적인 것이다. 말하자면 조건들, 수립되는 계획, 과학이 이루어지는 방식의 토대가 되고 그것을 형성하는 제도적인 관계를 변화시킨다. 구조적 변화는 아마 저항하기가 불가능할 것이다. 그 변화의 결과는 예측하기가 어려울 수 있다. 한 가지는 확실하다. 안전하게 미래의 어느 시점, 하지만 그리 멀지 않은 시대, 말하자면 2015년을 생각해보자. 그때가 되면 아마도 동료 심사라는 용어는 과학 연구와 출판에 흔적으로 남아 있을지는 몰라도, 그것이 의미하는 행위들은 거의 알아차릴 수 없을 정도로 달라져 있을 것이다.

1993년 11월 시카고에서 제2회 생명의학 간행물 동료 심사에 관한 국제학술대회가 열렸다. 드러먼드 레니가 조직 위원장을 맡았는데, 총회의 개막 강연자 둘 중 한 명이 나였다. 의사도 과학자도 편집자도 아닌 외부 관찰자로서 말을 해달라는 것이었다. 그리고 수백 명의 참석자들, 즉 학술지 편집자들과 직원들을 자기만족에서 벗어나게끔 뒤흔들어달라는 요청이 있었다. 그래서 나는 강연 제목을 '과학의 구조적 변화와 동료 심사의 종말'이라는 제목을 택했다. 나는 긴밀하게 얽혀 있는 특정한 내부 요소들이 동료 심사를 쇠퇴시키고 있다고 말했다.

앞으로 닥칠 변화를 이해하려면 동료 심사가 본래 타락의 위협에 놓여 있다는 관찰 결과로부터 시작해야 한다. 타락한 사례의 비율이 높지 않다는 것은 분명하다. 하지만 그것들은 불가피하게 변화의 압력을 받고 있다. 동료 심사를 가능하게 한 기본 모순으로부터 도출되는 압력이다. 그것은 물론 연구비 신청서나 제출한 연구 논문의 가치를 판단할 자격을 가장 잘 갖춘 사람들이 바로 자신의 가장 강력한 경쟁자들이라는 사실 때문이다. 그것은 명백한 사실이며, 그것이 지닌 의미들을 직시해야 한다.

동료 심사 행위가 타락에 취약하다는 점에 과학계의 엄청난 성장과 그 여파로 나타난 혼란과 피로가 겹쳐지면서 상황은 더 복잡해진다. 게다가 같은 시기에 거장들이 모범을 보임으로써 새로운 세대를 과학 규범에 편입시키는 위대한 전통이 쇠퇴했고, 연구비에 대한 압력이 무자비하게 강해지고 그 결과 연구 계획의 수준도 덩달아 높아졌으며, 정치적 영향력도 침입했다. 당시 나는 많은 과학자들 앞에서 그것이 절망에 가까운 무용론을 받아들이는 누적 효과를 낳는다고 말했다. 주최 측은 내게 감사를 표했고, 편집자들은 대체로 자기만족 상태에 머물러 있었으며, 동료 심사 체계의 붕괴는 가속되었다.

테레자 이마니시-카리는 논란이 된 논문과 관련된 동료 심사를 두 차례 거쳤다. 그 용어는 일상적으로 쓰일 때 과학자의 연구를 평가하는 두 가지 형태를 다 가리킨다. 그녀는 그 둘을 다 겪었다. 동료 심사의 첫 번째 형태—일반적으로 알려진 것—는 과학자들이 연구비를 얻기 위해 제출한 신청서들을 걸러내고 순위를 매기는 것이다. 그래서 1985년 여름 국립암연구소에서 파견된 과학자들의 현장 방문에 따른 직접적인 여파로 그녀는 여러 연구실들이 합동으로 요청한 대규모 연구비 신청에서 제외되었다. MIT 암센터의 다른 연구실들은 대체로 승인을 받은 반면에 말이다. 이 사례를 보면 동료 심사 체제가 본래 취지에 맞게 제대로 작동했다고 말할 수 있다. 그 용어가 지칭하는 두 번째 활동은 과학자들이 출판하기 위해 학술지에 제출한 논문을 비판적으로 상세하게 검토하는 것이다. 데이비드 볼티모어가 위버 등의 논문을 <셀>에 보내자, 당시 편집장인 벤자민 르윈이 그것을 검토해달라고 몇몇 과학자에게 보낸 것이 그렇다. 그 중 한 명인 클라우스 라예프스키는 문제가 있는 대목을 지적했다. 하지만 그는 사기일 수 있다는 생각은 미처 하지 못했다. 그 체제는 사기를 찾아내기 위해 설계된 것이 아니며, 거기에서 사기가 발각되는 사례는 아주 드물 것이라고 예상할 수 있다. 이 사례에서 라예프스키가 의견서에서 제기한 문제점들을 편집자와 공저자들은 그냥 무시했다.

이 두 사건은 동료 심사 체제의 강점과 문제점을 요약하고 있다. 우선 용어 자체가 불가피하게 처한 곤혹스러운 상황이 문제가 된다. 서로 다른 두 활동을 하나의 용어로 부른다는 것 말이다. 학술지에 제출된 논문의 비판적 검토를 논문 심사라고 부르기도 한다. 혼동을 피하기 위해 만든 용어이다. 그것은 어정쩡한 미봉책이 아니다. 두 활동은 비록 개념상으로는 연관이 있지만 기능, 방법, 역사가 다르기 때문이다. 하지만 그 이중 용법은 과학자들과 편집자들의 사고방식과 대화에 너무 깊이 배어 있어서 개선하기가 쉽지 않다. 한 예로 젊은 과학자의 경력은 이른바 동료 심사 학술지에 논문을 발표했는가에 크게 좌우된다.

우리는 동료 심사의 이 두 양상을 아예 서로 별개로 다룰 수는 없다. 그것들은 기본 취지가 비슷하며, 둘 다 현재 작동하고 있는 과학 체제의 본질적인 부분이기 때문이다. 둘 다 미국과 유럽의 과학 내에서 인지도, 돈, 지위 서열, 권력이 배분되는 양상과 긴밀하게 얽혀 있다. 그 체제에서 핵심적인 것은 그 두 가지가 과학의 자치와 자율을 보호하기 위해 발달한 방법들이라는 점이다. 동료 심사와 논문 심사는 과학계라는 이름을 앞세워서 과학자의 연구를 다른 과학자들이 판단하는 것이다. 연구비 신청서들을 심사할 때, 과학자들은 다른 과학자들의 연구 계획이 유망한지를 평가한다. 논문 심사에서는 소급적인 관점에서 과학자들이 다른 과학자들의 완성된 연구를 평가한다. 두 활동은 발표되기 전까지의 과학 탐구 과정의 양끝을 대변한다.

두 가지 전략적 관점―미래 지향적, 소급적―을 취하는 동료 심사와 논문 심사는 대단히 중요한 제도들이다. 그것들은 탐구 과정을 통제하는 수단이자 동시에 결과를 비준하는 수단으로 여겨지며, 또 마땅히 그래야 한다. 그것들은 '문지기'라고 여겨져 왔다. 연구비 신청서 심사 기구는 과학 체제의 바깥에 있는 공무원, 정치가, 대중의 직접적인 압력으로부터 연구 계획이나 연구진의 선택권을 보호하는 방패막이이다. 또 동료 심사와 논문 심사는 연구비를 배분하는 사람들과 결과를 출판하는 사람들을 편향되었다는 비난으로부터 보호하는 예방 기능도 지닌다. 둘은 점점 더 중요해지고 있다. 그것들이 과학의 자치 유지에 기여하는 일상적인 역할 때문에, 대다수 과학자들은 그것들을 과학 탐구의 토대를 이루는 핵심적인 요소라고 옹호한다. 그렇기에 그것들은 대다수 과학자들에게 불변의 영구적인 초석처럼 보이는 듯하다. 물론 그것들은 그렇지 못하다. 비록 동료 심사와 논문 심사가 합리적이고 필수불가결하고 불변하는 것으로 비칠지 모르지만, 역사적으로 보면 그것들은 최근에 생긴 제도들이다. 그것들은 자연법칙도, 인식론 법칙도 아니다. 그것들은 변화하고 진화해 왔다. 동료 심사에 관한 편집자들의 1차 총회 때, 당시 캘리포니아 대학교 출판부의 과학 편집장 엘리자베스 놀은 '동료 심사 체제에 대한 유별나게 무비판적인 신뢰'를 신랄하게 비판했다.

> 겨우 한 세대 만에 편집 동료 심사는 강력한 사회 체제로 자리를 잡았다. 그 과정에서 공식적인 동료 심사는 동료 심사 과정의 원래 취지에 걸맞게 연구의 객관성을 담보하는 데 어느 정도 기여를 해 왔다. 기관이든 개인이든 우리는 동료 심사가 그저 과학 논문을 검토하는 것이지 그 자체가 과학 탐구 과정은 아니라는 사실을 잊는 경향이 있다.

놀의 말은 옳다. 비록 그녀가 말한 것은 학술지 논문 심사였지만, 그 말은 연구비 신청서 심사에도 똑같이 적용된다.

분명히 지난 20년 동안 동료 심사에 관한 문헌들은 놀랄 정도로 많이 늘어났다. 공격하고 방어하고 검증하고 분석한 수백 편의 논문들과 수십 권의 책들이 나와 있다. 최근에 연구비 신청서의 동료 심사 연구 사례들을 꼼꼼하게 조사한 14쪽 분량의 자료가 나왔는데, 거기에 120편의 문헌이 인용되어 있었다. 논문 심사 과정에 비해 연구비 신청서 심사 과정에는 주의를 덜 기울였는지, 인용된 문헌이 10분의 1도 안 된다. 조사 결과를 보면, 질문들을 체계화하기 어렵고, 자료를 얻기도 어렵고, 결론들도 모호하다고 나와 있다. 좋은 연구는 거의 없다. 가장 나은 것조차도 명쾌하지가 않다. 믿음은 강하며, 동료 심사의 효력을 찬성하거나 반대하는 설득력 있고 믿을 만한 증거는 너무나 드물다.

동료 심사와 논문 심사는 2차 세계대전 이후에야 우세해졌고, 둘이 비슷하긴 해도 초기의 역사는 서로 크게 다르다.

*

2차 세계대전 이전의 미국에서는 과학 연구에 연방 정부의 예산이 지원되는 사례가 극히 드물었다. 가장 큰 예외는 농업 분야였다. 농무부의 현장 사업소들과 토지를 무상 불하받은 대학들은 정부 지원을 받아 연구를 했다. 그 체제는 원래 남북전쟁 때 기원한 것이었으며—남부의 주들은 그런 종류의 지원을 반대해 왔다—20세기에 들어설 무렵에는 모든 주에 걸쳐 치밀한 망을 구축했고 정치적으로 손댈 수 없을 정도로 규모가 커졌다. 미국 지질조사국도 연방정부 예산을 지원했다. 그 외의 과학 연구는 몇몇 대규모 민간재단으로부터 연구비를 지원받았다. 20세기 초에 창립된 재단들 가운데 수위를 차지하는 것은 철강과 철도를 좌우한 앤드류 카네기, 석유와 은행을 손에 쥐었던 존 록펠러가 세운 것들이었다.

카네기가 부의 복음이라고 부른 것을 설교하고 다윈주의에 오명을 붙일 정도로 무자비하게 새로운 경제 질서가 구축되면서 전례 없는 수준의 사유 재산이 축적되던 시대에, 이 두 사람은 인도 하이데라바드의 니잠과 함께 세계 최대의 부자들이었다. 화폐 가치로 환산할 때 이들은 빌 게이츠나 워렌 버펫 같은 현대의 최고 벼락부자들보다 몇 배나 더 부자였다. 당연히 그들은 자본가였기에 대체로 관심사와 태도에 공통점이 많았다. 하지만 개인적인 행동 양식은 딴판이었다. 카네기는 활기가 넘치고 세속적이었으며, 록펠러는 엄격하고 인색하고 헌신적인 침례교도였다. 20세기로 들어올 무렵, 그들은 자선사업의 경쟁자가 되었다. 철강왕은 워싱턴 카네기협회를 설립한다는 계획을 세우고 있었다. 그는 1902년 그 기관에 1,000만 달러의 1차 기부금을 냈다. 한 세기 뒤인 지금 화폐 가치로 따지면 약 2억 달러에 해당한다. 그가 맨 처음은 아니었다. 1901년 3월 석유왕은 뉴욕에 록펠러 의학 연구소를 설립하겠다고 발표했다. 비록 그 연구소에서 실험실들이 처음 문을 연 것은 1906년이 되어서였지만. (당시나 지금이나 우선권은 자극제 역할을 톡톡히 해낸다.) 존 록펠러의 밑에는 그가 오랫동안 깊이 신뢰해 온 유능한 인물인 프레더릭 게이츠가 있었다. 게이츠는 원래 침례교 목사였는데, 상상력과 말하는 재주가 뛰어났다. 19세기 말에 그는 존 록펠러 2세와 록펠러 자선사업 계획을 짰다. 그들은 1903년 이스트 강 유역에 연구소 부지를 구입했고 선임 과학자들을 모으기 시작했다.

이 후원자들은 돈으로 상황을 통제할 수 있었다. 그러기 위해서는 정부로부터의 독립이 첫 번째 조건이었다. 그들이 참고할 만한 모델은 파스퇴르 연구소였다. 루이 파스퇴르는 광견병 면역 시연 뒤의 열광적인 분위기에 힘입어 기부금이 밀려들자 1888년 그 연구소를 세웠다. 그 연구소는 통제하기로 유명한 프랑스 정부로부터 자유로웠으며, 의학 연구에서 뛰어난 성과를 올렸다. 기존 대학교들로부터의 독립도 절실한 요구 사항이었다. 그럼으로써 집중적이고 새 법인의 방식에 맞게 전문적인 관리가 이루어질 수 있고, 가르치는 일에 연구할 시간을 빼앗기지 않을 터였다. 게다가 기이하게도 록펠러는 명성 있는 의대와 제휴 관계를 맺는 것을 아예 거부했다. 그는 동종요법을 믿었기 때문이다.

1차 세계대전이 일어나기 직전 몇 년 동안 많은 대규모 다목적 재단들이 새로 설립되었다. 여기서도 카네기와 록펠러가 가장 씀씀이가 컸다. 카네기는 1911년 1억 2,500만 달러의 첫 출연금을 내놓아 카네기재단을 설립했다. 지금으로 치면 약 7억 달러이다. 처음에 재단은 주로 그의 아주 다양한 박애사업들의 총괄기관 역할을 했다. 전 세계

영어권 국가들에 총 2,509곳의 공공도서관 건립, 교회에 오르간 기증, 카네기협회에 대규모 추가 지원금 출연, 작은 대학과 대학교에 소규모 연구비 배분 등의 일을 했다. 카네기가 1919년 8월에 사망하자, 재단 이사회와 임직원들은 '지식과 이해의 발전과 확산'이라는 넓은 개념의 표어로 관심사들을 합리화했다(그 표어는 지금도 쓰이고 있다). 자연과학에도 일부가 지원되긴 했지만, 1920년대에 줄어들다가 1931년에 중단되었다.

록펠러 부자와 게이츠는 1913년 록펠러재단을 설립했다. 재단은 록펠러연구소로부터 독립되어 있었고, 과학을 포함한 다양한 분야에 지원을 했다. 1927년까지 록펠러는 재단에 1억 8,300만 달러의 출연금을 냈다. 지금의 10억 달러에 달한다. 두 세계 대전 사이에 그 재단은 기초 연구, 특히 생물학에 가장 관대하고 강력한 후원자 역할을 했다. 1932년부터 1955년까지 그 재단의 자연과학 분과장은 워렌 위버(Warren Weaver)였다.

위버가 과학에 지원을 하는 방식은 지금의 방식과 전혀 다르다. 그 때문에 그의 방식은 지금도 관심을 가질 만하다. 2002년 9월 맨해튼 미드타운에 있는 한 유명한 클럽의 독립된 방에서 12명이 만찬 회의를 가졌다. 참석자는 대부분 과학 기자들이었다. 나는 역사가인 척하는 언론인으로 참석했다. 그 지역의 가장 자산이 많은 재단들 중 한 곳의 은퇴한 부회장이 주최한 모임이었다. 목적은 다른 재단—그 중에서도 최대 규모에 속한 한 곳—의 회장에게 조언과 제안을 해달라는 것이었다. 너무나 자산이 많아 지원을 할 새 분야가 필요한데, 그는 먼저 과학에 관심을 보였다. 그는 처음에 대화를 할 때 워렌 위버의 이름을 언급했다. 대화가 끝날 무렵 나는 위버의 방식으로 돌아가면 어떻겠느냐는 제안을 했다. 위버가 두 가지 교훈을 주었기 때문이다.

본래 수학자였던 위버는 연구 신청서를 기다리지 않고 어느 분야의 연구 방향을 정하고자 지원할 과학자들을 적극적으로 찾아서 선택했다. 한 예로 그는 러시아에서 태어나고 교육을 받은 프랑스 유전학자 보리스 에프루시(Boris Ephrussi)가 프랑스에서 현대 유전학을 발전시킬 수 있도록 했다. 에프루시는 이미 미국에서 손꼽히는 멘델 유전학자인 캘리포니아 공대의 토머스 헌트 모건 밑에서 1년간 지낸 바 있었다. 첫 단계로 에프루시는 캘리포니아 공대에서 1년을 더 보낼 수 있게 해달라고 요청했으며, 훈련시킬 조수를 한 명 데리고 왔다. 때는 1936년이었고, 그 조수는 젊은 자크 모노(Jacques Monod)였다. 그때의 경험과 대인 관계는 모노의 관심사와 행동 양상에 큰 영향을 미쳤다. 그로부터 20년 뒤 그는 분자생물학의 황금기라는 10년 동안 중요한 업적을 남겼다.

분자생물학이라는 용어 자체도 위버가 만든 것이며, 그는 그 분야의 초창기 발전을 뒷받침했다. 1938년 재단 보고서에 그는 '물리학과 화학이 생물학과 융합되는 경계선상에 있는 분야들'의 탐구를 돕고, '살아 있는 세포의 궁극적 단위에 관한 많은 비밀들을 밝혀주기 시작하는 새로운 과학 분야—분자생물학—서서히 출현하고 있다'고 썼다. 선견지명을 담은 탁월한 말이다. 하지만 그 원리들은 현재에도 적용된다. 첫째, 유망한 인재를 찾는다. 둘째, 더 미묘하고 더 어려운 일인데, 이전까지는 그리 가까운 관계가 아니었던 분야들의 경계 영역이 융합되기 시작하는 지점을 찾는다.

사실 나는 이전에 별개였던 요소들의 통합이 중요한 새 연구의 보편적이고 강력한 발생기라고 오랫동안 믿어 왔다. 새 연구는 오래된 포석의 틈새들에서 번성한다. 예술에서도 그렇다. 영어로 글을 쓴 폴란드인인 조지프 콘래드를 생각해보라. 영어로 글을 쓴 러시아인인 블라디미르 나보코프도. 독일어, 폴란드어, 그 지방 방언인 그의 어머니가 쓰던 말인 카슈비아어라는 세 언어문화가 만나는 단치히, 현재의 그단스크에서 자란 귄터 그라스도 있다. 사례는 아주 많다. 음악계의 헨델, 무용계의 발란친을 생각해보라. 1453년 오스만투르크족에게 콘스탄트노플이 함락된 뒤 화가, 장인, 저술가, 철학자 등이 책과 도구를 꾸려서 그리스 서부로 이주함으로써 르네상스라고 하는 대소동이 일어난 일을 생각해보라.

과학에서는 1970년대에 시작된 분자생물학과 면역학의 합류가 한 가지 단순한 사례이다. 분자생물학자들은 처음에 생쥐 같은 동물의 면역계를 왜곡시키는 방법을 써서, 하나나 몇 개의 유전자가 변형되거나 추가되었을 때 그 생물의 발생에 어떤 영향이 미칠지를 알아낼 수 있을 것이라고 생각해서 면역학으로 진출했다. 데이비드 볼티모어는 그 일에 앞장섰다. 면역학자들은 정확성과 명쾌함을 지닌 분자생물학의 방법들을 이용하여 자신들의 난공불락의 고전적인 문제들을 공략하고 싶어 했다. 테레자 이마니시-카리의 문제점 중 일부는 그녀가 사실상 분자생물학의 방법을 받아들인 적이 없었다는 것이다. 더 쓸쓸한 사실은 위버 등의 논문이 잘못된 합류의 산물이었다는 것이다. 그 합류는 비정상이었다. AIDS와 말라리아 같은 긴급한 현실적인 문제들을 비롯한 현재의 면역학 연구들은 그 합류의 산물이다.

혹은 판구조론을 생각해보라. 대륙들의 위치가 수억 년에 걸쳐 바뀐다는 개념은 비록 당신이 초등학생 시절 남아프리카 동해안과 아프리카 서해안을 비교했을 때는 명백했겠지만, 1915년 알프레트 베게너가 처음 진지하게 그 주장을 내놓았을 때 지질학자들은 코웃음을 쳤다. 그 뒤 1960년대 중반 물리학자들은 특정한 원소의 방사성 동위원소의 붕괴 속도를 이용하여 비교적 젊은 암석의 연대를 파악하는 새로운 방법을 개발했다. 같은 시기에 지질학자들은 대서양 중앙에서 길게 갈라진 틈을 발견했다. 그 틈으로 녹은 암석들이 흘러나와 식으면서 양쪽으로 평행한 띠무늬를 형성하고 있었다. 여태까지 서로 무관했던 분야들에서 이루어진 이 두 발견이 합쳐지자, 암석 띠들의 연대를 파악할 수 있었다. 그들은 전 세계의 다른 암석 띠들도 생성 연대가 똑같이 순차적인 양상을 띠고 있음을 증명했다. 즉 해저가 팽창하면서 거대한 지각판들이 움직이고 그 위에 놓인 대륙이나 대륙의 일부도 따라 움직인다는 것을 말이다. 그 합류는 10년이 채 지나기 전에 판구조론이라는 새로운 과학을 탄생시켰다. 판구조론은 가장 깊은 바다에서 지진 지대를 거쳐 산맥이 솟아오르는 것까지 많은 것들을 통합한다. 그리고 물론 아프리카 서해안과 남아메리카 동해안의 관계도 설명한다.

수학자들은 지난 50년 동안 이전까지 전혀 관계가 없었던 분야들을 통합시키는 최신 유행하는 방법들을 통해 오래된 난제들을 몇 가지 해결했다. 그 중 하나가 1993년 프린스턴에 재직한 영국 수학자 앤드류 와일스(Andrew Wiles)가 17세기 이래로 수학자들을 당혹스럽게 만든 유명한 추측인 페르마의 마지막 정리를 증명한 일이었다. 와일스의 증명은 2백 쪽에 걸쳐 빽빽하게 적혀 있었고, 그것을 이해할 수 있는 사람은 세계에서 수천 명에 불과했지만, 그래도 <뉴욕 타임스>의 전면 기사로 실렸다. 서로 무관했던 분야들의 통합은 개인 수준에서도 놀라운 결과를 낳을 수 있다. 가장 놀라운 사례는 1951년 가을에 젊은 제임스 왓슨이 영국의 케임브리지에 있는 캐번디시 연구소로 옮긴 일이다. 그는 그곳에서 프랜시스 크릭을 만났다. 왓슨은 미생물 유전학을 전공했고, 크릭은 물리학을 전공했으며, X선 결정학을 이용하여 생물학적으로 중요한 커다란 분자의 삼차원 구조를 파악하는 연구를 하고 있었다. 둘은 서로를 가르쳤다. 그들의 협력은 DNA, 즉 유전물질의 구조 파악을 낳았다. 20세기 생물학의 가장 엄청난 발견이었다.

유망한 개인을 발굴하고 충돌이 진행 중인 분야들을 살펴보라. 이 말이 중요한 새 과학을 생산적으로 지원하는 원칙이다. 연방정부의 과학 연구비 지원은 그런 식으로 이루어지지 않는다. 아마 그럴 수 없을 것이다. 거대 민간재단은 그럴 수 있다. 그런 재단의 기능은 국립보건원이나 국립과학재단의 지원을 받지 못하는 빠진 틈새를 채우는 식이 되어서는 안 된다. 거대 민간재단이 과학에 지원을 하는 최상의 방법, 가장 타당한 방법은 바로 여기에 있다. 1930년대에 록펠러 재단의 워렌 위버가 중요한 연구를 찾아내는 데 성공했다는 정당한 평가 속에 말이다.

세계 역사를 보면 전쟁 뒤에 혁신이 이어지는 사례가 종종 있다. 2차 세계대전은 미국 연방정부의 과학 지원 체계에 혁신을 일으켰다. 그 혁신을 이끈 선지자는 배너바 부시였고, 주된 기관은 국립보건원과 국립과학재단이다. 비록 두 기관은 연구비 지원 과정의 세부 사항들에서는 차이가 있지만, 근본적인 문제점들 중에는 같은 것들이 많다. 국립보건원의 절차를 살펴보면 문제점들이 명확해지고 결함들이 드러날 것이다. NIH의 결정에 따라 매년 수십억 달러의 쓰임새가 정해진다. 2003 회계연도에는 270억 달러를 넘었고, 2004 회계연도(2003년 10월 1일자로 시작된)에는 280억 달러였다. 그 예산은 수백만 명의 건강에 영향을 미칠 수 있다. 그리고 연구 분야들의 건강에도.

연구비 신청서의 동료 심사 체제를 비판하는 내용들은 크게 세 가지 범주로 나뉜다. 불공정하며 선입견이 개입된다. 신뢰할 수 없으며, 지원할 최고의 연구를 선택하는 데 효율적이지 않다. 비용이 많이 든다. 거기에는 쇠퇴와 타락의 여지가 있고, 따라서 개선을 필요로 하는 세세한 사항들이 있다. 과학자들은 새로운 연구를 하거나 현재 연구를 갱신하기 위해 NIH에 신청을 한다. 성공한 연구 책임자는 한 해에 서너 건의 연구비 신청서를 제출하거나, 여유 있게 2년 걸러 한 번씩 쓸 수도 있다. 연구비 지원은 5년마다 갱신된다. 신청서의 핵심은 행간 여백 없이 엄격하게 정해진 최소 글자 크기로 25쪽을 넘지 않게 쓴 상세 내용이다. 단어 수로는 거의 1만 단어에 달한다. 거기에 어떤 구성 요소를 어떤 순서로 쓸 것인지는 정해져 있다. 즉 연구의 구체적인 목적, 배경과 의미, 예비 조사 결과나 진척 과정, 연구 계획 순이다. 25쪽 앞에는 초록과 첫 해의 예산을 개별 항목까지 상세히 적고, 그 이후의 소요 예산은 더 개략적으로 적도록 되어 있다. 그 외에 주요 연구자들의 이력 같은 부수적인 항목들이 있다. 연구비 신청서를 쓰는 데는 2주에서 1달이 꼬박 걸린다.

그 과정은 시간을 잡아먹는다. NIH는 연간 약 4만 건의 신청서를 받는다. 신청서 하나를 쓰는 데 3주가 걸린다고 보면, 총 12만 주, 2,400 과학자-년이 소요되는 셈이다.

NIH에 신청서를 제출하는 기한은 연간 몇 차례로 정해져 있다. 국립보건연구원은 1930년에 처음 공중보건청 산하 기관으로 의회의 설립 승인을 받았지만, 당시 법률에는 민간 기부금으로 예산을 충당하도록 되어 있었다. 1937년에 의회는 국립암연구소 설립을 승인하면서 첫 해 예산을 70만 달러로 정했다. 2004년 봄 NIH 산하에는 노화, 알코올 중독, 알레르기, 인간 유전체 연구, 신경 장애와 발작, 육아를 연구하는 기관 등 20개 연구소와 국립의학도서관이 있다. 연구원장이 가장 고위직이며, 대통령이 임명하므로 정치적 입김을 대단히 심하게 받는 자리이다. 하지만 권력은 개별 연구소 소장들에게 집중되어 있다. 암연구소 이후에 1948년에 4개 기관이 설립되었다. 가장 최근에 설립된 기관은 국립생명의학 영상촬영 및 생체공학 연구소로서 2000년에 설립되었다. 이 기관들 외에 별도의 기능을 하는 7개 센터가 있고, AIDS나 여성 건강 같은 개별 분야들을 다루는 부서들이 많이 있다. 새 연구소를 설립하거나 기존 조직을 재편하는 일은 의회의 승인을 받아야 한다. 의회는 산하 기관별로 연간 예산을 배분하는 역할도 한다. 과학자들은 개별 연구소에 전자우편으로 신청서를 제출하며, 신청서들은 먼저 일차 심사 집단인 평가단(study section, study panel)에 할당된다.

2차 세계대전 이후 4반세기 동안 연구비 신청서의 동료 심사는 제 역할을 충분히 해냈다. 몇 년 전에 컬럼비아 대학교의 저명한 세포학자 로버트 폴락(Robert Pollack)은 내게 자신이 처음 평가단 일을 했을 당시에는 그 일이 아주 흥분되고 유익한 경험이었다고 말했다. '진지하고 과학적 깊이가 있는 논의'로 며칠을 보내곤 했다고 말이다. "당시에는 평가단 활동이 이루 가치를 따질 수 없는 경험이었지요. 사실상 3일 동안 자기 분야에서 가장 앞선 연구를 하고 있는 최고의 과학자들과 세미나를 하는 셈이었어요." 그러나 질은 점점 떨어졌다고 했다. "그 체제는 거의 붕괴한 거나 마찬가집니다." 무엇보다도 평가단원들의 헌신과 열정이 애석하지만 사라지고 있다. 그는 근본적인 이유가 각 연구에 배분되는 연구비가 점점 줄어들고 상위 25퍼센트에 해당하는 신청서들의 등위를 신뢰할 수 있게 매기기가 점점 더 어려워지면서 정치적인 영향력이 확연해졌기 때문이라고 말했다. "레이건-부시 시대에 동료 심사는 정치적으로 다루어졌지요. 평가단원의 자질보다는 성별, 인종별, 지역별 균형 배분 같은 것들이 중요해졌어요." 동료 심사 과정에서 과학자, 연구실, 학파 사이의 경쟁도 눈에 띄는 요소가 되었다. 외부 압력을 피하기 위한 수단으로 출범한 것이 적어도 어느 정도는 과학 내부의 정치 활동이 펼쳐지는 장으로 변질되고 말았다.

익명으로 남고 싶어하는 S라는 면역학자의 경험을 들어보자. "1990년대에 4년 동안 평가단원으로 있었지요." 그가 속한 평가단은 국립 알레르기 및 감염성 질환 연구소에 제출된 신청서들 중 한 하위 분야—면역학 연구—의 것만을 검토했다. "평가단원은 약 20명이었고, 업무량이 엄청났지요." 그는 1960년대와 70년대에는 평가단들, 적어도 자신이 속했던 평가단의 구성원이 주로 의사들이었다고 말한다. "1990년대 초가 되자 우리 평가단에 실험 과학자들, 젊은 부교수들이 충원되었죠. 독자적인 연구를 한 경력이 5년쯤 되고, 꽤 알려졌고—즉 믿을 만하다는 평판을 얻었고—행정업무 같은 것을 맡지 않아 시간 여유가 있는 사람들이었지요." 그보다 더 지위가 높은 평가단원들도 일부 있었다. "평가단장—그는 자기 이름을 말했다—은 좀 연륜이 깊은 사람이 맡았지요." 각 평가단에는 NIH 소속의 사무국장과 신청서를 복사하고 배분하고 관리하는 일을 하는 직원이 한 명 배속되어 있었다.

"평가단은 연간 서너 차례, 3일 일정으로 모임을 가졌지요. 베데스다할러데이 여관이나 체비체이스에 있는 시시한 호텔 같은 곳에서 만났어요. 오로지 일만 했지요. 커다란 방에 온종일 앉아서 말입니다."

"평가단원 20명이 각자 10건을 검토했습니다. 갱신 신청도 있었고 새 신청도 있었지요. 신청서는 회의가 열리기 3주 전까지 접수된 것들이었습니다. 25쪽 분량이었고, 평가단원 두 명이 읽고 평가서를 썼지요. 평가서는 한 행씩 띄어 쓴 10~20쪽 분량이었습니다. 그 평가서들을 다른 평가단원 한 명이 읽습니다. 독자인 셈이지요. 그는 공식 평가서를 쓰지 않습니다." 하지만 그는 동의하지 않는 부분이 있을 때 의견을 덧붙일 수 있었다. "독자는 새로운 역할이었지요. 평가서들은 회의 첫 날 사무국장과 단장에게 제출되었어요." 그리고 즉시 평가단원들에게 배부되었다. "아주 부담스러운 일이었어요." 사실 S는 평가단원이 연간 거의 두 달을 꼬박 일하는 셈이라고 했다.

공식 연구 자료들은 그 말을 입증한다. 15년 전에 발표된 한 자료는 NIH 평가단원들이 심사에 보내는 시간이 연간 30~40일이라고 했다. 따라서 최소한 심사자 두 명이 각자 30일 동안 10건의 신청서를 검토하는 셈이다. 환산하면 신청서 하나를 심사하는 데 적어도 6일이 걸린다는 것을 시사한다. 연구비 신청 건수가 현재 수준이라면, 그 일에 적어도 연간 24만 일, 4만 주, 800 심사자-년이 소요되는 셈이다. 다시 말하지만 심사자들은 대부분 한창 전성기를 누리는 젊은 과학자들이다.

"가끔 친한 사람들의 신청서도 있지요. 10건 중에 2건은 아주 잘 아는 사람의 것이지요." 회의에서는 신청서들을 하나씩 살펴보았다. 평가단원들은 과학적 사항들을 놓고 토론을 했다. "과학 토론을 끝낸 뒤 점수를 제시합니다. 독자 두 명이요." 점수는 1이 가장 높고 5가 가장 낮으며, 소수점 이하도 쓰인다. "두 심사자의 점수가 크게 다르면, 토론 시간을 연장했습니다. 심사자 사이에 자기반성이 많이 이루어집니다. 아주 효과적이었지요." 그렇게 해서 교섭이 이루어진다. "과학을 이해하고 평가하는 방식이 서로 다르다는 것을 드러냈다는 데 가치가 있지요. 또 개인적인 편견도 드러냈지요. 그리고 두 독자가 점수에 동의하면 전원 표결에 들어갔습니다."

현실적이지만 거의 간파하지 못한 결함이 하나 있다. "논의에 더 고차원적인 구조가 없었어요. 그저 '그가 무엇을 규명할까?'나 '아직 녹아웃(knock-out) 생쥐를 못 만들었나요?' 같은 수준의 논의만 있었지요. 평가단원들은 예산의 제약 때문에 공정성에 몹시 신경을 썼어요. 신청서들 중에 아무 쓸모도 없다는 사실이 뻔한 것은 거의 없었지요." 그 제약은 냉엄한 것이었다. "원래는 점수가 1.6이면 승인되었지요. 하지만 곧 1.4가 죽음의 키스 점수가 되었지요. 그러니 그 일 자체가 아주 심란해졌지요. 내가 그 일을 하는 동안, 내핍을 강요하는 상황은 두 가지 수준에서 우리에게 영향을 미쳤어요. 첫째는 지급 기준이 너무 높게 설정되어서 93백분위 수까지만 연구비가 지원되었지요. 혼란스러운 상황이었어요. 평가단 전원이 그랬지요. 그것은 평가단원 전부가 자신의 연구비는 어떻게 될까 우려했기 때문이기도 했지요. 그들도 심사를 통과하지 못할 수 있었으니까요. 우리는 정말로 하기 싫은 일을 하고 있었던 거지요."

중증도 분류(Triage)는 전쟁터에서 가장 두려운 단어라는 말을 흔히

한다. 그 말은 원래 물질을 집단별로 분류하는, 대개 질에 따라 셋씩 나눈다는 것이며, 결코 불길한 의미를 지니고 있지 않았다. 새로 깎은 양털이나 새로 딴 커피 원두가 영어에서 그 단어가 처음 적용된 사례들이었다. 하지만 곧 그 단어는 품질이 최하인 것들을 제외시킨다는 의미를 은연중에 지니게 되었고, 야전병원에서 위생병들이 따로 치워 놓을 치명상을 입은 병사들, 죽을 것이 확실하기에 치료가 시간과 자원 낭비가 될 병사들을 분류한다는 의미로도 쓰이게 되었다. 평가단 일에 '중증도 분류는 1990년대에 도입되었다'고 S는 말했다. "처음에는 비공식적으로 이루어졌지요. 그 다음에 공식적이 되었고, 회의가 열리기 전에 무엇이 제외되었는지를 알게 되요. 하지만 어느 누구든 평가단에 말해서 신청서를 취소할 수 있었지요." 등급 매기기가 끝이 아니었다. 평점에 합의한 뒤, 평가단은 요구된 소요 예산을 검토했다. 한 줄 한 줄 논의하면서 죽 훑었다.

"누구든 4년 동안 하고 나면 다시 하려고 하지 않았어요. 해마다 사람들이 나가고 들어오지요. 전에는 평가단이 주로 기존 학파에 속한 고전적인 면역학자들로 구성되어 있었어요." 하지만 그가 평가단장이던 시절과 그 전후로 '평가단이 크게 재편되었다'. 그가 속한 평가단은 오직 면역학만 다루었다. "하지만 당시 이 범주에 속한 신청서들은 대부분 분자생물학, 분자유전학과 관련이 있었지요." S는 평가단이 일찍이 1980년대 중반에 면역학자들, 특히 신세대 면역학자들이 분자생물학의 일반적인 방법들을 받아들이기 시작했고, 같은 시기에 분자생물학자들은 자신들의 의문, 특히 발생과 분화의 경이로울 정도로 복잡한 특성, 즉 하나의 수정란이 어떻게 다세포, 다기능의 성체가 되는가라는 문제를 공략할 수 있는 모형 계를 찾다가 면역학 쪽을 기웃거리고 있다는 사실을 실감했다고 말했다. "데이비드 볼티모어는 아예 발생계라는 표현을 썼지요. 아무튼 새 평가단원들은 그 방법들에 정통해 있었지요. 때로 평가단은 특정한 신청서들을 다룰 특별 평가단원을 선임하기도 했어요. 그 변화는 내가 재직하던 기간보다 더 오랜 기간에 걸쳐 일어났어요. 아마 10년에서 15년에 걸쳐 이루어졌을 겁니다." 실망한 신청자들은 불만을 터뜨렸다. "평가단에 무슨 일이 생긴 겁니까? 젊은 친구들은 도대체 자신들이 맡은 일이 뭐라고 생각하는 건가요? 이 평가단은 너무 분자적이에요.”

또 S는 10년 전에 로버트 폴락이 내게 한 말과 똑같은 말을 했다. 평가단의 활동이 정치적이 되어가고 있었다는 것이다. “NIH로부터 인종, 성, 지리적으로 다양화하라는 압력을 받았지요. 지리적 다양화가 가장 어려웠어요. 분자생물학은 동서 해안의 과학이에요. 세인트루이스의 워싱턴 대학교나 시카고 대학교나 있을까, 중서부에는 좋은 연구 기관들이 거의 없으니까요. 이 압력은 연구원장실에서 나왔지만, 궁극적으로는 의회를 흡족하게 하기 위한 것이었죠.”

다양화하라는 압력은 평가단원의 충원에도 영향을 미쳤지만, 가장 불쾌한 점은 그것이 연구비를 줄 연구실들이 속한 기관을 선정하는 데까지 가해졌다는 것이다. 수행되고 제안된 연구의 우수성을 근거로 엄격하게 연구비를 배분한다면, 하버드, 스탠퍼드, 존스홉킨스 같은 일류 기관들에 있는 일류 과학자들에게 주로 돌아갈 것이 뻔했다. ‘엘리트주의’는 평가단 내에서도 들리는 표어가 되었다. 이미 우수한 곳에 몰아주는 식으로 연구비를 배분하면 지방에 있는 기관에 속한 능력 있는 젊은 과학자들이 자신들도 마찬가지로 뛰어난 연구를 할 수 있다는 것을 증명할 기회를 박탈당한다는 설득력 있는 논리를 펼칠 수는 있다. 하지만 그것을 근거로 약간이라도 다양화가 필요함을 역설하는 사람들은 현재의 심사 체제 내에서 지원 대상자를 선정하는 신뢰할 만한 대안 방법을 내놓지 못한다.

그런 제약은 더 나아가 평가단이 단기적인 연구 결과에 초점을 맞추도록 영향을 미쳐 왔다. “신청자의 일생에 걸친 성취를 보지 않는 체제는 뭔가 잘못된 거죠.”

평가단을 통과한 신청서들은 연구소의 위원회와 소장이라는 두 단계에 걸쳐 더 승인을 받아야 한다. 법적으로 각 연구소는 자문위원회를 설치하도록 되어 있다. 위원은 12명 이상이며, 과학자들과 일반인이 포함되어야 한다. 원칙적으로 평가단은 엄정하게 과학적 가치에 따라 신청서들의 순위를 정하는 반면, 위원회는 연구소의 전반적인 방침, 형평성, 예산에 비추어 연구 계획이 어떤 위치에 있는지 등 더 폭넓은 정책적인 문제들을 고려하도록 되어 있다. 현실적으로 위원회가 개별 신청서의 우선순위를 변경하는 경우는 극히 드물다. 자문위원회의 권고는 으레 그런 것이니까. 말 그대로 구속력이 없는 자문이다. 위원회를 통과한 연구 제안서는 소장에게 간다. 연구소장은 최종 결정을 내리며, 연구소장에게는 상당한 재량권이 주어져 있다. 승인된 연구 계획에 다년간 많은 예산이 들어갈 테니 당연한 일이다.

해럴드 바머스는 1993년 버나딘 힐리 후임으로 과학계의 환영 속에 국립보건원연구장에 임명되었다. 원장이 되자마자 그는 실험 과학자의 관점에서 연구비 동료 심사 문제를 검토하도록 했다. 비록 그 자신은 연구비 신청을 거절당한 사례가 한 번도 없긴 했지만. 그는 '낮은 승인율, 다시 제출된 신청서들의 높은 비율, 유능한 인재들이 평가단에 참여하지 않으려는 태도'가 의욕을 꺾는다고 종합적인 결론을 내렸다. "똑같이 우수한 연구 계획들에도 연구비를 차등 지급하도록 되어 있다. 그런 식의 심사는 정말로 사기를 꺾는다."

국립과학재단(NSF)의 심사 절차도 대강 비슷하다. NSF는 NIH보다 더 중앙 집중화가 되어 있다. 준독립적인 연구소들 대신에 계층 조직이 있다. 맨 위에 분야에 따라 6개 국이 있다. 수학 및 물리학, 생물학('건강 관련 분야는 제외'), 지질학, 공학, 사회과학 및 경제학, 교육학 분야이다. 그 외에 주로 남극대륙과 관련이 있는 모든 분야의 연구를 담당하는 극지 연구 계획 사무소가 있다. 의회는 국별로 예산을 계상하고 승인한다. 2003 회계연도에는 예산이 총 53억 달러였다. 각국에는 몇 개의 과가 있고, 과 내에서는 연구 계획별로 세분된다. 각 연구 계획마다 책임자가 있다. 신청서는 연간 두 차례 받는다. 2월 1일과 8월 1일이 접수일이다. 제출은 전자 우편을 통해 이루어지며, NIH에서 요구하는 것과 비슷한 형식과 규정을 따라야 한다. 심사는 여러 기관의 방식을 혼합한 형태이다. 계획 책임자는 제안서를 6명의 외부 심사자들에게 보내고 서면으로 의견서를 받는다. 그 다음 자문 평가단이 모여 그들의 견해와 자신들의 견해를 비교하며 논의한다. NSF는 해마다 약 5만 명의 외부 심사자들이 25만 건의 심사의견서를 제출한다고 자랑한다. 물론 무보수이다.

그들 중에는 NIH 평가단원들이 쓰는 10~20쪽의 의견서에 맞먹을 정도로 해박하고 논리적이고 상세하고 철저하게 심사를 하는 사람들도 분명히 있다. 그리고 그렇지 않은 사람들도 있다. 최근에 나는 사회과학 및 경제학국의 과학기술 연구 계획(과학사회학 및 과학사 분야를 가리키는 최신 학술용어)에 신청서를 제출한 바 있다. 외부 검토자 6명이 평을 했다. 서너 명은 사리에 맞고 도움이 되는 평을 했다. 5백 단어 정도로 길게 쓴 평은 없었다. 268개 단어로 된 의견서가 한 편 있었는데, 아주 서둘러 입력한 듯했다.

> 유감스럽게도 나는 연구비 신청서나 구직 신청서에 치여 사느라(한 예로 하버드는 아무도 임용하지 않기로 결정했다) 25만 달러가 넘는 연구비 신청서에는 많은 주의를 기울일 수 없다. 사실 분자생물학 분야의 상응하는 전문가들이 NSF에 고작 2만 5,000달러를 달라고 세 번이나 애걸해야 하는 상황이니 말이다.
> 박사후연구원에게는 3만 5,000달러를 주고 뛰어난 학자에게는 고작 25달러를 준다는 이런 생각은 크게 잘못된 것이다….

NSF 평가단은 외부 의견서들을 살펴보고 신청서를 꼼꼼히 조사한 뒤 나름대로 의견서를 작성하고 등급을 제시한다. 지원해야 하는 것, 지원할 수도 있는 것, 기각하지만 의견서를 반영하여 수정을 거쳐 다시 제출이 가능한 것, 딱 잘라 거절해야 하는 것 등이다. 그 다음 계획 책임자가 가용 연구비를 얼마까지 줄 수 있는지 결정한다. 가치 있는 것으로 판정된 많은 연구 신청서들이 이 단계에서 제외되며, 신청자는 '우리는 마음에 들지만….'이라고 말하는 편지를 받고 공허한 만족감을 얻는다.

불공정하고 신뢰할 수 없고 비용이 많이 든다. 연구비 신청서의 동료 심사를 비판하는 이런 온갖 주장들은 하나의 질문으로 이어진다. 바로잡을 수 있을까? 제대로 작동할 수 있을까? 첫째, 편향되어 있다는 비판을 살펴보자. 가장 자주 제기되는 것은 네 가지이다. 기관 편향, 일류 연구 센터들이 부당하게 혜택을 받는다는 것. 나이 편향, 입지를 굳힌 과학자들이 연구비를 받을 가능성이 더 높다는 것. 성 편향, 여성이 남성보다 받는 비율이 적다는 것. 패거리주의, 즉 기관 연고주의. 심사자가 자신이 개인적으로 친한 신청자를 선호하는 것. 앞의 두 가지는 분명히 가능성이 있다. 하지만 비록 과학자들이 그런 것들을 우려하고, 일부는 깊이 우려한다고 할지라도, 기관 편향이나 나이 편향을 다룬 연구 결과들은 평가단원의 경험을 제대로 반영하지 못한다. 그 경험은 더 미묘하고 더 막연하기 때문이다. 그 편향들은 납득할 만큼의 증명도 반증도 하지 못한다.

성 편향은 다른 문제이다. 가장 결정적인 연구는 두 스웨덴 면역학자, 크리스티네 베네로스(Christine Wennerås)와 앙네스 볼드(Agnes Wold)가 했다. 전 세계에서 과학 분야의 박사학위를 받는 여성의 수가 계속 늘어나고 있지만, 학계의 상층부는 여전히 주로 남성들로 이루어져 있다. 베네로스와 볼드는 스웨덴의 상황을 언급했다. "여성은 생명의학 박사학위의 44퍼센트를 차지하고 있지만, 박사후과정 연구원은 25퍼센트에 불과하며 교수는 7퍼센트밖에 안 된다." 그런 수치를 강조하면서 그들은 1995년 스웨덴 교육부로부터 '스웨덴 생명의학 연구의 주요 연구비 지원기관 중 하나인 스웨덴 의학연구위원회(MRC)의 동료 심사 체제가 남녀를 평등한 기준으로 평가하는지 조사할' 연구비를 얻어냈다. 박사후과정 연구원 신청자들의 연구 신청서들을 선정할 때 말이다.

1995년 박사후과정 연구원의 장학금 지원 인원이 20명이었다. 114명이 지원했다. 남성이 62명, 여성이 52명이었으며 평균 나이는 36세였다. 신청서들은 연구 분야별로 나뉜 11개 심사 위원회 중 한 곳으로 전달된다. 각 위원회에는 5명 이상의 심사자들이 있다. 미국의 정보 자유법에 해당하지만 훨씬 더 강력한 스웨덴 출판물 자유법을 동원하여 베네로스와 볼드는 일차 서류, 즉 심사자가 신청자별로 적은 기록표를 얻었다. 고려할 요소가 세 가지 있었다. 두 가지는 신청자의 연구 계획을 판단했다. '적절성'과 제시된 방법론의 우수성이었다. 세 번째는 신청자의 '과학적 능력'이었다. 현실적으로 과학적 능력은 생산성, 즉 발표한 독창적인 논문의 수와 질을 의미했다.

그들이 첫 번째로 간파한 것은 심사자들이 세 요소 모두에서 여성들에게 낮은 점수를 주었고, 특히 과학적 능력에 불리한 점수를 주었다는 점이다. 세 요소의 점수를 종합하니 여성 신청자들이 평균적으로 남성보다 19퍼센트 더 낮았다. "그 해에 박사후과정 연구원 장학금을 받은 사람은 여성이 4명, 남성이 16명이었다." 적절성과 방법론의 우수성 판단은 어느 정도는 주관적일 수밖에 없다. 능력, 즉 생산성, 여성의 가장 약한 요소라고 하는 것도 심사자들은 주관적으로 판단했다. 하지만 객관적으로 정량화할 수 있다. 따라서 첫 번째 의문은 이것이었다. 여성이 정말로 생산성이 낮았을까? 베네로스와 볼드는 논문의 공저자들 중에서 신청자의 순위와 발표한 학술지의 수준에 가중치를 부여한 논문의 수를 이용한 측정값을 설정했다. 순위는 그저 논문에서 연구에 가장 중요한 기여를 한 과학자의 이름을 가장 앞에 쓴다는 규약에 따라 신청자가 논문의 주저자인가 아닌가를 판단하는 식이었다. 학술지의 질은 인용지수(impact factor)로 판단했다. 인용지수는 필라델피아의 과학정보연구소(Institute for Scientific Information)가 연간 수십만 편의 논문이 실리는 8,500종이 넘는 학술지들을 대상으로 해당 학술지에 실린 논문이 한 해에 다른 논문에 인용된 평균 횟수를 계산한 것이다. 일류 전문 학술지들—저자들은 <거트(Gut)>, <신경과학(Neuroscience)>, <방사선학(Radiology)>을 예로 들었다—은 인용지수가 약 3이다. <네이처>는 25이며, <사이언스>는 22이다.

그 연구의 방법론은 엄밀했고, 표현은 가차 없었으며, 결론은 명확했고, 대단한 충격을 안겨주었다. 연구 결과는 1997년 5월 <네이처>에 실렸다. 첫 번째 결론은 '여성 후보자가 같은 능력 점수를 얻으려면 남성 후보자보다 평균 2.5배 생산성이 높아야 했다'. "이것은 <네이처>나 <사이언스>에 실린 논문 약 세 편… 또는 인용지수가 약 3인 학술지에 실린 논문 20편에 해당한다." 베네로스와 볼드는 순위 결정에 영향을 미칠 수 있으리라 여겨지는 다양한 요소들을 고려했다. 통계분석 결과 하나만 남고 다른 요소들을 모두 배제되었다. "신청자의 국적, 교육, 연구 분야, 박사후과정 연구원 경험은 능력 점수에 아무런 영향을 끼치지 않았다.”

예외: 그들의 성 편향 분석은 덤을 하나 낳았다. 패거리주의가 있다는 강력한 증거가 나온 것이다. 스웨덴 의학연구위원회의 심사자는 개인적으로 또는 직업상 후보자와 관계가 있다면 ‘그 신청자의 점수 매기기에 참여하지 못한다’. 하지만 통계 수치들은 ‘중립적인’ 위원들이 동료 위원과 친분이 있는 신청자를 평가할 때 점수를 올려줌으로써 보완을 했기에, 이 규정이 불충분했다’는 것을 보여주었다. 이 효과는 남녀에게 똑같이 나타났으며, 신청자의 전체 순위에 성 편향에 맞먹는 강력한 영향을 미쳤다. 따라서 두 번째 결론은 ‘실제 동료 심사 점수에 토대를 둔’ 첫 번째 분석이 ‘동료 심사 체제가 이미 단편적으로 시사되어 왔듯이 연고주의에 휘둘린다는 직접적인 증거’를 제공했다는 것이다.

(그 논문 마지막 장의 마지막 줄에는 이런 글귀가 붙어 있다.”<네이처>의 부언: 이 논문은 남성 3명의 동료 심사를 거쳤음.)

편향에 상관없이 비평가들—자신의 연구 신청서가 거부당한 사람들만 있는 것은 아니었다—은 연구비 동료 심사가 최고의 연구를 선정하는 데 그리 효율적이지 않다고 주장한다. 신청서들 가운데 가장 좋은 점수를 받은 것들을 보면서 평가단은 가장 상위에 있는 것들이 최상의 연구 결과를 내놓을 것이라고 예측할 수 있을까? 과학자들이 제기하는 이런 질문 중 가장 당혹스러운 형태는 그 체제가 안전한 연구를 선호한다는 것이다. 신청자도 평가단원도 위험을 무릅쓰고 싶어 하지 않는다. 비정통적인 착상, 근본적으로 새로운 것임이 드러날 수 있는 과학은 동료 심사를 거치는 연구비 지원을 받지 못하기 십상이다. 그 점은 언뜻 보면 설득력이 있으며, 저명한 과학자들(데이비드 볼티모어도 포함하여)이 개인적 경험을 들먹거리면서 격렬하게 되풀이해 온 비판이기도 하다. NIH는 그 비판을 인정한다. 그곳에는 과학심사센터(Center for Scientific Review)도 있다. 2003년 여름까지 엘비라(엘리) 에렌펠드가 소장이었다. 최근에 그녀와 대화를 한 적이 있다. “성과가 보장되어 있는 연구 계획에 아주 좋은 점수를 주는 경향이 있지요. 전반적으로 나는 NIH 동료 심사가 아주 잘 작동한다고 생각합니다. 하지만 동료 심사를 결코 통과하지 못할 것들이 일부 있어요. 어느 정도나 되는지는 말할 수 없지만요." 수준 이하의 것들이 아니라 너무 특이해서 현 체제로는 평가하여 위험을 무릅쓰고 받아들이기가 어려운 것들이기 때문이다. 종합하자면 그 체제가 사실상 선정자를 고르는 신뢰할 수 없는 방법인지 여부는 파악하기가 정말로 어렵다. 지원을 받은 과학과 그렇지 못한 과학의 성과를 어떻게 비교할 수 있단 말인가?

사기와 가장 관련이 있는 비판은 두 가지이다. 첫째, 많은 이들은 연구비 심사 과정이 표절을 조장한다고 믿는다. 그 과정의 익명성은 신성불가침한 것으로 여겨지지만, 그것은 쇠퇴와 타락을 가져올 수 있는 것이기도 하다. 평가단원들이 해당 전문 분야의 관련자가 아니라면 별 도움이 안 될 것이다. 하지만 눈앞에 놓인 연구 계획이 뛰어날수록 심사자가 자신의 연구와 관련된 새로운 착상과 방법을 습득할 가능성이 더 높아진다. 로버트 폴락이 가장 첨단 연구를 하고 있는 일류 과학자들과 세미나를 하는 것 같다고 했듯이 말이다. 모든 사항들을 종합했을 때, 그것은 강점이 되어야 한다. 그러나 극단적일 때 그것은 누설이라고 완곡하게 말할 수 있는 것으로 이어질 수 있다. 그와 관련된 온갖 뒷이야기들과 투덜거림이 가득하다. 하지만 어려운 자료는 본래 얻기가 힘든 것일 수 있다. 그래서인지 그와 관련된 자료는 아예 없다. 하지만 최근의 많은 사기 사례들과 이제 다룰 사례들에서 보듯이, 학술지 논문 심사 쪽으로는 자료가 아주 많다.

사기와 관련된 두 번째 쟁점은 성공 쪽으로 치우치는 편향과 관련이 있다. 과학자들은 남들의 연구를 재연하는 연구에 연구비가 주어질 가능성이 전혀 없다는 것을 잘 알며 굳이 언급할 필요조차 느끼지 않는다. 따라서 과학이 자기 교정적일 수 있다는 기대도 사라진다.

현재의 연구비 신청서 동료 심사 체제의 가장 크고 가장 명백한, 반박할 여지가 없는 문제점은 연구비 신청서를 작성하고 그것을 심사하는 일이 연구할 시간을 지나칠 정도로 많이 잡아먹는다는 것이다. 비용도 많이 들 뿐 아니라 생산적인 연구에 들어갈 시간도 아주 많이 빼앗긴다. 그리고 S와 그의 동료들이 그러했듯이, 이 대가는 주로 가장 생산적인 시기에 있는 과학자들이 치른다.

남은 문제는 이것이다. 대안은 무엇일까?

정기적으로─그리고 새 원장이 임명될 때마다─국립보건연구원은 연구비 신청 절차를 개혁하고 개선하겠다고 선언한다. 거기에는 대개 자질구레한 사항들을 줄임으로써 신청서를 쓰는 데 드는 시간을 줄이려는 노력이 수반된다. 예를 들면 연구비를 받아 진행 중인 연구에 추가 연구비를 신청할 때는 신청양식을 간단하게 한다든지. 그런 과정을 거쳐 NIH는 신청서마다 높은 점수를 받은 과학자들에게 공로상을 수여하고 있다. 수상자는 몇 년 동안 전면 동료 심사를 거치지 않은 채 특정한 연구를 계속할 수 있다. NIH 연구비 지원 방법에 일어난 최근의 가장 흥미로운 변화는 연구원장의 혁신가상(Director's Innovator Awards)이다. 위험이 높고 비용이 많이 들어갈 가능성이 높은 연구가 연구비를 받을 수 없다는 비판에 대한 대응으로 내놓은 것이다. 이 상들은 연구 계획이 아니라 특출한 개별 과학자에게 주어진다. 그들이 자신의 재능을 발휘하도록 하기 위함이다. 2004 회계연도부터 시작된 제도들이다. 에렌펠드는 현재 이 계획을 운영중이다. 그녀는 그것들을 '인재상'(people awards)이라고 부른다. 그녀는 다음 몇 년 동안 두 가지 새로운 모험적인 시도를 더 함으로써 보완할 것이라고 말한다(의회가 예산을 승인한다면). 하나는 '특수 연구 계획상'으로써 거기에 해당하는 '위험이 크지만 성공하면 분수령이 될 연구를 별도로 심사한다'는 것이다. 다른 하나는 '하향식'인데, 공식 용어로는 '원대한 도전 과제'이다. NIH가 스스로 발달할 시기가 되었다고 판단하는 새 분야, 문제를 지정하고 그 일을 맡기기에 적절한 과학자들을 찾는다는 것이다. 하지만 이 모험적 시도들은 규모가 작다. 그것은 더 큰 문제를 강조하는 역할만 할 뿐이다. 그것들은 기존 체제에 덧붙여지는 것일 뿐이며, 결코 근본적인 개혁이 아니다.

대안들은 존재한다. 영국의 의학연구위원회(MRC)는 유망한 분야의 전도유망한 젊은 과학자를 찾아서 소액의 연구비를 제공하고 성공을 거둘수록 더 많은 연구비를 지원하는 방식을 오랫동안 써 왔다. 처음에는 잔가지로 모닥불을 지폈다가 불길이 커질수록 더 큰 장작을 넣는 식이다. 가장 눈에 띄는 사례는 MRC가 1947년 케임브리지의 캐번디시 연구소에 있는 젊은 X선 결정학자 막스 페루츠를 지원한 것이다. 그는 커다란 단백질 분자인 헤모글로빈의 구조를 파악하려고 애쓰고 있었다. 그곳은 프랜시스 크릭과 1951년 9월에 합류한 제임스 왓슨을 포함하여 네 과학자로 이루어진 MRC 분과로 확대되었다. 1962년 페루츠가 동료인 존 켄드류와 노벨 화학상을 공동 수상하고, 왓슨과 크릭(런던 킹스 칼리지의 모리스 윌킨스와 함께)이 생리의학상을 공동 수상할 무렵에, 그 분과가 너무 커지는 바람에 MRC는 캐번디시에서 분리시켜 별도의 건물로 이주시켰다. 그 MRC 분자생물학 연구소는 지금까지 프랑스보다 더 많은 9명의 노벨상 수상자를 배출한 세계 최고의 생물학 연구기관 중 한 곳이다. 그리고 페루츠가 1979년 65세까지 맡고 있던 소장직에서 퇴임하자, MRC는 표준 절차에 따라 연구소를 전면 개편했다. (페루츠는 그 뒤로도 연구와 논문 발표를 계속했다. 2002년 88세로 사망할 때도 논문 2편이 인쇄 중이었다.)

연구 계획보다 과학자에게 연구비를 주어라. 그것은 1930년대에 워렌 위버가 했던 방식이다. 현재 미국에서도 그 방식이 쓰이고 있다. 로절린 앨로(Rosalyn Yalow)는 미국 보훈처 산하 브롱크스 의학센터에서 수십 년 동안 일하면서 연구비 신청서를 한 번도 쓴 적이 없지만 늘 충분한 연구비를 받아왔으며, 혈액을 비롯한 체액에 있는 미량의 표적 물질을 검출하는 방사면역측정법(radioimmunoassay)을 발명한 공로로 1977년 노벨 생리의학상을 받았다. 그녀는 자신이 지원받는 방식이 더 확대되어야 한다고 계속 역설해 왔다. 하워드 휴wm 의학 연구소는 미국에서 두 번째로 자산이 큰 재단이다(빌 앤 멜린다 게이츠 재단 다음으로). 2002년 9월 1일자로 시작된 2003 회계연도에 그 재단이 미국의 여러 일류 연구기관에 설치한 산하 연구실에 소속된 연구자들에게 직접 지원한 예산은 4억 7,900만 달러였다. (재단에는 더 통상적인 방식으로 연구비를 지원하는 과도 있다. 그 과에서는 2003년에 1억 700만 달러를 지원했는데, 주로 과학 교육에 쓰였고 일부만 여러 세계적인 과학자들을 개별적으로 지원하는 데 소요되었다.) 재단의 연구비 및 특별 프로그램 담당 부회장 제럴드 루빈은 최근에 이런 말을 했다. "본 재단은 이 실험을 해 왔는데 잘 돌아가고 있어요." 1983년에 설립된 루실 마키 자선신탁재단은 자산소진 법인이다. 즉 그녀의 사후 15년 내에 그녀의 모든 유산을 다 쓰고 문을 닫도록 했다는 의미이다. 법인은 생명과학 기초 연구에 5억 달러가 넘는 돈을 쏟아부었다. 1984년 재단은 마키 장학 프로그램을 시작했다. 젊은 과학자들을 뽑아 7년 동안 지원하는 계획이었다. 박사후과정 연구원 3년, 독자적인 연구를 처음 시작할 때 4년 동안 지원함으로써 과학자로서의 경력을 쌓는 중요한 시기에 연구비 신청서를 써야 한다는 압력에서 벗어나도록 한다는 취지였다. 5년 전 마키 신탁재단이 문을 닫은 직후에, W. M. 케크 재단이 규모는 훨씬 작지만 비슷한 프로그램을 시작했다.

가장 높은 점수를 받은 신청자들만 지원을 받을 수 있는 한, 평가단이 신뢰할 수 있고 정당한 결정을 할 수 있다고 가정하는 것은 터무니없다. 그 사실은 너무나 당혹스럽고 좌절시키고 의욕을 꺾어 왔다. 문제를 더 복잡하게 만든 것은 과학자들이 자신의 연구성과와 계획을 설명하는 실력이 점점 나아져 왔음에도, 지난 10년 사이에 연구비 신청서 작성 전문가라는 새 직업이 출현했다는 사실이다. 신청서를 88 백분위 수나 92 백분위 수일 수 있는—선정 기준선이 90 백분위 수일 때—다른 서너 편의 신청서와 비교해야 하는 상황에서 동료 심사는 제비뽑기가 된다. 회의가 열릴 때마다 평가단원들은 그 점을 뼈저리게 인식한다. 선정 결과가 발표될 때마다 전국의 과학자들도 마찬가지 심정을 느낀다.

이런 영향들이 총체적으로 사기를 꺾는다는 점이 문제이다. 그 체제의 과부하, 신청서의 부피, 수십 년에 걸친 논란, 점점 커져 가는 불편함, 심지어 무용론까지, 이 모든 문제점들은 일류 과학자들의 의욕을 꺾어 손을 떼게 만드는 정도에 불과한 것일 수도 있다. 사실 연구비 예산은 계속 늘어났다. 2003 회계연도까지 5년 동안 의회는

NIH의 총 예산을 두 배로 늘렸다. (2004 회계연도에도 2003년보다 늘었고, 2005년에도 2004년보다 늘긴 했지만, 물가 상승률을 감안하면 증가분은 훨씬 적다.) 하지만 연구비 지원 체제의 구조적인 문제들은 사라지지 않을 것이다.

*

"심사는 비용이 많이 들고, 시간을 잡아먹고, 부정확하고, 편견에 휩싸이기 쉽고, 사기는커녕 오류조차도 잡아내지 못합니다. 게다가 그것이 자질을 갖춘 편집자의 독자적인 판단보다 더 낫다는 객관적인 증거가 전혀 없어요." <BMJ>의 편집장 리처드 스미스는 2002년 여름 런던의 그의 사무실에서 대화를 나눌 때 그렇게 열변을 토했다.

현재 과학 논문 출판 쪽에서 지각변동이 일어나고 있다. 이 혁명의 한 요소로서 논문 심사 과정에 변화가 일어나고 있다. 스미스와 그의 권위 있는 학술지는 그 변화의 선봉에 서 있다. 변화가 얼마나 심각한지, 얼마나 멀리 진행되었는지를 보여준다.

과학 논문의 동료 심사에도 떠도는 기원 신화가 있다. 여타 기원 신화들이 그렇듯이, 그 신화도 많은 사람들이 믿고 있다. 그리고 많은 신화들이 그렇듯이 그 신화도 거짓이며 현재 세계와 거의 관계가 없다. 하지만 멋진 이야기를 만들어낸다. 기존 역사학은 논문 심사가 18세기 중반 런던왕립학회에서 시작되었다고 본다. 왕립학회 자체는 그보다 한 세기 더 앞서 설립되었다. 출범할 당시로 돌아가 보면 그들이 '새로운 철학, 즉 실험 철학'이라고 부른 것에 대해 창시자들의 관심의 열기가 유행처럼 퍼져 있었음을 알 수 있다. 많은 자연철학자들이 일찍이 내전이 벌어지고 있던 1645년부터 런던에서 매주 모임을 가졌고, 1648년부터는 옥스퍼드에서도 모임이 열렸다. 그 모임은 '우리의 보이지 않는 협회 또는 철학협회'라고 불렸다. 그 문구는 당시 물리학자 로버트 보일이 편지에 즐겨 쓰면서 유명해졌다. 1660년 봄 찰스 2세가 국왕으로 복귀했다. 그 해 11월 28일 수요일 12명이 늘 모이던 장소인 런던의 그레셤 칼리지에 모였다. 그레셤 대학 천문학

교수(건축가이자 만물박사이기도 했다. 그는 런던 대화재 뒤인 1666년 9월, 런던 시에 성바오로 성당을 비롯한 50곳의 새 성당을 건축했다)인 크리스토퍼 렌(Christopher Wren)의 강연을 듣기 위해서였다. 그 날짜부터 쓰기 시작한 의사록에 적힌 모임 관련 내용에 따르면, 렌의 강연이 끝나고 토의시간에 '물리-수학적 실험 학습을 촉진하기 위한 협회를 설립하자는 제안이 있었다'고 한다. 그들은 의장을 지명했고, 적합한 회원 후보자 41명의 목록을 작성했고, 매주 수요일 오후에 모임을 갖기로 했다.

의사록에 적힌 바에 따르면, 그 다음 주에 한 회원이 '국왕께서 이 모임 계획을 알고 계신다. 국왕께서 승인을 하셨고 격려를 하시고자 한다. 다음 모임에서 렌 교수가 진자 실험을 하는 것을 보고 싶다고 하셨다'는 말을 꺼냈다고 나와 있다. 85명의 서명이 있었다. 다음 해 10월 찰스 국왕은 자신도 회원이 되겠다고 했다. 1662년 7월 왕립학회 첫 정관이 국왕의 승인을 받았다. 1663년 국왕은 '실험을 통해 자연 지식을 확대하려는 왕립학회'에 은으로 만든 권표를 하사했다. 주말 모임에서는 실험의 시연이 벌어지곤 했다. 그리고 모임에서 논의되는 또 한 가지는 유럽대륙에 있는 견해가 비슷한 자연철학자들과 활발하게 주고받는 서신에 관한 사항이었으며, 그것이 학회 초기에는 가장 중요한 일이었다.

1664-1665년 3월 초에[*] 학회는 '올던버그의 주관으로 <철학회보(Philosophical Transactions)>를 실을 만한 것이 충분히 있다면 매달 첫 번째 월요일에 발간하기로 하고, 정관에 따라 일부 회원의 일차 심사를 거쳐 이사회의 승인을 받도록 했다'. 헨리 올던버그는 협회가 처음 임명한 두 명의 사무국장 중에서 명성이 있는 쪽이었다. 그는 한 주 뒤에 창간호를 냈다. 기이한 점은 그보다 약 2달 전에 파리에서

---

[*] 영국이 그레고리력을 채택한 것은 1752년이었다. 그 해 1월 1일부터 새 역법을 썼다. 흥미롭게도 왕립학회가 역법을 개정하는 일을 주관했다. 정부가 국가의 중요한 과학 관련 사업에 학회의 조언과 지원을 요청한 초기 사례에 속한다. 당시 윤년을 사용하는 방식이 달라 옛 역법이 새 역법보다 날짜가 10일 뒤처져 있었다. 그래서 10일이 사라진다는 데 항의하는 폭동이 일어났다.

<학술지(Journal des Scavans)>가 창간되었다는 사실이다. 과학사를 보면 그런 식으로 어떤 일들이 동시에 일어난 사례가 많다. 비록 몇 주 차이로 최초의 과학학술지라는 영예를 놓치긴 했지만, <철학회보>는 오늘날까지 꾸준히 발간되고 있다.

즉 그 정관에는 일종의 동료 심사가 규정되어 있었다. 그러나 그것이 본질적으로 비공식성과 개방성이라는 특징을 지니고 있었다고 해도, 논문 선정의 책임은 올던버그가 지니고 있었다. 당시 왕립학회에는 비밀주의라는 것이 없었다. 1663년부터 회원 추천을 둘러싼 논의가 비공개로 진행되기는 했다. 하지만 당시의 과학계는 규모가 작았다. 누가 무엇을 하고 있는지 모두 다 알고 있었다. 회보와 관련된 서신 왕래와 실험 등은 이미 모임에서 다 논의되기 마련이었다.

한 세기 뒤인 1752년 학회는 <철학회보> 간행 방식을 개편했다. 학회는 모든 논문을 검토할 논문위원회를 설치했다. 위원회는 '심사 숙고가 필요한 논문의 주제가 속한 과학 분야에 능통한 회원 누구에게나' 부탁을 할 수 있었다. 이것이 심사의 탄생이라고 종종 간주되곤 한다. 과학평론가로 직업을 바꾼 영국 물리학자 존 지먼은 그것을 '현대 과학사의 핵심 사건'이라고 했다.

이 신화 같은 이야기에도 불구하고, 사실 학술지 논문 심사는 20세기의 창조물이다. 그것의 발전 과정은 거의 탐구된 바가 없다. 그 분야는 아직 개척이 덜 되어 있으며, 증거도 드물고 여기저기 흩어져 있다. 19세기의 과학이 비록 활기에 넘쳤을지라도 지금보다 덜 전문화하고 연구자도 훨씬 적었기에, 학술지들도 드물었을 것이라고 여길지 모르겠다. 사실은 정반대로서 학술지들은 급격히 늘어났다. 특히 의학학술지들이 그랬다. 그러나 그것들을 학술지라고 보기는 쉽지 않을 것이다. 우리가 당시의 신문들을 보면 어리둥절해 하는 것과 거의 같은 이유에서이다. 그 학술지들은 대부분 개인이 창간하고 발행한 것들이었다. 가장 유명한 것들 중에는 편집자의 이름을 딴 것도 있었다. 최초의 생화학 학술지인 <호페-자일러스 의학-화학 연구(Hoppe-Seylers medicinisch-chemischen Untersuchungen)>는 초기 사례에 해당한다

(원래 펠릭스 호페-자일러스가 1877년 <생리화학회지>라는 이름으로 창간했다). 많은 소규모 학술지들, 특히 의학학술지들은 연구를 평가하기보다는 편집자의 견해를 전달하는 매체로 출발했다. 많은 편집장들은 논문을 취사선택하기보다는 빈 지면을 채울 것들을 적극적으로 찾아야 했다. 하지만 최고의 학술지들 가운데 전문가의 책임을 강조하는 것들이 생겨나고, 과학이 점점 분야별로 전문화하면서 산발적이긴 해도 변화가 일어났다. 그래서 1893년 <영국 의학회지>의 편집장 어니스트 하트(Ernest Hart)는 미국 의학학술지 편집자들 앞에서 이렇게 말할 수 있었다.

> 내가 볼 때 전문직 독자들의 진정한 욕구에 걸맞아 보이는 체제는 오로지 서명이 안 된 모든 논평을 특별히 선정한 전문가가 쓰는 것뿐입니다. 그것은 영예롭게도 내가 맡고 있는 학술지를 개편할 때 택한 원칙입니다. 받은 모든 편지, 모든 논설, 모든 편집은 그 문제에 관한 권위자로 인정을 받고 있고, 전문 지식을 갖춘 전문가에게 회부합니다.

이것은 하나의 선언이었다. 그는 말을 계속했다.

> 그것은 매일 많은 편지를 주고받고 개인의 기벽이나 편견이나―언론이라는 도깨비의―부당한 검열에 맞서 늘 경계하고 있어야 하는 고되고 어려운 방법입니다. 하지만 감히 말하건대, 그 방법은 언론에 정확성, 현실성, 신뢰성을 부여하므로 권할 만합니다. 의학학술지가 널리 유용한 수준에 도달하려면 처음부터 끝까지 전문가들이 쓸 필요가 있습니다. 그리고 〈영국 의학회지〉가 지금까지 성공을 거두어 왔다고 여겨진다면, 그 성공은 주로 모든 분야의 모든 글을 믿을 만한 전문가들이 쓰도록 수고와 비용을 아끼지 않았다는 사실 때문이라고 나는 믿습니다.[*]

지금이라고 해도 심사에 대해 그보다 더 나은 정당성과 기준을 제

---

[*] 이 인용문은 역사가 존 번햄의 도움으로 얻었다. 그는 증거가 부족하다는 데 눈에 띄게 좌절한 기색을 보이긴 하지만, 몇몇 논문에서 학술지 심사 이전 시대의 다양한 자료들을 제시했다.

시할 수 없을 것이다. 하지만 전문가들에게 회부하는 방식은 퍼지지 않았다. 20세기에 들어와 한참 지날 때까지도 학술지 편집장들은 예전 왕립학회의 올던버그와 비슷했다. 그들은 독단적으로 일했고 자신의 재량으로 제출된 논문들을 판단했다. 그들은 그렇게 할 수 있었다. 과학이 당시에 반드시 더 단순했다고는 볼 수 없지만, 연구실과 논문의 수가 훨씬 적었기에 경험이 풍부하고 많은 사람들을 접촉하는 편집장이라면 자기 학술지가 다루는 분야들에 정통할 수 있었다. 학술지 심사는 단편적으로 조금씩 퍼져나갔다. 연구비 신청서 동료 심사와 마찬가지로, 그것은 2차 세계대전이 지난 뒤에야 표준이 되었다.

1993년 시카고의 생명의학 편집자 총회에서 강연을 할 때 나는 심사 과정이 본질적으로 허약하며, 그것의 쇠퇴가 연구비 신청서 동료 심사에 일어난 일과 거의 비슷하다고 말했다. 과학 분야가 성장을 한 만큼 그것도 압력을 받고 있다. 지난 반세기 동안 과학자의 수가 엄청나게 늘어났을 뿐 아니라, 전문 분야와 하위 전문 분야가 급증했다. 아울러 학술지들도 크게 늘어났다.

추정값은 저마다 크게 다르지만, 5만 종이 넘는 동료 심사 과학학술지가 현재 간행되고 있으며, 아마 생명의학 분야만 따져도 1만 종은 될 것이다. 인쇄물 학술지 간행은 큰 수익을 올릴 수 있다. 냉정한 경제적 계산을 해보자. 구독 가격이 어느 수준을 넘으면 개인은 더 이상 구독할 여유가 없을 것이고, 오로지 필요성을 절감하는 과학 도서관들만 구입할 것이다. 그 시점에서 수요는 비탄력적이 된다. 즉 발행인이 가격을 훨씬 더 높여도 발행 부수는 거의 줄어들지 않을 수 있다. 사실 가장 전문적인 학술지들은 발행 부수가 수천 부에 불과하지만 구독하려면 연간 2만 달러에서 많으면 5만 달러까지 든다. 그 방정식으로부터 또 한 가지 결론이 따라 나온다. 원고가 편집국에 도착한 순간부터 첫 구독자가 실린 논문을 읽는 순간까지, 가장 전문적인 학술지의 인쇄, 발행, 배부에 드는 비용, 심사 과정에 드는 비용, 편집에 드는 일상적인 비용을 다 더하면 실제로 출판되는 논문 한 편당 평균 비용은 3~5,000 달러에 달하며, 그 이상일 때도 있다. 또 다른 차원에서 그 수많은 학술지들 전체로 볼 때, 시간과 비용 측면에서 심사 과정의 총 비용은 엄청나다. 심사자들이 무보수로 일함에도 그렇다. 물론 연구비 신청서의 동료 심사 문제도 비슷하다.

누가 지불을 하는가? 구입을 하는 과학도서관들은 구매 주문서를 쓴다. 하지만 그들의 예산은 거의 전부 정부 연구 지원금에서 일반경비라고 부르는 것으로부터 나온다. 일반경비는 비서 봉급에서 대학총장의 여행경비에 이르기까지, 복사 비용과 전화요금에서 과학 분야의 대학원생과 박사후과정 연구원에게 지급되는 인건비와 그 액수들을 결정하는 회계사, 그리고 도서관에 이르기까지, 연구실에 직접 지급되는 기본 비용에 추가되는 이른바 행정비용이라고 하는 것의 비율이다. 연구 대학교는 연방정부 기관과 몇 년마다 일반경비를 몇 퍼센트로 할 것인가를 놓고 비용 항목별로 따지면서 협상을 벌인다. 그런 다음 결정된 사항을 각 연구비 신청서에 첨부되는 예산서에 적용한다. 대개 대학교의 NIH나 NSF에 대한 일반경비는 50퍼센트 안팎일 것이다. 그래서 내가 조지워싱턴 대학교에서 분자생물학의 역사로 2년간 연구 계획을 세워 국립과학재단에 연구비 신청을 했을 때, 직접 비용은 449,085달러였지만, 일반경비가 붙는 바람에 605,379달러로 늘어났다. (내 신청은 기각되었는데, 그 경비가 주된 이유였다.)

일반경비율이 놀라울 정도로 높은 곳도 있다. 1980년대 중반에 스탠퍼드 대학교는 해군연구청(Office of Naval Research)과 몇 차례 협상을 거친 끝에 일반경비율을 79퍼센트까지 높였다. 존 딩겔 의원의 조사 소위원회가 그 대학교의 비용 항목들을 꼼꼼히 조사하여 요트, 도널드 케네디 총장 사택의 장식용 꽃과 침대보의 유지비까지 포함되었다는 것을 밝혀내자, 딩겔은 케네디를 소위원회로 소환하여 그 일을 격렬하게 비판했으며, 결국 대학교는 상당한 액수를 반납해야 했다. 다른 많은 대학교들도 소리 없이 과도한 일반경비를 반납했다. 6개월 뒤 케네디는 떠밀려서 사임했다. (하지만 그에게는 인맥이 있었다. 케네디는 교수직은 유지하고 있었고 2000년 6월 <사이언스> 편집장이 되었다.)

물론 일반경비는 의회가 승인한 연구비에서 나온다. 정반대로 민간재단은 일반경비율을 훨씬 더 낮게 잡으며, 아예 인정하지 않는 곳도 있다. 연방정부의 회계자료는 신기할 정도로 입수하기가 어렵다. 다음의 추정값들은 자릿수 하나 정도 오차가 있음을 감안하기를. 이런 식으로 값들을 집대성한 사람이 아무도 없기 때문이다. 국립보건연구원과 국립과학재단은 연구비를 대는 유일한 연방정부 기관은 아니라 해도 주된 기관임에 분명하다. NIH는 자체적으로 상당히 많은 연구를 하고 있으며, 주로 메릴랜드 주 베데스다의 드넓은 연구소, 병원, 원내에서 이루어진다. NIH의 예산 중에서 약 10퍼센트가 그쪽으로 배분된다. 2003 회계연도에 그 예산을 제외하고 245억 달러가 외부에 지원되었다. 그 중에 약 3분의 1은 간접비로서, 그것은 사실 평균 일반경비가 약 50퍼센트에 달한다는 의미하며, 82억 달러에 상당한다. 국립과학재단이 지원하는 예산은 훨씬 적다. 재단의 행정비용과 교육 활동에 쓰이는 예산을 제외하면, 2003년에 약 39억 달러가 연구에 쓰였으며 모두 외부에 지원되었다. 질의를 하자 대변인은 2003년에 재단이 기관들의 일반경비율을 평균 약 19퍼센트로 허용했으며, 총 6억 달러가 소요되었을 것이라는 추정값을 내놓았다. 다른 연방기관들이 지출한 일반경비도 이 사례들에 비추어 추측해볼 수 있다. 우리는 이 경로를 통해 연방정부가 미국 연구 대학교들에 연간 약 100억 달러를 일반경비로 보조한다고 말할 수 있다. 이 지원이 없다면, 많은 대학교들은 돈이 궁할 것이다. 즉 일반경비가 도서관에 지원될 때, 인쇄된 학술지들은 심사자들을 이용할 뿐 아니라, 정부지원 연구 체제 전체를 활용하여 이익을 올린다. 물론 궁극적으로는 납세자들이 그 비용을 댄다.

　그 수많은 학술지들 가운데 인용지수가 높은 것은 극소수이다. 즉 실린 논문이 다른 학술지에 실린 논문보다 훨씬 더 자주 인용되는 학술지를 말한다. 그런 학술지의 내용은 비교적 일반적이고, 많은 전문 분야의 독자들에게 흥미롭고 발행 부수도 많다. 그 부분이 중요하다고 여길 것이다. 따라서 높은 인용지수는 자기실현적이다. 생명의학 분야에서 인용지수가 높은 학술지는 <뉴잉글랜드 의학회지>, <JAMA>, <BMJ>, <랜싯>이다. 그 외에 <피지컬 리뷰 레터스

(Physical Review Letters)>, <미국국립과학아카데미 회보>, <파스퇴르 연구소 연보(and Annales de l'Institut Pasteur)>가 있다.

하지만 인용지수가 가장 높은 학술지는 <사이언스>, <네이처>, <셀>이다. <사이언스>는 미국과학진흥협회가 발행하는 주간지로서 회원이 되면 구독할 수 있다. 발행 부수는 약 14만 부이다. <네이처>도 주간지로서 런던의 맥밀란 출판사 소유이며, 많은 돈을 벌어주는 사업체로서 세계에서 약 6만 7,000부가 발행되는데, 그 중 60퍼센트가 미국에서 출간된다. 두 학술지는 중요한 논문을 싣기 위해 경쟁한다. 그 중에 악명 높은 사례를 하나 들면, 둘이 2001년 2월 같은 주에 아직 완성되지 않은 인간 유전체 서열 분석 결과를 발표했던 일이다. 하나는 NIH의 프랜시스 콜린스와 영국 케임브리지 외곽의 생어 연구소에 있는 존 설스턴을 중심으로 20여 곳의 연구실들이 구성한 공적인 국제 협력체가 내놓은 결과로서, <네이처>에 실렸다. <사이언스>는 콜린스와 경쟁하고 있던 모험적인 과학자인 크레이그 벤터가 설립하고 운영하는 민간 기업 셀레라(Celera)가 내놓은 서열을 실었다. 셀레라는 유전체 정보를 판매하거나 사용료를 받아 수익을 올린다는 목적을 갖고 있었다. <셀>은 격주로 발행되며 더 전문적이다. 약 1만 부가 인쇄되지만, 온라인으로 구독하는 독자들도 많다. 개인이나 기관 구독자는 한 달에 최대 50만 건의 논문들을 내려받을 수 있다.

이 셋은 학술지들, 그리고 그 편집자들과 발행인들끼리 벌이는 경쟁의 효과를 가장 잘 보여주는 사례들이다. 과학자들은 그 학술지들을 양가감정(兩價感情)을 갖고 바라본다. 그들은 그것들이 흥미를 끄는 최신 소식을 전하는 잡지라고, 즉 '선정적인 주간지'라고 경멸한다. 하지만 그 중 한 곳에 논문을 실으면 지위와 명성이라는 보상을 얻을 가능성이 높다. (그 말은 사실이다. 나는 <네이처>와 <셀>에 논평과 서평을 써 왔는데, 전화통에 불이 나고 전자우편이 쇄도했으니까.)

선정적인 주간지들 사이의 경쟁은 불쾌한 결과를 빚어내곤 했다. 효모 분자유전학자 데이비드 보트스타인(David Botstein)은 얼마 전까지만 해도 자신이나 동료들이 자기 분야의 새로 발표된 논문을 골라 꼼꼼히 읽고 그것의 신뢰도와 가치를 어느 정도 확신을 갖고 판단할 수 있었다고 말했다. 하지만 지금은 그런 일이 거의 불가능하다는 것이다. 세포학과 분자유전학을 비교하면 알 수 있듯이, 분야가 점점 복잡해지는 것도 한 가지 이유이지만, 그것은 단편적인 원인일 뿐이다. 더 중요한 이유는 발행인으로부터 편집자에게로 그리고 기고자에게로 논문을 짧고 명확하고 박력 있게 쓰라는 압력이 내려온다는 것이다. 그 결과 논문은 압축된다. 논의와 결론 부분은 단순해진다. 제한 조건, 주의점, 다른 식의 해석 등은 짧게 언급하거나 아예 빼버린다. 그런 관습은 '(자료 미수록)' 같은 문구의 사용 빈도를 늘린다. 그리고 부주의나 그보다 심한 짓을 하고 싶은 유혹을 불러일으킨다. 일반 과학 독자, 즉 학술지를 내는 편집자가 상정하는 이상적인 독자는 당혹스러워하며, 그가 말했듯이 심지어 잘못 이해하는 일도 벌어진다.

1990년대 중반까지 선정적인 주간지들에 실린 첨예한 논쟁거리들은 그런 노골적인 편집 압력을 받지 않고 실린 논문에 더 부드럽지만 장황하고 드러내지 않는 식으로 표현되었을지 모른다. <랜싯>의 편집장 리처드 호튼은 '연구 논문에 표현된 견해가 기고자들의 견해를 정확히 대변하는가'라는 의문을 탐구해 보기로 했다. 그는 자기 학술지에서 다수의 공저자가 썼으며, 주제와 방법이 제각기 다른 논문 10편을 골라 주저자의 허락을 받아 공저자들에게 6가지 질문에 답해달라는 편지를 썼다. 저자 54명 가운데 3분의 2가 답했다. 질문들은 무해해 보였다. "1. 자신의 연구 결과를 어떻게 요약하시겠습니까?… 3. 자신의 연구의 약점을 어떻게 정의하시겠습니까?… 5. 자신의 연구 결과가 어떤 의미를 지닌다고 보십니까?…." 결론은 무해한 것과 거리가 멀었다.

　　이 정성적인 연구의 결과는 연구 논문이 그것이 보여준다고 주장하는 연구를 한 과학자들의 견해를 고스란히 대변하는 경우가 거의 없다는 것을 보여준다. 나는 (자체) 검열된 비판의 증거를 찾아냈다. 즉 연구 결과의 의미에 관한 불분명한 견해들, 연구의 의미에 관한 불완전하고 혼동되고 때로는 편향되기까지 한 평가, 앞으로의 연구 방향에 대한 불분명한 의견 등이 삭제되곤 했다. 놀라운 점은 평가, 특히 약점에 관한 평가를 싣는 문제에서 빚어지는 의견 불일치였다….

과학논문은 수사학적 작품이다. 즉 논문은 특정한 견해를 독자에게 납득시키거나 적어도 전달하도록 고안된다. 게재된 논문의 표면을 들추고 밑을 파헤치면, 연구 결과의 의미를 놓고 공저자들 사이에 진정으로 의견이 다양함을 보여주는 숨은 연구 논문이 드러날 것이다. 독자와 편집자의 입장에서 볼 때, 연구논문에 표현된 견해는 누구에게도, 아마도 기고자 자신들에게조차 불분명한 힘들에 지배되고 있다.

(호튼이 이런 비판을 하면서 자기 연구의 한계와 후속 연구가 어떻게 이루어져야 할지를 다루었다는 말을 해두어야겠다.)

선정적인 주간지에서 편집의 힘은 노골적으로 드러나 있고 가혹할 때도 있다. 아무튼 이런 일들에 영향을 받을 첫 번째 독립된 독자가 심사자들이라는 점을 생각해보라. 그것은 설령 일반 독자가 동료 심사를 거치는 학술지에 어떤 논문이 실렸을 때, 어느 때보다도 더 자신이 독자적으로 그것이 어떤 의미인지 확신을 갖는다고 할지라도, 심사자들은 자신들의 판단을 확신할 수단을 빼앗긴다는 역설로 이어진다. 이것은 숨겨져 있는 사소하지 않은 문제이다. 연구비 신청서의 심사도 비슷하다는 점을 유념하자. 비록 방식은 다르지만, 둘 다 결정의 근거가 불분명해져 왔다.

연구비 신청서 심사에서와 마찬가지로, 학술지 논문 심사과정을 평가할 때의 첫 번째 어려움은 의견은 많고 확고한 증거는 부족하다는 것이다. 심사의 효과를 평가하려는 연구는 수백 건에 달한다. 2001년 9월 바르셀로나에서 열린 제4차 동료 심사 국제학술대회에서 의학자인 톰 제퍼슨과 세 동료는 그런 연구들을 종합 분석한 결과를 발표했다. 그들은 135편을 '동료 심사 과정의 어느 단계에서든' 혼란을 일으키는 요소들을 '통제하려는 시도를 한 효과를 평가하는 비교 연구' 범주에 넣었다. 그 중에 19편만이 그들이 설정한 질적 기준에 근접했다. 그들은 그 논문들에 지난 20년에 걸쳐 개발된 방법들을 적용했다.

임상치료법의 효과를 과학적으로 연구했다는 자료들을 합리적으로 평가하는 엄밀하고 입증된 방법들을 말한다. 비록 그들이 이렇게 퉁명스럽게 말한 것은 아니었지만, 가장 낫다는 19건의 연구도 다 실패한 것들이었다. "우리는 이 과정의 효과를 평가하는 잘 설계된 연구가 거의 없다는 놀라운 사실을 발견했다."

동료 심사가 널리 활용된다는 점과 그것의 중요성을 고려할 때, 그것의 효과에 관해 밝혀진 것이 거의 없다는 사실이 놀랍기만 하다. 그러나 이런 의문들을 규명하는 데 필요한 연구는 많은 연구비와 수많은 저자들 및 편집자들의 협조뿐 아니라 과학계의 몇몇 부문들이 참여하는 공동 노력을 필요로 할 것이고, 그 주제에 관한 적절한 연구를 수행할 때 수반될 방법론적 문제들도 엄청날 것이다.

그들은 짧게 결론짓는다. "그런 연구가 이루어질 때까지, 동료 심사는 불확실한 결과를 내놓는 검증되지 않은 과정으로 간주되어야 한다." 그렇다고 단편적인 사례 연구만 남는 것은 아닐 듯하다. 연구비 동료 심사와 마찬가지로 근본 질문은 이것이다. 그것이 제대로 작동한다고 기대할 수 있을까? 차이점이 하나 있긴 하다. 지원을 받지 못한 연구 계획과 달리, 인용지수가 높은 학술지에서 퇴짜를 맞은 논문이 반드시 버려지는 것은 아니다. 스티븐 록은 얼마 전에 그와 관련된 증거를 모은 바 있다. "일류 학술지에 제출했다가 퇴짜 맞은 뒤 다른 학술지에, 때로 전혀 수정을 하지 않은 채 실린 논문의 비율이 아주 높다." 그런 상황에서 심사는 기껏해야 일류 학술지들이 안 좋은 논문을 걸러내는 데 도움을 줄지는 모르겠지만, 과학 기록 전반의 진실성을 수호하는 데는 별 도움이 안 된다. 심지어 일류 학술지에서 더 나은 논문을 골라내는 그 체제가 심사 없이 편집자들이 선정하는 체제보다 더 신뢰할 수 있는지를 밝혀낼 엄밀하게 설계된 연구도 전혀 이루어진 바가 없다. 게다가 본질적으로 같은 내용을 한 번 이상 발표한 저자들을 심사자들이 알아낼 수 있을 것 같지도 않다. 록은 이렇게 말한다. "모든 편집자는 저자가 언급하지 않는다면 완전히 또는 거의 똑같은 연구가 이미 발표된 적이 있는지를 자신도 심사자도 알아내지 못한 사례들을 알고 있다.” 더 심각한 것은 심사가 불가피하게 연구 방법과 결과에 대한 저자와 심사자 간의 이해 충돌을 빚어낸다는 것이다. 거기에 표절 유혹도 따른다. 그리고 유혹에는 굴복하기 쉽다. 소만-펠리그-왁슬리트-로드바드의 얽히고설킨 우스꽝스러운 사례를 생각해보라.

심사가 존속하고 있는 이유는 무엇일까? 과학자들은 본래 보수적이다. 학계의 관습 때문에 그들은 동료 심사 학술지에 게재하는 일에 의존하는 듯하다. 하지만 그 말은 왠지 핑계 같다. 우리는 그런 개인적인 편견을 그들이 살아가는 환경에 놓고 보아야 한다. 앞서 인용한 엘리자베스 놀은 오늘날의 과학을 단순한 사회학을 통해 바라본 듯한 설명을 내놓는다. “여러 가지 측면에서 편집 동료 심사는 현재 평등한 동료들의 협력 과정이라기보다는 관료주의적 절차이다. 그것은 여러 가지 이유로 쓰이며, 논문의 주장이 타당한 근거를 지니는지 파악하기 위함이라는 말은 그 이유 중 하나에 불과할 뿐이다. 학술지들은 지금까지 그렇게 해 왔다는 이유로 동료 심사를 활용한다. 편집자들이 자문을 필요로 하기 때문이 아니란 말이다.”

거의 매달 새로운 학술지들이 창간되며, 그 중에는 아주 협소한 하위 분야만 다루는 것도 있다. 그들은 창간 선언문에서 자기 학술지가 동료 심사를 채택할 것이라고 말한다. 이런 사례들에서 동료 심사의 활용은 지적 필요성보다는 전문성을 내세우려는 주장에 더 가깝다. 그런 고도로 전문적인 학술지들의 편집자들은 투고되는 해당 분야의 원고들 대부분을 판단할 능력이 있을 것이 분명하기 때문이다.

심사의 익명성은 과학학술지들에서 거의 보편적인 것이며, 본질적인 것이라고 옹호된다. 그 체제를 구하기 위해 이따금 제시되곤 한 많은 착상들 가운데, 가장 자주 언급된 흥미로운 것은 이 익명성이 폐기되어야 한다는 것이다. 드러먼드 레니가 바로 그런 주장을 강력하게 틈나는 대로 펼쳐 왔다. 1994년 그는 이렇게 썼다. “동료 심사 체제들 가운에 유일하게 윤리적으로 정당화할 수 있는 것은 완전한 비공개(담당 편집자 외에는 저자가 누구인지 알지 못하고 그 편집자만 심사자가 누구인지 아는) 체제나 완전한 개방 체제이다.” 하지만 비공개 체제는 유지될 수가 없다. 임의적이거나 통제된 다양한 실험들은 저자의 정체를 심사자에게 비밀로 해도 논문을 4분의 1이나 절반 정도만 읽으면 저자가 누구인지 거의 정확히 알아낸다는 것을 보여준다.

공개 심사는 드물게 어쩌다가 한 번씩 받아들여져 왔다. 그러다가 최근 들어 예외적인 사례들이 나타나고 있다. 그 사례를 가장 인상적으로 설명한 사람은 피오나 가들리(Fiona Godlee)이다. 그녀는 공개 심사가 타당할 뿐 아니라 실현 가능한 변화임을 판단할 위치에 있다. 그녀는 <BMJ>의 편집장이었으며, 2000년에 공개 심사를 정책으로 삼았다. 그 뒤 가장 성공한 온라인 벤처 출판사인 바이오메드 센트럴(BioMed Central)의 의학 편집장으로 자리를 옮겼는데, 그곳에서도 공개 심사를 도입했다. 그 뒤에 다시 <BMJ> 출판 그룹으로 돌아와서, BMJ 지식(BMJ Knowledge)이라는 부서의 장을 맡고 있다. <JAMA>에 쓴 글에서 그녀는 이렇게 결론을 내렸다. “나는 공개 논평과 심사가 게재 이전의 비공개 동료 심사라는 현재의 결함 있는 체제와 그것이 실린 논문에 신뢰성을 부여한다는 잘못된 확신을 대체할 것이라고 기대한다.” 그녀는 그렇게 생각하는 네 가지 이유를 들었다. 공개 심사가 윤리적으로 더 나으며, 심사서의 질에 심각한 악영향이 전혀 없으며, 실현 가능하며, 심사자가 하는 일이 널리 인식되면서 그들에게 더 큰 책임이 부과된다는 것이다. 그녀가 든 가장 단순하면서 가장 설득력 있는 이유는 윤리적으로 우월하다는 주장이다. 그녀는 1998년 레니가 한 말을 인용하면서 이렇게 썼다. “스스로를 정당화해야 하는 것은 공개 심사가 아니라 대다수 학술지들이 채택한 ‘윤리적으로 불평등하고 모순되는 체제’, 즉 저자가 누구인지는 알리면서 심사자가 누구인지는 알리지 않는 체제이다.”

이 윤리 논증이 현실적인 힘을 지닌 듯하다면 과연 놀랄 일일까? 여기서도 선구자는 리처드 스미스와 <BMJ>이다. 심사 자체를 객관적으로 연구한 사례가 없기 때문에, 그는 점진적인 시험을 거치면서 가능한 한 객관적으로 공개 심사를 향해 나아가고 있다고 내게 말했다. 그 학술지는 이따금 또는 자주 도움을 요청할 수 있는 과학자와 임상의를 약 5,000명 확보하고 있다. 예비 조사 결과는 그들 중에 공개 심사에 반대하는 사람의 비율이 높게 나왔다. 그럼에도 1999년 그들은 실험을, 무작위적인 실험을 시도했다. 그들은 제출된, 따라서 아직 실리지 않은 논문을 도착한 순서에 따라 임의로 A나 B 집단으로 분류했다. 두 집단 중 한쪽의 논문들은 통상 하는 대로 익명성을 보장받은 심사자들에게 보냈고, 다른 한쪽 논문들은 이름을 저자에게 알릴 것이라고 말하면서 심사자들에게 보냈다. 편집자들은 각 의견서의 질을 객관적으로 측정하는 절차 즉 방법을 개발했다. 공개 심사는 아무런 부정적인 효과가 없는 듯했다. 그래서 다음해에 그들은 전면 공개 심사로 개편했다. 개편했을 때 5,000명의 심사자들 중에서 겨우 40명만이 익명성을 포기하지 않겠다고 거부했다. 이어서 2002년 여름 스미스는 <BMJ>에 원고와 심사 의견서를 제출할 때 온라인을 이용하도록 체제를 바꾸었다. 그는 다음 단계는 모든 원고와 심사 의견서를 누구나 읽을 수 있도록 웹사이트에 올려놓는 완전한 공개가 될 것이라고 말한다. "이것은 심사 과정을 변화시켜 과학 담론을 공개하는 방향으로 이끌 것입니다."

'혁명' 같은 엄청난 단어들은 남용하는 바람에 가치가 떨어진 상태이다. 하지만 현재, 바로 지금 과학논문 출판 쪽에서 정말로 혁명이, 인쇄기의 발명으로 일어난 것과 같은 엄청난 혁명이 일어나고 있다. 그것은 인쇄기를 포기하는 것이나 다름없기 때문이다. 공개 심사로의 전환은 이 혁명의 한 작은 부분에 불과하다.

7
저자와 소유권
— 신뢰, 표절, 지적 재산권의 문제 —

저자는 마땅히 지녀야 할 책임을 더 이상 지니지 않는다. 논문의 전체 내용을 지적으로 정당화할 능력 말이다.

— 스티븐 록, 1988년 〈영국 의학회지〉

과학이라는 사회 체제에서 우선권보다 중요한 것은 없다. 로버트 머튼의 역학 공식을 떠올려보라. 공동체는 규범을 강요하며, 그에 걸맞게 두 가지 보상을 한다. 우선권을 얻는 데 필요한 독창성을 인정받고 다른 과학자들로부터 존중을 받는 것이다. 우선권은 존중의 주된 동력이다. 우선권이 무시되거나 부인당하거나 도둑맞는다면? 그보다 더한 비통함, 그보다 더한 분노는 일어날 수 없다.

런던왕립학회는 1967년부터 칼턴 하우스 테라스의 웅장한 건물인 조지왕조 시대의 대저택에 둥지를 틀고 있다. 펠로즈룸에서는 몰과 세인트제임스 파크가 한 눈에 들어오며, 동쪽 끝으로 애드미럴티 아치, 서쪽 멀리 버킹엄 궁전이 보인다. 고인이 된 위대한 과학자 회원들의 초상화가 엄숙한 분위기를 풍기면서 벽에 죽 걸려 있다. 왼쪽으로 창문에 가장 가까운 곳에 독일의 천재 수학자인 고트프리트 빌헬름 라이프니츠의 초상화가 걸려 있다. 그는 1673년에 회원이 되었다. 라이프니츠는 맞은편 벽을 응시하고 있다. 거기에는 1703년 학회 회장으로 선출된 아이작 뉴턴의 초상화가 걸려 있다. 긴 얼굴에 긴 코에 창백한 안색의 뉴턴은 거만하게 창밖을 바라보고 있다. 두 사람과 그 파벌들은 미적분의 우선권을 놓고 다년간 원한에 사무쳐 지저분하게 싸웠다. 뉴턴은 1660년대에 미적분을 창안했고 그것을 적어두었지만 발표하지 않았다. 라이프니츠는 10년 뒤에 다른 기호를 써서 같은 방법을 독자적으로 창안했고, 1676년 왕립학회에 알리고 1684년에 발표를 했다. 그러자 논쟁이 벌어졌고, 그것은 곧 국제적인 추문으로 비화되었다. 널리 알려진 서신들에 나와 있듯이, 논쟁이 가장 격렬할 때 그들은 서로를 사기꾼과 표절자라고 부르곤 했다.

역사는 희극으로 자신을 재연한다. 2003년 10월 6일 월요일 스톡홀름에서 카롤린스카 연구소의 노벨위원회 사무총장인 한스 요른벨은 그 해의 노벨 생리학상을 일리노이 대학교의 폴 로터버와 영국 노팅엄 대학교의 피터 맨스필드 경이 공동 수상한다고 발표했다. 의학에 널리 쓰이는 진단기술인 자기공명영상, 즉 MRI를 발명한 공로였다. 그런데 논란이 벌어졌다. 수요일 <워싱턴 포스트>에 전면 광고가 나더니, 목요일에는 <뉴욕 타임스>, <로스앤젤레스 타임스>와 스웨덴 신문인 <다겐스 뉘헤테르((Dagens Nyheter)>에 광고가 실렸다. 제목은 '부끄러운 잘못은 바로 잡아야 한다'였다. 분노에 찬 글자들이 빽빽하게 들어찬 그 광고는 노벨위원회가 '진실을 무시했으며 역사를 고쳐 쓰려고 시도하고 있다'는 비난을 장황하게 펼치고 있었다. 어떤 식으로? 레이먼드 다마디언(Raymond Damadian)을 제외시킴으로써 말이다. 의사이자 발명가인 그는 자신이 MRI를 처음 발명한 사람이며 로터버와 맨스필드는 그저 그 기술을 개량했을 뿐이라는 주장을 오래 전부터 펼쳐 왔다. 너무나 이상한 그 항의가 <타임스> 기자 니콜라스 웨이드의 관심을 끌었다. 그는 금요일에 그 이야기를 기사로 썼고, 광고비가 <포스트>에 약 8만 달러, <타임스>에 10만 달러가 들었을 것이라고 추정했다. 광고는 다마디언이 회장으로 있는 포나 주식회사에서 냈다. 10일 뒤 <타임스>의 특별기고란에 나는 다마디언의 행동과 지난 세월 동안 노벨상을 받지 못한 20여 명의 과학자들의 행동을 비교하면서 꼴사납게 푸념하고 있다고 꾸짖는 논평을 실었다. 다마디언은 역효과를 빚어낸다는 것을 깨닫지 못한 채, 다음 2달 동안 6번에 걸쳐 전면 광고를 냈고, 낼 때마다 점점 더 분노의 말들로 지면을 가득 채웠다. 12월 9일 스톡홀름에서 노벨상 시상식이 벌어지기 전날, 다마디언은 <타임스>에 2면에 걸쳐 전면 광고를 냈다. 이번에는 지면이 온통 진흙투성이처럼 보였다. 다마디언이 인정했듯이, 총 광고비는 120만 달러에 달했다.

다마디언이 MRI의 첫 단계를 해냈고 원천 특허권을 보유하고 있는 것은 사실이지만, 알 만한 위치에 있는 많은 과학자들은 두 수상자가 가장 직접적으로 현재의 기술로 이어진 연구를 한 사람들이라고 본다. 하지만 다마디언의 주장의 진위와 그의 지나친 말과 광고비 같은 문제는 제쳐두고서, 노벨위원회가 우선권, 특히 선구적인 발견의 우선권을 어떻게 다루어 왔는지를 살펴보기로 하자.

과학자가 아닌 사람들은 신기술의 발명자들에게 노벨상이 자주 주어졌다는 것을 알고 놀라곤 한다. 1926년 테오도르 스베드베리는 초원심분리기를 발명한 공로로 화학상을 받았다. 1948년과 1952년에는 서로 비슷한 미량의 물질들을 용액에서 분리하여 식별하는 방법들인 전기영동과 크로마토그래피의 발명가들에게 화학상이 주어졌다. 과학 분야의 노벨상을 두 번 수상한 세 명(마리 퀴리, 존 바딘) 중 한 명인 프레더릭 생어는 처음에는 단백질을 구성하는 아미노산 사슬의 서열을 분석하는 방법으로, 두 번째는 DNA의 서열을 분석하는 방법으로 수상했다. 또 방사성 동위원소를 화학적 탐침으로 활용하는 방법과, 관심 있는 유전자를 지닌 소량의 DNA 분자를 분석할 수 있을 정도로 수십억 배 증폭시키는 중합효소 연쇄 반응을 발명한 사람들에게도 상이 주어졌다. 그들은 차후의 수많은 발견들을 이끈 선구자들이었다. 다른 과학자들로 하여금 전혀 새로운 범주의 의문들을 규명할 수 있도록 했으니 말이다.

후속 연구에 노벨상이 주어질 때 선구적인 연구를 한 사람들이 포함되는 사례가 많았다. 1945년 언스트 보리스 체인과 하워드 플로리는 페니실린을 개발한 공로로 생리의학상을 받았는데, 그 물질을 분비하는 곰팡이가 항생 효과를 지닌다는 것을 맨 처음 관찰했지만 후속 연구를 하지 않았던 알렉산더 플레밍도 공동 수상자 명단에 올랐다. 가장 가슴 뭉클한 사례는 1986년 게르트 비니히와 하인리히 로러가 주사 터널링 전자현미경으로 물리학상을 받은 일이었다. 당시 그 현미경의 먼 조상인 최초의 전자현미경을 1933년에 발명했던 에른스트 루스카도 공동 수상했다. 운 좋게도 그 때까지 생존해 있었기 때문이다. 그런 사례들을 보면 다마디언이 불평한 것도 이해가 될 듯하다.

장수는 차이를 낳을 수 있다. 노벨상은 사후에 주어지는 법이 없으니까. 1930년대와 1940년대에 중요한 연구를 한 미국 유전학자 바버라 매클린톡은 1983년 89세의 나이로 생리의학상을 받았다. 그녀가 상을 받을 자격이 있다는 점을 의심하는 사람은 아무도 없었지만, 특이한 사실은 그녀의 전기 작가가 말한 바에 따르면, 수상자 선정 이유에 적힌 발견 내용은 사실 그녀의 독창적인 연구가 아니었다고 한다.

수상 자격이 있는 과학자들이 누락되는 사례도 자주 있다. 물리학자 리제 마이트너는 베를린의 예전 동료 두 명이 한 실험이 원자가 쪼개진 것이라는 의미임을 처음으로 간파한 사람이었지만 수상하지 못했다. 동료인 오토 한스는 1944년에 수상했음에도 말이다. 노벨상 수상자이자(전기영동을 발명한 공로로 1948년 화학상 수상) 카롤린스카 연구소에서 노벨상 수상자 선정에 큰 영향을 미치는 인물인 아르네 티셀리우스는 유전자가 단백질이 아니라 DNA로 이루어졌음을 처음으로 밝혀낸 오즈월드 에이버리가 누락된 것이 가장 큰 실수라고 인정했다. 제임스 왓슨과 프랜시스 크릭은 1953년에 DNA 구조를 규명할 때 로절린드 프랭클린의 자료를 토대로 했는데, 그녀는 일찍 사망하는 바람에 1962년 생리의학상을 함께 받지 못했다. 당시 공동 수상을 한 또 한 명은 모리스 윌킨스였다. 프랭클린의 동료였던 그는 그들의 논문이 발표된 뒤에 7년에 걸쳐 DNA 구조를 상세히 밝힌 사람이다. 하지만 DNA 구조 발견에 그가 핵심적인 기여를 한 부분이 있는데, 바로 프랭클린이 찍은 DNA 구조의 X선 회절사진을 왓슨에게 보여주었다는 점이다. 왓슨은 그 사진을 보고 DNA 모형의 핵심 사항들을 파악했다.

수상자에서 제외된 선구자들도 많았다. 1923년 생리의학상은 바로 전해에 인슐린을 발견한 프레더릭 밴팅과 존 매클라우드에게 돌아갔다. 매클라우드는 토론토 대학교에서 그 연구가 이루어진 과의 학과장이었지만, 사실 그 연구에는 전혀 기여한 바가 없었다. 그 연구는 밴팅과 의대생인 찰스 베스트가 생화학자 제임스 콜리프와 공동으로 한 것이었다. 그들이 제외되었다는 사실에 몹시 흥분하여 밴팅은 상금을 베트스와 나누겠다고 선언했다. 매클라우드도 상금을 콜리프와 나누었다. 1974년 마틴 라일과 앤터니 휴이시가 맥동성을 발견한 공로로 물리학상을 수상하자, 다혈질이었던 우주론자 프레드 호일은 그 발견으로 이어진 전파망원경 관측을 맨 처음 한 천문학 전공 학생 조슬린 벨이 빠졌다면서 불같이 화를 냈다. 벨(지금은 조슬린 벨 버넬 박사)은 차분하게 그 소동과 거리를 두었다. 에르빈 샤가프는 가만히 있지 않았다. 1940년대 말에 그는 DNA의 생화학을 연구하다가 자신이 해석할 수 없는 어떤 사실을 발견했다. 나중에 그 사실은 왓슨-크릭의 구조를 통해 설명이 되었다. 샤가프는 자신이 수상자에서 빠졌다는 데 항의하는 편지를 전 세계의 과학자들에게 보냈고, 분자생물학을 반대하는 일에 앞장섰다.

자존심이 세서 아예 문제를 제기하지 않거나 제기했을 때 구경거리로 전락하리라는 것을 잘 알고 있던 사람들도 있었다. 나는 그런 사람을 두 명 알고 있다. 사실들과 그들의 태도를 종합할 때 확실하다. 한 명은 어떤 생물학적 현상을 맨 처음 발견하고 논문까지 썼던 과학자이다. 그런데 학술지 편집장이 의문을 제기하면서 논문 출판을 막았다. 그 사이에 또 다른 사람이 똑같은 선구적인 발견을 하여 논문을 써서 출판했다. 그는 내 지인으로부터 재료와 기술적 도움을 받았음을 인정했다. 나중에 다른 두 과학자가 그 현상을 토대로 강력한 유전공학 도구를 개발했다. 그들이 노벨상을 받을 때 함께 수상한 또 한 명은 두 번째 발견자였다. 나는 그 과학자들이 누구이며 그 생물학적 현상이 무엇인지 말하지 않으련다. 내 지인은 결코 그 문제를 공개적으로나 사적으로, 심지어 가까운 친구들에게도 말한 적이 없으며, 노골적으로 질문을 해야만 마지못해 대답할 뿐이니까. 또 한 명은 오랫동안 자기 분야를 빛나게 한 과학자로서, 그의 방법과 깨달음은 다른 두 명이 노벨상을 받는 데 직접적인 기여를 했다. 그의 분야나 그의 대학교에 있는 많은 사람들은 비록 수상자들을 괘씸하게 생각하는 것은 아니지만 내 지인도 공동 수상을 했어야 한다고 말한다. 내가 알기로는 그는 그 문제를 한 번도 입 밖에 낸 적이 없다. 이 두 사람과 조슬린 벨 버너의 우아한 행동은 레이먼드 다마디언이 재산을 탕진하며 펼친 심술궂은 행동과 극명한 대조를 이룬다.

*

　데이비드 볼티모어는 자신이 이마니시-카리 사건을 처리하는 방식을 옹호하면서 온갖 말을 쏟아냈는데 이런 말도 했다. "사람은 자기 동료를 신뢰해야 하는 법입니다." 그 말은 과학자들이 말하는 신뢰 개념을 곡해한 사례이다. 거기에 맞서는 원칙이 하나 오래 전부터 있어 왔다. 과학논문의 저자는 모두 논문의 모든 내용에 책임을 져야 한다는 것이다. 우리는 많은 과학자들이 실제 행동을 할 때 그 원칙을 무시해 왔음을 살펴보았다. 로버트 슬러츠키에 의해 자신도 모르게 공저자로 승격된 젊은 과학자들을 비난하기 어려운 반면, 존 다시의 논문 109편 가운데 공저자로 이름이 오른 47명을 생각해보라. 그들 중 많은 사람들은 최소한의 주의를 가지고 다시의 논문을 읽었다면 불합리한 점들을 찾아냈을 것이다. 직무 유기가 분명하다. 하지만 그런 개인의 행동은 그런 사례들에서 으레 나타나는 예측할 수 있는 부분이다. 원인들은 일반적인 것, 다시 말하지만 구조적인 것이다. 그것들은 저자의 지위에 대한 전통적인 접근 방식에 내재된 것이며, 성장과 변화에 제대로 대응하지 못한 탓이다. 그리고 다시 말하지만, 사기는 기존 과학 활동들의 그늘을 훤하게 밝히는 빛이 된다.

　올바른 의미의 신뢰는 거의 언급되는 일은 없지만 토대를 이루는 과학 활동의 본질적인 부분임이 분명하다. 공동 연구자, 공저자 사이의 신뢰, 좀더 일반적인 남들의 발견을 토대로 연구를 하는 사람들에게 요구되는 신뢰, 가장 넓은 의미에서 과학의 증거와 개념에 대한 일반 시민의 신뢰는 한 번 잃으면 회복하기가 쉽지 않다. 그 어떤 과학 규범도 그것이 없으면 무의미하다. 신뢰는 과학자들이 경쟁자들의 야심을 우려하여 진행 중인 연구를 논의하기를 꺼려할 때 위태로워진다. 사기, 특히 표절이 만연해 있다고 인식될 때도 신뢰는 위협을 받는다. 잘 나가는 학계가 권력 관계의 압력을 받아 과학의 내용을 놓고 타협을 한다고 선언할 때나 대중이 일부 과학자가 정부 연구비를 받아 한 연구를 개인 재산을 불리는 데 이용한다고 판단할 때처럼, 과학자들의 동기가 순수하지 않게 보일 때 신뢰는 의문시된다.

볼티모어가 어설프게 모방한 의미의 신뢰는 현재의 고에너지 물리학에서처럼 엄청나게 복잡하면서도 까다로운 실험을 하는 공동 연구자들 사이에서 필수불가결한 것이다. 스탠퍼드 선형가속기센터(SLAC)나, 경쟁 관계에 있는 유럽의 제네바 외곽에 있는 유럽입자물리연구소(CERN)에서 나온 연구 논문에는 이론물리학자 및 실험물리학자, 컴퓨터 전문가, 다양한 분야의 연구자들 등 백 명이 넘는 저자들의 이름이 실려 있곤 한다. 대단히 어려운 일인 가속기 터널의 진공을 유지하는 연구자나 입자 광선을 보정하거나 검출기들을 보정하는 연구자의 일을 물리학자가 점검하거나 실험자가 검사 방법을 설계한다는 것은 상상할 수도 없다. 그 백 명의 저자들은 서로 남들의 지식에 의지하면서 연구를 해야 한다. 그것은 탐구 정신, 사기 진작의 토대이다. '팀 과학(Team science)'은 대규모 집단을 이루어 하는 과학 이상의 의미를 지닌다.

2003년 7월 <네이처>에 L. W. 힐리어 등의 '사람 7번 염색체의 DNA 서열'이라는 논문이 실렸는데, 8개 연구시설에 속한 107명이 공저자였다. 생물학, 특히 유전체 계획의 후속 연구를 진행하는 분야에서는 때로 물리학 분야에 맞먹을 정도로 다양한 전공자들이 대규모로 참여하곤 한다. 그러나 맥락은 다르다. 그런 종류의 물리학에서는 상호작용 양상이 처음부터, 즉 2차 세계대전 때 맨해튼계획이 시작될 때부터 예견되어 있었다. 팀 물리학은 지난 반세기 동안 주요 연구시설들이 확대됨에 따라 함께 성장했다. 기능과 책임의 분할은 형식적이지만 암묵적인 제도적 기본 틀을 만들어냈고, 그 틀 속에 새 인원들이 충원되면서 지속적으로 연구가 진행되었다. 방문객들도 고귀한 상품인 입자광선 이용 시간을 할당받는데, 이 기본 틀이 없이는 제대로 이용할 수가 없다. 이런 양상이 입자물리학에만 한정된 것이 아니다. 한 예로 비록 규모는 더 작지만 허블 우주망원경이나 지상의 천체 관측망 같은 대형 망원경을 이용하는 연구 분야도 그렇다. 반대편 극단에는 주로 이론적이고 고도로 전문적이고 난해하며 대량 기술과 직접 관계가 없는 물리학 분야들이 있다. 그런 분야는 전공자가 수백 명에 불과하며 전 세계에 흩어져 있기 십상이다. 누군가가 내게 말하기를 그런 과학자는 외부인에게는 엘리트주의자이지만, 자신들끼리는 민주주의자이자 평등주의자라고 했다. 여기서는 그 무정부주의적 학계의 모든 구성원이 서로의 연구를 판단할 능력을 지닌다는 사실이 신뢰를 보증한다.

그 107명 공저자의 논문이 실리기 한 주 전인 2003년 7월에 <네이처>의 편집장은 물리학과 생물학을 대비시키면서 생물학에서 팀 과학이 개별 연구자들이 과제를 설정하고 가설을 세우는 전통 내에서 출현하고 있다고 썼다. 그는 그 새로운 질서가 '생물학자, 화학자, 물리학자, 공학자가 뒤섞이고, 더 나아가 각 전공 분야의 문화와 언어 관습까지 융합될 것을 요구한다'면서, 그것이 '때로는 극도로 어려운 요구'라고 했다. 생물학에서 팀 과학은 확립된 제도적인 기풍도 강력한 핵심 인물도 없이 최근에 갑자기 생겨났다.

팀 연구의 정반대 사례는 1960년대 초에 유전암호를 밝혀내기 위해 벌인 열띤 경쟁이었다. 유전암호는 세포의 DNA 가닥에 저장된 유전자와 그것이 발현된 단백질 사슬 사이의 생화학적 관계의 집합이다. DNA인 유전자는 아데닌, 티민, 구아닌, 시토신이라는 네 염기, 즉 네 종류의 화학 단위들로 이루어진 긴 서열인 반면, 단백질은 20종류의 아미노산으로 이루어져 있다. 따라서 네 개의 글자를 조합하여 20가지 대상의 서열을 지정해야 한다. 2개의 글자로 된 단어, 즉 네 염기 중 하나를 첫 번째 자리에 놓고 두 번째 자리에도 네 염기 중 하나를 놓아 단어를 만든다면, 16개의 아미노산밖에 지정할 수 없다. 글자를 3개 연결하면 64가지 조합이 가능하며, 그것은 여분의 암호가 많아서 암호를 해독하는 일이 복잡해진다는 의미였다. 그 3개의 염기로 된 한 조를 코돈이라고 한다. 각 코돈이 어떤 아미노산을 지정하는지 밝혀내는 기술은 국립보건연구원에 있는 하인리히 마타이와 마셜 니런버그가 발견했다. 니런버그는 1960년 8월 모스코바에서 열린 국제 생화학 학술대회에서 첫 코돈을 밝혀냈다고 발표했다. 그 뒤 세 주요 연구실을 비롯하여 몇몇 덜 알려진 연구자들까지 달려들어 극심하고 씁쓸하고 혼란스러운 경쟁이 벌어졌고, 서둘러 내놓은 잘못된 주장들이 난무했다. 실험에 참여하지 않은 프랜시스 크릭은 질서를 찾자고 요구해야 했다.

신약이나 새 치료법을 검사하는 대규모 임상시험도 오래 전부터 내려온 생명의학 팀 과학의 한 형태이다. 비록 수만 명의 피실험자들을 대상으로 많은 병원에서 다년간에 걸쳐 대규모로 이루어지기도 하지만, 임상시험은 조직화 측면에서 보면 초보적이다. 비용이 많이 들고 분산되어 있고 감독하기가 어렵고 재연하기가 사실상 불가능하다. 임상시험은 신뢰를 바탕으로 한다. 즉 연구 전체를 기획한 사람들은 각지에 흩어져 있는 동료들이 세세한 기록 같은 일상적인 일들을 대부분 정확하고 정직하게 한다고 믿고 의지해야 한다. 게다가 사기를 진작시키는 진정한 의미의 상호의존적 팀 연구로 발전할 수도 없다. 즉 대규모 임상시험은 부주의와 사기를 초래한다.

1980년대 말에 유방암 치료에 혁신적인 변화가 일어났다. 당시까지 유방절제술이 표준 치료법이었다. 즉 여성의 유방에서 암 덩어리가 발견되면 유방 전체를 잘라내고, 암이 겨드랑이의 림프절까지 퍼졌다면 그 조직도 마찬가지로 적출하는 식이었다. 많은 여성들이 그런 식으로 암 치료를 받았다. 하지만 그 수술은 비통한 심정에 빠지는 사람도 있을 정도로 여성의 외모를 망가뜨렸다. 그때 림프절까지 전이되지 않았다면 암 덩어리만 잘라냄으로써 유방의 나머지 부분들을 보존하고 방사선 치료를 하면 된다는 발표가 나왔다. 덩어리절제술—투박하지만 잘 잊혀지지 않는 용어—은 유방절제술만큼이나 생존율이 높았다.

그 변화는 국립 수술 보조 유방 및 장 치료계획(National Surgical

Adjuvant Breast and Bowel Project, NSABP)이라는 수술을 보완하거나 대체할 암 치료법의 임상시험을 수십 건 수행해 온 의료시설들의 네트워크가 여러 시설에서 장기적으로 한 임상시험의 결과였다. 피츠버그 대학교의 외과의사 버나드 피셔는 그 계획의 공동 창설자이자 4반세기 넘게 위원장을 맡아 왔고 덩어리절제술 연구의 기획자이도 했다. 연구는 90곳의 병원 및 시설에서 2,163명의 환자를 대상으로 이루어졌다. 가장 큰 집단은 몬트리올에 있는 세인트룩 병원의 의사 로저 포이송이 모집한 354명이었다. 첫 번째 결정적인 논문은 1985년 <뉴잉글랜드 의학회지>에 발표되었다. 1989년 그 학술지에 유방암의 화학요법에 관한 두 논문이 후속 연구로 실렸다. 피셔는 이 세 논문의 주저자였고, 포이송이 공저자였다.

수술을 앞에 둔 여성들은 당연히 그 변화에 무척 고무되었다. 불안해하는 사람도 일부 있긴 했지만. 그러던 중 1994년 3월 13일 <시카고 트리뷴>의 전면에 과학적 부정행위를 끈질기게 파고드는 존 크루드슨의 기사가 실렸다. '유방암 연구의 사기'라는 제목이었다. 크루드슨은 포이송이 실제로 자격이 안 되는 환자들을 포함시키기 위해 세인트룩 병원의 진료 기록을 고쳤다고 폭로했다.

반응은 즉각적이었고 엄청났다. 대다수 미국 여성들이 잘 알고 있는 것처럼, 유방암은 주된 사망 원인이며, 그 병은 사회가 여성들의 욕구에 충분히 제대로 대처하지 못했음을 알리는 상징으로서, 여성운동의 쟁점이 될 정도까지 중요한 의미를 지니고 있었다. 크루드슨의 폭로는 과학 사기 문제를 대중이 심히 우려하던 시기, 볼티모어 사건을 비롯한 일들이 연일 언론에 오르내리고 의회 청문회에 대중의 관심이 쏠려 있던 시기에 터져 나왔다. 국립암연구소와 연구진실성국도 말려들었다. 존 딩겔 위원의 조사 소위원회는 청문회 일정을 잡았다. 피츠버그 대학교는 피셔를 유방 및 장 치료계획의 위원장직에서 물러나도록 했다.

그 사건은 대규모 임상연구에서의 감독과 신뢰 문제를 명쾌하게 보여준다. 그 문제들은 언제나 위험 요소로 고려해야 할 정도로 종종 터지곤 한다. 하지만 그 사례는 기관의 반응에 대한 딜레마도 말해준다. 9장에서 이 문제를 더 일반적으로 다루겠지만, 피셔 사건이 어떻게 전개되었는지 여기서 살펴보기로 하자. 포이송과 피셔가 부정행위를 저질렀다는 것은 의심의 여지가 없다. 하지만 죄의 종류와 정도는 양쪽이 다르다. 포이송이 저지른 일은 적어도 6명의 수술 날짜를 거짓으로 적음으로써 그 환자들을 연구 대상에 포함시킨 것이다. <랜싯>에 실린 내용에 따르면, 그는 연구 대상에 포함된 환자들이 더 세심하게 보살펴질 것이라고 믿었고, 그래서 그것이 그들을 위한 행위라고 생각했다고 주장했다. 크루드슨의 기사가 실린 지 5주 뒤에 드러먼드 레니는 <JAMA>에 상세한 분석 기사를 실었다.

> 그의 많은 협력자들 중 한 명, 그것도 국가도 시설도 다른 곳에 있는 한 명이 사기를 저지른 것은 피셔 박사의 잘못이 아니다. 게다가 변조를 찾아내지 못한 〈뉴잉글랜드 의학회지〉의 잘못도 아니다. 심사 과정은 그것을 감출수 없으며 그것은 능력 밖의 일이다. 공저자들이 속아 넘어갈 수 있다면, 증거를 직접 접하지 않는 과학 학술지는 더 쉽게 속을 수 있다.

레니는 피셔가 크게 잘못한 부분이 그 사기를 능장을 부리면서 비밀리에 처리했다는 점이라고 했다. 크루드슨의 기사가 나오기 거의 4년 전인 1990년 6월, 피셔 연구진은 포이송의 자료에 문제가 있음을 알아차렸다. 석 달 뒤 정기 감사 때 일치하지 않는 자료가 더 많이 발견되었다. 피셔는 수백 건에 달하는 포이송의 사례들을 직접 검토했다. 1991년 2월 그는 포이송의 업무를 중단시키고 처음으로 국립암연구소에 통보했다.

국립암연구소는 그 문제를 연구진실성국에 넘겼다(NIH에서 나와 연구진실성국으로 개편되던 시기였다). 그들은 기록을 압수했다. 그들은 2년이 지난 1993년 2월에야 보고서를 내놓았다. 조사관들은 '과학적 부정행위에 해당하는 자료 위조나 변조 사례 115건'을 찾아냈다고 했다. 포이송은 전적으로 자신의 책임이라고 주장했다. 1993년 3월 그에게 8년 동안 미국 연구비 지원을 금하는 조치가 내려졌다. 5월에 그는 다른 연구들에서도 결과를 날조했다고 시인했고, 미국 식품의약

청은 그의 연구비 신청 자격을 영구적으로 정지시켰다.

하지만 피셔가 자료 오염을 알았던 45개월 동안 그도 국립암연구소도 정정 발표를 전혀 하지 않았다. 크루드슨의 기사가 나오자, 국립수술 보조 유방 및 장 치료계획은 국립암연구소가 조사를 완료할 때까지 그 문제를 공개하지 말라고 지시했다고 주장했다. 또 그들은 처음에는 포이송의 사례 6건을 제외하고, 그 다음에는 354건을 모두 제외한 뒤 연구에 쓰인 자료들을 통계적으로 재분석했는데, 포이송의 자료를 제외해도 연구의 결론은 근본적으로 달라지지 않았다고 말했다. 즉 림프절까지 전이되지 않은 유방암에서는 덩어리절제술이 유방절제술만큼 효과가 있다는 결론 말이다. 의학계와 대중에게는 그 점이 중요한 듯했다. 그러나 피셔 연구진이 재분석 결과를 발표했다면, 크루드슨은 쓸 기사가 없었을 것이고 여성들은 새로운 불안을 겪지 않았을 것이다.

레니는 과학 문헌을 정정하지 않은 것이 분노를 누적시켰다고 말한다.

　　이 서글픈 사건의 아주 특이한 측면은 저자들이 날조된 자료를 출판한 학술지 〈뉴잉글랜드 의학회지〉와 그 독자들의 권리와 이익을 무시한 듯하다는 점이다. 이 학술지가 가능한 한 빨리 정정 결과를 싣는 데 최대의 관심을 갖고 있었고, 그 사실을 알 권리가 있었다는 것은 분명하다.

레니는 그것을 신뢰의 한 측면 및 그것의 정당화와 연관지었다.

　　그 동안 피셔 연구진은 포이송의 환자들을 제외시켜도 자신들의 결론은 똑같다는 점을 언론에 재확인시키면서 많은 시간을 보냈다. 아마 그 말은 옳을 것이다. 피셔는 대단한 업적을 쌓았고 그 연구진은 대단히 믿을 만하기에 나는 그들을 믿고 싶다… 하지만 아마 그들의 말은 틀릴 것이다. 자료가 없다면 우리가 어떻게 알 수 있겠는가? 우리가 NSABP의 약속어음을 믿을 것이라고 보는 모양이다. 그들이 문제를 처리한 방식은 그런 신뢰를 가장 빠르게 훼손시키는 종류의 행동임을 보여주고 있음에도 말이다.

과학 기록과 과학 탐구 과정의 진실성 수호, 다시 말하지만, 개인의 유죄 문제를 넘어서면 이 수호가 과학 사기에 대한 반응에서 가장 필요한 것으로서 등장한다.

지난 20여 년 사이에 생물학의 한 영역에서 물리학자들이 인정하는 형태의 신뢰를 수반한 팀 과학이 발달해 왔다. 바로 유전체 계획이다. 인간 유전체 계획이라는 개념이 싹튼 것은 1980년대 초였다. 1980년대 말까지 생물학자들 사이에 목표에 대한 합의가 이루어졌고, 보고서가 작성되었고, 의회에서 청문회가 열렸고, 연구비가 지원되기 시작했고, 미국과 유럽과 일본에서 연구가 시작되었으며, 국립보건연구원은 인간 유전체 연구국을 설치하고 제임스 왓슨을 초대 국장으로 내정했다. 처음부터 모든 사람들은 그것이 비용이 많이 들고 많은 기관들이 참여하는 국제적인 거대과학임을 알고 있었다. 소수의 과학자들은 바로 그 이유 때문에 그 계획이 수립될 시기에 반대를 표명했다. 그것이 다른 연구에 쓰일 연구비를 빼내갈 것이라는 주장이었다. 하지만 더 근본적인 이유는 그들이 번영을 누려온 소규모 개인 연구자가 이끄는 과학이라는 배너바 부시의 개념에서 벗어나 생물학이 재편될 것이라는 두려움 때문이었다. 의회가 새로운 연구 예산을 왕창 승인하자 반대론은 어느 정도 수그러들었다. 바로 그 무렵에 결정적으로 서열 분석을 빠르게 자동적으로 해내는 신기술들이 개발되고 있었다. 컴퓨터의 속도와 기억 용량 증가에 맞먹을 정도의 속도로 발전하고 있었다. 유전체 계획은 첨단기술이 핵심역할을 하고, 장치뿐 아니라 그 결과인 노동 분업이 팀과 팀 정신과 신뢰의 진화를 추진한다는 점에서도 거대물리학과 흡사하다.

그 계획은 질병의 이해와 치료에 큰 발전이 뒤따를 것이며 2003년까지 완성할 것이라고 약속함으로써 의회의 승인을 받았다(배너바 부시의 원칙은 살아 있다). 2001년 2월 15일자 <네이처>는 인간 유전체 특집호였다. 책 두께의 154쪽(광고를 제외하고)에 모든 염색체들을 양면에 천연색으로 인쇄한 28×90센티미터의 접지가 두 장 들어 있었다. 중심 논문은 국제 인간유전체 서열분석 컨소시엄 명의의 '인간 유전체의 첫 서열 분석'이었다. 맞은편 지면에 독자들을 위해서 '저자 목록의 일부’가 실려 있었다. 거기에는 분석한 서열의 양이 많은 순서대로 연구 기관별로 2백 명이 넘는 사람들의 이름이 적혀 있었다. 매사추세츠 공대의 화이트헤드 생명의학 연구소 내 유전체 연구 센터의 에릭 랜더 외 33명의 이름이 맨 앞에 나왔다. 그 다음에 영국 케임브리지 외곽에 있는 생어 연구소의 제인 로저스와 존 설스턴 외 30명의 이름이 나왔다. 이어서 독일 3곳, 일본 2곳, 중국과 프랑스 각각 1곳을 포함하여 17개 연구 시설에 속한 과학자들의 이름이 실려 있었다. 그 컨소시엄의 지도자들 중에 시애틀에 있는 워싱턴 대학교의 메이너드 올슨, 원래 캘리포니아 공대에 있다가 논문이 실릴 당시에 시애틀로 자리를 옮긴 르로이 후드도 있었다. 후드는 자동 서열분석 기술의 개발을 이끈 사람이었다. 과학 쪽의 관리 감독은 프랜시스 콜린스가 총괄했다. 그는 의회가 NIH에다가 승격시켜 설치한 국립인간유전체연구소의 소장이었다. 예인선들에 둘러싸인 원양 정기선처럼, 그 논문에는 짧은 논문, 논평, 기사, 편지 등 새 소식, 분석, 예측을 담은 글들이 30편 딸려 있었다.

2월 16일자 <사이언스>는 크레이그 벤터가 주저자인 논문 ‘인간 유전체 서열’을 실었다. 저자란에는 275명의 과학자 이름이 나열되어 있었다. 그것은 확연히 다른 유형의 집단 과학이었다. 14명을 제외한 나머지 저자들은 모두 메릴랜드 주 록스빌에서 NIH 근처에 있는 민간 기업인 셀레라지노믹스 소속이었다. 생화학자인 벤터는 처음에 NIH에서 유전체 서열 분석 일을 했지만, 그만 두고 나와서 1998년 5월 한 생명공학 회사를 파트너로 삼아 셀레라를 설립했다. 그의 목표는 국제 컨소시엄을 물리치고 서열분석을 먼저 완성하고, 그것을 수익원으로 삼겠다는 것이었다. 그는 정말로 신속하게 움직였다. 셀레라는 급속히 진화하고 있는 자동서열분석기술을 이용하여 인간 유전체 계획의 목표 연도보다 1년 먼저 서열을 밝혀내고자 했다. 벤터는 콜린스에게 개인적으로 강한 경쟁 의식을 갖고 있었으며, MIT의 랜더와 생어 연구소의 설스턴에게도 그러했다. 또 그 경쟁심 때문에 컨소시엄도 목표 연도보다 1년 더 일찍 서열 분석을 끝내기 위해 박차를 가했다. 몇몇 저명한 분자생물학자들이 협상안을 내놓았다. 두 서열을 같은 주에 발표하자는 것이었다. 공개 출판이라는 과학 규범에서 크게 벗어나는 방식이었다. 벤터는 <사이언스> 편집장 도널드 케네디와 협상에 들어가 셀레라 유전체의 자료에는 특허권이 있으며 비용을 지불하지 않고서는 이용할 수 없다는 협정을 맺었다. (벤터는 즉시 생쥐와 쥐의 유전체도 분석하러 나섰다. 하지만 서열에 대한 권리는 그다지 수익이 나지 않는 것으로 드러났다. 2002년 1월 벤터는 셀레라에서 나왔고 그 회사는 신약개발 쪽으로 돌아섰다.)

2001년 서열은 비록 팀 과학의 대단한 성과이긴 했어도 틈새를 메우고 부정확도를 특정한 수준으로 낮추려면 상당한 연구가 더 필요했다. 그것은 꽤 좋은 초안에 해당했다. 의회가 인간유전체 계획이 2003년에 완성될 것이라는 약속에 속아 넘어간 것이 분명하다는 말을 덧붙여야겠다. 유전체 계획은 2053년까지 더 연장될 것이다. 인간 뉴클레오티드 서열 분석은 겨우 시작에 불과하기 때문이다. 그것은 유전자의 위치와 기능이 파악되고, 조절 인자들을 찾아내고 그들이 맡은 일이 규명되는 등 표지가 붙을 때까지는 지도가 아니다. 그리고 생물학자들은 이미 그들이 예측할 수 없었던 중요한 특징들을 접하고 있다. 게다가 질병의 이해와 치료라는 이익은 그 계획이 개인들 사이의 서열 변이에 관한 막대한 지식을 축적할 때에야 비로소 제대로 실현될 수 있다. 따라서 임상의의 입장에서 유전자 지도는 예전과 마찬가지로 아직 유전자 결함 지도일 뿐이다. 또 다른 생물들의 유전체들은 엄청난 힘을 지닌 비교를 가능하게 한다. 그 힘은 유전자와 조절 인자의 기능을 밝혀내고 궁극적으로 정확한 진화적 관계를 규명할 수 있다. 인간 유전체의 세부 사항들이 채워지고 있는 사이에, 생물학자들은 바이러스, 세균, 효모에서 선충, 초파리, 생쥐, 침팬지에 이르기까지 여러 생물의 염기서열을 분석하는 일에 매진했고, 이미 20여 종의 유전체 서열 분석이 완료된 상태이다. 힐리어가 106명의 동료와 인간 7번 염색체의 DNA 서열을 분석과 마찬가지로, 많은 연구 기관들이 협력해서 일하고 있다.

이제 저자 지위 문제로 돌아가자. 1978년 많은 의학 학술지 편집자들이 브리티시컬럼비아 주 밴쿠버에 모였다. 제출되는 원고에 관한 표준을 설정하기 위해서였다. 그들을 통칭 밴쿠버 그룹이라고 한다. 그 모임은 확대되고 발전하여 국제의학학술지 편집자 위원회라고 공식 명칭을 갖게 되었다. 그들은 해마다 총회를 연다. 1979년 그들은 짧은 첫 번째 표준 규정집을 내놓았다. 그 규정집은 계속 개정되고 확장되어 왔으며, 가장 최근 것은 2003년도 판이다. 현재는 출판에 관한 윤리 문제들도 언급되어 있다. 밴쿠버 그룹은 1985년에 처음으로 저자에 관한 지침을 마련했다. 거기에는 '각 저자는 내용에 공개 책임을 질 수 있을 만큼 연구에 충분히 참여했어야 한다'라고 적혀 있었다. 그리고 각 저자는 세 가지 기준을 충족시켜야 했다. 연구의 개념과 설계 또는 자료 분석에, 논문의 초고나 수정에, '출판된 최종 원고의 승인'에 '상당한 기여'를 해야 한다는 것이다.

그 정의가 나온 지 3년 뒤인 1988년 스티븐 록은 <영국 의학회지>에 '저자는 마땅히 지녀야 할 책임을 더 이상 지니지 않는다. 논문의 전체 내용을 지적으로 정당화할 능력 말이다'라고 썼다. 오늘날 그 말은 한탄이자 시인으로 읽힌다.

사기는 그런 문제들에 이목을 집중시켰다. 모든 저자가 논문 전체에 책임을 진다는 원칙은 절박하게 옹호되어 왔다. 1996년 12월 <사이언스>의 독자투고란들을 보면 알 수 있다. 논란의 대상은 국립인간유전체연구소의 프랜시스 콜린스 연구실에서 벌어진 사건이었다. 콜린스는 그 해에 1억 8,900만 달러의 예산을 주무르는 그곳 소장이었지만, 자신의 유전학 연구실 운영을 비롯하여 몇 가지 연구 과제도 진행하고 있었다. 1996년 10월 29일자 <시카고 트리뷴> 전면에 크루드슨은 콜린스 연구실에서 사기 행위가 드러났다는 기사를 실었다. 콜린스는 백혈병 유전학 관련 논문을 여러 편 철회하는 중이었고 10월 1일에는 그 분야의 과학자들에게 공개편지를 보냈다. 비록 NIH의 자문 변호사들은 문제를 더 이상 확대하지 말라고 권고했지만. 하루 뒤 <뉴욕 타임스>의 로렌스 앨트먼이 세세한 사항들을 추가로 밝히는 기사를 썼다. 다음 주 <사이언스>의 선임 특파원 엘리엇 마셜이 사건 전체를 재구성한 기사를 실었다.

그런 사건들이 으레 그렇듯이 그 사건도 단순했다. 하지만 두 가지 독특하고 고무적인 특징들을 지니고 있었다. 첫째는 콜린스가 경탄할 정도로 신속히 사실 규명에 나섰다는 것이다. 둘째는 처음에 한 심사자가 잘못된 부분이 있다고 경고를 했다는 점이다. 8월에 콜린스는 영국에서 발행되는 학술지 <온코진(Oncogene)>의 편집장으로부터 전화를 받았다. 그는 한 예리한 심사자가 콜린스가 몇몇 동료들과 제출한 원고에서 일치하지 않는 내용을 발견했다고 알려주었다. 자세히 살펴보니 그림 중 하나에 다른 그림을 뒤집어서 만든 흔적이 있다는 것이었다. '보기만 해도 뻔히 드러나는 것'이었다고 콜린스는 마셜에게 말했다. 그림에 실린 연구를 한 사람은 대학원생이었다. 콜린스는 그것이 유일한 사례이기를 바라면서 연구실에 있는 다른 과학자의 도움을 받아 그 대학원생의 일지를 철저히 검사하고 냉동고를 뒤져서 그가 논문으로 발표한 다른 실험들에 썼던 자료들을 꺼내 검사를 했다. 2주 뒤 콜린스는 앨트먼에게 말했다. "그 시점에서 내가 전혀 생각지도 않았던 위조의 규모와 심각성이 아주 확연해지기 시작했습니다." 1995년과 1996년에 출판한 논문 두 편이 철회되어야 했고, 다른 세 편은 상당히 수정을 해야 했다. 증거를 수중에 넣자, 그는 그 학생과 면담을 했다. 3시간 반이 지난 뒤 그는 자백을 했고 진술서도 썼다. 콜린스는 그 학생의 이름을 밝히지 않았지만, 물론 기자들은 철회된 논문의 저자 목록을 살펴보았다. 그들은 단 두 명의 저자가 쓴 논문을 한 편 발견했다. 콜린스와 아미토프 하즈라가 쓴 것이었다. 하즈라는 미시건 대학교 박사과정에 재학 중이었다.

그 사건은 우리에게 익숙한 징후들을 보여준다. 하즈라는 칭찬 일색의 추천장을 들고 콜린스에게로 왔으며, 콜린스 연구실에서 인상적인 연구 성과를 내놓았다. "그가 매주 보여준 자료들은 대단히 경이로웠어요." 콜린스는 씁쓸한 표정으로 앨트먼에게 말했다. "그가 위조한 실험들 중에는 대단히 창의적인 것들도 있었지요." 콜린스는 무척 상심했다. 최근에 내게 보낸 전자우편에 그는 이렇게 썼다. "내 과학자 인생에서 가장 쓰라린 경험이었지요. 아미토프 하즈라는 뛰어난 두뇌, 열정, 장래성 등 모든 면에서 우수한 학생이었어요. 과학 문헌들도 다 꿰뚫고 있었지요. 내가 1984-1995년에 걸쳐 가르친 대학원생 12명 가운데 그는 가장 뛰어난 두세 명에 속했지요." 나는 이프레임 래커가 마크 스펙터를 아들처럼 대했다는 이야기를 해주었다. 그러자 콜린스는 이렇게 대답했다. "그래요, 진지한 스승-제자 관계에는 부모-자식 관계의 여러 측면들이 포함된다고 생각합니다. 그것이 아미토프가 연구실에서 오랜 기간 많은 자료를 조작했고 그것을 눈도 깜박거리지 않고 매달 내 앞에서 발표했다는 사실을 알았을 때 그토록 마음이 아팠던 이유이기도 하지요."

크루드슨은 '전적으로 또는 부분적으로 위조되거나 아예 존재하지 않은 자료를 토대로 한 6편의 논문에 그가 어떻게 선임 저자로 이름을 올렸는가라는 의문이 제기될 가능성이 높다'라고 썼다. 마셜은 그와 관련지어 또 한 가지 문제를 제기했다. 대규모 국가 연구소의 소장이 연구실을 제대로 운영할 수 있는가 여부였다. 그는 NIH 원장 해럴드 바머스에게 그 질문을 했다. 바머스 역시 자신의 연구실을 운영하고 있었는데, '아주 영리하고 결단력이 있는 누군가'의 행위를 막기란 언제나 어려울 것이라고 말했다. 그는 일리노이 대학교의 티나 건살루스와 상의를 했다. 당시 그녀는 부총장으로서 부정행위 사례를 다루고 있었다. 그녀는 그에게 이렇게 말했다. "상습적인 거짓말쟁이는 언제라도 속이려 할 겁니다. 당신은 그저 협력하는 공동체─신뢰가 있어야 하는─에서 나쁜 짓을 하는 자들에게 적용할 규칙을 제정할 여유가 없었을 뿐입니다."

마셜의 기사가 실리자 즉시 항의가 제기되었다. <사이언스> 12월 6일자에 두 편의 독자 편지가 실렸다. 오하이오 주립대의 찰스 울리는 이렇게 썼다. "우리는 다음과 같은 말에 아마도 동의할 수 있을 것이다. 그 연구를 하지 않았다면 논문에 자신의 이름을 넣지 말라. 논문에 자신의 이름을 넣었다면 발을 빼지 못한다." 하버드 대학교의 폴 드 사와 앰뷰 새거는 이렇게 썼다. "논문의 공저자라고 해서 반드시 그 연구에 참여했다는 의미는 아니다. 또 논문의 내용을 안다는 의미도 아니다. 우리는 공저자들이 출판 논문에 대한 집단 책임을, 즉 명성뿐 아니라 비난도 함께 져야 한다고 느낀다. 공저자가 되었다가 나중에 논문의 자료에 논란이 벌어질 때 몰랐다고 항변하는 것(그리고 희생자인 양 하는 것)은 모순이다."

6년 뒤 벨연구소의 물리학자 쇤이 놀라운 발견들이라고 주장하면서 모두 합쳐 20명의 연구자들과 출판한 17편의 논문에 실린 자료들을 위조한 사건에서도 즉각 비슷한 의문들이 제기되었다. 벨연구소가 지명한 비즐리 위원회는 2002년 9월 말에 발표한 보고서에서 dis 헨드리크 쇤의 단독 범행이었고, 공저자들은 모두 무죄라고 선언했다. 3주 뒤 도널드 케네디는 <사이언스>에 사설을 썼다. 쇤의 논문들을 출판한 학술지들 가운데 <사이언스>가 독특했다는 것이다. 케네디가 그 글을 쓴 주요 동기는 자기 학술지의 동료 심사 과정을 옹호하기 위함이었다. "여러 차례 말한 바 있지만, 동료 심사가 교묘한 사기를 막아줄 것이라고 기대하는 것은 너무 지나친 요구이다." 게다가 벨연구소 조사위원회가 저자 문제를 '제기했지만 미결 상태로 놔두었다'고 했다.

> 다른 기관의 역할들에서 저자 문제를 다룰 때, 나는 찬반 양쪽으로 격렬한 주장들을 접했다. 한쪽은 과학이 학제적인 특성을 지니고 있고, 한 계획에 다양한 전공자들이 공동 참여한다는 점을 고려할 때, 각 저자가 결과의 타당성에 책임을 지닌다고 볼 수 없다고 말한다. 다른 한쪽은 모든 공저자가 결과물 전체로 직업상의 신망을 얻으므로 그것이 타당하지 않을 때 그 결과도 모두 공동으로 져야 한다고 주장한다.

케네디는 이렇게 결론지었다. "만일 혜택을 모든 저자들이 함께 및 개별적으로 누린다면, 책임도 함께 및 개별적으로 져야 하지 않겠는가? 답은 과학계의 결정이라는 형태로 도출되어야 한다."

개혁은 모든 저자들이 논문 전체에 책임을 진다는 원칙이 이상적이고 비현실적이라는 인식에서 시작된다. 그 원칙은 적용되지 않고 있다. 한 논문의 저자 목록은 적힌 그대로인 듯하다. 하지만 그렇지 않다. 비교적 적은 수의 과학자들, 이를테면 6~8명의 이름이 실려 있을 때, 목록의 첫 번째 저자가 실질적인 기여자이며—대학 종신 재직권 심사위원회는 제1저자인 논문들을 합산한다—맨 나중 저자는 선임 저자, 위계질서상 가장 위에 있는 총괄 감독과 비슷한 의미라고 이해된다. 하지만 그런 관습이 반드시 학술지에서 지켜지는 것은 아니며 각 기관의 규정집에 실려 있는 것도 아니다.

순서는 중요할 수 있다. 내가 아는 가장 기이한 사례는 1970년 6월 <네이처>에 하워드 테민과 사토시 미즈타니가 나중에 역전사효소라고 불리게 될 효소의 존재를 증명했다는 내용의 논문이다. 비록 근본 개념은 테민의 것이었지만, 미즈타니는 실험을 설계하는 데 동등하게 기여를 했고 실험대에서 직접 그 연구를 한 사람이었다. 그들이 타자로 쳐서 제출한 원고에는 저자가 미즈타니와 테민이라고 적혀 있었다. 그런데 2주 뒤에 출판되었을 때는 테민과 미즈타니로 저자 순서가 바뀌어 있었다. 나는 테민, 미즈타니, 그리고 당시 <네이처> 편집장인 존 매덕스에게 왜 바뀌었는지 물었다. 그런데 아무도 설명하지 못했다. 바로 그 호에 데이비드 볼티모어가 독자적으로 그 효소를 규명한 논문도 실렸다. 노벨상은 테민과 볼티모어에게 주어졌고, 미즈타니는 제외되었다. 세 번째 공동 수상자는 레나토 둘베코였다. 뛰어난 과학자이지만 그 연구에는 직접적인 기여를 하지 않은 인물이었다. 저자 순서의 뒤바뀜이 차이를 낳은 것일까? 나로서는 답을 알아낼 방법이 없다.

손님과 유령: 과학 논문에 적힌 저자의 이름이 얼마 안 된다고 해도 그 목록은 속임수일 수 있다. 캘리포니아 샌디에이고 대학교의 로버트 슬러츠키는 실제 연구에 거의 참여하지 않은 사람을 손님 저자(guest author)로 등재하는 짓을 가장 뻔뻔스럽게 한 인물에 속한다. 존 다시도 그랬고, 영국의 맬컴 피어스도 그랬다. 그 행위는 만연해 있다. 그 중에 '증정(gift)' 저자라는 유형이 있다. 학과장이나 책임자의 이름을 아무 일도 하지 않았을 때도 올리는 것이다. 최근까지 독일에서는 거의 보편적인 행위였으며, 그곳과 다른 여러 지역에서 여전히 널리 이루어진다. 제임스 왓슨은 많은 대학원생, 박사후과정 연구원, 기타 동료들을 밑에 두고 있었지만, 자신이 관여하지 않은 연구의 논

문에는 결코 자기 이름을 넣지 않았다. 다시 추문이 터진 시기에 유진 브라운월드의 논문은 600편을 넘었다. 저자 지위를 증정받지 않았다고는 믿기 어렵다. 손님 저자는 손님에게 위험하다. 그것은 그 자체로 사기이며, 사기 연구와 관련을 맺기도 한다. 그것의 반대는 유령 저자이다. 연구에 참여한 사람이 저자 명단에, 더 나아가 각주 앞쪽에 작은 글자로 적는 감사의 말에도 이름을 넣지 않는 것이다. 1993년 12월 <랜싯> 사설에 어느 제약회사에서 저지른 사례가 실렸다. 유령-손님 저자의 복합 사례였다. 대개 그런 속임수는 학술지에 리뷰 논문을 싣기 위해 쓴다. 리뷰 논문은 독창적인 연구가 아니라 어떤 주제에 관한 기존 문헌들을 포괄적으로 분석한 논문을 말한다. 이 사기에서는 '그 회사의 제품과 전반적으로 관련이 있는' 것이었다.

따라서 항궤양제를 만든 회사를 위해서 소화궤양의 발병 과정에 관한 리뷰 논문을 쓰거나 새로운 흡입형 스테로이드 제제의 판촉을 돕기 위해 천식에서 염증의 역할을 다룬 리뷰 논문을 쓸지도 모른다. 대행사 소속 작가가 광고주를 만족시킬 리뷰 논문을 끝내면, 출판사는 관련 주제에 아주 관심이 많은 의사와 접촉을 하여 손님 저자가 될 의향이 있는지, 사례금을 받고 논문 내용에 찬성을 표할 의향이 있는지 알아본다. 저명한 학자가 서명을 하고 명성이 있는 동료 심사 학술지에 출판한다면 가장 큰 성공을 거두는 셈이다.

쇤 사건이 일어나기 6년 전인 1996년 6월 노팅엄 대학교에서 열린 한 학회에서 드러먼드 레니는 해결책을 제시했다. 단순한 말처럼 들렸지만 저자 지위, 즉 출판된 논문의 영예 배분이라는 개념 전체를 다 뜯어고치자는 내용이었다. 저자를 공헌자로 재정의하고 각자가 기여한 사항을 낱낱이 적음으로써 책임을 명확히 하자는 것이었다. 그는 그 체제를 영화의 종료 자막이 올라가는 방식과 비교했고, 몇 가지를 신랄하게 지적했다. 증정 저자는 '공헌: 학과장'이라고 폭로될 것이다. 유령 저자는 쫓겨날 것이다. 특히 <랜싯>이 비난했던 것과 같은 기업체의 후원을 받은 불쾌한 형태의 유령 저자는 말이다. 반면에 저자 목록에서 흔히 누락되곤 하는 통계학자 같은 전문가들은 적절한 영예를 받을 것이다. 공헌자들 중 한 명 이상은 논문 전체의 '보증인'으로 거명될 것이다. 곧 이어 레니는 그 개념을 밴쿠버 그룹의 연례 총회에서도 제시했다.

일주일도 지나지 않아 <BMJ>의 임원 피오나 가들리는 레니의 제안에 호의적인 기사를 썼다. 하지만 그녀는 밴쿠버 그룹의 편집자들이 대체로 그 변화가 필요한 것인지 확신을 갖지 못해서 판단을 유보했다고 말했다. 1년 뒤 레니는 베로니카 양크 및 린다 이매뉴얼과 함께 그 제안을 더 구체화한 내용을 <JAMA>에 실었다. 초록에 쓴 다섯 문장에 기본 주장이 담겨 있다.

> 영예와 책임은 저자로 이름이 적힌 사람들의 공헌 내용이 독자들에게 알려지지 않으면 평가할 수가 없으므로 그 체제는 결함이 있다. 우리는 복수 저자라는 현실을 반영하고 책임을 강화하기 위해 근본적인 개념 및 체제 변화를 주장한다. 우리는 시대에 뒤떨어지는 저자(author)라는 개념을 버리고 공헌자(contributor)라는 더 유용하고 현실적인 개념을 택할 것을 제안한다. 그것은 공헌자들이 영예와 책임을 둘 다 받아들일 수 있도록 그들이 연구와 논문에 어떤 공헌을 했는지를 독자들에게 밝힐 것을 요구한다. 게다가 구체적으로 거명된 공헌자들은 연구 전체의 진실성에 대한 보증인으로서의 역할도 맡는다.

그들은 현재 체제의 다양한 결함, 부패 유혹들과 대안의 실용성을 6쪽에 걸쳐 논의한 뒤 작은 활자로 참고문헌을 담은 1쪽을 덧붙였다. 그들은 그 제안이 작동한다고 말했다. 적어도 대규모 임상시험에서는 '문헌에 이미 공헌자, 즉 업무 기재 접근 방식이 쓰이고 있음을 보여주는 좋은 사례들이 있다'. 그들은 "우리가 공헌자라고 부를 약 2,000명의 '구성원'을 위원회(저술, 운영, 자료 측정 등)로 구분하고 나라, 병원과 총괄 연구단의 업무들을 상세히 기술한" 심장발작 환자의 생존율 연구 논문을 인용했다.

그 개혁은 처음에는 아주 느리게 진행되었지만, 최근 들어 속도를 높이고 있다. 2001년에 밴쿠버 그룹은 그것을 표준으로 채택했다. 레니는 끈기 있게 계속 추진했다. 쇤 사건을 다룬 도널드 케네디의 사설을 읽고 그는 <사이언스>에 다시 한 번 그것을 채택하라고 촉구하는 투고를 했다.

       쇤을 조사중인 비즐리 위원회는 쇤과 그의 동료들이 공동 논문들을 제출했을 때 그들이 각자 실제로 연구에 어떤 공헌을 했다고 주장한 내용을 지면에서 볼 수 있었다면, 일이 훨씬 더 수월했을 것이고, 평가도 더 설득력을 지녔을 것이다. 그랬다면 위원회는 독자들과 마찬가지로 공저자들이 아무 일도 안 했음을 단번에 알아차렸을 것이다.

*

    과학에서 위조자들과 변조자들은 단독으로 사기를 친다. 지난 15년 동안 일어난 금융계의 큰 사건들과 달리 공모를 한 사례는 거의 없다. (물론 독일의 헤르만과 브라흐처럼 예외가 있긴 하다.) 사기를 알아차린 뒤 쉬쉬하거나 은폐하려는 시도가 이루어진다고 해도, 그것은 엔론이나 로마가톨릭 교회가 그토록 오랫동안 은폐해온 것에 비하면 규모나 대담함 측면에서 상대도 안 된다. 하지만 위조자나 변조자는 연구실이라는 사회 환경에서 일하며 잠시나마 성공도 거둔다. 그들은 동료들, 특히 다시가 브라운월드에게 그랬고, 스펙터가 래커에게 그랬고, 하즈라가 콜린스에게 그러했듯이 연구실 책임자와 교감을 나눈다. 앞서 살펴보았듯이, 그들은 대개 매력과 신선함, 명석함, 뛰어난 논문작성 능력, 탁월한 실험 능력을 보여준다. 그들은 매력적인 인물들이다. 사진을 보면 쇤은 젊음이 넘치고 순진한 얼굴에 맑은 눈을 갖고 있었다. 길을 건너는 작은 할머니를 돕기 위해 뛰어가는, 그녀의 지갑을 훔칠 것이라고는 아무도 생각하지 않는 부류의 사람이었다.

    표절은 본질적으로 다른 형태의 사기들과 다르다. 그것은 단독 범행이다. 남들과의 상호 작용은 거기에 아무런 영향도 끼치지 못한다. 표절은 소설, 역사학, 인문학 등 모든 학문 분야에서 나타나며, 한계를 모른다. 찰스 배비지는 자신의 유형론에 다듬는 자와 요리사는 넣었지만 도둑은 포함시키지 않았다. 그러나 과학에서 표절은 신뢰의 최악의 적이다. 가치 있는 연구를 하는 사람은 누구든 표절의 위협을 받을 수 있기 때문이다. 우리는 먼저 표절을 다른 사람의 인쇄된─또는 현재는 전자 매체에 표현된─연구로부터 문구나 자료를 고스란히 복사하는 것이라고 생각하자. 하지만 그것은 많은 형태를 취한다. 표절은 계획하거나 진행 중인 연구의 논의에서 연구비 신청서의 동료 심사나 원고의 심사, 게재된 연구의 절도에 이르기까지 과학 탐구 과정의 거의 모든 단계에서 일어날 수 있다. 가장 딱한 것은 자기 표절이다. 다시나 슬러츠키가 자신의 논문을 약간 고치고 제목을 바꾸어서 또 다른 학술지에 제출한 사례가 그렇다. 가장 교활한 것은 문구나 자료를 복사하지 않은 채 개념, 접근 방식, 방법을 도용하는 것이다. 어떤 형태든 간에 표절은 영예를 훔치려는 시도이다. 다시 말하련다. 위조자나 변조자는 틀린 것이 거의 분명한 무언가를 만들어내는 반면, 표절은 참인 양 보이는 것만을 도용한다.

　과학자들, 특히 아직 명성을 얻지 못한 젊은 과학자들에게는 진행 중인 연구에 관해 너무 많은 것을 드러내는 것을 꺼릴 만한 이유가 충분히 있다. 고든학회(Gordon Research Conferences)를 예로 들어보자. 고든학회는 과학계에는 널리 알려져 있지만 일반 대중에게는 거의 알려져 있지 않다. 고든학회는 완벽하게 비밀을 보장함으로써 과학자들이 자신이 하는 연구나 생각을 자유롭게 논의할 수 있는 장을 제공한다. 규칙은 엄격하다. 언론인과 일반인은 제외되고 오직 과학자만이 참석할 수 있고, 어떤 형태로 제공된 어떤 정보든 사적인 대화 영역에 속하며 결코 발표해서도 안 되고, 고든학회에서 나온 이야기라고 언급해서도 안 된다. 분야가 다른 연구자들이 함께 모일 때도 종종 있다. 개별 모임은 주최자가 신중하게 선정하여 초청한 사람들만 참석하며, 젊은 과학자에게 그 초청장은 어느 정도 위치에 올랐다는 표지이다. 그 학회는 1931년 존스홉킨스 대학교에서 소규모로 시작되었다가 1947년 뉴햄프셔로 옮겨서 그 해 여름에 10회에 걸쳐 모임이 열렸다. 학회는 여름 내내 현재 8곳에 달하는 사립 기숙학교 교정에서 개최된다. 각 모임은 4-5일 동안 열리는데, 논문을 읽으면서 집중적이고 무자비할 정도로 토론을 벌인다. 2003년에는 노화에서 바이러스와 세포의 생물학, X선 물리학에 이르기까지 175차례 모임이 열렸다.

과학자들에게 고든학회는 대단히 생산적이고 자극적이고 자유로운 곳임에 분명하다. 그들은 생각과 정보의 자유로운 교환을 소중히 여긴다. 그러나 그들이 그 규칙들을 호의적으로 보고 존중함에도 불구하고, 여기서도 표절이 아예 없지는 않다. 상징적인 사례가 하나 있다. 나는 그 모임이 열린 해나 모임의 제목도, 관련된 과학자들의 이름도 언급하지 않겠지만, 그래도 알만한 사람은 다 알 것이다. 두 곳의 유명한 연구기관에 있는 꽤 이름이 알려진 젊은 과학자들이 각자 특정한 생체 분자의 삼차원 구조를 밝혀냈다고 발표했다. 그것은 애타게 기다리던 중요한 발전이었다. 두 구조는 서로 달랐다. 나중에 두 연구실은 논문을 출판했다. 그런데 고든학회에 참석했던 사람들은 둘 중 한 명이 상대의 구조에 맞게 자신의 구조를 수정했다는 것을 즉시 알아차렸다. 그 뒤에 이루 말할 수 없는 지독한 소동이 벌어졌다. 결국 저명한 원로 과학자가 개입해야 했다.

비록 동료 심사나 논문 심사 과정에서 표절이 얼마나 이루어지는지 추정하기가 쉽지 않지만, 특성상 그 과정들은 버나드 쇼가 혼인에 대해 했던 말에 딱 들어맞는다. 혼인이 최상의 매력과 최상의 가능성의 결합인가 여부에 대해서 말이다. 로버트 폴락이 연구비 신청서 심사 평가단 회의가 이루 가치를 따질 수 없는 소중한 경험이라고 한 말을 떠올려보라. "사실상 3일 동안 자기 분야에서 가장 앞선 연구를 하고 있는 최고의 과학자들과 세미나를 하는 셈이었어요" 평가단의 연구비 신청서 심사 과정이 비록 비공개로 이루어지긴 해도 호텔 회의실에 참석한 사람들에게는 모두 알려진다. 연구계획을 노골적으로 도용하는 행위는 언젠가는 발각될지 모른다. 하지만 평가위원이 습득한 새로운 접근 방법, 아마도 다른 재료에, 약간 다른 문제에 적용시킬 수 있는 새로운 방법이 어떻게 자신의 연구에 도움이 되지 않을 수 있단 말인가?

학술지 논문 심사자들은 그보다 제약을 덜 받는다. 논문 원고를 스캐너나 복사기로 사본을 뜨는 데는 몇 분이면 되며, 학술지가 전자 심사로 대체했다면 그런 수고조차 할 필요가 없다. 의견서에 의구심을 표명하면 저자가 답변을 해야 하기에 그만큼 출판이 지연될 수 있다. 그 사이에 심사자는 알아낸 지식을 자기 연구에 활용할 수 있다. 비제이 소만은 헬레나 왁슬리트-로드바드의 원고를 심사하면서 얻은 지식을 도용했지만, 나중에 우연의 일치가 이어지면서 발각되었다. 그리고 경력이 끝장났다. 하지만 소만은 어리석은 표절자였다. 베꼈다는 것이 너무 뻔히 드러났기 때문이다. 경쟁자의 논문 출판을 지연시키면서 문구나 자료를 직접 베끼는 것을 피하고 대신 새롭게 이해한 내용을 토대로 그 방법으로 독창적인 자료를 얻어서 비슷한 결과를 내놓는 솜씨 좋은 도둑도 있다. 찰스 배비지라면 신이 나서 설명을 했을지도 모르겠다.

출판된 논문의 표절은 가장 노골적이면서 가장 어리석은 형태이다. 이라크 출신인 의사학위도 박사학위도 없었던 엘리아스 알사브티가 썼던 방식이다. 그는 잘 알려지지 않은 학술지들에서 논문을 복사하여 제목을 바꾸고 자기 이름을 넣어 다른 잘 알려지지 않은 학술지들에 제출하곤 했다.

더 모험적인 사례가 1997년 가을에 드러났다. 최근에 설립된 출판윤리위원회(Committee on Publication Ethics, COPE)의 리처드 스미스를 비롯한 회원들은 9월 4일 런던에서 학회를 개최했다. 100명이 넘는 학술지 편집자들이 과학적 부정행위를 논의하기 위해 참석했다. 스미스는 <사이언스>의 기자에게 이렇게 말했다. "지금도 사례들은 주로 우연히 발각되고 있는데, 우리는 그 문제의 규모가 아주 크지 않을까 우려하고 있습니다." 학회에서 개별 사례들이 발표되었다. 폴란드에서 의학학위와 박사학위를 받고 현재 뉴욕시의 한 병원에서 신경종양학 과장으로 있는 마레크 브론스키도 사례를 발표했다. 아주 흥미로운 이야기였다. 브론스키는 1년 전 <덴마크 의학회보(Danish Medical Bulletin)>에서 표절 사례에 관한 글을 읽었다고 했다. 1989년 그 학술지에 덴마크 과학자들이 영어로 쓴 논문을 누군가 1992년에 폴란드어로 번역하여 <프세글라트 레카르스키(Przeglad Lekarski)>에 발표했다는 내용이었다. 영국의 명예훼손법 규정이 아주 엄격한 이유도 있고 해서 런던학회에서는 당사자의 이름을 발표하지 못하게 되어 있었다. 미국으로 돌아온 브론스키는 12월 3일 과학 사기를 다루는 인터넷 뉴스그룹 SCIFRAUD(Discussion of Fraud in Science)에 글을 올렸다. "영국의 명예훼손법 때문에 여기서야 실명과 장소를 밝힐 수 있다." 범인은 안제이 옌드리치코였다. 폴란드 카토비체에 있는 실레지아 의대의 전직 교수이자 화학공학자였다. 그는 손님 공저자를 네 명 동원했다. 덴마크에는 과학부정직위원회가 있다. 원저자들이 폴란드 논문을 알아차리자 위원회는 조사에 들어갔고, 1995년 2월 옌드리치고에게 유죄를 선고했다.

브론스키는 그 문제를 더 깊이 파고들었다. 그는 옌드리치코가 13년 동안 약 140편의 논문을 발표했다는 것을 알아냈다. 그 논문들을 상세히 조사한 브론스키는 '다른 의학 학술지들에서 거의 그대로 베긴 본문이 실린' 논문을 29편이나 더 찾아냈다. 원본들은 영국과 미국의 일류 학술지들, 스칸디나비아, 네덜란드, 독일, 일본의 학술지들에 실린 것들이었다. 옌드리치코는 훔친 논문들의 대부분을 폴란드어로 자국 학술지들에 발표했다. 몇 편은 덜 알려진 유럽 학술지들에 영어로 실었다. 그는 생화학과와 외과, 부인과학의 세 전공학과의 교수들과 학과장들을 비롯한 폴란드인들을 공저자로 넣었다. 브론스키가 SCIFRAUD의 구독자들에게 말했듯이, 10월까지도 실레지아 의대 총장은 요지부동이었다. 하지만 11월 말 학교 이사회는 조사위원회를 구성했고, 폴란드 교육위원회 위원장도 조사 요구를 받아들였다. 그 사건은 폴란드 언론의 전면을 장식했다.

브론스키가 그 분야에 있었고, 폴란드어를 읽을 줄 알았고, 사기에 분개하는 사람이었기에 망정이지, 그렇지 않았다면 그 일은 결코 발각되지 않았을 것이다. 1998년 1월 말 <사이언스>의 엘리엇 마셜이 그 이야기를 이어받았다. 그는 뉴욕의 폴란드어 신문 <노비 치에니크>의 편집국장 얀 라투스에게 옌드리치코와 그의 아내에게 전화로 인터뷰를 해달라고 요청했다. 옌드리치코는 여전히 자신의 결백을 주장했다. 1998년 3월 11일 SCIFRAUD에 실레지아 의대의 과학 부문 이

사 타데우시 빌치오크가 이틀 전 날짜로 정중한 영어로 쓴 글이 올라
왔다.

> 브론스키 박사가 언급한 국제 과학 잡지들에 실린 논문들의 표절 고발
> 은 옳은 것임이 입증되었습니다. 따라서 저는 자신뿐 아니라 이사회를 대
> 신하여 모든 희생자들, 즉 표절의 대상이 된 연구 논문의 저자들과 옌드리
> 치코 박사가 자신의 표절 논문들을 실은 과학 잡지들의 모든 편집자들께
> 사과를 드리고자 합니다.

폴란드 이야기에서 가장 중요한 부분은 표절된 논문들을 찾아낸
방법이다. 인터넷과 국립의학도서관의 방대한 의학학술지 자료가 바
로 도구가 되었다. 메들라인(Medline)은 유료로 의학논문 초록을 검색
해주는 국립도서관의 컴퓨터 서비스이다. 처음 표절된 논문의 덴마크
저자들 중 한 명이 어느 날 메들라인을 이용하여 자기 분야의 논문을
검색했다. 검색 결과로 나온 논문 중 하나는 자신이 쓴 것이었다. 그
리고 또 한 편이 나왔는데, 바로 폴란드어로 된 표절본이었다. 브론스
키가 깊이 파헤칠 무렵, 메들라인은 일반 대중에게도 개방되어 펍메
드(PubMed)라는 무료 서비스를 제공하고 있었다. 매일 수만 명이 그
서비스를 이용한다. 펍메드의 도구는 화면에 뜬 '관련 논문 찾기'라는
단추이다. 그 단추를 누르면 키워드를 찾는 강력한 프로그램이 켜지
면서 해당 단어를 지닌 논문들을 검색한다. 그 프로그램을 만든 원래
목적은 문헌 검색을 빠르게 하기 위함이었다. 어떤 논문이 표절이 의
심스럽다면, 펍메드는 원본일 것 같은 논문들을 보여줄 것이다. 브론
스키가 한 일이 바로 그것이었다. 표절 문제에서 가장 좋은 소식은
인터넷과 새 프로그램들로 대다수 형태의 표절이 검출 가능해지고 있
으며, 따라서 표절 시도가 위험해지고 있다는 것이다. 1990년대 초에
월터 스튜어트는 데이비드 볼티모어 문제에서 벗어나고자 표절을 검
출하는 프로그램을 만들기로 했다. 그는 표절기계라고 이름 붙인 컴
퓨터 프로그램을 만들었다. 그 프로그램은 문서들을 비교하여 실질적
으로 같은 글귀들을 찾아낸다. 비록 하드디스크에 비교할 문서들이

들어 있어야 하지만. 즉 그 프로그램은 더 큰 세계를 탐색할 수 없다. 스튜어트와 동료 네드 페더는 과학자가 아니라 남북전쟁을 연구하는 저명한 미국 역사학자를 표적으로 삼았다. (그 선택은 내가 볼 때는 좀 엉뚱하고 과학 사기와 관계가 없다.) 그들은 지친 기색 없이 정력적으로 그와 다른 역사가들의 책들을 다 훑었다. 그들은 표절기계가 베낀 글귀들을 다수 발견했다고 주장했다. 하지만 그 표적은 맞서 싸웠다. 대중적인 지위와 탄탄한 인맥을 갖춘 그는 스튜어트와 페더가 과학 사기 문제를 다룬다고 곁길로 새자 아예 본업을 못하게 막아버렸다. 스튜어트와 페더는 연구실 문이 봉쇄되는 바람에 컴퓨터도 달팽이들이 가득한 서랍장도 손댈 수 없는 처지가 되었다.

펍메드를 이용한 표절 검색도 나름대로 한계가 있다. 그것은 출판되지 않는 원고에는 적용할 수 없다. 하지만 할 수 있는 프로그램들도 있다. 이 프로그램들은 대부분 원래 학생들이 월드와이드웹을 통해 탐구의 깊이와 속도를 증가시키려는 유혹에 빠지면서 표절 사례가 엄청나게 늘어난 데 대응하여 대학교 교수진인 개발한 소프트웨어들이었다. 새 소프트웨어 중 일부는 대단히 강력하다. 유료로 교수의 표절 탐색 업무를 대신해주겠다는 곳도 있다. 1996년 영국에서 설립된 www.turnitin.com가 그런 곳이다. 물론 전 세계가 대상이다.

런던사우스뱅크 대학교의 소프트웨어 및 컴퓨터공학 교수인 핀턴 컬윈은 학생들과 함께 인상적인 검색 엔진을 개발했다. 공짜이며, 그의 웹사이트(Centre for Interactive Systems Engineering: Plagiarism Prevention and Detection: http://cise.lsbu.ac.uk)에서 받을 수 있다. 그 중 하나인 오체크(OrCheck)는 구글을 이용하여 해당 원문과 비슷한 문서들이 있는 곳을 찾는다. 사용하려면 구글 계정을 만들고 열쇠(key)라는 것을 얻어야 한다. 열쇠를 이용하면 문서들을 불러올 수 있고, 하루에 1,000회까지 검색이 가능하다. 구글은 문서들을 유사성에 따라 정리하여 가장 비슷한 것 10편을 보여준다.

최근에 대화를 나누었을 때 컬윈은 한 마디로 표절자를 찾아내는 좋은 도구들이 이미 있다고 말했다. 물론 그 도구들은 문장이나 자료가 아니라 개념과 방법을 취하는 영리한 도둑은 잡지 못할 것이다.

*

　　표절은 지적 재산권 유용의 한 부분집합이다. 이제 캐롤린 피니 (Carolyn Phinney) 사례를 살펴보자. 그녀는 캘리포니아 버클리 대학교에서 인지심리학으로 박사학위를 받은 심리학자이다. 1988년 미시건 대학교의 사회학연구소에서 박사후과정 연구원 기간이 끝날 무렵, 그녀는 노인학연구소에서 시간제로 공동 연구를 하고 있었다. 그녀에게 연구비를 대는 그곳의 책임 연구자는 노화 연구의 권위자인 매리언 펄머터(Marion Perlmutter)였고, 연구소장은 리처드 애덜먼(Richard Adelman)이었다. 피니는 지혜를 객관적으로 측정할 수 있는지, 지혜가 나이에 따라 증가하는지를 파악하려 시도하고 있었다. 막연한 주제 같지만 연구는 순조롭게 진행되는 듯했다. 펄머터는 피니에게 연구를 연장할 연구비 신청서를 써서, 먼저 국립보건연구원에 보내고 이어서 국립과학재단에 내자고 제안했다. 그러더니 펄머터는 자기를 주 연구자로 하고 피니를 공동연구자로 해서 신청서를 내야겠다고 마음먹었다. 결국 펄머터는 피니의 초안과 연구 자료들을 다 가져가더니 피니 이름도 넣지 않고 그것이 자신의 연구라고 신청서를 제출했다. 다른 약속들도 지켜지지 않았다. 피니는 불만을 터뜨렸다. 처음에는 당혹스럽고 주저했지만, 그 뒤로 8년이라는 세월이 흐르면서 그녀는 과감해지고 단호하게 행동하는 법을 배웠다. 애덜먼은 조사에 착수했다. 다음 몇 달 동안 4곳의 조사위원회가 사건을 조사했다. 하지만 어떤 위원회도 펄머터가 유죄임을 밝혀내지 못했다.

　　그래서 1990년 피니는 미시건 청구법원에 소송을 제기했다. 학계의 논란이 진행되는 양상으로 볼 때 특이한 경우였다. 그녀는 펄머터를 표절뿐 아니라 사기로 고발했다. 자신의 연구 자료를 언제든 볼 수 있게 해주겠다며 거짓 약속을 했다는 것이다. 그녀는 애덜먼을 공익 제보자 보호법을 위반하여 자신의 명예를 실추시키려 했다면서 고발했다. 또 애덜먼이 네 조사위원회에 모두 펄머터와 연구비 신청서를 함께 쓴 바 있는 동료들을 위원으로 포함시켰다고 폭로했다. 1992년 그 대학교는 피니와 계약을 거부했다. 그녀는 실업자가 되었다.

1993년 5월, 7명의 배심원단은 그녀에게 110만 달러를 지불하라고 평결했다. 9월 말 판사는 그 평결을 받아들이면서 이자로 12만 6,000달러를 추가 지급하라고 했다. 그 사건은 <사이언스>, <네이처>, <뉴욕 타임스>, <시카고 트리뷴>에 대서특필되면서 큰 반향을 불러일으켰다. 대학 당국은 항소했다. 1997년 4월 미시건 항소법원도 배상 결정을 내렸다. 7월 30일 대학교는 지연 이자까지 포함하여 167만 달러의 배상액을 지급하고 그녀의 연구 자료를 돌려주었다. 그녀는 과학계에 돌아오지 않았지만, 캘리포니아 북부로 이사하여 사기에 반대하고 공익 제보자를 보호하는 활동가가 되었다.

과학 사기 중에 윗사람이 아랫사람의 연구를 도용하는 것만큼 파괴적인 형태는 없다. 승소한 뒤에 피니는 <뉴욕 타임스> 기자 필립 힐츠에게 말했다. "10년 동안의 연구 자료를 잃었던 거예요. 경력도 잃었고, 건강도 잃었죠. 내게 일어났던 일이 지적 강간이었다고 생각해요."

뉴욕 시 몬터피오리 의학센터에서 핵의학 연구로 높은 평가를 받던 하이디 와이즈만이 학과장인 레오너드 프리먼과 벌인 소송에서 이긴 사건도 언어도단인 사례에 속한다. 프리먼은 그녀와 공저자로 쓴 교과서의 한 장에 그녀의 이름 대신 자기 이름을 넣었다. 법원의 말에 따르면 '사실상 그 업적을 자신의 것으로 하려고 시도했다'. 몬터피오리 의학센터는 와이즈만에게 사직을 강요하고 프리먼을 승진시켰다. 그녀는 실업자가 되었고 50만 달러가 넘는 소송비용을 감당하느라 허리가 휜 반면, 몬터피오리는 프리먼의 소송비용을 댔고, 와이즈만이 부정행위를 저질렀다고 보고 조사까지 했다. 코넬 대학교의 박사 과정 학생인 앤터니아 디매스도 그런 희생자였다. 하지만 패턴은 명확히 드러난다. 연구진실성위원회, 즉 라이언 위원회의 15차례에 걸친 회의에 참석하는 청중은 적었지만, 그 안에는 언제나 이런 종류의 표절에 당하고, 괴로워하고, 몹시 증언하고 싶어 하고, 눈물까지 쏟아내곤 하는 희생자들이 있었다.

존 크루드슨이 제시한 가장 인상적인 사례는 로버트 갤로(Robert Gallo)를 둘러싼 복잡다단한 논란이었다. 핵심 쟁점은 우선권이었다.

AIDS의 원인인 사람면역결핍바이러스(HIV)를 처음 발견한 사람은 파리 파스퇴르 연구소의 뤽 몽테뉴(Luc Montaigner)와 그 동료들인가, 아니면 메릴랜드 주 베데스다의 NIH 내에 있는 국립암연구소의 연구실에서 일하는 갤로와 그 동료들인가? 논란은 바이러스학이 진정으로 어렵다는 점 때문에 더 복잡해졌다. 게다가 갤로의 공격적이고 잘 흥분하는 성격도 문제를 더 어렵게 만들었다. 개념과 심지어 생체물질까지 훔쳤다는 비난이 잇달았다. 고발, 맞고발, 지독한 분노가 양편을 무분별한 야심이라는 구름으로 휘감았다. 유감스러운 일은 AIDS의 원인 발견이 과학계에서 중요한 일이었다는 것이며, 노벨위원회는 우선권 싸움과 거리를 두었다. 소동이 한창 벌어지고 있을 때 크루드슨은 사기, 지적 재산권 유용, 은폐의 증거를 발견했다고 생각했다. 크루드슨은 드디어 1989년 11월 19일자 <시카고 트리뷴>에 그 발견과 논란을 둘러싼 5만 단어로 된 기사를 썼다.

그 사건은 갤로 연구실이 1970년대에 사람T-세포백혈병바이러스(HTLV)라는 병원체에 관한 발견들을 한 데 뿌리를 두고 있다. 그 바이러스는 특정한 형태의 백혈병과 관련이 있었다. 그 병은 면역계에 중요한 백혈구들 중 특정한 종류에 영향을 미치는 암으로서, 아주 드물며 주로 일본 남부의 어촌에서 나타났다. 그 발견이 관심을 끈 것은 바이러스가 일부 암의 원인이 아닐까 하고 오래 전부터 과학자들이 추측해 왔기 때문이었다. 비록 다른 동물들에서는 일찍이 1910년부터 사례들이 알려져 있었지만, HTLV는 사람의 암과 뚜렷이 연관되었다는 것이 드러난 최초의 사례였다. 게다가 그 바이러스는 그보다 몇 년 전인 1970년에야 밝혀진 유전학적 메커니즘을 지닌 종류였다. 즉 역전사효소를 지닌 바이러스였다. 이 효소는 유전자가 RNA에 들어 있는 바이러스가 자신의 유전자를 숙주세포의 DNA에 통합시킬 수 있도록 해준다. 그런 바이러스를 레트로바이러스라고 한다.

갤로 연구실은 그의 일하는 방식을 그대로 보여준다. 논란이 정점에 달했을 때 나는 그의 사무실을 가 보았는데, 밝고 컸으며 그에 관한 신문과 잡지 기사들, 수상식 사진을 크게 확대한 액자들이 벽에 가득 걸려 있었다. 번영, 명성, 무차별 경쟁이 중시되었다. 연구실들은 크고 바쁘게 돌아갔다. 수십 년 동안 갤로는 암 바이러스학 분야에서 가치 있는 결과들을 내놓았다. 그리고 그 결과들의 의미를 왜곡하고 과장하는 일도 반복했다. 그는 가장 노골적인 방식으로 노벨상을 지향하고 있었다. 대화를 할 때 그는 비위를 맞추다가 호통을 치는 식으로 강온 전략을 구사했다. 그는 밤늦게 전화를 걸어 한 시간 넘게 쉴 새 없이 이야기를 늘어놓는 습관이 있었다. 그의 연구실에 있는 젊은 연구자들은 그로부터 그리고 서로 혹독한 경쟁에 시달린다는 평판이 자자했다. 후견(mentoring)은 부정적일 수도 있다.

1981년 여름 AIDS가 처음 알려지자, 수많은 연구실들이 그 연구에 뛰어들었다. 갤로의 연구실도 그랬다. 몽테뉴의 연구실도 그랬다. 1983년 5월, 갤로는 AIDS가 자신의 T-세포백혈병바이러스와 아주 가까운 레트로바이러스로부터 생긴다고 주장했다. 그 연구에서 그의 주된 동료는 미쿨라스 포포비크였다. 갤로는 그 새 바이러스를 HTLV-3라고 불렀고, 동료들을 끌어 모으고, 연달아 논문들을 발표하고, 학회를 주최하고, 기자회견을 여는 등 방법상 과학적이라기보다는 점점 더 정치색이 짙어가는 운동을 벌였다.

그러나 몽테뉴는 그것과 관계없는 레트로바이러스라는, 우리가 현재 사람면역결핍바이러스, 줄여서 HIV라는 결론에 도달했다. 그의 연구실에 있는 프랑수아 바레-시누시가 발견했고, 그 해 여름에 그녀를 주저자로, 그를 선임 저자로 하여 많은 연구자들과 함께 논문으로 발표했다. 1984년 5월 갤로는 포포비크를 비롯한 공저자들(그 연구실의 연구를 대부분 해낸 연구자도 포함)과 함께 <사이언스>에 자기 연구실에서도 AIDS 환자들로부터 그 바이러스를 분리했다고 선언하는 논문을 발표했다. 하지만 그가 분리했다고 주장한 것이 사실상 몽테뉴의 바이러스임이 드러나면서 큰 소동이 일어났다. 즉 1983-1984년 겨울에 몽테뉴의 연구실에 있던 표본이 어떤 경로를 거쳤는지 몰라도 베데스다로 갔던 것이다. 그것이 사고였는지 도둑질이었는지 여부는 제대로 밝혀지지 않았다. 아무튼 갤로가 몽테뉴의 영예를 훔치려 했다는 결론을 피하기 어렵다.

그 뒤로 이어진 소동은 1991년 9월 크루드슨을 비롯한 기자들이 갤로와 포포비크를 18개월에 걸쳐 조사한 연구진실성국의 미발표 보고서 초안을 입수하면서 절정에 달했다. 초안에는 포포비크가 1984년 5월 논문에서 위조, 변조, 허위 발표, 오류를 저질렀다고 적혀 있었다. 초안은 갤로의 행동이 '과학적 부정행위의 공식 정의를 충족시키지 않는다'라고 하면서도 '상당한 견책을 받을 만하다'라고 적고 있었다. 포포비크는 정식으로 고발되었다. 그러자 그의 변호인단은 부처 소청 심사위원회에 소청을 제기했다. 1994년 여름 연구진실성국은 패소했고, 심사위원회는 유죄가 아니라고 결정했다. 이 결정은 나중에 볼티모어-이마니시-카리 사건의 여고편이라고 간주되었다. 과학진실성국은 절망하고 넌더리를 내면서 갤로 사건에서 손을 뗐다. 하지만 그의 명성은 훼손되었고 경력도 마찬가지였다. 비록 시끌벅적했지만 갤로 사건은 범위가 협소했다.

　그 사이에 갤로와 몽테뉴의 싸움은 국제적인 사건으로 비화되었고, 결국 진정시키기 위해 정부가 개입했다. 두 사람은 적어도 공개적으로는 울분을 삼키며 자제하는 태도를 보였다. 2003년 12월 <뉴잉글랜드 의학회지>에 그들은 'AIDS의 원인인 HIV의 발견'이라는 제목으로 간략하게 그 발견의 역사를 다룬 글을 공동으로 발표했다. 예측할 수 있었던 화해 방식이었다. 그들은 더 나아가 이렇게 인정했다. "1984년은 우리 두 연구진 사이에 몹시 흥분하여 거센 논쟁이 벌어지던 해였다." 그들의 됨됨이와 그들 사이에 오간 설전을 잘 아는 사람들에게는 한 문장이 역설적인 재미를 선사했다. "감정이 격했던 이 초기 시절에서 많은 교훈을 이끌어낼 수 있는데, 가장 중요한 교훈은 더 겸손할 필요가 있다는 것이다."

　이 책에 논의된 사기 사례 하나당 규모나 흥미가 그에 못지않은 사례를 5건은 더 인용할 수 있다. 우리는 다양한 사기 유형들을 살펴보았으며, 연루된 사람들과 기관들의 대처 방식이 다양하다는 것도 살펴보았다. 또 반복되는 사기의 패턴과 환경, 예외 사례도 살펴보았다. 그 대응과 패턴은 사기 행동이 번성하는 환경을 바꾸는 조치를 취할 수 있을 여지가 있으며, 종종 그렇겠지만 그런 조치들이 실패하면 연구실, 기관, 정부의 감독관청, 그리고 과학 탐구 과정과 기록의 진실성을 늘 주시하고 있는 법 차원에서 더 효과적인 조치가 취해질 수 있음을 함축한다. 그리고 인터넷은 과학에 변형된 형태의 꼼꼼한 심사 수단을 제시하고 있다.

8
인터넷을 통한 공개 출판의 등장

문헌은 인용, 저자, 키워드/주제 링크를 통해 모두 상호 연결됨으로써 유례 없는 힘을 부여받고 접근과 탐색이 용이해질 것이다. 심사 이전의 프리프린트라는 연쇄적인 초안은 공식 심사를 받은 초안뿐 아니라 그 뒤의 교정, 수정, 갱신, 논평, 반응, 기본적인 경험 데이터베이스와도 연결될 것이다. 모두 학술적이고 과학적인 연구와 의사소통의 자기 교정과 상호 작용을 놀라울 정도로 새로운 방식으로 강화한다.

— 스티브 하나드, '열린 사회를 위한 공개 자료실', 2000년 7월

1991년 과학에 거대한 구조적 변화가 막 시작되고 있었다. 바로 전자출판이었다. 십여 년 뒤 변화는 아주 멀리까지 진행되었고 한 해가 채 지나기도 전에 기존의 것이 낡고 새 것으로 대체될 정도로 점점 더 속도를 높이고 있다. 그 변화가 아주 혼란스럽게 보이긴 하지만, 윤곽은 뚜렷하다. 그리고 비록 거의 주목을 받은 적이 없지만, 그것은 과학 사기에 강력한 의미를 지니고 있다.

월드와이드웹을 통한 과학출판은 처음부터 두 가지 흐름을 따라 진행되어 왔다. 하나는 보수적인 즉 주류 계통이 새로운 변화를 어쩔 수 없이 받아들인 것이라고 볼 수 있고—때로는 환영하기도 했다는 말을 덧붙여야 공정할 것이다—다른 하나는 현실을 인정한 급진적인 계통이다. 혼돈 같은 것에서 질서를 끌어내기 쉽도록 각 계통에는 출판 모형과 주도하는 인물이 있다. <BMJ>와 그 편집장인 리처드 스

미스, 아키브(arXiv)라는 웹 학술지와 그것을 만든 폴 진스파그(Paul Ginsparg)가 그렇다. 둘의 접근 방식은 정반대이다. 하지만 서로 적응하면서 수렴하고 있다. 많은 사람들이 그 수렴을 이끌고 있으며, 대표적인 인물은 해럴드 바머스와 비테크 트라츠(Vitek Tracz)이다.

인쇄 매체인 학술지들은 처음에 소심하게 또는 대담하게 동료 심사를 거치고 게재 승인이 나고, 편집된 형태의 내용물의 일부 또는 전부를 웹사이트에 올리기 시작했다. 이제 독자를 확보하기 위한 경쟁 때문에, 대다수 인쇄 학술지들은 적어도 같은 내용을 전자 매체로도 발표하는 식으로 양쪽으로 출판을 하고 있다. 일부 학술지 편집장들은 좀 더 멀리까지 밀어붙이고 있다. <BMJ>의 스미스가 그렇다. 몇 년 전 새 소식과 특집 기사를 주로 싣는 잡지인 <사이언티스트(The Scientist)>(웹에서 읽을 수 있다)에 그의 이력이 실렸다. 글쓴이는 스미스를 '윤리적 대중주의자(ethical populist)'라고 묘사했다. 비록 <BMJ>가 생명의학 분야의 기존 체제를 대변하는 듯한 학술지이긴 하지만, 스미스는 전자출판을 선도하는 강하고 상황 판단이 뛰어난 인물이다.

특정 분야의 급진적이고 체제 전복적인 과학자들은 학술지와 심사를 피하고 논문을 직접 인터넷에 공개하는 체제를 구축해 왔다. 1991년 난해한 분야를 전공한 거의 무명의 물리학자 진스파그는 인터넷 공개 출판을 선도하고 있었다. 그의 주장은 몇 가지 의미에서 선구적이었다. 웹이 제공하는 가능성을 간파하고 구현하러 나섰다는 점에서, 자신이 본 전망과 행동주의를 처음으로 결합했다는 점에서, 자신이 이룩한 변화의 영향 측면에서 그랬다. 곧 그 구상에 이끌려 수십 명이 동참하여 계획을 발전시켜 나갔다. 그 중 이론가인 앤드루 오들리즈코와 전도자인 스티븐 하나드가 가장 중요한 역할을 했다. 그들은 '지구 지식 네트워크'라는 것이 급속히 진화할 것이라고 예측한다.

웹이 할 수 있는 일들을 우리가 금방금방 당연하게 받아들이는 것을 보면 놀랍기 그지없다! 정기간행물들은 전자 매체의 이용 측면에서 과학보다 훨씬 앞서 나가는 듯하다. 현재 우리는 훑어보고 싶은 신문이나 잡지가 마우스를 한두 번 눌렀을 때 화면에 뜨는 것을 당연하게 여긴다. 세계무역센터가 파괴된 지 3년 뒤에 파키스탄과 아프가니스탄에서 무슨 일이 벌어지는지 알고 싶은가? 영어로 간행되는 파키스탄 신문의 웹사이트들, frontierpost.com.pk이나 dawn.com.pk로 가보라. <이코노미스트>의 웹사이트는 미국 독자들에게 미국판에 실린 것보다 더 많은 영국 이야기를 제공한다. 당신이 구독자이기만 하면 말이다. <뉴욕 타임스> 웹사이트에서는 가입을 하면 누구나 지난 7일간의 기사들을 읽을 수 있다. 더 오래된 기사는 유료이다. 런던의 <데일리 텔레그래프>와 <가디언>은 기사를 무료로 검색하고 인쇄까지 하도록 허용한다. <타임스>는 유료이다. 이처럼 저마다 방식이 다르다.

전자적인 영구 혁명을 겪으면서 예상했던 그대로 변화는 급속히 일어났다. 1993년 동료 심사학회에서 강연할 때 언급한 바 있지만, 과학에서 그 변화는 놀라운 전망을 담고 있다. 심사의 결함들 중 많은 것을 고칠 수 있을 뿐 아니라, 활자와 종이출판의 결함들까지 바로잡을 수 있다. 나는 적절히 사용된다면 전자출판이 사기를 더 어렵게 만들 것이라고 말했다.

문헌을 읽는 과학자의 관점에서 볼 때, 전자출판은 상당한 이점을 제공한다. 1992년 가을 조슈아 레더버그는 우즈홀에서 개최된 국제과학편집자 대회에서 강연을 했다. 레더버그는 오래 전에 노벨상을 받았고 록펠러 대학교 총장으로 재직했다가 지금은 물러나서 그곳에서 연구 활동에 전념하고 있다. 그는 대단히 명석하며 체계적으로 글을 많이 읽어서 해박하다. "내 연구진에서 내가 맡은 주요 역할 중 하나는 주된 독자가 되는 것입니다. 나는 우리 연구와 계획, 나올 자료에 관해 생각하는 방식에 아주 중요한 영향을 끼칠 사건들에 늘 대비하고 싶습니다." 레더버그는 미래를 내다보았고 전자출판을 환영했다. 그는 첫째로 그것이 온갖 방대한 과학문헌들 가운데 자신의 연구와 직접 관련이 있는 논문들만을 추려내는 문제를 해결할 유일한 방안이라고 했다. 둘째, 그것은 그 논문들에 대한 자신의 반응—주석, 촌평, 관련 사항들, 한 순간 튀어나온 착상—을 기록하고 보존하고 계속 접할 수 있게 해줄 것이라고 보았다. 많은 학술지들은 비행기나 기차나 정원에 앉아 읽을 수 있는 현재의 종이 형태로 최강의 기능을 계속 수행할 것이다. 하지만 모든 학술지는 전자 검색과 읽기가 가능해야 한다.

> 우리 각자는 전 세계의 부지런한 비버(beaver)들이 열심히 창고에 쌓아 놓는 엄청난 자료들 중에서 선택적 검색을 해야 하는 과제에 직면해 있습니다. 현재 기술은 연구자에게 꽤 믿을 만하게 근사적인 검색 결과를 제공합니다. 계속 모아둔 종이 뭉치를 뒤적거리다가는 좌절을 느끼지요…. 다음 단계는 그것을 유용한 지식을 담은 자신의 개인 도서관에 통합시키는 것으로서, 그것은 작년의 기술로는 이룰 수 없습니다.

더 정교한 검색 소프트웨어와 결합된 전자출판은 방대한 문헌들 가운데 눈에 잘 안 띄는 특정한 자료들을 찾아내는 문제를 더 쉽게 해줄 것이다. 그것이 바로 레더버그가 말한 '다음 단계로 넘어가는 데 필요한 절묘할 정도로 상세한 것'이다. 그는 전자출판이 개별 과학자들에게 도움을 주는 차원을 넘어 독자, 학술지, 저자 사이의 '변증법', 즉 연속적인 대화를 가능하게 할 것이라고 예측했다. 그는 그 것이 장기적으로 가장 큰 혜택이라고 보았다.

이제 논문을 출판하는 과학자의 입장을 살펴보자. 그들의 행동— 비록 당연시되는 체제이긴 하지만—은 유달리 기묘해 보인다. 출판을 계획하는 다른 영역의 저자들과 정반대로, 그들은 원고료를 받지 않고 자신의 저작을 넘긴다. 학술지들은 투고자에게 지불을 하지 않으며, 심사자에게도 지불을 하지 않는다. 과학자들은 그래야 하기에 그냥 참는다. 그들에게는 논문을 남에게 읽히는 것이 가장 중요하다. 전자출판은 잠재적인 독자의 수를 엄청나게 늘린다. 그쪽으로의 전환은 기존 출판업자의 이익과 학자의 이익을 경쟁시킨다. 본질적인 절실한 욕구가 커짐에 따라 학자의 이익은 미래의 모습에 크게 영향을 끼치게 마련이다.

*

인쇄 학술지의 대안은 공개출판이라는 현상이다. 그것은 공개 소프트웨어 운동과 거의 같은 시기에 시작되었고, 그것과 유사하며, 창안자도 똑같은 체제 전복적인 의도를 지니고 있었다. 둘 다 기존 체제의 통제를 느슨하게 하고 싶어 했다. 과학학술지에서는 근본적으로 정보의 흐름을 빠르고 값싸게 하고, 그것을 다루는 과정을 민주화하자는 것이었다. 일부는 심사부터 학술지 체제 전체를 주요 표적으로 삼았다. 그들은 인쇄물의 '사본'을 그냥 웹사이트에 올릴 뿐인 학술지들을 경멸하면서, 인쇄된 학술지의 시대는 갔다고 선언했다.

1991년 하버드에서 막 로스앨러모스 국립연구소로 자리를 옮겨 고에너지 입자물리학이라는 난해하기로 유명한 비주류 분야에서 일하던 젊은 물리학자 폴 진스파그(Paul Ginsparg)는 자기 분야의 모든 사람들이 성가셔 하는 세속적인 한 가지 문제를 놓고 고심하고 있었다. 약 15년 동안 그 분야에서는 새 논문을 쓰면 그것을 학술지에 제출하기도 전에 저자와 소속기관이 전 세계의 동료들에게 우편으로 프리프린트(preprint)를 보내는 관행이 유지되어 왔다. 그렇게 함으로써 연구 성과의 우선권을 주장하는 동시에 후속 연구와 논평과 협력을 유도했다.

나는 진스파그와 1998년 7월 초 로스앨러모스에서 장시간 대화를 나눌 때 그 이야기를 상세히 들었다. 그의 사무실은 보안 시설이 없는 건물에 있었으며, 비좁고 논문으로 가득했다. 그는 야위고 수염이 덥수룩했고 반바지에 운동화 차림이었다. "하버드에서는 출력한 프리프린트를 배부했지요. 그 체제는 이미 정해져 있는 것이었지요. 동료 심사는 유용했어요. 학술지는 기록 보관용으로 유용했고요. 하지만 우리는 진행 중인 연구에 관한 사항을 더 빨리 배부할 필요가 있었지요." 그래서 프리프린트가 등장했다. "우리가 으레 하던 일은 논문을 완성하면, 연구실에서 사본을 5~600부 찍는 거였어요. 50부는 자기 개인이 지닌 명단에 속한, 즉 선호하는 집단의 사람들에게 보냅니다. 받은 사람들은 그것을 먹이사슬을 따라 아래로 전달하지요. 자기 대학교의 대학원생들과 박사후과정 연구원에게요. 한편 우편물 수신 기관 명단도 있어요. 고에너지 물리학 연구기관은 약 550곳이 되는데-”

내가 끼어들었다. 하버드 이야기지요?

“550개 기관이 다 그랬어요. 모두 그렇게 했어요. 네트워크가 있었던 겁니다. 사람들은 이미 짜인 네트워크, 성장을 거듭해온 네트워크에 편입되는 것이었지요. 550개 기관은 1980년대 말의 추정치였어요.”

“그리고 물론 그 관습은 지금 완전히 사라졌어요. 내가 죽여버렸지요.”

“아니, 대체했지요. 훨씬 더 나은 것으로 진화했어요.”

“이 실험이 있었지요. 나는 1991년에 시작했다고 주장해 왔는데, 사실 공정한 실험은 아니었어요. 이미 답을 알고 있었으니까요.” 답은 프리프린트 배부망에 나와 있었다.

다른 혁신들과 마찬가지로, 진스파그의 혁신에도 이전 단계가 있었다. 그 혁신은 그보다 6년 전에 일어난 큰 도약 덕분에 가능했다. 바로 물리학 논문 작성용 소프트웨어의 등장이었다. 1985년이 되자 “우리는 모두 워드프로세서를 TeX로 바꾸었어요. X는 사실 카이(x)지요. 그래서 ‘테크’라고 발음해요.” 테크는 스탠퍼드 대학교의 도널드 크누스가 개발한 것으로, 수학방정식이 포함된 논문을 쓰는 과정을 엄청나게 개선했다. 손으로 쓴 수학식을 비서가 입력하고 다시 입력하고 다시 고쳐 쓰는 등 모든 단계에서 오류가 생기곤 하는 절차를 대체했기 때문이다. “갑자기 우리는 학술지에 실리는 최종 원고만큼이나 좋아 보일 뿐 아니라, 여러 가지 면에서 사실상 더 나은 논문을 작성할 수 있게 되었지요. 여러 가지 면에서 우리는 더 나은 레이아웃을 구성할 수 있었고 가장 중요한 점은 논문을 쓰다보면 50~100번쯤 교정을 보게 된다는 것이었지요. 모든 오류를 잡아낼 만큼요.” 그는 학술지에서 활자조판을 할 때 없던 오류가 생기곤 한다는 것을 알게 되었다. “1986년에 학술지들은 한 쪽에 두세 개쯤 오류를 집어넣었어요. 그것도 방정식 같은 중요한 곳에요. 그래서 나는 말했지요. <피지컬 리뷰 D>였어요. 그래, 알았어요. 더 이상은 당신네한테 논문을 투고하지 않겠어요. 직접 더 잘 할 수 있으니까요. 당시 물리학계에서 우리는 전자적 연결 측면에서 10년쯤 앞서 있었지요. 더 큰 컴퓨터에 인터넷의 선구물인 원형 국제 네트워크를 갖추고 있었으니까.

"1980년대 말에 우리는 TeX 원고를 전자우편으로 보내기 시작했어요. 한정된 집단 내에서요. 나는 그 점이 불공정하다는 생각을 죽 해왔어요. 평등한 접근과 평등한 보급이 우리가 그 분야의 연구가 어떠해야 한다고 말할 때 내놓는 개념이기 때문이지요. 우리는 지극히 엘리트주의자이지만, 엘리트 집단 내에서는 평등한 접근을 원했어요. 그리고 우리 엘리트 집단에는 사실상 모든 분야의 연구자들이 있어요."

물리학자들은 여전히 TeX를 사용하고 있었다. "지금은 개념상 낡은 것이지요. 내 말은 너무나 탁월하게 설계되었기에 우리 모두가 여전히 그것을 사용한다는 의미이지요. 기본적으로 빌 게이츠가 영구히 컴퓨터로 타자를 계속 치는 원숭이 10만 마리를 고용할 수 있다고 할지라도, 그들은 크누스 프로그램이나 셰익스피어의 해당 이야기 중 일부분조차도 재연할 수 없어요." (구조를 더 잘 짠 새 판본도 1980년대에 등장했다. 라텍스(latex)라고 했다. 고무에 빗댄 것이 아니라, 레슬리 램버트의 이름을 딴 것이다. 그 프로그램은 수학자와 물리학자뿐 아니라 컴퓨터과학자들 사이에서 널리 사용되고 있다.)

즉 1984년이나 1985년쯤에 물리학자들은 다른 연구실에 있는 동료들과 전화가 아니라 컴퓨터를 이용하여 논문을 쓰고 있었다. 그 방식이 훨씬 더 나았다. 전화 통화는 때로 상대의 심기를 불편하게 만든다. "그리고 누군가에게 전화를 하면 사전과 사후에 어느 정도 이런저런 사교적인 이야기를 해야 하고 그러면 효율성이 떨어지게 되지요." 국제협력을 하려면 시간대도 고려해야 했다. 네트워크를 통해 논문을 주고받는 방식은 그 모든 것을 생략했다. 하지만 가장 큰 이득은 생각이 명확해진다는 것이었다. "누군가와 공동연구를 할 때, 자신이 말하는 것에 당황하지 않게끔 논문을 쓰고 그것을 인쇄하는 행위만으로도 정리가 되어 갑작스럽게 답을 알 수 있을 때가 많아요."

지금은 거의 믿기 어렵지만, 당시에는 프리프린트 본문 전체를 전자우편으로 보낸다는 것이 쉬운 문제가 아니었다. 각 기관의 대형 컴퓨터에서 전자우편에 할당된 공간이 너무 작았기 때문이다. 학회에 갔다가 돌아와서 보면 할당된 공간이 꽉 차 있어서 누가 보낸 어떤 우편이 반송되었는지 알 길이 없었다. "그때 이건 잘못 되었어 하는 생각이 문득 떠올랐어요. 그것은 자족적인 시스템이 아니었어요. 우리는 한 하위 공동체에 속해 있었어요. 당시 우리는 2차원 중력행렬 모형을 연구하고 있었죠. 끈 이론의 한 하위 공동체, 상대성 양자장 이론의 하위 공동체, 말하자면 고에너지 물리학의 한 하위 집단에 속해 있었지요. 그러니까 사실상 아주 규모가 작은 하위 분야였어요. 당시 전 세계에서 그 분야에 속한 사람은 200명에 불과했어요. 우리가 해야 할 일은 그들이 이런 것들을 투고할 자동 시스템을 만드는 것이었어요." 프리프린트 체제에서 해왔듯이, '모든 사람들에게 본문 전체를 보낼 필요가 없어요. 그것은 쓸데없는 짓이죠'. "정신 나간 짓이에요." 그는 3일 동안 오후에 프로그램을 짜서 전자우편으로 오는 프리프린트에서 제목, 저자, 초록만 추출하여 보내고 본문은 저장하는 시스템을 구축했다. "그렇게 해서 투고되는 것들을 하루에 한 차례 통보하는 방식을 구축했어요. 본문을 보고 싶은 사람은 검색할 수 있게 했고요. 원하는 사람만요."

그 시스템은 1991년 8월 9일에 가동을 시작했다. "원래 설계할 때는 원고가 3일에 한 편 투고될 것이라고 추정했어요. 그러니까 150~200명으로 이루어진 공동체에서 연간 100~120편이 투고되는 셈이었지요. 일단 석 달 동안 할 계획을 짰어요." 그 뒤에는 '선박 우편'으로도 인쇄된 프리프린트가 도착할 터였다. 시작한 지 한 달쯤 지났을 때 한 친구가 방문했다. 진스파그의 입장에서 볼 때는 컴퓨터 문맹이나 다름없는 친구였다. 그는 뻔한 사항을 지적했다. 컴퓨터 기억장치가 저렴해지고 디스크 공간 문제도 별 문제가 안 되는데 왜 영구 저장하지 않느냐는 것이었다. "그 말에 눈이 번쩍 뜨였지요. 컴퓨터 공포증이 있는 친구도 그 점을 알아차렸다면, 그 접근 방식이 한 분야에만 국한될 리가 없었지요. 그리고 컴퓨터를 다루는 젊은 과학자들만이 아니라 전 연령대로 확대시킬 수 있고요. 그 순간에 이것이 일

시적인 방편이 아니라 문서출판소, 전자출판소라는 점이 명백해졌지
요.”

그는 xxx.lanl.gov라는 주소를 사용했다. lanl.gov는 로스앨러모스 국
립연구소를 뜻했다. xxx는 그저 편리하다는 이유로 붙인 것이었다.
“웹이 등장하기 이전이었으므로, 전자우편을 보내는 사람들이 주소를
기억하기 쉽도록 할 필요가 있었어요.” 그런 주소를 쓰다보니 우스꽝
스러운 결과가 나타났다. “믿기지 않을지 모르겠지만, 로그 기록을 보
면 잘못 방문한 사례들이 아주 많아요. 대형 검색 엔진으로 ‘xxx+일
본+여자, xxx+’나 ‘거시기+하드코어’ 같은 식으로 검색을 하기 때문
이지요. 즉 로그 기록에 그런 것들이 다 나타나지요. 게다가 ‘여기가
아동 포르노 사이트 같은데, 포르노는 어디 있어요?’ 같은 메시지도
날라오지요. 결코 과장이 아니에요.” (1998년 말에 그는 ‘.org’ 도메인
명을 등록할 필요가 있음을 깨닫고, 크누스의 TeX에 경의를 표한다는
뜻에서 주소를 지금처럼 바꾸었다. http://www.arXiv.org.)

그 착상은 실현되었다. “그것은 1991년에 시작되어 아주 급속히
성장했고 곧 범위도 확대되었지요. 그것을 적극적으로 활용하는 사람
은 처음에 200명이었지만 몇 달 지나지 않은 그 해 말까지 천 명으로
늘어났어요. 그런 식으로 계속 확장되었어요. 처음에는 모든 형식 이
론을 취급했다가 1992년 봄에는 일반상대성이론-양자 우주론, 고에너
지 물리학-격자 이론, 천체물리학, 응집물질, 대수기하학 분야로 분리
시켰어요. 아주 빠르게 성장했고 나로서는 아주 불편했지요. 내 일 같
지가 않았거든요. 지금도 그래요. 그리고 그 일에 어떤 연구비도 지원
받지 않았지요.”

이런 식으로 종이와 잉크를 쓰지 않자 배부하는 데 드는 한계 비
용이 줄었고, 프리프린트를 화면으로 보게 되자 거의 0에 다다랐다.
“하버드에서는 국립과학재단 연구비 중에서 우표, 사진 복사, 봉투 붙
이는 노동력 등 프리프린트 인쇄물 배부 비용으로 연간 2만 달러를
우리에게 주었지요. 미국에 그런 기관들이 100곳뿐이라면 연간 2백만
달러가 들 겁니다. 그리고 나는 그들에게 내가 그 비용을 절약하고
있다고 정직하게 말하고 있었지요.” 전자 문서보관은 곧 그 분야의

연구, 의사소통 구조의 필수적인 부분이 되었다. 하지만 로스앨러모스에서 '아무도 여기서 현재 진행되고 있는 일에 별 관심이 없었어요. 국립과학재단과 에너지부도요'. 그 연구소는 에너지부 산하기관이다. "양쪽 다 내게 '그런 일에는 지원하지 않는다'고 말했지요."

1993년 여름이 끝날 무렵, 전 세계의 약 8,000명의 물리학자들이 그 전자출판소를 이용하고 있었다. 9월 27일 전자우편을 보내려던 사람들은 그 출판소가 폐쇄된 것을 알았다. 화면에는 이런 글이 떴다. "당신이 미국에 살고 이 시스템이 아주 유용하다고 느낀다면, 지금이 국립과학재단과 에너지부의 담당자들에게 이 시스템을 지원할 방안을 찾으라고 촉구할 때입니다." 그러자 전 세계에서 대단히 우려하는 목소리가 줄을 이었다. 그리고 효과가 있었다. 로스앨러모스 관리자들은 깜짝 놀라 돕겠다고 약속을 했다. 한 주 뒤에 <사이언스>에 기사를 싣고자 진스파그의 활동을 취재하고 있던 경력 기자 개리 토버스는 그 사건을 기사화했다. 토버스는 그 일화가 '물리학자들이 그 게시판 —출판소—에 얼마나 의존하고 있는지, 그것이 물리학 문화를 얼마나 바꾸어 왔는지'를 보여주었다고 썼다. 그는 예일 대학교 물리학자 짐 홈의 말을 인용했다. "그것이 없다면 정말 고역일 겁니다. 현재 나로서는 학술지를 오직 그 게시판이 등장하기 이전의 논문들을 찾는 용도로만 활용하고 있어요."

진스파그는 토버스에게 시스템에서 가장 가시적인 부분, 새 논문이 매일 게시되는 부분만 폐쇄했다고 말했다. 9월은 새 학기가 시작되는 때로서 많은 대학원생들과 박사후과정 연구원들이 전자우편 주소를 바꾸고, 매일 수백 건의 게시물이 올라오는 시기이다. 그는 폐쇄했을 때 자신이 지원을 필요로 함을 극적으로 보여줄 수 있도록 철저히 계산을 했다. 그는 여전히 혼자 힘으로 시스템을 운영하고 있었다. 그는 행정적인 잡일을 맡고 반송되는 전자우편을 정리할 직원이 필요했다. 그는 시스템을 개선할 생각도 하고 있었지만, 그것을 실현시켜줄 뛰어난 프로그래머가 필요했다. 그러다가 정말로 원하던 것을 해주겠다는 약속을 받자 몹시 놀랐다. 사흘이 채 지나기도 전에 진스파그는 시스템을 복구시켰다.

그 여파는 조용하면서 급속히 확산되었다. 1993년 말 그 출판소는 고에너지 물리학 내의 다양한 전공 분야들을 거의 100퍼센트 포섭했고 여전히 확대되고 있었다. 1994년 국립과학재단은 입장을 바꾸어서 3년 동안 100만 달러를 지원하겠다고 했다. 국립과학재단 물리학 담당 부서에서도 지원을 하고 최근에 신설된 예외적인 연구 계획에 지원하는 부서에서도 지원을 했다. 그는 소프트웨어 전문가를 상근직으로 고용했다. 1995년 봄 그들이 다루는 물리학 분야는 약 25개로 늘었고 하루 방문자 수는 4만 5,000명을 넘어섰다. 1998년 여름에 진스파그는 내게 이렇게 말했다. "지난 2년 반 동안 응축물질과 천체물리학 분야가 가장 크게 성장했어요. 원래 이렇게 체계적인 프리프린트 배부 체계를 갖추지 않은 분야였는데 말이지요."

물리학계는 규모가 어느 정도일까?

그는 무엇을 포함시키느냐에 따라 달라진다고 했다. "공학에 가까운 응용물리학 분야 같은 것들이 있으니까요." 물리학자 수는 5~7만 명 수준이다. 미국 물리학회는 전 세계 물리학회 중에서 가장 규모가 크고 가장 유명한 출판사이기도 하다. "<피스 리브 레터스>와 <피지컬 리뷰 A>부터 <피지컬 리뷰 E>까지 학술지들을 통해서 그들은 연간 1만 1,000편에 이르는 논문들을 출판합니다. 그러나 이곳의 이 시스템은 지금 그보다 2배 이상의 논문을 싣고 있어요." 그는 2년 전의 일을 떠올렸다. "내 직원 중 한 명—정말 우스운 상황이지요!—이 미국 물리학회로 자리를 옮겼어요. 거기로 가니 그들이 이렇게 말했대요. 로스앨러모스에서 얼마 되지도 않는 일을 하다가 온 모양인데, 진짜 잡지 만드는 일이 얼마나 큰일인지 알게 될 거요." 진스파그는 악의 없이 웃었다. "그들은 여기에서 하는 일이 주류에서 벗어난 것이라고, 그들이 하는 일과 규모나 크기 면에서 비교가 안 될 정도로 작고 모든 연구자들이 서로 잘 아는 작은 고에너지 물리학계 사람들끼리 지지고 볶는 것일 뿐이라고 생각했어요." 그래서 그들은 수치를 비교했다. "번개가 번쩍 친 것 같았지요." 그는 그들에게 말했다. "이미 당신네의 모든 학술지들을 합친 것보다 규모가 더 클 뿐 아니라, 성장에 점점 더 가속도가 붙고 있습니다."

그는 자신이 생각하는 미래상, 그리 멀지 않은 미래상 이야기를 했다. "그것은 은밀한 작업이지요. 그들이 진짜 목표, 사실상 대체하겠다는 목표를 알면 어떻게 될까요? 물론 우리는 전체적으로 무슨 일이 일어날지 알지 못하지만, 물리학 분야에서는 분명히 우리가 모든 학술지들과 그들이 온라인 학술지와 인쇄 학술지가 얼마나 다른가를 놓고 떠들어대는 온갖 사소한 사항들을 초월하여 모든 것을 통합한 세계적인 데이터베이스를 구축할 겁니다. 모두 완전히 시대에 뒤떨어져 있다는 말이죠." 전망이 술술 굴러 나왔다. "모두 이 종이 기반의 사고방식이 만들어낸 자의적인 것들이지요. 전자 매체는 너무나 달라요. 그들이 말하는 것들을 모조리 당장 내버리고, 우리가 자료 또는 정보 구성단위라고 부를 수 있는 것을 개별적으로 제출하는 것을 받아들이고 그 구성단위로 지식 자원이 아니라 지식 네트워크를 구축할 풀을 제공하는 이 지적인 씌우개 형태의 동료 심사를 채택할 수 있어요. 그리고 물리학에서는 그렇게 할 수 있어요. 우리는 그 일을 먼저 시작했고 아마 수학과 컴퓨터과학도 뒤따를 거예요. 수학은 느리긴 하지만 이미 움직이기 시작했어요."

생물학은?

잠시 침묵이 이어졌다. "음, 이 시스템은 아니에요. 생명과학에서는 그런 움직임이 거의 없다고 봅니다." 그러나 5개월 뒤 대부분 컴퓨터를 다룰 줄 아는 사람들로 이루어진 일단의 생물학자들이 롱아일랜드에 있는 콜드 스프링 하버 연구소에 유전자의 발현과 상호작용에 관한 대규모 자료를 웹에서 취합하고 입력하는 문제를 논의하기 위해 모였다. 진스파그는 거기에서 강연을 했다.

2001년 2월 파리의 유네스코 본부에서 열린 한 회의에서 진스파그는 독자와 전자출판소 또는 학술지의 관계가 두 가지 형태를 취할 수 있다고 말했다. 그의 독창적인 프리프린트 출판소가 다루는 고도로 분화한 물리학의 하위 분야들에서 잠재적인 투고자 집단은 본질적으로 독자 전체와 같다. 모두가 각 투고 원고를 판단할 능력을 갖추고 있다. 그와 달리 일부 학술지들에서는 독자의 수가 투고자의 수보다 100배 더 많을 수 있다. 의학과 일부 생물학 분야의 학술지들이 그렇다. 그 독자들 가운데 많은 이들은 사실 뛰어난 평가자가 아닐 수도 있다. 2001년 7월 대화를 나눌 때 진스파그는 세 번째 범주를 제시했다. "물론 투고자의 총 수가 독자의 수보다 상당히 많은 학술지들도 있을지 모릅니다. 인문학 분야처럼요."

폴 진스파그의 전망을 가장 순수한 형태로 보면, 논문의 질에 대한 판단이 어느 과학계 전체의 함수가 된다는 것이다. 모두가 동료이다. 논문은 화면에 나타난다. 프리프린트 전통에서 볼 때, 그것은 초고, 즉 진행 중인 작품이다. 하지만 모든 과학은 진행 중인 작품이다. 전자논문은 논평, 질문, 수정을 이끌어낸다. 그것들은 원본에 첨부된다. 그 과정은 다중 대화, 즉 레더버그의 '변증법'이 된다.

2001년 진스파그는 코넬 대학교로 옮겼고, arXiv도 가져갔다.

진스파그의 출판소는 최초의 사례였고, 극적인 성장과 성공을 거두었으며, 과학자들에게 널리 알려졌고, 세계적으로 인정을 받았다. 인터넷 공개출판을 추진한 사람이 결코 그 혼자만은 아니다. 또 반드시 그의 방식만 있는 것도 아니다. 인터넷 출판에 관한 학회, 논문, 책도 급증했으며, 물론 전자 매체를 통해 접할 수 있다. 옹호자들은 말이 많고 논쟁을 좋아하는 부류들이며, 물론 인터넷의 리스트 서버(list server)를 통해 주장을 한다. 그들은 수많은 글을 생산한다. 그리고 십여 년 동안 이런저런 형태의 자료실들이 계속 늘어났고 거기에 보관되는 논문의 수도 두 배 네 배로 계속 늘어나고 있다. 그 혁명은 자족적이며, 현상이 너무나 풍부하고 다양해서 분류 정리하기가 쉽지 않다.

그 혁명의 이론가들 가운데 진스파그 외에 두 명의 주요 활동가가 있다. 벨연구소에서 오랫동안 수학자로 근무하다가 현재 미네소타 대학교 디지털 테크놀로지 센터 소장으로 재직하는 앤드루 오들리즈코(Andrew Odlyzko)와 영국 사우샘프턴 대학교 전자공학 및 컴퓨터과학과의 열정이 넘치는 인물 스티븐 하나드(Steven Harnad)가 그렇다. 이 세 사람과 그 동료들은 인터넷과 월드와이드웹을 만든 문화의 산물이다. 그들은 복잡한 과학기술을 다루는 몽상가들이며, 그들의 전망은 세계적이고 분산적이며 공개적이고 민주적이며 위계적이지 않은 지식인 세계의 것이다. 그 세계에서는 개념과 이론의 발표가 고정된 형태에 속박되어 있는 것이 아니라 유동적이고 상호 작용적이고 유기적이며 진화한다. 무엇보다도 접근이 자유롭다. 그 세계에 어떻게 접근할 것인가 하는 문제에서는 그들의 의견이 서로 갈린다.

그들은 극적인 변화가 필연적이며 임박해 있다는 데 동의하며, 주류 과학자, 출판인, 연구비 지원기관에 그 점을 납득시키는 일을 해 왔다. 오들리즈코는 일찍이 과학 문헌의 기하급수적 성장과 컴퓨터 성능의 기하급수적 성장이라는 두 경향이 그 변화를 이끈다는 것을 간파했다. 약 50년 전 과학사가인 데렉 드 솔라 프라이스는 17세기 현대과학의 여명기 이후로 과학논문의 수가 15년마다 두 배로 증가했다고 주장했다. 나는 앞선 시대에 관한 그의 자료가 빈약하다는 생각을 늘 해 왔지만, 그의 주장은 거의 보편적으로 받아들여져 왔으며 종종 인용되기도 한다. 어쨌거나 19세기 중반부터 그 증가 속도는 분명히 유지되어 왔다. 오들리즈코는 자기 분야인 수학을 대상으로 분석을 해보았다. "1870년에 출판된 수학 논문은 고작 840편에 불과했다. 오늘날에는 연간 약 5만 편이 출판되고 있다. 그 통계 자료를 좀 더 꼼꼼히 살펴보면 2차 세계대전 말부터 1990년까지 발표된 논문의 수는 약 10년마다 두 배로 늘어났음이 드러난다." 탈레스와 유클리드 이후로 아마도 100만 편은 출판되었을 것이고, 그 기하급수적인 증가율로부터 도출되는 놀라운 사실은, 그 중 절반이 지난 10년 사이에 출판되었다는 것이다. 그것은 도서관 서가와 예산이 차마 지탱할 수 없을 정도로 무거운 잉크의 바다, 종이의 숲이다. 오들리즈코는 이렇게 말했다. "좋은 수학도서관은 학술지 구입에만 연간 10만 달러를 넘게 쓰며, 직원 인건비와 공간 유지비는 대개 그보다 적어도 두 배는 든다."

그러나 컴퓨터 성능—정보 처리, 전달, 저장—의 성장 속도는 그보다 훨씬 더 빠르다. 컴퓨터 속도는 10년이 아니라 약 18개월마다 두 배로 증가한다. 오들리즈코는 TeX로 쓴 평균적인 길이의 수학 논문이 약 5만 바이트를 차지할 것이라고 추정했다. 한 해의 논문들을 다 저

장하려면 2.5기가바이트가 필요할 것이다. 내가 이 글을 쓰고 있는 매
킨토시 노트북은 20년 분량을 저장할 수 있다. 오들리즈코는 이렇게
말했다.

> 우리는 연간 한 학술지를 구독하는 비용보다 훨씬 더 적은 비용으로 현
> 재의 수학 출판물 모두를 저장하는 것이 이미 가능하다고 결론짓는다. 이
> 전 세기들에 출판된 논문들은 어떨까? 100만 편은 있을 것이므로, 그것들
> 을 모두 TeX로 입력한다면 저장하는 데 약 50기가바이트가 필요할 것이
> 다….
>
> 이 능력은 우리의 운영 방식에 극적인 변화를 의미할 것이다. 예를 들
> 어 당신이 화면에 어떤 논문을 불러내어 그것이 흥미롭다는 판단이 들었을
> 때 데스크톱에 딸린 레이저 프린터로 출력할 수 있다면, 굳이 대학도서관
> 이 필요할까?

하나드는 프린스턴에서 몇 년을 보낸 뒤 1994년 사우샘프턴에 심
리학 교수로 갔다. 그는 인쇄 학술지 <행동과 뇌> 편집장을 맡아 왔
고 일찍이 1990년에 전자출판되는 동료 심사 학술지인 <사이콜로퀴
(Psycoloquy)>를 창간했다. 그도 전자출판의 체제 전복적인 특성을 중
시해 왔다. 그는 기존 출판인들의 반발을 불러일으키지 않은 채 전자
출판의 초기 성장을 이끌 방법을 찾아야 하는 문제에 직면했다. 그들
은 인터넷에 이미 뜬 논문을 출판하기를 거부한다고 선언하는 등 다
양한 방식으로 방해를 할 수 있었다. 하나드는 개인의 행동주의에 의
지하는 교활하고 신기하게 이상주의적인―말하자면 평화주의가 이상
주의적인 것처럼―접근법을 저안했다. 진스파그는 서비스를 제공했다.
하나드는 대중운동을 요구했다. 진스파그는 공개되었지만 전문적인
다양한 자료실들을 연결하는 중앙 접점들을 구축했다. 하나드는 근본
적으로 분산된 시스템을 구상했다. "세계의 모든 비의적(非義的)인―
짜증나는 용어이다. 그는 그저 한정된 독자들을 위해 비영리적으로
글을 쓴다는 의미로 그 용어를 사용했다―저자들이 오늘 당장 이후의
모든 비의적인 글을 보관할 전 세계에서 접근할 수 있는 지역 자료실

을 설치한다면, 종이출판으로부터 순수한 전자출판(비의적인 연구의)으로의 오래 전부터 이야기되던 전이가 거의 즉시 뒤따를 것이다." 하나드의 전자 편집(그리고 활자체)의 목표는 이렇다.

> 문헌은 인용, 저자, 키워드/주제 링크를 통해 모두 상호 연결됨으로써 유례없는 힘을 부여받고 접근과 탐색이 용이해질 것이다. 심사 이전의 프리프린트라는 연쇄적인 초안은 공식 심사를 받은 초안뿐 아니라 그 뒤의 교정, 수정, 갱신, 논평, 반응, 기본적인 경험 데이터베이스와도 연결될 것이다. 모두 학술적이고 과학적인 연구와 의사소통의 자기 교정과 상호 작용을 놀라울 정도로 새로운 방식으로 강화한다.

그 논의로부터 세 가지 중요한 질문이 튀어나온다. 동료 심사를 포함한 편집 과정, 비용, 최종판이 지닌 문제점이 그렇다. 이 셋은 겹쳐진다. 특히 비용은 편집 과정에서 무엇이 보존되거나 대체되느냐에 달려 있다. 가장 순수한 형태의 진스파그 모형에는 심사도 다른 편집도 없고, 투고된 각 원고의 질에 대한 판단은 남들의 '지적으로 덧붙이는 형태의' 반응에 맡겨지며, 모든 것이 다 전자적이다. 그는 이렇게 지적한다. "언제나 진입 장벽이 있었지요. 이미 아는 공동체, 즉 이미 알고 있는 기관의 사람들과 그들이 알고 신뢰하는 사람들만 참여할 수 있도록 제한하려는 의도였지요. 그것은 유즈넷 같은 열린 형식을 취한 적이 없었어요." 그의 모형은 논문 한 편당 출판에 직접 들어가는 비용—그대로 남아 있는 연구하고 논문을 작성하는 비용이 아니라—을 크게 줄인다. 이런저런 목적으로 인터넷에 접근할 때 개인에게는 초고속 전송에 드는 비용을 물리지만, 학자들은 거의 대부분 소속기관이 비용을 부담한다. 하나드는 이렇게 말했다. "인터넷이 학술지에 무임승차를 제공한다면, 내가 수치를 통해 청중에게 신나게 보여주었듯이, 포르노, 비아냥대기, 게임에는 비교가 안 될 정도로 더 큰 무임승차를 제공하지요."

하나드는 공개 전자출판의 비용을 두 가지 방식으로 파악했다. 그의 분산모형은 저렴하다. 비록 전 세계에 분산된 개별 자료실에 모두 접근할 수 있도록 규칙, 합의된 규약이 필요하긴 하지만. 또 그는 지역 자료실보다 더 형식이 갖추어진 수준에서는 어떤 편집이 필요하다고, 특히 어떤 형태로든 심사가 필요하다고 본다. (진스파그는 그 말에 코웃음을 친다. 하지만 그도 독자수가 잠재적 기고가의 수보다 수십 수백 배 많은 학술지에서는 그것이 필요함을 암묵적으로 인정해왔다.)

하나드는 이렇게 썼다. "여기 두 가지 서로 다른 질문이 있다. 심사를 거친 문헌의 출판과 프리프린트 문헌의 '출판'이다. 내 체제전복적인 제안은 후자를 타파하여 전자를 위한 문을 만드는 것이었어요." 그는 전적으로 전자출판되는 학술지는 잉크와 종이출판에 드는 비용의 적어도 4분의 3은 절약할 것이라고 추정했다. 나머지 25퍼센트는 핵심적인 편집 업무에 들어가는 최대 수치라고 그는 믿었다. 많은 학술지 편집자들은 하나드의 75/25 구분에 격렬하게 반대했다. 그들은 대개 총 비용의 약 15퍼센트가 인쇄와 종이 비용에 들어가며, 조판 비용이 85퍼센트까지 차지한다고 본다. (진스파그도 하나드의 수치가 가공의 것이라며 비판한다. "제가 아는 출판인 어느 누구도 인쇄 비용이 그렇다고 말하지 않지요.") 즉 심사를 거치는 학술지의 전자출판 비용이 훨씬 적게 든다는 말은 설득력이 있어 보이지만, 사실 아직까지 확실한 추정치는 나와 있지 않다.

전자출판을 자료실이나 정식 학술지 어느 쪽으로 생각하든 간에, 기존 편집자들에게 경계심을 불러일으키는 문제는 동료 심사 절차이다. 생명의학 출판 편집자들이 가장 극도로 경계한다. 단순히 말해서 그들은 학술지를 읽는 의사 집단이 질적으로 걸러내지 않은 미숙한 논문들을 평가할 수 있다고는 믿지 않는다. <오스트레일리아 의학회지>의 크레이그 빙엄은 인터넷의 공개 동료 심사라는 구조화한 형태를 강력하게 옹호하는 인물이지만, 1999년에 이렇게 썼다. "동료 심사를 거치기 전의 논문을 출판하는 것은 쓰레기를 출판할 위험을 수반한다. 동료 심사 없이 출판하는 행위는 모든 독자들이 현재 검토자들이 그들을 위해 하고 있는 문헌 선정과 비판 업무를 떠맡으라고 요구하는 것이다." 조지 런드버그는 17년 동안 <JAMA>의 편집장으로 재직했다. 1999년 국가 정책을 둘러싸고 논란이 벌어졌을 때 미국의학협회 이사회는 그를 해고했다. 그는 전자출판하는 의학 학술지인 <메드스케이프(Medscape)>의 초대 편집장이 되었다. 어느 온라인 토론이 벌어지고 있을 때, 그는 <메드스케이프>의 자기 컴퓨터로 끼어들었다.

하지만 스테반의 주장에는 또 하나의 옥에 티가 있습니다. 생명의학 학술지에 제출된 많은 논문은 출판 가치가 없다는 비판적인 심사 의견을 받고 결코 인쇄되지 않습니다. 편집자와 심사자는 이 과정에서 진정으로 독자와 저자를 보호합니다. 그런데 모두가 읽을 수 있는 '프리프린트' 는 어떨까요?

하지만 널리 받아들여진 견해는 런드버그의 주요 전제를 무시한다. <BMJ> 편집장 리처드 스미스는 2002년 8월 런던에서 내게 말했다. "학술지가 아주 많기 때문에 어떤 논문이든 출판해주겠다는 사람이 있을 겁니다."

그 문제는 없앨 수 없는 편집 업무에 어떻게 대가를 지불하는가 하는 데서 비롯된다. 진스파그의 출판소는 본질적으로 편집 업무가 아예 없다. 아니 앞에서 말했듯이 평가 과정이 독자에게 맡겨져 있다. 비용은 사무직원 봉급, 소프트웨어 개발비, 전자출판에 관한 무수한 학회에 어쩌다가 참석하는 데 드는 경비가 있다. 그것들은 연구비나 기관 일반경비로 충당되며 인터넷 요금처럼 사용자에게 드러나지 않는다. 동료 심사를 거치고 공개 접근이 되는 순수한 전자학술지에 대해 하나드와 오들리즈코는 처음부터 잔여비용이 독자로부터 저자에게로 이전되어야 한다고 말했다. 각 논문에 투고료를 받고 그 비용은 대부분 기관, 따라서 궁극적으로 연구비에서 나와야 한다는 것이다. 아무튼 많은 인쇄 학술지들, 영리 목적으로 출간되지 않는 것들까지도 이미 게재료라는 것을 정해놓고 있다(미국 법에 따르면 그런 논문에는 '광고'라는 표시를 붙여야 하는 엉뚱한 결과가 초래된다). 그들은 인쇄물 구독을 취소함으로써 기관이 절약하는 예산이면 그런 비용을 다 대고도 많이 남는다고 주장한다. 그 점에는 합의가 이루어져온 듯하다. 그 과정은 사실 시작된 상태이다.

더 일반적으로 말해서 진스파그, 오들리즈코, 하나드를 비롯한 여러 사람들은 현재 이 유동적이고 누적적인 전자 과정이 지구 지식 네트워크를 구축하고 있다고 본다. 그 네트워크 자체도 많은 편집자들을 경악시킨다. 인터넷 리스트 서버에서 어떤 심각한 쟁점을 놓고 여러 갈래로 계속 뻗어나가는 논쟁을 따라가려 시도한 사람은 혼돈의 가능성을 잘 인식할 것이다. (SCIFRAUD에서 한 번 시도해보라!) 그런 사이트들 중 일부에서 전자출판을 주제로 토론이 벌어진 적이 있으며, 그 사이트들은 수백 쪽에 달하는 전자우편 메시지들을 모으고 놀라울 정도로 정성껏 편집해 놓았다. 그것들은 활용하기가 어렵다. 런드버그의 말을 다시 들어보자.

하나드의 방식에서는 모든 논문들이 아마도 결코 완결되지 않을 진행 중인 연구입니다. 과학 자체가 진행 중인 연구이니까요. 과학 문헌도 진행 중인 연구로 봐야 한다는 개념에는 뭔가 호소력이 있긴 하지만, 나는 대다수 사람들이 좀더 체계적으로 따라갈 수 있는—타당한—접근 방법에는 어떤 기록된 연구를 위한 '증점'과, 변화하고 불완전한 의사소통의 후속편이라고 할 다른 연구를 위한 출발점이 포함되어야 할 것이라고 믿습니다.

한 전자우편 수신자가 투덜거리는 어투로 물었다. "어느 것이 기록본인지 사용자가 어떻게 알겠습니까? 어느 것을 인용해야 하나요?" 많은 과학자들과 편집자들이 그 문제에 매달리면서 서서히 의견 수렴이 이루어져 왔다. 생각함에 따라, 그것은 화면과 인쇄 사이의 기능적으로 상보적인 관계에 있었다. 최종본, 즉 인용될 판본은 종이에 출판될 것이다. 어떤 단계에서 어느 정도의 편집을 허용하자는 쪽인 하나드는 그 투덜거리는 사람에게 답신을 보냈다. "심사를 거쳐 인쇄된 기록본은 늘 그래왔듯이 심사를 거치는 학술지에 실리는 교정본입니다!" 비록 그 문제는 아직 해결되지 않았지만, 그것은 점점 더 과도기적 해답처럼 보인다. 한 수신자는 전자 환경이 '개정을 포함시키고 갱신을 허용하고 관련된 후속 연구와 연결되도록 한다'고 썼다. "판본을 고정시키는 것은 인쇄라는 인공물이다." 린더버그의 '진행 중인 연구' 개념을 받아들이고 있다.

예전에 비판적으로 보였던 다른 잡다한 질문들은 과도기적인 것으로 볼 수 있다. 진정한 출판 기록이 필요한, 종신 재직권을 받고자 하는 고독한 조교수의 딜레마를 생각해보자. 비록 젊은 역사가는 동료 심사를 거쳐 대학 출판부에서 1천 부 정도 찍어낸 책이 없다면 아마도 재직권을 얻지 못하겠지만, 적어도 종신 재직권 심사위원회의 위원 전원이 전자출판 경험이 있는 사람들로 채워지는 분야가 점점 늘어나고 있다.

일부에서는 저작권이 위협을 받을 것이라고 보았다. 하지만 근본적인 차이가 있음을 유념하자. 저작권은 저술 자체가 소득원인 작가의 수입을 보호하는 반면, 과학자들은 연구논문으로 수입을 올릴 기대를 하지 않는다. 과학자들은 독자가 가장 잘 볼 만한 곳에 출판을 하고 싶어 한다. 과학에서 아마도 저작권이 보호하는 것은 학술지 발행인의 수익일 것이다. 접근이 제한된 학술지라고 해도 말이다. 출판된 논문의 오용 의욕을 꺾는다면 그것도 저작권의 부수적인 가치일 듯하다. 저작권 침해 고발은 유용한 위협이 될 수 있다. 하지만 표절은 훔친 문장과 개념에 정식으로 저작권이 있든 없든 간에 사기이다.

도서관은 줄어들 것이 분명하다. 오들리즈코는 1994년에 이렇게 썼다.

동료 심사 학술지들이 내가 예측하는 방식으로 발전한다면, 그 학술지들은 도서관이 제공했던 모든 서비스를 직접 학자에게 제공할 것이다. 한 분야의 모든 정보를 인터넷으로 즉시 접근할 수 있고, 검색 도구, 비평, 기타 보조 사항들까지 갖추어져 있다면, 동료 심사 학술지에 있는 수십 명에 불과한 사서와 학자가 1,000명의 참고문헌 사서들을 대신할 수 있을 것이다.

사서들은 위협을 받고 있음을 자각해 왔다. 수십 년 동안 그들은 점점 늘어나는 다양한 문제들이 직면해 왔다. 공간, 비용, 직원, 업무의 변화까지. 책들은 계속 인쇄되고 구입되고 서가에 꽂힐 것이다. 마셜 맥루한은 40년 전에 인쇄물은 1차원적이고 제한적인 반면 전자 매체는 여유 있고 유연성이 있다는 주장을 하는 실수를 저질렀다. 그렇지 않다. 책이 이용하기가 더 쉽다. 들고 다닐 수 있다는 것 외에 다양한 차원에서 접근할 수 있다. 즉 어디든 들고 다니면서 대강 읽거나 띄엄띄엄 읽거나 차근차근 읽을 수 있다. 당신과 나는 아침식사를 하면서 오늘자 <뉴욕 타임스>를 함께 읽을 수 있다. 하지만 사실 우리는 두 개의 다른 신문을 읽고 있는 셈이다. 나는 윔블던 테니스 경기 외에 스포츠 면에는 눈길을 주지 않을 것이고, 최신 기업 사기 소식 말고는 경제면도 거의 읽지 않을 것이다. 당신은 어떠한가?

인쇄학술지들이 사라진다고 가정해보자. 그러면 도서관의 구독 예산이 없어질 것이다. 적어도 전자학술지들을 무료로 볼 수 있다면 그렇다. 그러나 공간은 절약되지 않을지도 모른다. 대학도서관들은 대학생들을 위해 컴퓨터실을 갖추어야 할 것이며, 비록 지금은 거의 모든 학생이 노트북을 쓰고 있지만, 그래도 그것을 올려놓을 공간이 있어야 한다. 직원의 업무는 변하고 있다. 프린스턴 대학교의 생물학 사서 데이비드 굿맨은 몇 년 전 인터넷 대화에서 그 점을 명확히 언급했다.

한 때는 자료들을 체계적으로 정리하는(물리적으로 및 지적으로) 능력이 사서의 특징이었지요. 우리는 그 일을 어떻게 할지 아주 잘 이해하고 있었지요. 비록 미숙한 사용자에게는 그다지 쉬운 체계가 아니었다는 것은 분명하지만요. 이 역할은 축소되긴 하겠지만 계속될 겁니다. 한 가지 이유는 모든 자료들이 전자 문서로 발행되고, 기존의 자료들을 모두 전자 문서로 바꾸려면 오랜 시간이 걸린 테니까요. 또 한 가지 이유는 한정된 수의 자료를 마이크로필름이나 종이에 최종 예비용으로 보관하는 편이 현명할 것이라고 보기 때문입니다. 전자출판 분야에 있는 많은 사람들은 그 필요성을 인식하지 못하지만, 나는 그것이 신중한 태도일 뿐 아니라 그다지 비용도 많이 안 들 것이라고 생각합니다.

하지만 현재 사서들의 독특한 능력은 사용자들이 자료를 찾도록 돕는 것입니다. 그 능력은 전자 환경에서 더욱 중요하며, 나는 사용자도 그 점을 알 것이라고 생각합니다. 연륜이 꽤 깊고 지적인 학자들과 일한 경험에 비추어볼 때, 웹을 사용하는 일반 사용자보다 전문가가 더 빨리 이해하고 더 빨리 자료를 찾을 수 있습니다.

아무튼 도서관을 비롯한 다른 전통적인 자료실들은 밀려나고 있다. 사례들이 떠오른다. 터프스 대학교는 희랍 고전들 전체를 쉽고 재미있게 볼 수 있도록 편집하고 주석을 달아서, 내려받아 인쇄할 수 있게끔 페르세우스 디지털 도서관이라는 웹사이트에 올리고 있다. 페르세우스에는 현재 라틴어 고전들과 영어로 된 르네상스시대 원본들 및 이차 문헌들도 추가되고 있다. 옥스퍼드, 베를린, 시카고에 미러 사이트(mirror site), 즉 복사본도 구축되어 있다. 오레곤 주립대학교는 라이너스 폴링의 논문과 서신—그는 그곳 동문이다—을 스캐너로 복사해서 하이퍼텍스트로 만든 뒤 2003년 2월 그의 생일에 웹사이트에 공개했다. 베데스다의 국립의학도서관에서는 조슈아 레더버그의 발표 및 미발표 논문, 서신, 실험일지를 비롯한 모든 것들을 웹사이트에 올리고 있다. 레더버그는 록펠러 대학교의 자기 책상에 앉아 자신이 옛 자료 중 필요한 것을 웹사이트를 통해 찾아서 인쇄하여 당신에게 건넬 수 있다. 이탈리아에서는 한 학자 집단이 갈릴레오의 남아 있는 모든 자료—책, 원고, 서신 등—를 스캐너로 복사하여 필기한 부분을 그대로 넣고 라틴어와 이탈리어를 영어로 번역한 내용까지 첨부하여 웹사이트에 올리고 있다. 현재 온전히 남아 있는 구텐베르크 성경 세 권 중 하나를 소유한 미국의회도서관은 그 책 전체를 스캐너로 떠서 콤팩트디스크에 넣었다. 사용자는 라틴어 원문에 마우스를 갖다 대어 영어 번역문을 볼 수 있다. 베를린에 있는 막스 플랑크 과학사 연구소의 세 학과장 중 한 명인 위르겐 렌은 몇 년 전에 과학사의 모든 원전을 스캐너로 떠서 찾아보기와 하이퍼링크를 달아 웹사이트에 올릴 계획이라고 말했다. (저작권 문제가 있긴 하다.) 역사가와 다른 학자들에게 문서고에서 자료를 뒤지는 형태의 연구는 영구적인 변화를 겪고 있다. 먼지를 덜 뒤집어쓰고 뜻밖의 발견은 줄어들고 분석하고 옮겨 쓰는 일 때문에 늦어졌다는 변명은 줄어드는 식으로 말이다.

2003년 가을 진스파그의 arXiv를 비롯한 공개 출판을 동요시키는 성가신 문제가 제기되었다. 명예훼손 문제였다. 마틴 리스는 케임브리지 대학교의 우주과학자이며 영국 왕실천문학자이기도 하다. 그는 여러 유수의 과학기관과 교육기관의 이사를 역임했으며, 트리니티 칼리지의 학장이기도 하다. 게다가 거의 500편에 달하는 과학 논문과 높은 평가를 받고 아주 이해하기 쉬운 과학 대중서도 5권을 썼다. 즉 권력과 업적이 최고조에 달한 과학자였다. 그는 동료 심사를 기다리는 동안 arXiv에 감마선 천문학 분야의 연구 결과를 담은 논문을 올렸다. 스위스 CERN에 알바로 데 루홀라는 이론물리학자가 있었다. 그 역시 전공이 감마선 천문학이었고, 이스라엘의 테크니언 우주연구소의 아르논 다르와 가까운 친구였다. 10월 27일 루홀라는 리스가 다르를 비롯한 다른 학자들의 연구를 인용하지 않았다고 공격하는 글을 올렸다. 오래 심사숙고한 티가 뚜렷한 잘 쓴 글이었다. 11월 2일 논란이 불붙은 뒤, 루홀라는 수정한 글을 올렸다. 그는 제목에다가 그것이 '비윤리적 행동의 사례'인지 물었다. 개정판의 초록은 이러했다.

인터넷을 통해 제공되는 과학 정보가 즉각적이고 완성된 형태로 제시되기에 남의 생각을 도용하는 행위—이제는 검출하고 제시하기가 아주 쉽다—가 과거의 범죄로 치부될 것이라는 기대를 품는 사람도 있을지 모르겠다. 그렇지 않다. 독자가 판단할 일이겠지만 여기 영국의 왕실천문학자인 마틴 리스 경을 비롯한 사람들이 명백한 부정행위를 저질렀다는 증거가 있다. 과학계에 비윤리적 행동이 없는 것은 아니다. 내 의도는 오직 사례를 통해 문제를 환기시키고, 더 윤리적인 분위기를 조성하려는 것뿐이며, 나는 그것이 이 분야에 유익할 것이라고 믿는다.

본문을 일부 보자.

　　이 글은 과학적 쟁점보다는 학계의 진실성 문제와 더 관련이 있다. 남의 연구로부터 새로운 착상을 얻는 적절한 절차, 우선권의 적절한 귀속, 높은 자리에 있는 사람들이 저지른 사례와 관련이 깊다.

　　사실 그보다 몇 주 전에 다르는 리스에게 인용을 바로잡아달라고 요청한 바 있었다. 리스는 <네이처> 기자 짐 자일러스에게 논문의 동료 심사를 받자마자 그렇게 할 생각이었다고 말했다. 그러나 그는 10월 29일에 수정을 하고 말았다.

　　앞서 살펴보았듯이, 영예와 저자 지위를 둘러싼 논쟁은 과학에서 가장 추잡해질 수 있다. 그리고 한 사건이 기분 좋게 공개적으로 해결되면 다른 사람들까지 덩달아 불만을 제기하도록 자극할 수도 있다. 게다가 루훌라의 글은 눈에 거슬렸고, 처음 글은 더욱 그랬다. 명예훼손 법률은 나라마다 크게 다르다. 미국에서는 대중적인 인물을 명예훼손으로 고소하기가 쉽지 않다. 악의가 있었음을 원고가 입증해야 하기 때문이다. 비록 소송을 걸겠다는 의사 표시만으로도 소송비용을 고려할 때 설령 이길 수 없다고 해도 위협을 줄 수 있긴 하지만. 영국의 명예훼손법은 원고측에 유리하게 되어 있다는 점으로 유명하다. 프리프린트 자료실에 올리는 것은 출판이다. 그렇다면 이런 질문이 제기된다. 그것이 공개될 수 있는 곳마다 그 지역의 명예훼손법의 적용을 받을까? 그 문제는 미해결 상태이다. 하지만 만일 그렇다고 한다면, 루훌라뿐 아니라 진스파그와 코넬 대학교도 소송 대상이 될까?

　　그 문제를 생각하면서 진스파그는 인터넷에는 상상할 수 있는 수많은 법적 현안들이 있다고 지적했다. "이런 것들을 재판할 세계 법원은 없어요. 학술지들은 그런 일에 대처할 준비가 안 되어 있고 행동이 굼뜨죠. 사람들이 일하는 기관들이 다 그렇겠지만요." 과학자가 유명인사라는 사실 자체가 통상적인 방식으로 표절 문제를 제기하기 더 어렵게 만들기도 한다. "다른 모든 수단들이 안 먹히는데, 루훌라 같은 저자가 이런 사례에서 어떻게 하겠어요?"

　　또 루훌라의 글은 현재 운영되는 전자 출판소의 힘을 인상적으로 보여준다. 그는 자신의 불만 사항을 정의하면서 이렇게 썼다. "내가 여기서 논의하려는 것은 일부 과학자들이 자신의 업적에 비해 남들의 업적을 과소평가하거나, 과학계에 자신의 사고방식을 강요함으로써 역사를 고쳐 쓴다는 것이다." 더 구체적으로 그는 감마선 천문학에서 발전하고 있는 '새 패러다임'의 주요 개념들을 발견한 공로가 과연 '창안자들에게 돌아갈지' 물었다.

오늘날 자유롭게 접근할 수 있고, 침해할 수 없는 전자 출판소들에 과학 논문을 거의 즉시 '웹에서 올릴 수 있다'는 점 때문에, 답이 명백하다는 소박한 생각을 할지도 모르겠다. 하지만 과학은 심오한 인간 활동이며 명백해 보이는 것이 반드시 그렇지만은 않다. 이런 글을 출판소에 올려야 하는지는 논란의 여지가 있으며, 나는 많은 동료들과 대안이 있을지 논의를 했다. 하지만 과학에 '상위 법정'은 없다. 게다가 현재 출판소는 학술지보다 영향력이 훨씬 더 크다. 그것은 대체로 사람들이 처음에 올려진 논문을 읽고, 나중에 학술지에 실렸을 때는 어디가 수정되었는지 찾아보지 않기 때문이다. 인용할 따는 학술지에 실린 논문을 인용하면서도 말이다. 나는 출판소에 자유롭게 올리는 것에 대해서는 출판소에서 논의가 되어야 한다고 본다. 거기에서는 저자가 단독으로 책임을 지기 때문이다.

*

전자출판은 정식 학술지 형식이든 진스파그의 무정부주의-민주주의적 자치 형식을 이러저러하게 변형한 형식이든 간에, 인쇄학술지를 귀찮게 하는 두 가지 최악의 문제를 극복할 수 있다. 가장 눈에 띄는 이점은 속도이다. 물론 중요한 최신 소식을 전하는 인쇄 학술지들도 가장 중요한 원고는 특별 대접을 해 왔다. 거기에는 편집자의 판단이 필수적이다. 최고 기록 보유자는 데이비드 볼티모어와 하워드 테민일 것이다. 그들은 1970년 6월 초순과 중순에 <네이처>에 서로 독자적으로 현재 우리가 역전사효소라고 부르는 것을 동시에 발견했다. 그들의 논문들은 단 며칠 사이에 인쇄가 되어 1970년 6월 27일자에 표지 기사로 실렸다. 너무나 빨리 출판된 것이라 나는 그 논문들이 과연 동료 심사를 거쳤는지 의심스러웠다. 당시 편집장이었던 존 매덕스는 20년 뒤에 그 질문을 받자 평소와 달리 모호하게 답변했다. 아무리 가장 운영이 잘 되는 학술지라고 해도 대개 투고에서 출판까지 몇 달이 걸리며, 수정이 요청되면 1년 이상 걸릴 수도 있다. 전자 투고와 편집이 등장하기 전에 이 시간 지체의 상당 부분은 편집자, 직원, 심사자, 저자 사이의 의사소통이 즉시즉시 이루어지지 않았기 때문일 수도 있었다. 오늘날 그 지체는 어느 정도는 인쇄와 우편 전달 과정에서 비롯된다. 또 실릴 논문들이 줄을 서 있기 때문이기도 하다.

인쇄의 두 번째 문제점, 과학이라는 틀을 유지하는 데 더 중요한 것은 앞서 말했듯이 편집자가 저자에게 가하는 압력, 즉 자료를 압축하고 단순화하고 발췌해서 실으라는 압력이다. 짧고 박력 있게. 편집자가 박력 있게—무조건적인 강력한 주장—하라고 대놓고 말하지 않아도, 얼마 안 되는 지면에 논문을 압축해서 게재해야 하기에 비슷한 결과가 나온다. 전자출판은 그런 핍박을 종식시킨다. 그 전환이 이루어지는 과도기에, 인쇄된 논문들은 온라인에 자료를 전부 다 올리고 더 포괄적인 논의를 싣곤 한다. 오래 전 <JAMA>의 편집장으로 재직할 때 조지 런드버그는 저자들에게 어떤 독자든 요구하면 원자료를 제공한다는 데 동의할 것을 요구했다. 1995년 10월 '<네이처> 마침내 인터넷에 뜨다!'라는 제목의 권두 사설에서 매덕스는 독자들에게 새 웹사이트를 방문할 때 접하는 것을 '학습 과정의 일부'라고 관대하게 생각할 것을 요청했다.

> 연구 논문의 저자들은 으레 학술지가 자신들이 할 말을 제대로 할 만한 지면을 충분히 준 적이 없다고 불만을 터뜨린다. 〈네이처〉는 이 점에서 특히 인색하다고 여겨진다. 최근 들어 연구 논문에 딸린 '추가 정보'를 제공해오긴 했지만 말이다. 즉 추가 정보의 사본을 요청하는 사람에게는 무료로 우편으로 제공해 왔다. 지금부터는 제한 없이 www.nature.com에서도 추가 정보를 이용할 수 있을 것이다.

즉 앞서 말했듯이 전자출판은 '(자료 미수록)', '(일부 자료 생략)'

같은 문제가 많은 괄호를 영구히 제거할 수 있다.

일찍이 1994년 4월에 한 발행인이 자신이 간행하는 물리학 학술지 두 곳에서 게재 결정이 나면 즉시 그 논문을 온라인에 올리기 시작했다. 따라서 논문이 인쇄되어 나오기 5달 전에 독자들은 이 새로운 서비스를 통해 해당 논문을 미리 볼 수 있게 되었다. 1995년 말까지 과학, 기술, 의학 분야의 100종이 넘는 동료 심사 학술지들이 온라인에 등장했다. 발행인들은 경쟁자들과 보조를 맞추면서도 발행 부수를 유지하고, 광고주들을 만족시키기 위해 필사적이었다. 그리고 논문의 질도 유지하면서. 1년 뒤 온라인 판도 내는 학술지의 수는 10배로 더 늘어났다.

웹의 힘을 자각하면서도 한편으로 아직 유보적인 입장을 취하고 있던 인용지수가 높은 여러 학술지들은 다음 단계의 조치를 취했다. 그들은 일반 매체의 성격까지 갖추고자 하면서, 적어도 예외적이거나 시급한 관심거리가 될 만한 논문들은 인쇄판이 나오기 전에 온라인에 올리는 쪽을 택했다. <사이언스>와 <네이처>도 그렇게 했다. 그렇게 해서 라이프치히와 옥스퍼드의 과학자들은 FOXP2라는 유전자를 발견했다는 발표를 2002년 8월 중순에 할 수 있었다. 이 유전자는 포유동물들에게 본질적으로 똑같은 형태로 있다. 생쥐에 비해 침팬지는 이 유전자에 돌연변이가 2개 더 있으며, 사람은 침팬지에게 없는 돌연변이가 하나 더 있다. 인간의 이 유전자에서 다른 부위에 결함이 하나 있으면 정상적인 말을 구사하지 못하고 문법 이해 능력도 떨어진다는 것이 그 전해 여름에 알려진 바 있었다. 논문의 세 번째 문장은 이러했다. "FOXP2는 사람의 언어 발달 능력과 관련된 첫 번째 유전자이다." 그 말이 옳다면, 말하기 유전자의 발견은 엄청난 것이 된다. 논문은 인쇄된 학술지가 나오기 전에 <네이처> 웹사이트에 먼저 실렸다.

또 2003년 10월 9일에 <뉴잉글랜드 의학회지>는 웹사이트에 논문 한 편을 미리 올렸다. "타목시펜 유방암 치료를 받은 폐경기 이후 여성들의 무작위적인 레트로졸(Letrozole) 시험'이라는 제목이었고, 짧은 편집자 주가 딸려 있었다. 유방암 치료를 받았고, 당시 재발 가능성을 줄이기 위해 타목시펜 약을 투여받은 여성들이 얼마간 시간이 흐른 뒤, 때로는 5년이 지난 뒤에도 재발하곤 한다는 사실은 잘 알려져 있었다. 레트로졸은 위약(僞藥)을 대조군으로 삼아 장기간 임상 시험 중인 대체약이었다. 새 요법이 효과가 좋은 것으로 드러났기에 임상 시험을 조기에 끝내고 약을 즉시 시판할 예정이었다. 편집진은 그 논문이 시급하고 중요하다고 판단했다.

2000년 하나드는 이렇게 썼다. "모든 심사 학술지들을 곧 온라인에서 이용할 수 있으리라는 것은 뻔한 결론이다. 이미 대부분이 그렇다. 그것은 누구든지 네트워크에 연결된 탁상 컴퓨터로 그 학술지들에 접근할 수 있다는 의미이다." 그 움직임은 하나의 스펙트럼상에서 여러 형태를 취한다. 인용지수가 높은 여러 학술지들—<네이처>, <사이언스>, <JAMA>, <BMJ>—은 차례, 초록, 몇 편의 본문만 웹에 감질나게 찔끔 제공하는 식으로 시작했다. 한편 곧장 전자 판본, 즉 클론을 제공함으로써 처음부터 명확한 태도를 취한 학술지들도 있었다. 그 와중에도 버티고 있던 편집장들은 화면에 사실상 근본적으로 다른 형식에 맞춘 것을 제공하는 식으로, 전문을 동시에 발행하는 형태의 전자출판으로 옮겨갈 수밖에 없다는 것을 알았다. 그래서 새 천 년에 들어설 무렵 하나드가 예측했을 당시, 기존 학술지들을 내는 대형 출판사들 가운데 서너 군데가 웹으로도 논문을 싣는 쪽으로 나아갔다. 1,200종이 넘는 학술지를 내는 레이트 엘세비에르, 360종을 발간하는 슈프링거-펠라크, 거의 200종을 발간하는 아카데믹 프레스가 그랬다. 아주 수지맞는 시장을 계속 차지하기 위해, 대다수는 구독료를 받음으로써 접근에 제한을 가해 왔다. 레이트 엘세비에르는 예전부터 탐욕스럽다고 잘 알려져 있었다. 인용지수가 높은 유명한 학술지들은 제각기 다른 방식을 채택해 왔다. 현재 <네이처>는 <이코노미스트>처럼 구독자에게 최신호와 문서 자료실 검색을 허용한다. <BMJ>는 구독자가 아닌 사람에게도 같은 것을 허용한다. 전자출판만 하는 학술지들도 계속 늘어나고 있다.

1998년 12월 폴 진스파그가 유전자 발현에 관한 자료실을 구축하기 위해 콜드 스프링 하버에 모인 생물학자들 앞에서 강연할 때, 청중 속에 스탠퍼드 대학교 유전학자 패트릭 브라운과 MIT 화이트헤드 생명의학 연구소의 리처드 영도 있었다. 진스파그는 더 폭넓게 생각하라고 촉구했다. 그 학회는 하나의 촉매가 되었다. 다음 몇 달에 걸쳐 논의가 확산되면서, 진스파그의 물리학 자료실과 다소 맥을 같이하는 분자생물학과 생명의학 분야의 프리프린트 서버를 개발하자는 제안들이 나왔다.

그 생각은 국립보건원 원장 해럴드 바머스의 관심을 끌었다. 1999년 3월 첫 주에 바머스는 의회 청문회에서 생명의학 논문들을 위한 전자 출판소를 설치할 방법을 고려 중이라고 발표했다. 그 사이에 다른 사람들도 그 개념에 관심을 보이고 있었는데, 영국의 생물학자들, 그리고 유럽 대륙에서는 하이델베르크의 유럽 분자생물학 연구소를 중심으로 한 생물학자들이 그랬다. 바머스는 앞서 제기한 개략적인 구상에 대해 두루 의견을 구한 뒤, 5월 첫째 주에 'E-BIOMED: 생명의학 분야의 전자출판을 위한 제안'을 온라인에 발표했다. 그는 스탠퍼드의 브라운, NIH의 동료이자 국립생명공학정보센터 소장인 데이비드 리프먼을 비롯하여 많은 사람들에게 자문을 구했다. 그는 그 제안서를 직접 작성했고, 거기에는 명쾌하고 독창적인 지성과 정치적으로 빈틈없는 태도가 고스란히 담겨 있다. 그는 기권 선언으로 시작했다. "NIH가 어떤 의미에서도 이 계획의 소유자나 규칙 제정자 역할을 하지 않는다는 것을 처음부터 강조하는 것이 중요하다." (국회의원들이여, 유념하시라.) "그 계획의 본질적인 특징은 각 독자가 가능한 한 생산적으로 자신의 관심사를 추구할 수 있도록 허용하는 방식으로 E-바이오메드의 내용 전체를 단순화하여 잠재적인 독자들이 무료로 즉시 접근할 수 있도록 하는 것이다." 그는 두 가지 경로의 전자출판을 제안했다. 우선 과학논문을 편집위원회에 제출할 수 있다. 위원회는 기존 학술지들이 하는 것과 흡사한 기능을 한다. 이 경로에는 심사, 편집, 게재 여부 판정이 포함될 것이다. 하나드와 오들리즈코가 말한 식의 비용 절감을 하면서. 거부된 논문은 E-바이오메드 내의 다른 학술지들에 투고할 수 있다. 하지만 참신한 내용은 두 번째 경로에 있었다. "저자는 편집위원회의 보증을 애걸하지 않은 채 E-바이오메드 자료실에 직접 과학논문을 넣는 대안도 지니게 될 것이다."

사실상 바머스는 하나드의 황소와 진스파그의 말에 함께 멍에를 씌워서 전차를 끌도록 하려는 것이었다. 하지만 그는 두 번째 경로에 안전판을 마련해두고 싶어 했다. "데이터베이스에 출판을 하기 전에 각 논문은 적절한 자격을 갖춘 두 명에게 승인을 받을 필요가 있다. 자격 기준은 E-바이오메드 이사회에서 정하도록 하며, 적격인 과학자가 수천 명이 될 수 있도록 포괄적이어야 하지만, 한편으로 엉뚱하거나 얼토당토않은 것으로부터 데이터베이스를 보호할 수 있을 만큼 엄격해야 한다…. 기준은 E-바이오메드 자료실의 전반적인 오용을 막을 수 있을 만큼 탄탄해야 하지만, 합당한 연구라면 거의 어떤 것이라고 신속히 올릴 수 있도록 유연해야 한다."

바머스는 전자출판의 전망을 확신했고, 그것을 더 멀리까지 밀고 나갔다.

> 공간을 극적으로 늘리면, 훨씬 더 많은 자료들(세부 사진과 동영상을 포함하여)을 발표하고, 더 포괄적인 분석을 제공하고, 실험을 되풀이하는 데 필요할 방법을 아주 상세히 기술하는 것이 가능해질 것이다. 게다가 전자문서 형식은 점점 더 상세한 수준들까지 층층이 보도록 허용한다. 따라서 독자는 먼저 간결한 메시지를 얻은 뒤 필요와 관심에 비례하여 그 정보를 추적할 수 있다.

전향자다운 열정을 드러내면서 그는 이렇게 썼다. "E-바이오메드는 우리의 과학 탐구 방식에 영향을 미치는 쪽으로 발전하도록 설계된다." 거기에는 더 공개적인 심사 과정, 남들의 연구를 제대로 논평함으로써 얻는 실질적인 경력 보상, 학회나 심포지엄의 개요나 대화 전문을 올리는 일, 무엇보다도 논문을 부연하고 수정하는 수단 등이 포함될 수 있다. "더 나아가 한 가지 덜 가시적인 혜택이 E-바이오메드의 자연스러운 결과로서 나타날지도 모른다. 그것은 생명의학 분야

과학자들의 공동체 의식이 증진된다는 것이다.”

바머스는 세계 생명의학계에서 누구도 따라오지 못할 명성을 얻었고, NIH 원장으로서 과학과 과학의 정치학에 가장 큰 영향을 미치는 위치에 있었다. 그 제안은 두 가지 반박을 불러일으켰다. 첫 번째는 동료 심사를 옹호하는 쪽의 반박이었다. 심사 없는 진스파그식 경로는 포기해야 한다는 것이었다. 대중은 당혹스러워했다. 두 번째는 정부기관이 전자출판을 들고 경쟁하러 나서려 한다는 생각에 위협을 느낀 출판사들이 예산을 감축하라고 로비를 벌였다는 점이다. 이 두 압력에 시달리다가 원래 제안은 크게 수정되었다. 원문을 출판한다는 계획은 폐기되었다. 펍메드 센트럴(PubMed Central)이라는 새로운 명칭이 채택되었고, 그곳은 생명과학 분야의 기존 학술지들을 모은 디지털 자료실이 되었다. 사실상 기존 도서관 서고를 전자식으로 바꾼 형태였지만, 개인 컴퓨터의 자판을 몇 번 눌러서 교차 참조와 검색을 할 수 있었다. 펍메드는 국립의학도서관이 운영한다. 100종 이상의 학술지들이 이 형식을 받아들여서 가입했고, 펍메드는 유용한 참조 도구가 되고 있다. 하지만 전자출판은 하지 않는다.

1999년 런던에서 생명의학 분야 출판업자인 비테크 트라츠는 전자출판을 다른 관점에서, 무엇보다도 상업적인 관점에서 살펴보기 시작했다. 그는 그것을 바이오메드 센트럴이라고 부른다. (그는 펍메드 센트럴이 등장하기 전에 그 이름을 정했다.) 그의 웹사이트(http://www.biomedcentral.com)는 ‘전면 동료 심사/즉시 출판/공개 접근’을 약속하고 있다. 우리는 2002년 8월 말 런던 옥스퍼드 거리 북쪽 소호에 있는 그의 사무실에서, 이어서 점심을 먹으면서 대화를 나누었다. 트라츠는 다양한 직업을 거쳤다. “전쟁 때 폴란드에서 태어나 소련에서 자랐어요. 고향 마을을 떠나지 않았는데도요.” 스탈린이 폴란드의 거의 절반을 차지하고, 폴란드와 소련의 국경을 서쪽으로 더 옮겼기 때문이다. 그는 이스라엘에서 4년을 보내면서 다큐멘터리 영화를 찍었지만, ‘1979년 의학 출판 쪽으로 진출했다’. 그가 운영하는 조직인 커런트 사이언스 그룹(Current Science Group)은 구독료를 받는 인쇄학술지들을 안정적으로 출간하고 있다. <사이언티스트>와 <현대 알레르기 및 천식 보고서>에서 <분자 치료법의 현대적 견해>, <현대 비뇨기학 보고서>, <현대 여성 건강 보고서>에 이르는 의학전문지들이다. 트라츠는 끈질기고 강인하고 단호하지만, 독창적이고 명석하다는 점에는 의문의 여지가 없으며, 활력 넘치는 선동가이자 착상의 판매상이라고 해야겠다. 그는 기존 경쟁자들로부터 인정을 받았다. 그 날 오후 <BMJ>의 리처드 스미스를 만났을 때였다. 마찬가지로 강인한 인물인 스미스는 트라츠가 대단한 인물이라고 했다.

바이오메드 센트럴은 2000년 첫 온라인 논문을 출판했다. 트라츠는 내게 자신들이 온라인 출판을 한 논문이 막 1,000편을 넘었으며, 몇 달이면 2,000편에 다다를 것이라고 말했다. 트라츠는 절대적인 공개 접근이 원칙이라고 했다. "출판된 모든 논문은 진실성을 훼손하지 않는 한 누구나 어떤 용도로든 이용할 수 있어요." 그 모험적인 사업은 학술지 분야별로 세분되어 있다. 각 학술지는 별도로 편집되며, 대체로 <BMC 마취학>부터 <BMC 외과>까지 시리즈 형태를 취하고 있다. 학술지 제목을 그렇게 시리즈로 단 이유는 어느 누가 보더라도 자신이 원하는 것을 찾을 수 있게끔 하기 위해서이다. 물론 투고는 온라인으로 이루어진다. 먼저 적절히 추려내는 작업이 이루어지며, 동료 심사 이전에 논문을 올리는 편집장도 있는 반면, 기존 방식으로 심사를 거친 뒤에 논문을 싣는 편집장도 있다.

바이오메드 센트럴은 증식하고 세분되어 왔다. 2003년 말 간행되는 전자학술지는 약 130편에 달했다. 하지만 있던 학술지가 폐간되고 하는 일은 없으며, 눈 깜박할 순간에 종 수는 또 늘어나곤 한다. 가장 최근에 추가된 학술지는 <하루주기리듬회지>이다. 아무튼 트라츠는 중요한 것은 각각의 논문이며, 하이퍼텍스트 링크의 세계에서 학술지라는 개념은 처음에 접근하기 쉽도록 내용이 연관된 것들끼리 논문들을 모아놓는 편리한 방법에 지나지 않는 것이 되어 가고 있다고 말했다. 연구논문을 무료로 즉시 영구적으로 이용하도록 한다는 정책은 여전히 유지되고 있다. (그러나 커런트 사이언스 그룹의 많은 학술지들—약 31종—은 리뷰 논문 같은 일부 내용은 구독자에게만 허용한다. <현대 보고서> 시리즈에 속한 인쇄 학술지의 온라인판들이 주로 그렇다.) 2003년 중반에 바이오메드 센트럴은 등록자 수가 22만 명을 넘었으며, 온라인 발간을 시작한 지 4개월 동안 논문 한 편당 평균 접속 회수가 1,000회였고, 바이오메드 센트럴의 <생물학회지>의 몇몇 논문은 약 2만 회에 달했다고 발표했다.

남은 문제는 돈을 어디에서 버느냐이다. "부가 가치가 어디에 있으며, 그것에 어떻게 요금을 매길 수 있느냐이지요." 트라츠는 말했다. 인쇄학술지가 엄청난 수익을 올린다는 것은 누구나 안다. 구독을 통해 수입을 올린다. "하지만 그런 시대는 갔어요." 유일하게 그 이행 과정을 지체시키는 쪽은 과학자들이다. "과학자들은 대단히 보수적입니다." 답은 오들리즈코와 하나드가 예견했던 바로 그것, 즉 저자에게 부담시키는 것이다. 비록 바이오메드 센트럴의 내용이 무료이기는 하지만, 저자는 500달러의 취급 수수료를 지불한다. 예상할 수 있듯이, 그 비용은 소속 기관들이 낸다. 두 가지 사례를 들어보자. 2003년 6월 영국의 모든 대학교가 회원인 정부 후원 자문기구인 합동정보시스템위원회(Joint Information Systems Committee)는 영국 대학교에 소속된 과학자들이 향후 15개월 동안 바이오메드 센트럴에 지불할 수수료를 13만 8,000달러로 한다는 협약에 동의했다. 소속 과학자는 약 8만 명이었다. 위원회는 영국 대학교들이 연간 학술지 구독에 1억 2,800만 달러를 쓴다고 계산했다. 2003년 가을 오하이오 도서관 및 정보 네트워크는 오하이오 주의 84개 기관의 학자들이 2004년 1월부터 바이오메드 센트럴 학술지에 출판할 권리를 구매했다. 그럼으로써 개별 저자는 수수료를 내지 않아도 되었다.

따라서 저자 수수료는 편집 과정에 드는 비용을 메꾸는 한 방법이다. 트라츠는 다른 방법들도 창안했다. 그는 엘세비에르에서 독자층을 연구한 결과를 말해주었다. 그 출판사의 학술지들에 실린 전형적인 논문을 한 편 다 읽는 사람이 약 5명에 불과하다는 놀라운 사실이 드러났다는 것이다. "모든 사람들이 읽는 것은 초록이지요. 지식 습득은 대부분 거기에서 이루어져요." 그렇다면 초록에만 요금을 물려야 하지 않을까?

더 유망한 방식은 트라츠가 출판 후 선택(post-publication selection)이라고 부르는 것이다. 전문가들이 출판된 연구 논문의 질을 평가하여 점수를 부여하는 방식이다. 그는 그것을 실현하는 아주 독창적인 방법을 고안하여, 웹에 패컬티 1000(Faculty of 1000, http://www.facultyof1000.com)이라는 이름으로 구축했다.

먼저 구조를 갖추고 그 다음에 그 구조가 어떤 기능을 담당할지 논의가 이루어졌다. 그 구조는 계층적이다. 모든 생물학 분야를 학부, 즉 주요 주제별 영역으로 나눈다. 2003년 말에는 생화학, 세포학, 발생학, 유전체학 및 유전학, 분자의학 등 16개 학부로 나뉘어 있었다. 각 학부는 학장으로 임용된 2, 3 혹은 4명의 과학자들이 운영한다. 각 학부는 3~12개 과로 세분되며, 내가 마지막으로 살펴보았을 때 73개의 과가 있었다. 각 과에는 두세 명의 장이 있고 10~50명의 이른바 교수진이 있다. 한 예로 면역학부에는 알레르기 및 과민성에서 면역계의 유전학, 백혈구 신호 전달에 이르기까지 12개 과가 있다. 또 유전자 요법은 진화생물학 학부 내 의유전학과의 네 분야 중 하나이다. 총 약 1,400명의 과학자들이 참여하고 있다. 트라츠는 몇몇 최고 과학자들과 전도유망한 많은 젊은 과학자들과 계약을 맺고 있다.

명칭과 달리 그들은 가르치지 않는다. 그들이 하는 일은 자기 과의 사이트에 올릴 연구 논문을 선정하는 것이다. 논문들은 학술지의 명성과 무관하게 어느 학술지에 실린 것도 가능하다. 지난주에 발표된 것도 뽑힐 수 있고 더 오래된 논문도 가능하다. (한 예로 나는 1917년에 발표된 토머스 모건의 논쟁적인 리뷰 논문인 '유전자의 이론'을 선정하곤 했다.) 그리고 그들은 질과 중요성에 따라 각 논문에 1에서 10까지의 점수를 준다. (나는 모건의 논문에 10점을 주곤 했다. 그것은 힘 있게 쓰였고 현재의 논쟁들과 직접적인 관련이 있다.) 선정은 과의 장들이 맡는다. 높은 점수를 받은 논문들은 눈에 잘 띄는 곳에 올려놓는다. 방문자는 해당 과에서 가장 순위가 높거나 전체에서 가장 순위가 높은 10편의 논문만 볼 수 있다. 저작권 문제가 있을 때는 독자가 해당 논문을 볼 수 있는 다른 웹사이트를 찾아가도록 하이퍼텍스트 링크를 걸어놓는다. 교차 참조도 충분하며, 다양한 방식과 수준에서 접근이 가능하도록 유연한 검색 방법들이 제공되고 있다. 개인의 구독료는 1주일에 1달러, 즉 1년에 52달러이다. <네이처>의 1년 개인 구독료는 159달러이다.

해럴드 바머스는 수완이 비상하고 쉽게 좌절하지 않으며 금방 기력을 회복하는 사람이다. 사실 그 말은 어떤 인물에 대한 과소평가의 교과서적인 사례라 할 수 있다. 2000년 말 그는 동료들과 함께 공공과학도서관(Public Library of Science, PLoS)이라는 이름 하에 과학자 연합 조직을 만들었다. 그들이 맨 처음 한 일은 과학 출판사들에 펍메드 센트럴 같은 전자 자료실에 주요 연구 논문들을 보관하고 무료로 이용할 수 있도록 해달라고 요청하는 공개 편지를 돌린 것이었다. 약 180개국의 3만 명이 넘는 과학자들이 그 편지에 서명을 했다. 몇몇 출판사들은 어느 정도까지 협조를 했다. 하지만 바머스의 말에 따르면, '전반적으로 출판사들의 반응은 우리가 주창한 합리적인 정책에 미치지 못했다'. 그래서 그들은 공개 접근이 가능한 PLoS 학술지들을 온라인과 인쇄물로 발간해야겠다는 결론을 내렸다. 그들은 민간 재단으로부터 900만 달러의 지원금을 확보했다. 2003년 10월 그들은 첫 학술지인 <PLoS 생물학> 창간호를 발행했다.

비테크 트라츠는 멋진 축하 편지를 썼다.

지난 10년 동안 파리의 유네스코, 부다페스트, 베데스다의 NIH에서, 2003년 4월에는 워싱턴 외곽에 있는 하워드 휴wm 의학연구소에서, 가장 최근에는 2003년 10월 베를린에서 공개 접근 출판에 관한 학회들이 줄줄이 열렸다. 처음에는 전향시키기 위함이었지만 점점 기술 표준을 설정하고 개선하는 쪽으로 발전해 왔다. 그 운동을 지지하는 세력도 계속 늘어나고 있다. 하워드 휴즈 본부 건물에서 열린 모임에는 미국과 유럽의 인사 24명이 참석했다. 과학자, BMJ 출판그룹을 비롯한 출판사 관계자, 여러 과학단체의 대표자, 웰컴재단과 록펠러재단을 비롯한 재단 관계자 등 유명 인사들이었다. 물론 바이오메드 센트럴과 공공과학도서관의 관계자들도 참석했다. 그들은 여러 사항들을 발표했는데, 거기에 정의도 하나 들어 있었다.

공개 접근 출판(Open Access Publication)은 다음 두 조건을 충족시켜야 한다.

1. 저자와 저작권자는 모든 사용자에게 개인 용도로 적은 부수의 인쇄한 사본을 만들 권리뿐 아니라, 무료이며 철회 불가능한 세계적이고 영구적인 접근권과, 저자가 누구인지를 제대로 알리면서 타당한 목적으로 어느 디지털 매체에든 해당 연구를 공적으로 복사하고 이용하고 퍼뜨리고 전달하며 전시하고 파생 연구를 하고 그 결과를 배포할 권리를 부여한다.

2. 위에 말한 허가된 사본을 포함하여 적절한 표준 전자문서 형식으로 논문 전체와 모든 부록들을 학술기관, 학술단체, 정부기관, 또는 공개 접근, 제한 없는 배포, 공동 이용, 장기 보관이 가능한 기타 확실한 기관이 후원하는 온라인 자료실 중 적어도 한 곳에 첫 출판이 이루어지자마자 즉시 맡겨야 한다(생명의학 부문에서는 펍메드 센트럴이 그런 자료실 중 한 곳이다).

마찬가지로 베를린 학회에는 막스플랑크협회, 과학위원회, 독일연구재단을 비롯한 독일의 7개 국가 과학기구들의 회장과 이사장이 참석했다. 또 유럽 전역에서 사람들이 왔다. 그들은 독일어와 영어 번역문으로 된 과학과 인문학 지식의 공개 접근에 대한 베를린 선언문을 채택했다. 그런 문서들이 으레 그렇듯이, 그 선언문도 꽤 간결하고 명쾌하다(비록 영어 번역문에는 군데군데 모호한 대목들이 있긴 하지만). 그들은 인터넷을 과학 지식과 지적 교환의 범세계적인 기지를 구축하는 기능적 도구로 삼는다는 것을 목적으로 내세웠다. 그 선언문의 핵심은 주장의 범위를 강조하고자 할 때 쓰는 법률 용어로 제시된 공개 접근 출판의 두 기준이었다. 분명히 그렇겠지만, 그 선언문은 베데스다 선언문과 아주 비슷하다. 첫째, 저자와 기타 저작권자는 '모든 사용자에게 무료이며 철회 불가능한 세계적이고 영구적인 접근권과 저자가 누구인지를 제대로 알리면서 타당한 목적으로 어느 디지털 매체에든 해당 연구를 공적으로 복사하고 이용하고 퍼뜨리고 전달하며 전시하고 파생 연구를 하고 그 결과를 배포할 권리를 부여한다'. 둘째, '적절한 표준 전자문서 형식으로' 논문 전체와 모든 부록들을 '학술기관, 학술단체, 정부기관, 또는 공개 접근, 제한 없는 배포, 공동 이용, 장기 보관이 가능한 기타 확실한 기관이 후원하는 온라인 자료실 중 적어도 한 곳에 맡겨야(따라서 출판해야) 한다'.

인쇄학술지 구독자 수는 줄어들고 있다. 인용지수가 높은 학술지들도 마찬가지이다. 그 중에 전성기 때 1만 7,000부를 발행했던 한 학술지는 현재 1만 부를 발행하고 있다. 하지만 온라인 독자들이 매월 10만 건이나 되는 논문을 내려받고 있다. 도서관도 계속 줄어들고 있다. 웃고 있지만 앙심을 품고 있을지도 모른다. 그 모든 것을 말해주는 사례가 하나 있다. 2003년 10월 코넬 대학교 도서관은 수백 종의 엘세비에르 학술지 구독을 취소한다고 선언했다. 그들의 설명은 인쇄 출판 분야의 혼란을 언뜻 토여준다.

우리는 더 이상 필요가 없는 그 많은 엘세비에르 학술지들(중복 구독을 포함)을 더 이상 구독할 수가 없다. 이제 엘세비에르 학술지들에 들어가는 돈의 일부를 우리 이용자들이 더 필요로 하는 다른 출판사들이 발행하는 학술지들을 구독하는 데 써야 한다. 우리는 우리의 연구 도서관협회를 통해서도 개별적으로 오랜 기간 논의를 하면서 엘세비에르에게 이 점을 설명했다. 우리는 논의하는 자리에서 남은 학술지들의 구독료를 크게 올리지 않은 채 일부 학술지들의 구독을 취소할 수 있도록 하는 협약을 맺고자 애썼다. 하지만 엘세비에르 측은 우리 제안은 어떤 것도 아예 받아들이려 하지 않았다. 따라서 우리는 2004년 엘세비에르 학술지 수백 종의 구독을 취소할 예정이다. 취소 결정은 교수진의 의견과 지난 몇 년 동안 각 학술지의 이용 양상을 통계적으로 분석한 자료를 근거로 이루어질 것이다.

*

표절을 찾아내고 따라서 단념시키는 일을 이따금 하는 한편으로, 지난 10년 넘게 다양한 전자출판 활동, 논의, 제안을 살펴보고 많은 옹호자들과 인터뷰를 하면서, 나는 그런 출판이 사기의 특성과 발생률에 미치는 영향을 의식하고 있는 사람이 전혀 없다는 것을 알아차렸다. 하지만 그 영향은 아주 클 것이다. 다시 말하지만, 그 영향은 구조적이며 내재된 것이다. 이번에는 호의적인 표현이다. 가장 딱한 형태의 사기인 표절은 투고된 논문에서 자동적으로 검출되지는 않을 것이다. 즉 아직은 아니다. 우리는 7장에서 적절한 검색 알고리듬이 있으면 현재의 고성능 컴퓨터가 표절을 쉽게 찾아낼 수 있음을 살펴보았다. 아무튼 구글은 현재 30억 개 이상의 웹페이지를 검색하여 당신이 입력한 키워드와 일치하는 웹페이지들을 찾아냄으로써 가장 사소한 요구 사항까지 충족시켜준다고 주장한다. 그러니 일단 의심이 들면 글귀를 비교하는 강력한 프로그램을 이용할 수 있다. 사소한 사례를 하나 들자면, 어느 대학 교수든 간에 탁상 컴퓨터로 소프트웨어를 불러내서 학생의 보고서 중 의심나는 문장과 일치할 모든 원전들을 찾아낼 수 있다.

떠도는 찰스 배비지의 혼령이 컴퓨터가 요리하기와 다듬기를 무력화한다는 것을 알면 얼마나 **흡족해할까**! 모든 실험 방법들을 명확히 재연할 수 있고, 모든 자료를 이용할 수 있게끔 논문이 출판되도록 하면 결과를 창작하거나 수정하는 덜 정교한 형태의 사기는 훨씬 치기가 어려워질 것이다. 해럴드 바머스는 E-바이오메드 제안서에서 인터넷 출판이 '훨씬 더 큰 자료 집합'을 빚어낼 것이고, '전자문서 형식이 점점 더 상세한 수준들까지 층층이 보도록 허용한다'고 말했을 때, 사기를 염두에 두지는 않았다. 그러나 위버 등의 논문이 출판되었을 때 테레자 이마니시-카리는 지극히 단편적인 자료만 갖고 있었던 듯했다.

*

세부 사항들은 다양해지고, 발전하고 있다. 미래의 모습은 지난 10여 년 동안 점점 뚜렷해져 왔다. 1993년 11월 시카고의 동료 심사 학회 때 나는 강당에 가득한 생명공학 학술지 편집자들에게 이런 내용의 강연을 했다.

전자출판 방식들은 수렴되고 있는 듯하다. 지리적으로 분산된 컴퓨터들에서 작동하는 소프트웨어는 연구 논문들 전체를 하나로 연결할 수 있을 것이다. 예비단계이긴 하겠지만 논문을 전자출판하는 시대가 곧 도래할 것이다. 독자는 우리가 현재 주에서 보는 다른 논문들을 가리키는 참고문헌들을 다 훑어볼 수 있게 될 뿐 아니라, 하이퍼링크를 통해서 그 논문들의 초록이나 본문 자체까지 불러낼 수 있을 것이다. 심사자의 의견서뿐 아니라, 원자료까지 볼 수 있을 것이다. 출판은 공개 비판, 제안, 반박을 부추길 것이다. 그렇게 출판된 논문은 화면상에서 주석이 달리고 수정될 수 있고, 지난 판본들은 참고용으로 남겨둘 수 있을 것이다. 몇 달이나 몇 년 뒤에 누군가가 논문을 불러낼 때, 그 동안 덧붙은 이 모든 응답들과 수정 사항들의 목록이 따라올 것이고, 원하는 사람은 누구나 살펴볼 수 있다. 수정과 철회도 마찬가지로 논문 자체와 영구히 연결되어 있을 것이다. 실린 시기 및 분야에 관계없이 여러 학술지의 본문을 비교하는 능력은 적어도 가장 단순한 형태의 표절을 억제하는 강력한 수단이 될 것이다. 닻을 끌어올릴 때마다 거기에 감긴 바닷말들도 모두 끌려올 것이다. 그 단계를 넘어서서 우리는 전자출판된 과학논문의 독자들을 위한 놀라운 상호작용 방안들이 개발될 것이라고 상상해야 한다.

나는 전자출판의 잠재력에 관한 부분을 더 상세히 다루고자 한다. 그것이 얼마나 혁신적인 것인지를 인식해야 하기 때문이다. 우리는 편집, 심사, 출판 전 수정, 독자 편지 등 다른 모든 것들은 그대로 둔 채 한 매체를 다른 매체로 대체한다는, 인쇄된 종이를 화면으로 대체한다는 식의 이야기를 하는 것이 아니다.

우리는 전자출판에서 질을 관리하는 문제를 제외시킬 수가 없다. 적어도 특정한 학술지들은 숙련된 편집자와 사려 깊은 전문가의 논평을 통해 덧붙여질 수 있는 가치들을 어떤 식으로든 보존 또는 강화하는 방식으로 네트워크의 속도와 잠재적인 개방성에 적응해야 한다. 일부 학술지들이 권위를 갖게 된 것은 이런 가치들 덕분이다. 그 가치들은 출판의 새 변증법의 한 요소로서 계속 바람직한 것으로 남아 있을 것이다.

한편 학술지들과 그 편집자들은 의학과 과학의 사회 체제 내에서 강력한 위치에 있다. 교육과 집행 양쪽으로 이 사회 체제는 심하게 위계적이며 여러 면에서 권위적이다. 따라서 그 체제의 여러 수준에서 전자출판이 일으킨 변화는 위협적이며 저항을 불러일으키는 듯하다. 하지만 그 심원한 변화는 불가피한 것이다. 연구 과정 자체는 새 의문과 기술의 출현과 함께, 그리고 내가 개략적으로 그린 변화에 대응하여 진화한다. 전자편집 및 출판을 접하면서 자란 새로운 세대의 학술지 편집자들이 등장할 것이다. 비록 일부 학술지들이 여전히 심사나 학술지 동료 심사라고 꼬리표를 붙일 절차들을 따르겠지만, 10년 내에 이 절차들은 2차 세계대전 뒤에 자리를 잡은 절차들, 역사가 짧음에도 현재 너무나 거대하고 변하지 않을 듯이 보이는 것과 놀라울 정도로 다를 것이다. 새 절차들의 세부 사항들을 예측하려는 시도는 무모할 것이 분명하다. 그러나 나는 그 변화가 익명성과 변덕스러움과 경직성과 남용 가능성이 줄어들고, 더 철저하고 신뢰할 수 있고 책임을 다하는 체제를 구축함으로써, 과학자들이 서로의 연구를 평가하는 과정을 낳을 것이라고 감히 말하련다. 학술지의 독자들은 출판된 논문의 지적인 평가에 더 적극적으로 참여할 수밖에 없을 것이다. 궁극적으로—우리가 쉽게 상상하는 것과 달리 일찍은 아니다—우리는 기고하는 과학자들, 편집자들, 전문 비평가들, 독자들 사이의 계속 열려 있는 대화와 협력이 될 형태의 출판 쪽으로 나아가는 진화를 보게 될 것이다.

그 학술지들의 편집자와 독자는 대체된 예전의 출판 체제를 돌아보면서 어떤 생각을 하게 될까?

9

연구실에서 법으로

– 부정행위 고발이 있을 때 기관의 대처 문제들 –

이 과학의 시대에 과학은 우리 법정에서 따뜻한 환대를, 아마도 영구적인 집을 찾을 것이라고 기대해야 한다. 이유는 단순하다. 법적 분쟁에 점점 더 과학의 원리와 도구가 활용되고 있기 때문이다. 그런 분쟁의 적절한 해결은 소송 당사자들뿐 아니라 일반 대중에게도 중요하다. 기술적으로 복잡한 우리 사회에 사는 사람들, 법의 봉사를 받아야 하는 사람들 말이다.

— 스티븐 브레이어, 미국 대법관

언뜻 볼 때 과학 사기의 많은 사례들은 감독 실패의 결과인 듯도 하다. 연구 책임자와 연구자의 접촉이 드문 대형 연구실에서 일어나는 일 같다. 예일의 비제이 소만은 필립 펠릭의 연구실에서 일했지만, 의학과의 부학과장인 펠릭의 사무실은 두 블록 떨어진 곳에 있었다. 하버드의 다시는 유진 브라운월드가 대규모로 운영하는 두 연구실 중 한 곳에서 일했다. 브라운월드는 의학과를 관장하는 위원회의 위원이었다. 스티븐 브루닝은 미시건 주 콜드워터의 정신지체자 요양 시설에서 일하다가 2년 뒤 피츠버그 대학교로 옮겼는데, 그의 선임 연구자인 로버트 스프래그는 그 기간 내내 어바나샴페인에 있는 일리노이 대학교에 있었다. 매사추세츠 공대의 테레자 이마니시-카리는 데이비드 볼티모어의 연구실과 다른 건물에서 연구실을 운영했고, 볼티모어는 위버 등의 논문이 출판되기 이전에 그녀의 자료를 상세히 검토하지 않았던 듯하다. 얀 헨드리크 쇤은 2000년 12월 벨연구소의 종신 연구자가 되었지만, 비자를 새로 받기 위해 독일로 돌아가야 했다. 그는 뉴저지에 있는 동료들과 계속 접촉하면서 코블렌츠 대학교에서 5개월 동안 실험을 했으며, 벨연구소로 돌아온 뒤에도 이따금 코블렌츠로 가서 그곳 장비를 사용하는 척했다. 쇤의 몰락 후 <뉴욕 타임스>는 '벨의 전직 연구원들을 비롯한 몇몇 외부 과학자들은 예전에는 벨연구소에서 과학자들이 서로의 연구를 더 상세히 살펴보았기 때문에 지금 같은 사건은 일어나지 않았을 것이라고 말했다'라는 기사를 실었다.

그러나 감독 실패는 스승 역할 실패의 한 측면일 뿐이라고 이해되어야 한다. 로버트 머튼의 과학 규범 분석을 떠올려보라. 그 규범들은 과학자들의 행동에 적용되는 '독특한 기관 통제 양상'이며, '제재의 고통에 순응하고 규범이 내면화해 있다면 심리적 갈등의 고통에 순응하는 것이 과학자에게 이롭다'. 부정행위에 대한 인식이 확산되자 국립보건연구원은 1989년부터 연구비를 받는 연구기관들에 윤리학을 정규 과목으로 넣고 박사 과정 학생들이 의무적으로 듣도록 요구해 왔다. 전국의 대학교마다 과학자들은 그 강좌를 개설했고, 일부 대학교에서는 사례 연구, 소집단 토론, 역할 연기 등을 창의적으로 활용하고 있다. 예일대 부총장 피에르 호헨버그는 쇤 사건을 접한 뒤 미국 물리학회에 물리학자들도 연구 윤리 교육을 받게 하자고 제안했다.

윤리 교육은 분명 고지식한 젊은 연구자들에게 딜레마나 경황없이 받아들일지 모를 그럴 듯한 유혹을 인지시킴으로써 대비하도록 할 수 있다. 잘 된 일이다. 하지만 과연 규범이 교훈을 통해 주입될 수 있는 것인지 분명하지가 않다. 규범을 내면화하고, 심리적 불안을 일으키는 사회 조건을 설정하는 것은 일주일에 한 시간짜리 한 학기 강좌가 아니라, 잘 운영되는 연구실에서 매일매일 하는 행동이다. 스승의 행동 같은 것이 그렇다. "당시에는 새 연구실에 들어가면 맨 먼저 하는 일이 무게를 보정하는 것이었지요." 앨프리드 나이소너프의 말이다. 그 말에 배어 있는 것은 향수가 아니라 훨씬 더 큰 것이다. 그 짧은 말 속에는 좋은 과학이 진행되는 방식에 관한 엄정하고 평범한 현실이 담겨 있다.

위스콘신 대학교 하워드 테민의 책상 옆에 있는 나무 의자는 방석이 없고 얼얼할 정도로 딱딱하다. 이틀 동안 그를 인터뷰할 당시에 나도 그 의자에 몇 시간 동안 앉아 있었다. 테민의 연구실은 작았고, 그의 과학적 상상력은 심원했으며, 그의 성격은 범접하기 어렵게 만들었다. 금요일마다 그의 연구실에 있는 연구자들은 한 명씩 그 의자에 앉아서 그 주에 무슨 일을 했는지 설명했다. 깐깐하게 감독하기 위함이 아니라 그의 행동 양식이 원래 그랬다. 테민은 다른 사람들의 방식도 가치가 있으며, 그것이 미국 과학의 이념이라고 주장했다. 그는 로버트 갤로를 옹호했고, 볼티모어도 그 사건 때 그와 자주 상의를 했다.

행동 양식은 후견인 역할의 핵심이다. 테민은 과학계의 위대한 계보에 속한 나중 세대였다. 그 계보는 1900년대 초 덴마크의 혈액 생리학자 크리스티안 보어에게로 거슬러 올라간다. 양자물리학자 닐스 보어의 아버지이다. 1920년대와 30년대 초 닐스 보어는 젊은 양자물리학자들의 집단을 지도했고, 그의 행동 양식은 지속적으로 영향을 미치게 되었다. 베를린 출신의 막스 델브뤼크도 1930년대 초에 그 집단에 있었다. 그는 1938년에 캘리포니아 공대로 와서 분자생물학으로 돌아섰다. 델브뤼크의 평가에 인색하고 회의적이고 냉정한 행동 양식은 많은 부분 보어에게 물려받은 것이며, 그의 지도를 받은 젊은 과학자들에게도 영향을 미쳤다. 제임스 왓슨, 군터 스텐트, 매튜 메셀슨, 레나토 둘베코가 거기에 속해 있었다. 델브뤼크 연구진에서는 사기란 생각도 할 수 없었다. "우리는 막스의 인정을 받기 위해서 일했지요." 메셀슨이 내게 한 말이다. 그것은 카리스마의 한 가지 정의이다. 테민은 칼텍에 있었고, 메셀슨의 친구가 되었고, 나중에 박사후과정 연구원으로 둘베코의 연구실로 들어갔다. 부족 공동체에 성인으로 받아들여지기를 기다리는, 막 경력을 쌓기 시작한 과학자에게 그런 영향은 규범을 깊이 새기는 역할을 한다.

물론 전체적인 요점은 현실적으로 후견인 역할이 감동적인 용어로 인식되지 않는다는 것이다. 월터 길버트는 2년 동안 하버드를 떠나 생명공학 회사인 바이오젠을 창업하여 경영했다. 그는 부자가 되어 다시 하버드로 돌아왔고, 고대 희랍 꽃병들을 모으는 일에 취미를 붙였다. 그는 자신이 하버드를 떠나 있던 그 시기에 대학원생들과 박사 후과정 연구원들이 일지를 쓰지 않게 되었다고 내게 말했다. 그래서 그는 그들에게 다시 일지를 쓰도록 했고, 어떻게 왜 일지를 써야 하는지를 설명하는 짧은 지침서를 작성했다. 첫 번째 이유는 자기 환멸로부터 보호하는 것이라고 했다. 사람은 성공을 기억한다. 실험대에서는 실패가 성공보다 더 흔하지만, 실패는 자연스럽게 잊혀진다. 잘 기록된 일지는 잘못한 일들을 상기시켜 준다. 몇 년 전 스탠퍼드 대학교에서 한 젊은 대학원생에게 일지 쓰기에 관해 말을 하다가 길버트 이야기를 들려주었다. 그러자 그녀가 말했다. "아, 알아요. 저도 일지를 쓰기 시작했어요. 제 남자친구가 작년에 길버트 연구실에서 일했거든요."

과학이 성장하면서 그 계보들은 사라져 갔고, 후견인 역할도 약해져 왔다. 볼티모어는 결코 위대한 계보에 속한 적이 없다. 비록 공평하게 말하자면, 박사후과정 연구원과 젊은 교수진이 그를 존경해 왔긴 하지만. 색칠한 생쥐의 서머린, 처음부터 속임수를 쓴 다시, 슬러츠키, 그 외의 무수한 사람들은 강력한 후견인의 추천으로 과학계에 들어온 것이 아니었다. 이마니시-카리는 헬싱키의 올리 메켈레와 쾰른의 클라우스 라에프스키의 영향에서 벗어나려 기를 썼다.

*

연구실의 누군가가 학과장이나 부학장이나 다른 높은 위치에 있는 인물을 찾아가 부정행위를 고발하면, 전형적이면서 문제가 어떻게 흘러갈지를 확실히 보여주는 초기 반응들이 나타난다. 그 반응은 경계와 불신의 산물이며, 때로는 혐오감도 섞이곤 한다. 내부 고발자는 직급이 낮은 과학자나 연구원일 가능성이 높다. 그들은 화가 나 있고 겁에 질려 있을 때가 종종 있고 불만을 갖고 있을 것이 거의 확실하며, 아마 정서장애자로 치부될 수도 있을 만한 사람들이다. 게다가 불만이 제기된 연구실은 문제가 있고 제대로 운영되지 않으며 갈등이 충만한 곳일 가능성이 높다. MIT 암연구센터의 모든 이들이 잘 알고 있었듯이, 이마니시-카리의 연구실이 바로 그러했다. 사기는 엉망이었고, 그녀는 심한 잔소리꾼이었고, 생산성은 MIT 기준에 한참 미달이었다. 마고 오툴이 불만이 가득했다는 것은 분명하다. 연구실 외부에 그다지 알려지지 않았지만 갈등은 점점 심해졌고, 6개월 뒤 그녀가 위버 등의 논문에 문제점이 있음을 발견하고 알렸을 때, 사람들은 곧 그녀가 투철하고 솔직하고 고집이 세다는 것을 깨달았다. 한편으로 불만을 들은 사람들은 적어도 처음에는 경계심과 불신, 추문을 은폐하고 싶은 소망, 오랜 기간 동료이자 친구였던 사람들에 대한 믿음이 고통스럽게 뒤섞인 반응을 느끼게 마련이다. 가끔 위험이 더 심각할 때도 있다. 연구비와 계약이 위태로워질 수도 있고, 과학자의 명성과 경력이 위태로울 수도 있다. 고발을 무시하고 부정행위를 은폐하려는 동기는 강력하다. 그것은 불가피하고 거의 보편적인 것이다. 현대사에서 가장 과장된 사례는 워터게이트 사건이다. 닉슨 대통령 재임 때 그와 공동 음모자들은 은폐하고자 시도하면서 '삼류 도둑질(third-rate burglary)', '나는 사기꾼이 아니야!(I am not a crook!)', '한정된 편파적인 폭로(limited partial hangout)', '바람 부는 대로 천천히 돌면서(twisting slowly, slowly in the wind)' 같은 멋진 말을 우리 어휘에 추가하는 공헌을 했다.

헨리 워티스와 허먼 아이슨이 오툴의 고발을 묻어두려고 시도한 것도 그런 복합적인 동기들 때문이었을 것이 분명하다. 그들은 거의 성공할 뻔했다. 볼티모어가 위버 등의 논문을 고집스럽게 옹호한 데도 그런 복합적인 동기들 중 일부가 작용했을 것이 분명하다. 거기에다가 그의 유명한 특징인 오만한 자존심까지 더해져서 말이다. 우리는 논문을 재조사하고 문제가 있으면 취소하겠다는 차분한 발표가 하룻밤 사이에 불길을 잡을 수 있다는 것을 익히 보아왔다. 뛰어난 홍보 담당자들은 논란을 끝내고 넘어가기를 바란다면 전적으로 솔직하게 인정하는 것이 그런 문제를 헤쳐나가는 유일한 방법임을 익히 알고 있다. 그러나 볼티모어 같은 지적인 사람조차도 몇 달 동안 인터뷰를 거절했다. 내가 초대받아 간 만찬장에 그가 강연하러 나왔기에 직접 물었더니, 그는 '몇 달 더 지나면 이야기가 달라질 것'이라는 이유로 말할 수 없다고 했다. 당시 볼티모어는 록펠러 대학교 총장이었다. 데이비드 록펠러가 자신의 개인 홍보 담당자인 버슨마스텔러사의 하워드 버슨에게 지시를 한 뒤에야 나는 녹음기를 켤 수 있었다.

많은 연구 대학교들은 지금 그런 문제들을 전담하는 임원을 두고 있으며, 그럭저럭 제대로 일을 처리할 수 있다. 비록 대개 적어도 한 번은 덴 뒤에야 그런 조치를 취하지만 말이다. 가장 일찍 그런 일을 맡았고 가장 경험이 많은 인물 중에 일리노이 대학교의 C. K. (티나) 건살루스가 있다. 그녀는 2002년까지 연구 담당 부총장으로 재직하면서 과학과 인문학 양쪽에서 수십 건의 부정행위 진술들을 처리했다. 그녀는 미국 과학진흥협회와 단과대학 및 종합대학교, 의대의 후원으로 미국 전역에서 실습회와 세미나를 열어왔다. 건살루스 외에 몇 명의 전문가들이 토론자로 참여한다. 그런 자리가 마련될 때마다 걱정이 많은 대학 당국자들과 교수들이 빼곡히 들어찬다. 나는 두 번 참석한 적이 있다. 활기가 넘치고 대단히 솔직한 분위기였다.

건살루스의 대학교는 규모가 큰 곳이다. 그녀는 과학과 인문학 분야를 합쳐서 연간 20-40건의 부정행위 주장들을 접했다. 그 중에 연간 한두 건은 정식 조사까지 갔다. "하지만 건수는 해마다 크게 달라요." 약 100명이 참석한 샌프란시스코의 한 실습회에서 그녀는 그렇게 말했다. 고발은 때로 익명으로 들어온다. 그럴 때는? 모든 문제들이 그렇듯이 이 문제에서도 '딱 부러지는 답은 없지요. 어려운 문제들이 그렇듯이 균형적인 입장을 취해야 하지요'. 토론자인 변호사가 말했다. "'외부의' 법에 따르면, 익명의 진술도 때로 진지하게 고려해야 합니다." 건살루스가 맞다고 하면서 덧붙였다. "하지만 전적으로 익명으로 한 검증되지 않은 진술을 근거로 마녀사냥을 한다고 인식될 수 있는 일을 하지 않는 것도 중요해요."

첫 대응이 중요할 텐데, 그것이 전체 과정에서 가장 체계가 덜 잡힌 부분이기 때문에 여러 면에서 가장 흥미롭다. 건살루스는 진술자를 처음 만날 때 필요한 규칙들을 제시했다. 가장 중요한 것은 '절대

비밀을 보장한다는 약속을 할 수 없다는 겁니다'. 따라서 고발을 한 사람에게 일을 진척시키기에 앞서 시간을 두고 깊이 생각을 해보라고 조언을 해야 한다. "익명성은 현실적으로 보호하기가 어렵고 절차가 진행됨에 따라 공정성이라는 관점에서 볼 때 점점 문제가 되지요." 둘째는 '당신은 고발자의 친구도 상담자도 속 깊은 이야기를 들어주는 사람도 될 수 없다는 겁니다'.

그 다음에 가장 어려운 단계가 시작된다. 정식 조회를 시작해야 할 때가 아직 안 되었고 거기까지 가지 않을 수도 있기 때문이다. 사례들은 혼란스럽기 마련이다. 고발 내용은 부주의부터 과학적 부정행위에 이르기까지 다양하며, 부정행위도 회계나 성적인 부정행위에서 학생을 착취하는 행위까지 어떤 형태든 취할 수 있다. 한 사건에 몇 가지가 얽혀 있을 때도 있다.

(이 때 청중 속에 있던 도널드 버젤리가 끼어들었다. 그는 당시 국립과학재단 감사국의 조사반장이었다. "회계 부정이나 실험 대상인 사람이나 동물의 학대 같은 것들이 드러나면, 사법권과 겹치기 때문에 알아낸 사항들을 즉시 해당 관청에 넘겨야 할 겁니다.")

이 예비 단계에서는 많은 일들이 직관에 반하는 듯이 비칠 것이다. 건살루스는 첫 면담이 어려울 수 있다고 경고했다. 차분한 태도는 거짓일 수 있다. 첫 인상은 편견을 줄 수 있다. "사람들은 대개 내부 고발자를 좋아하지 않습니다, 고자질하는 사람을 싫어하지요." 상당한 지위에 있고 존경받는 연륜 있는 과학자도 사기를 저지를 수 있고, 온갖 고발자와 마주칠 수 있으며 '괴짜조차도 옳을 수 있다'는 것을 늘 염두에 두어야 한다.

고발을 평가할 때 크게 두 부류에 속하는 다양한 문제들이 드러난다. 첫째는 주장된 부정행위의 특성과 심각성을 파악하는 것이다. 처음에 제기된 내용들이 명확하지 않고 구체적으로 적시하지 않고 막연하고 뜬구름 잡는 식인 경우도 있다. 분류해 보면, 고발은 실체가 없는 것부터 심각한 사기의 명확한 증거를 지닌 것까지 다양하다. 둘째는 사회 환경, 즉 연구실의 미시 인류학이다. 대인관계는 판단을 어렵게 하고 일을 복잡하게 만들기 쉽다. "문제를 제기한 사람이 보복이 두려워 익명을 요구하거나 고발을 철회한다면 어쩌지요? 고발자가 복수심을 갖고 있거나 피곤에 찌들어 있거나 불안한 모습을 보인다면 어떻게 할까요? 피의자—고발당한 사람—가 쉽게 흥분하거나 앙갚음을 하는 성격이라면 어쩌지요?" 동기가 복잡하고 일부 모호한 당사자들도 있을 가능성이 높다.

심각성과 환경이라는 이 두 부류의 문제점들은 어떤 행동을 취할 것인지 판단할 때 상호 작용을 한다. 우선 고발이 심각한 것이고 위조나 변조나 표절이 있었음이 분명하다면, 기관은 즉시 공식 절차의 첫 단계인 조회를 시작할 의무가 있다. 건살루스는 샌프란시스코에서 그 점을 간략하게 말했다. "진술 내용이 심각할수록, 상황이 더 가변적일수록, 학생이 연구 책임자와 맞붙는 식으로 권력의 불균형이 심할수록 그 연구실에서 이전에도 문제가 있었으며 부정행위 낌새가 있다는 소문까지 돌수록, 내가 즉시 조회에 나설 가능성이 더 높아집니다." 조회가 시작되기 전부터 모든 절차에 걸쳐 내부 고발자는 보호되어야 한다. 그러나 피고발인에게는 반드시 혹은 거의 반드시 혐의 제기가 있었음을 즉시 알려야 한다.

자료를 중시하라! "아주 미묘한 문제입니다만, 즉각 자료를 압류해야 합니다. 공식 절차에 들어갈 필요성을 판단하는 기준은 자료의 가변성, 즉 조작 용이성입니다!" 건살루스는 고발을 진지하게 받아들이고자 할 때 먼저 피고발인의 상급자인 연구 책임자, 학과장, 학장을 전화를 통해서가 아니라 직접 찾아가 대면을 했다. 문제를 이야기하고, 상급자로 하여금 혐의자에게 전화를 걸어 조사단이 즉시 갈 것이라고 말하도록 했다. "결코 혼자 가지는 않아요!" 혐의자를 찾아간 조사단은 문제를 설명하고 즉석에서 자료를 요구했다. 일지, 슬라이드, 사진 등 모든 것을. (한 번은 형질전환 식물이 관련된 고발이 있었는데, 압류한 물품이 단 하나뿐이었다. 48개의 열쇠가 달린 열쇠고리였다.) 이 시점에서는 문서로 상세히 기록하는 것이 중요하다. 실습회에서 배부된 연습장에는 예제로 삼을 문서 형식이 들어 있었다. 많은 과학자들은 연방 연구비 지원을 받은 연구의 자료는 개인의 것이 아니라 소속 기관의 소유라는 것을 인식하지 못하고 있다. 그래서 그 사실을 알려주면 분개하기도 한다. 그래도 어쩔 수 없다. "과학자에게 혐의가 없음을 명확히 밝히려면 자료에 손을 댔다는 의심을 결코 제기할 수 없게끔 자료를 즉시 확보하는 것이 유일한 방법이라고 설득하면 대개 두 번 이상 말하지 않아도 다 알아들어요."

고발이 근거가 있다면, 다음 단계는 조회이다. '진술 내용이나 의문 사항을 비밀리에 신속하게 조사하는 것'이다. 실체가 없는 과학적 부정행위 진술과 더 상세한 조사가 필요한 진술을 구분하는 것이 목적이다.

조회는 대강 대배심과 비슷하다. 절차를 계속 진행할 만한 충분한 근거가 있는지 여부를 결정하는 것이 유일한 목적이라는 점에서 그렇다. '있다' 라는 판정이 나면, 조회 다음 단계인 정식 조사에 착수한다.

조회를 시작할 때 첫 단계는 조사위원회를 설치하는 것이다. 건살루스는 해당 학과에서 한 명, 동 대학교의 다른 학과에서 한 명을 선정하고, 자신을 포함하여 위원회를 구성했다. 그 말을 들은 청중 한 명이 자기 기관에서는 위원이 7명까지도 가능하다고 말했다. 그러자 또 한 사람이 거추장스럽기 때문에 실제로는 그렇게 하는 사례가 드물다고 말했다. (다시 사례를 떠올려보라. 하버드 의대 학장은 의대의 다른 학과에서 3명, 동 대학교의 과학기술 분야에서 한 명, 또 법학 교수 한 명, 하버드가 아닌 다른 기관의 인사 3명으로 위원회를 구성했고, 위원장은 존스홉킨스 의대 학장이 맡았다.) 상설 위원회에서 두세 명을 차출하는 곳도 있다. 건살루스는 매번 위원회를 구성할 때마다 새 인물로 채운다고 말했다. 교수진을 교육하는 효과가 있다는 것이다. 하지만 토론자로 참석한- 캘리포니아 샌디에이고 대학교의 학무담당 학장인 폴 프리드먼은 고개를 저으면서 말했다. "교수 교육은 시간이 좀 걸리는 일이지요."

위원을 선정하고 일을 맡기는 것부터 피고발인과 공동 연구자들에게 고지를 하고 증인을 선정하고 다른 증거들을 확보하고 최종 보고서를 내고 정식 조사에 들어갈 것인지 결정하기까지 단계들이 끝없이 이어지는 듯하다. 조회에는 120인-시(man-hour)가 걸리지만 그 이상일 때도 종종 있다. 본 조사는 수천 시간을 잡아먹는다. 많은 위험이 도사리고 있다. 건살루스는 한 가지를 경고했다. "고발자의 역할은 정보를 제공하는 것입니다. 그것뿐이지요. 고발인은 검사자가 아니에요. 남들과 마찬가지로 증인이지요. 예를 들면 고발인에게 진행 상황을 소상히 다 알려주어서는 안 됩니다." 피고발인이 협조를 거부한다면 곤란해진다. 건살루스는 해당 기관이 소속된 사람들에게 협조해야 한다는 것을 정책적으로 명확히 밝히는 것이 이상적이라고 했다. 그 때 또 한 명의 토론자인 뉴욕 대학교 부총장이자 고문인 앤드루 샤퍼가 끼어들었다. "무죄 추정 원칙은 형법 체계에서 들여온 것이지요. 예비 조사나 조사는 민법 절차에 상응하고요. 따라서 피고발인에게 협조 거부가 자신에게 불리하게 작용할 수 있다는 점을 명확히 알릴 수 있지요. 때로는 그래야 하고요."

예비 조사 위원회의 고발은 중요하며 그들은 중용을 유지해야 한다. "나는 행복한 기분으로 고발장을 쓴 적이 한 번도 없었습니다. 답변을 할 수 있도록, 즉 방어를 할 수 있도록 구체적으로 쓰면서도 파헤칠 새로운 문제들이 드러날 수 있도록 단어들을 선택해야 하지요." 건살루스의 말에 법률가인 토론자가 사례를 들었다. 최근에 드러난 위조 고발 사례였다. "예비 조사로 2년 전에 한 위조의 증거가 발견되었습니다. 고발 대상에 포함되어 있지는 않았지만, 그 뒤의 문제와 관련이 있었지요. 행동 양식을 보여주는 증거입니다."

사실들이 어느 쪽을 가리키든 간에, 위원회는 보고서를 쓴다. 모든 당사자들에게 초안을 검토하도록 하는 것이 '정확성과 공정성을 최대화하는 최선의 방법이다'. 예비 조사로 명백한 부정행위가 전혀 발견되지 않았을 때, '종결을 지으려면 고발자가 불만을 다 털어놓았다고 다 이야기했다고 느껴야 한다'. 건살루스는 말했다. 무고하게 고발당한 사람의 입장에서는 '명성 회복에 관한 가장 중요한 사실은 기본적으로 잃은 명성은 회복할 수 없다는 것이다'. 따라서 피고발인은 강력하게 선제 행동을 취할 것이 분명하다. "그것은 직관에 반하지만, 무고한 피고발인은 '왜 나를 고발한 거야?'라고 그저 분노하고만 있을 수 없습니다. 전면 조사를 요구해야 하겠지요. 소속 기관이 절차를 진행하고 조사가 철저히 이루어진다면 결국 모든 사람에게 문제가 말끔히 해결되었다고 말할 수 있습니다. 피고발인을 지지할 수 있지요.”

절차를 진행시킬 근거가 충분한가? 그것은 조회에 앞서 하는 질문이다. “일리노이 대학교에서는 단 한 가지 고발에 대해서라도 합당한 증거를 얻는 순간, 조회는 끝납니다. 하지만 위원들은 늘 악전고투를 하지요.”

실습회에서의 토론은 이른바 전형적인 사건이 진행될수록 중점을 두는 부분도 변한다는 것을 명백히 보여주었다. 사용된 용어가 어떻게 변했는지 보자. 건살루스의 말이다. “피고발인이 일찌감치 한두 가지 고발에 동의할 때도 조사를 중단할 수는 없습니다.” 더 험악한 말도 했다. “유죄를 인정하고 처벌을 덜 받는 사전형량조정제도도 없어요.” 또 있다. “과학적 부정행위에는 공소시효도 없습니다.” 첫 단계와 그 뒤의 조회 초기 단계들은 사실을 파헤치는 것이지만, 어느 시점에서 균형은 정말로 과학 탐구 과정에 잘못된 점이 있었나 하는 사실 추적으로부터 영미 소송 절차상의 당사자주의로, 즉 개인의 유죄냐 무죄냐의 판단 쪽으로 기울어졌다.

*

사례를 하나 더 들어보자. 이제 그 사례의 특징들은 대부분 익숙하겠지만, 그 사례는 생각해볼 만한 법적 논평을 하나 낳았다. 1982년 국립보건원과 미시시피 대학교에서 출판된 논문 3편의 자료가 위조되었을 가능성이 있다는 익명의 편지가 도착했다. 미시시피 대학교 의학센터의 생리학 및 생물물리학 교수 로버트 매카(Robert McCaa)가 그 논문들의 저자 또는 공저자였다. 그의 전공 분야는 고혈압과 혈액화학이었다. 그는 1960년대부터 그곳에 재직했으며, 1977년부터 죽 국립심장폐혈액연구소로부터 연구비를 받아왔다. 해당 대학교는 정식 조사에 착수했다. 6개월이 걸렸다. 그 다음에 사건은 행정 조직의 사다리를 타고 올라갔다. 대학교의 조사 결과를 받은 연구소는 과학자들로 조사위원회를 꾸려 즉시 조사에 들어갔다. 조사위원회를 꾸리고 하는 데 3개월이 걸렸다. 위원회는 19개월에 걸쳐 조사를 했다. 조사 보고서가 나온 뒤 대학교는 매카를 해임했고, 다시 8개월이 지난 뒤 국립보건원은 매카에게 3년 동안 연구비 지원을 금지하는 조치를 내렸고, 보건복지부 연구비 소청심사위원회(부처 소청심사위원회와 다른 곳)는 청문회를 열었다. 산더미 같은 서류들이 제출되었고 7일에 걸쳐 증인들을 출석시켜서 준사법적인 절차를 진행했다. 심리 결과 매카는 유죄였다. 심리를 준비하고 결정 사항을 보고서로 내는 데까지 16개월이 걸렸다. 그로부터 다시 4개월이 지난 뒤인 1987년 4월 서기보로 지명된 조달 지원 및 물류 담당 사무관보 대리가 최종 결정을 낭독했다. 그러자 앞서 연구비 소청심사위원회를 대리한 수석 변호인으로 매카 사례를 다룬 바 있던 워싱턴의 한 법률회사 소속 변호사 수전 로셔는 감탄스러울 정도로 신속히 1987년 9월호 <그랜츠 매거진>에 그 사건과 처리 과정을 평이하고 철저하게 분석하고 차후 부정행위 고발 사례들을 다루는 방법을 권고하는 글을 실었다.

　로셔는 미심쩍은 첫 논문에서 매카가 기여한 부분은 한정되어 있었다고 썼다. 그는 '화학 검사만 몇 가지 했을 뿐이라고 주장했다'. 그는 '대조 확인을 하지 않은 채 기억하거나 추측한 것을 토대로' 실험 절차를 허위 기재했다. 그는 자료를 허위 기재했고, 자료 전체를 다 갖고 있지 않았을 수도 있었다. "한 사례에서 매카 박사는 그 분야의 방대한 지식과 이해를 토대로 자료를 만들어냈다." 그는 두 번째 논문에서는 주저자로서 한 부분에서 실험 대상의 수를 허위 기재했고, 지적을 받았음에도 수정하지 않았고, 실험 방법과 자료와 그 통계적 의미를 허위 표시한 그래프를 작성했고, 그 뒤의 논문들에도 고의로 그 부정확한 자료를 계속 실었다. 자기 분야의 연구를 개괄한 세 번째 논문에서 그는 '실제로는 실험을 전혀 안 했음에도 실험 과정에서 나온' 양 관찰 결과를 날조했다. 로셔는 매카 사건을 가까이에서 지켜본 변호사로서 분석하면서 이렇게 썼다.

　실제로 무슨 일이 있었는지 알아낸 뒤에, 두 번째로 가장 어려운 과제는 매카 박사의 행동을 판단할 척도가 될 행위 기준들을 찾아내는 것이었다. 법적인 관점에서 볼 때, 표준 과학 탐구 활동에 관한 문서화한 지침서가 특이하게도 아예 없었고, 증인들의 증언들도 서로 모순되었다. 예를 들어 논문의 제1저자가 된다는 것이 얼마나 의미가 있고, 논문이 출판된 뒤 과학자가 어떤 문서 자료를 얼마나 많이 보존하고 있어야 하는가 하는 현안들이 그러했다.

1980년대 중반의 일이었지만, 그런 현안들 중 일부는 지금까지도 모호한 상태로 남아 있다. 로셔의 글을 계속 읽어보자.

최종적으로 쓰인 원칙들은 과학 탐구 활동에 관해 말한 증인들의 증언들로부터 추려낸 것들이었다. 모두 NIH 쪽 증인들이었고, 정책 관련 진술과 연구비 지원에 관한 증언과 관련이 있다. 다소 빈약한 이런 증거를 토대로 HHS(해당 부서)는 평범한 연구 과학자가 지켜야 할 네 가지 기준을 통해 매카 박사의 행위를 평가했다.
  1. 실험 방법을 정확하게 발표한다.
  2. 실험 결과를 정확하게 발표한다.
  3. 뒷받침하는 경험적인 자료가 있을 때만, 즉 결과들이 가상의 또는 예비 실험의 것이 아닐 때만 실험 결과를 발표한다.
  4. 발표된 실험에 반드시 관여해야 할 필요까지는 없을지 몰라도, 정확한 발표임을 보증하줄 자료와 방법을 개인적으로 어느 정도까지는 알고 있을 필요는 있다.

일반 연구 과학자가 지킬 일이라고 한다. 그 외에 'HHS는 주된 연구자가 자신의 연구에 대한 책임뿐 아니라 그 이상의 것을 받아들여야 하지만, 또 연방 연구비를 지원받은 다른 연구자들이 실제로 한 연구를 정확히 발표하도록 감독하거나 상응하는 조치를 취해야 한다고 보았다'.
로셔는 결정이 지체된 것을 통렬하게 비판했다.

철저한 조사를 하고 누군가를 직업상의 부정행위를 저질렀다고 잘못 비난하는 일이 없도록 한다는 목표가 중요하긴 해도, 4년은 누군가의 직장생활 및 개인생활 그리고 후원하는 기관의 연구자에 대한 입장을 불확실한 상태로 놔두기에는 너무 긴 기간이다. 게다가 법적인 관점에서 볼 때, 길게 끄는 변론 절차는 적법 절차를 부정하는 것으로 비칠지도 모른다.

앞의 장들에서 언급한 사례들 중 몇 가지를 떠올려보자. 헨리 워티스와 허먼 아이슨이 마고 오툴의 고발에 대해 취한 행동들은 분명히 조사와는 거리가 먼 것이었다. 정반대로 비록 프랜시스 콜린스는 학생인 아미토프 하즈라의 사기가 드러났을 때 신속하고 철저히 공개적으로 행동했지만, 아무튼 하즈라에게 그 결과는 치명적이었고, 사적으로 콜린스가 경솔했다고 보는 사람들도 있었다. 하지만 아무도 그 결과에 의문을 제기하지 않았고, 다른 사례들에서 적절한 조사는 반드시 필요한 공정성을 보장해줄 것이다. 한 예로 벨연구소의 헨드리크 쇤 사건 처리는 이상적인 형태에 가까웠다. 즉각적인 초기 반응, 강력한 위원회의 철저하고 활발한 조사, 보고서, 공개적인 진행 등이 그랬다. 하지만 벨연구소는 대학교가 아니며, 그 연구는 연방 연구비 지원을 받은 것이 아니었다.

*

법은 과학을 위해 무엇을 할 수 있을까?

첫 단계는 과학 사기를 증명하려면 동기를 보여야 한다는, 고의를 입증해야 한다는 요구 조건—이마니시-카리가 부처 소청심사위원회에서 제기하고 나선 것—을 처리하는 것이다. 그것은 부주의했다는 방어 논리를 허용한다. "그녀는 그럴 생각이 아니었습니다." 앞서 말했듯이, 형법에서 사기의 정의는 범의(犯意), 즉 고의라는 요소를 포함한다. 민법에서 말하는 사기는 다를 수 있다. "미국 국세청이 세금신고라는 자율적인 제도를 훼손하는 납세자에게 사용하는 주된 무기 중 하나는 '민사 사기 중가산세'이며, 법원은 세금과 관련해서는 부주의 자체—심한 경우에는 장부를 기록하지 않거나 아예 만들지 않는 어처

구니없는 부주의―가 사기 의도를 충분히 입증할 수 있다는 입장을 취해 왔다. 비록 부주의 정도는 사례별로 판단할지라도, 고의를 보여 달라는 주관적이고 어려운 요구 조건은 한순간에 객관적인 검사로 변신한다. 과학적 부정행위에 그런 원칙을 적용하는 것은 기록을 하든 말든, 책상 위를 난장판으로 만들든 말든 당신 마음대로이지만, 당신의 연구에 의문이 제기되었을 때 잘 쓴 일지나 그에 상응하는 것을 내놓을 수 없다면, 거증(擧證) 책임이 당신에게로 넘어간다는 뜻이 된다. 그것은 과학의 자율적인 체제를 복원하는 방향으로 나아갈 것이다.

우리는 더 깊이 파고들어야 한다. 미국 법 체계는 과학을 다루는 데 어려움을 겪어 왔다. 그러나 필요성은 점점 더 커져 왔다. 과학에 의존하는 형법과 민법 사례들, 특히 일종의 민사 소송 사례들은 점점 더 크고 복잡해지고 있다. 전문가의 과학적 증언은 법적 판결에서 점점 더 큰, 종종 결정적인 역할을 해 왔다. 동시에 새롭고 난해한 과학적 현안들도 증가해 왔다. 1998년 <사이언스>에 미국 대법관 스티븐 브레이어―다양한 분야에 관심이 많은 파악하기 어려운 재미있는 인물―는 이런 글을 썼다.

> 과학 탐구 활동은 유효한 법, 즉 과학자에게 모든 지식이 의존하는 진리를 자유롭게 탐구할 수 있는 숨쉴 공간을 제공함으로써 최소한의 지원을 하는 법에 의존한다. 그 법 자체가 건전한 과학에 접근할 필요성이 점점 커지고 있다는 것도 마찬가지로 사실이다. 이 필요성은 사회의 행복이 과학적으로 복잡한 기술에 점점 더 의존해가고 있고, 그만큼 이 기술이 우리 모두에게 중요한 법적 문제들의 토대가 되어가기 때문이다. 우리는 법 체제 전체에서 이 결론이 드러나는 것을 본다.

그 말은 옳다. 하지만 브레이어의 이 말은 과학과 법의 관계가 호혜적인 것인 양 보이게 한다. 비록 나는 법에는 아마추어이지만―그 단어의 가장 오래된 가장 좋은 의미인 법과 법적 추론의 애호가이지 법이 직업은 아니라는 의미에서 아마추어―내가 보기에는 법과 과학이 안 맞는 측면들도 있는 듯하다. 둘은 목적과 방법이 맞지 않을 때가 종종 있다. 아마 가장 근본적인 이유는 법이 원칙들을 개별 사례에 적용하는 데 반해 과학은 일반성을 추구하기 때문일 것이다. 물리학자들이 '만물의 이론'을 추구하는 것이 극단적인 사례이다. 과학과 그 응용의 구분은 아리스토텔레스에게로 거슬러 올라간다. 어쨌든 과학과 법의 어긋남은 법이 법정에서 과학을 활용하는 방식에서 출발한다. 그 부분이 과학 사기를 다룰 때 중요해지고 있다. 미국 법 체제에서 나타나는 특정한 추세들은 이 관계를 근본적으로 개선할 방향들을 제시한다.

법률은 우선 증거를 얻고자 할 때 과학을 바라본다. 전문가들은 증언을 해야 하며, 그것은 불가피한 일이다. 영미법상의 당사자주의는 문제를 더 악화시킨다. 검찰과 피소자, 원고와 피고는 서로 잘 골라서 준비를 시킨 전문가들을 증언대에 내세운다. 양쪽의 전문가들은 서로 전투를 벌인다. 배심원들은 당혹해하고 판사는 어리둥절해한다. 지금까지 진척된 개혁도 있고 제안된 것들도 있다. 비록 개혁안들은 다양하지만, 모두 판사의 역할과 권한을 강화하는 효과를 낳고 있다. 특히 쌍방의 대리인으로 과학자들이 나섬으로써 과학이 쟁점이 될 때 그렇다.

1993년 이래로 전문가 증언의 허용에 관한 예심 판사의 권한과 의무, 따라서 건전한 과학의 특성을 놓고 대법원이 결정한 사건이 3배로 늘었다. 그 전까지 연방 법원에서 전문가 증언의 허용에 관해 주로 쓰인 기준은 1923년—아주 오래된—프라이 대 미 정부 사건에서 확립된 것이었다. 프라이는 한 가지 기준만 허용했다. 전문가 증언의 근거가 '증인이 속한 분야에서 일반적으로 받아들여진' 것이어야 한다고 했다. 판사가 전문가 증언을 제외시킬 권한을 지니고 있는 것은 분명하지만, 그 권한은 쓰이지 않게 되었다.

1993년 6월 28일 대법원은 도버트 대 메렐도 제약사 사건을 종결지었다. 윌리엄 도버트 부부는 피고측이 판매하고 임신 때의 헛구역질을 억제한다고 처방한 약 때문에 자기 아들이 심한 기형아로 태어났다고 주장하면서 소송을 제기했다. 대법원의 결정은 예심 판사의 역할에 큰 변화를 가져왔다. 그 뒤로 예심 판사들은 '전문가가 증언할 주제와 이론'을 결정해야 했다. 판사는 이제 제안된 전문가 증언을 허용할지 결정해야 하는 문지기가 되었고, 그것은 '관련이 있는지뿐 아니라 신뢰할 수 있는지'를 판단해야 한다는 의미였다. 따라서 도버트는 과학의 질 평가라는 포승줄을 채운 채 과학을 법정으로 데려왔다. 법원이 말한 신뢰성은 "'과학 지식'으로서 적격이기 위해서는 추론이나 주장이 과학적 방법에서 유래한 것이어야 한다"는 의미이다. 즉 과학적 증거나 증언은 '과학의 방법과 절차에' 토대를 두어야 한다. 이 제한 조건은 필요한 것이다. 일반 증인과 달리 '전문가는 체험한 지식이나 관찰에 근거를 두지 않은 것들도 포함하여 넓은 범위에서 견해를 제시하는 것이 허용되어 있기' 때문이다. 그 결정은 눈에 띄는 것이었다. "과학적 증거가 수반되는 사건에서, 증거의 신뢰성은 과학적 타당성에 토대를 두어야 한다."

그 결정은 과학적 방법에 들어맞는다는 것을 어떻게 확인하는지 보여줄 것을 요구했다. "그 조사에 많은 요소들이 관여할 것이며, 우리는 최종적인 점검 항목이나 검사 방법이 나올 것이라고 보지 않는다." 도버트는 그렇게 말했다. 그 뒤에 나온 두 건의 판결은 그 견해를 뒷받침했다. 하지만 당시 도버트는 네 가지 고려 사항을 제시했다. 첫째는 중요성이었다. "대개 한 이론이나 기술이 과학 지식인지 여부를 판단하고자 할 때 대답해야 할 핵심 질문은, 그것이 검증될 수 있느냐(그리고 검증되었느냐)일 것이다." 재판관들은 과학철학자들의 글을 읽었다. 그들은 칼 포퍼의 유명한 글귀를 인용했다. "한 이론의 과학적 지위를 판단하는 기준은 반증 가능성, 즉 논박 가능성이다…." 반증 가능성이라는 기준을 처음 접하는 사람들은 그것이 역설적이라고 생각하곤 한다. 그것이 의미하는 바는 옳다고 주장하려면 과학 이론이나 기술은 그것이 틀렸음을 입증할 수 있는 검사법을 내포하고 있어야 한다는 것이다. 브레이어는 다른 곳에서 도버트 이야기를 하면서 물리학자 볼프강 파울리의 말을 인용했다. 파울리는 어떤 논문이 틀렸는가라는 질문을 받자 이렇게 답했다. "아닙니다. 그 논문은 틀릴 정도로까지 좋지는 않습니다!" 도버트는 예심 판사들에게 사이비과학을 배제할 의무를 부과한다.

　두 번째 고려 사항은 비록 적용되지 않는 사례들도 있기 하지만, '이론이나 기술이 동료 심사와 출판을 거쳤는지 여부이다'. 세 번째는 적용 범위가 더 좁은데, 특정한 과학 기술에 대해서 법원이 '알려져 있거나 잠재적인 오류률을 고려해야 한다'는 것이다. 다시 말해 그 기술이 거짓으로 긍정적이거나 부정적인 결과를 내놓을 가능성을 고려해야 한다. 마지막으로 프라이가 유일하게 내세운, 해당 전문 분야 과학자들에게 '일반적으로 받아들여진 것'이라는 기준이 평가절하되긴 했지만, 여전히 고려 사항이 될 수 있다. 해리 블랙먼 재판관은 거기에 동조하는 견해를 내놓았다. 그를 비롯한 6명의 재판관이 그런 견해를 냈고, 재판장 윌리엄 렌퀴스트와 존 폴 스티븐스 판사는 일부 반대 의견을 냈다. 도버트의 견해는 융통성을 허용한다. 하지만 대법원이라는 이름이 그 견해를 뒷받침했다.

　"우리는 연방 판사들이 그 검토를 맡을 능력이 있다고 확신한다." (브레이어가 비꼬듯이 눈썹을 치켜 올리는 모습이 상상된다.) 도버트의 판결에 판사들은 대경실색했고, 자신이 선택한 전문가가 배제될 수도 있는 상황을 떠올린 공판 변호사들은 분통을 터뜨렸고, 법학자들은 격렬한 논평을 쏟아냈다. 조 세실은 수도 워싱턴의 연방사법센터에서 일하는 법률가로서 법정의 전문가 증언에 관한 권위자이다. 그 센터는 미국사법협의회의 연구 및 계획 지원 업무를 맡고 있다. 사법협의회는 연방법원 조직의 활동을 감시하고 개선점을 제안하는 일을 한다. 세실은 도버트의 판결이 나왔을 초기에 제기된 반응들을 이렇게 요약했다.

　　도버트 판결이 나왔을 당시에 승자가 누구였는지 불분명했다. 원고측은 프라이 기준에 따라 증거를 배제하던 법원의 관행이 바뀌었다는 이유로 승리를 선언했다. 다음날 〈월스트리트 저널〉은 '재판관들이 증거 사건에서 관행에 반하는 결정을 내리다' 라는 제목의 기사에서 그 견해에 동조했다. 피고측은 대법원이 증거의 효력을 판단하는 일을 배심원이 아니라 판사에게 맡겼다는 이유로 승리를 선언했다. 〈뉴욕 타임스〉는 '재판관들 전문가 증거의 신뢰성 판단 책임을 판사들에게 맡기다'라는 제목의 기사를 써서 그 견해에 동조했다. 물론 지금은 그 결정이 거증 책임을 진 쪽, 대개 원고 쪽에 불리하게 작용한다는 점이 명확히 드러나 있다.

4년 뒤인 1997년 12월 15일 대법원은 도버트 판결을 더 명확히 하고 강화하는 판결을 내렸다. 제너럴일렉트릭 대 조이너 사건이었다. 문제는 항고법원이 전문가의 과학적 증언을 받아들이거나 배제시킨 예심 판사의 결정에 어떤 기준을 적용할 것인가였다. 로버트 조이너는 자신이 노출된 화학물질이 폐암을 악화시켰다고 주장하면서 소송을 제기했다. 예심 판사는 도버트의 판결에 따라, 조이너 측의 전문가 증언을 근거가 불충분하다면서 기각했다. 사실상 신뢰할 수 있는 과학은 관련이 없고 관련이 있는 과학은 신뢰할 수 없다는 의미였다. 그 전문가의 견해는 '뒷받침되지 않는 사변'이었다. 항소법원은 판사가 도버트의 판결을 좁은 의미로 해석하여 가능한 한 전문가의 증언을 받아들여야 했다면서 판결을 뒤집었다. "우리는 예심 판사의 전문가 증언 배제에 관해 특히 엄격한 검토 기준을 적용한다." 대법원은 그 파기를 뒤집는 것이 옳지 않다고 말했다. 배제 기준은 용인 기준과 마찬가지로 엄격하지 않으며, 항고법원이 예심 판사의 손을 들어주었어야 한다는 것이었다. 게다가 조이너 판결문 가운데 전문가 증언에 관한 사건 개요서에 가장 자주 인용될 만한 글귀는 과학에서 '결론과 방법론은 서로 완전히 구분되는 것이 아니다'라는 견해가 표명된 부분이다.

훈련된 전문가는 대개 기존 자료로부터 추정을 한다. 그러나 도버트 판결도 연방 증거 규칙도 지방법원이 전문가의 독단적인 견해(그렇다고 한 말)만으로 기존 증거와 관련된 의견 증거를 받아들일 것을 요구하지는 않는다. 법원은 자료와 제시된 의견의 분석적인 차이가 너무 크다고 결론을 내릴 수도 있다.

과학 활동이 어떻게 이루어지는가에 관한 법원의 이해도도 그 4년 동안 많이 향상되었다. 렌퀴스트 재판장은 의견서에 재판관 9명이 모두 그 점에는 동의했다고 썼다.

조이너 재판의 가장 흥미로운 측면들은 같은 견해를 취한 브레이어 대법관의 말에서 찾아볼 수 있다. 그는 도버트 판결이 '판사들에게 전문가 증인이 제공하고자 하는 과학적 방법론과 그것의 결론과의 관계에 관해 미묘하고도 복잡한 결정을 내릴 것을 종종 요구할 것이라고, 특히 해당 과학 분야 자체가 불확실하거나 모호한 상태에 있는 영역에서 일어난 사건일 때 그럴 것'이라고 말했다. "판사는 과학자가 아니며 그런 판단을 용이하게 해줄 과학 교육을 받지 않는다. 물론 그 일이 어렵다거나 전문성이 부족하다고 해서 판사의 '문지기' 의무를 면제할 수는 없다." 따라서 판사는 도움이 필요하다. 브레이어는 민사재판의 증거 규칙들이 이미 판사에게 독자적으로 전문가를 지명하고, 법정에서 증언할 전문가에 대한 공판 전 청문회를 지시하고, 특정 분야의 대가와 아주 경력이 많은 서기를 임명할 권한을 부여하고 있다고 썼다.

과학계는 브레이어의 인도를 따랐다. 미국과학진흥협회는 실무적인 수준에서 연방 판사들을 도와 적합한 전문가들을 찾는 시험 단계의 계획을 수립했다. 국립과학아카데미는 더 일반적인 수준에서 법이 과학 탐구 활동에 어떤 영향을 미치며, 법이 과학 정보를 어떻게 활용할지 같은 현안들을 다룰 과학기술과 법이라는 계획을 수립했다.

대법원의 도버트 3부작이라고 불리는 것의 세 번째 사례는 조이너 판결과, 그 판결이 뒤집히고 또 뒤집힌 사건이 벌어진 뒤 1년이 채 안 되었을 때 일어난 금호타이어 대 카마이클 사건이다. 세세한 사항들에는 관심을 두지 말자. 쟁점은 도버트 판결이 과학 전문가에게만 적용되는가 하는 것이었다. 브레이어 대법관은 그렇다고 의견을 피력했지만, 법원은 "도버트 재판의 일반 판결—예심 판사의 일반적인 '문지기' 의무를 밝힌—이 '과학' 지식에 토대를 둔 증언뿐 아니라 '기술'과 '다른 전문' 지식에 토대를 둔 증언에도 적용된다"라고 만장일치로 결정했다. 게다가 브레이어는 문지기 의무의 목적이 '증언이 전문적인 연구에 토대를 두든 개인적 경험에 토대를 두든 간에 전문가가 해당 분야에서 전문가가 연구를 할 때와 똑같은 수준의 지적 엄밀성을 법정에서 갖추도록 하는 것이다'라고 썼다.

도버트 판결은 지난 한 세기 동안 미국 법정에서 내려진 가장 혁신적인 판결 중 하나일지 모른다. 그것은 복잡한 전문적인 사건들에서 전문가 증언의 활용 방식을 개선하려는 법조계의 전반적인 추세 중 한 부분이며, 그 추세는 점점 확대되고 있다.

1997년 6월 앨라배마 주 버밍엄에서 과학 증거의 사법적 통제와 관련된 특이한 실험이 이루어졌다. 당시 전국의 각 연방지법에는 실리콘겔 유방 보형물이 다양한 전신결합조직 장애를 일으킴으로써 여성의 건강에 심각한 피해를 입힌다고 주장하면서 제기한 소송이 수만 건 계류되어 있었다. 잠재적인 피해 규모는 엄청났고, 피고측과 원고측 변호인단은 정교한 변론 전략들을 짰고, 물론 과학의 질을 놓고도 설전이 오갔다. 그 6월에 그 주의 북부 지역 재판장 샘 포인터는 과학적 증거와 증언을 평가하기 위해 1주일에 걸쳐 열린 심리를 주재했다. 이 평가를 위해 약 1만 7,000건의 사건 서류가 포인터에게 제출되었다. 그는 면역학, 전염병학, 독성학, 류머티즘학 분야의 저명한 과학자 4명으로 과학 평가단을 구성했다. (그 중 세 명이 여성이었다.) 원고측과 피고측은 전문가 증인들을 내세웠다. 평가위원들은 그들에게 질문을 했고, 폭넓고 깊이 있는 대답을 이끌어냈다. 이 단계에서 쌍방의 변호인단은 잠자코 앉아 있었다. 반론은 허용되지 않았고, 증인의 답변 범위도 전혀 제한되어 있지 않았다. 평가단이 증인과 일을 다 마친 뒤에야, 변호인단은 기존 방식으로 증인 심문을 할 수 있었다. 지켜본 사람들의 말에 따르면, 평가단원들의 질문이 훨씬 더 생산적이고 효과적이라는 사실이 금방 확연히 드러났다고 한다.

버밍엄 심리는 1996년에 시작되어 1999년까지 지속된 법원에 자문을 할 전문 지식이 있는 독자적인 전문가들을 선정하고 활용하는 큰 규모의 실험에 속한 작지만 눈에 띄는 한 부분이었다. 그 실험은 포인터와 오레곤 주의 판사 한 명, 뉴욕 주의 판사 두 명이 유방암 보형물 소송에서 앞서 경험했던 일들에서 비롯되었다. 포인터가 그런 전문가 위원들을 임명할 생각을 한 것은 다수의 원고측을 관할하는 한 위원회가 그에게 요청을 한 것이 계기였다. 1996년 5월 말 그는 조건부로 동의했다. 8월에 사법위원회는 그 실험을 승인하고 자금을 지원했다. 그 해 말에 연방사법센터는 실험 결과를 평가해달라는 요청을 받았다.

1999년 말 <중립 과학 평가단(Neutral Science Panels)>이라는 작은 책 분량의 평가 보고서가 나왔다. 첫 부분이 이렇게 쓰여 있었다. "전문가로 구성된 평가단의 활용은 전문가 증언이 이루어지고 다루어지는 기존 방식으로부터의 현저한 일탈을 뜻한다." 저자들은 '활용된 절차, 얻은 혜택, 도출된 문제를 이해할 수 있도록 상세히 기술할' 것이라고 약속했다.

첫 번째 문제는 위원을 선정하는 것이었다. 그 과정은 순탄치 않았다. 그것은 자질을 갖추고 진정으로 독립된 전문가를 찾기가 어렵다는 것을 생생하게 보여준다. 포인터는 다른 세 연방 판사와 상의한 끝에 6명의 과학자로 된 선정위원회를 통해 4명의 전문가를 위원으로 지명했다. 소송 당사자 쌍방을 만족시켜야 했기에 선정된 전문가들은 정말로 독립적일 필요가 있었다. 그 일에 거의 일 년이 꼬박 걸렸다. 포인터는 위원들이 쌍방 변호인단—그리고 그 자신—의 영향을 받지 않도록 덴버의 변호사 존 고바야시를 쌍방의 이해관계로부터 보호할 특별 변호인으로 임명했다. 그 계획은 당사자들에게 모두 통보되었지만, 그럼에도 고바야시를 통해 위원들에게 접근하려는 시도가 있었다. 하지만 헛수고였다.

전문가 4명의 주된 업무는 공개 청문회에 참석하는 수준을 넘어서서 자기 전문 분야의 과학 문헌들을 세밀히 검토하여 과학의 신뢰성—즉 도버트의 말에 따르면 타당성—을 평가하는 보고서를 작성하는 것이었다. 그들은 1998년 12월 위원 1명이 한 장씩 쓴 총 4장으로 된 본문에 초록, 서문, 결론을 덧붙인 보고서를 냈다. 핵심 문제는 실리콘겔이 장애를 일으킨다는 것을 과학이 규명했느냐 여부였다. 위원들은 합의에 도달했다. 그렇지 않다고 말이다. 연방사법센터는 세세한 사항들을 발췌한 보고서를 냈다. 자신들에게 가장 관심이 있는 부분들을 골랐고, 원고측의 입장을 체계적으로 반박하는 내용들이었다.

특히 독성학자는 '동물 연구 자료들은 대부분 실리콘 보형물이 자가면역 질환의 발생률이나 심각성에 변화를 주지 않는다'고 결론지었다. "실리콘 효과 연구에 사용된 다양한 검사 방법들을 고려할 때, 독성학적 및 면역학적 반응이 나타난 사례는 극히 적으며 의미가 있는지도 의심스럽다." 면역학자는 분석에 쓰인 연구 결과들 중 상당수가 대상자들을 부적절하게 비교하거나 비교 항목을 제대로 정의하지 않았거나 정통적이지 않은 자료 분석법을 쓰는 등 방법론상으로 부적절하다는 것을 발견했다. 이런 한계들이 있음에도, 그녀는 기존 연구들로부터 실리콘 유방 보형물을 삽입한 여성들에게서 면역계 세포들의 종류나 기능 측면에서 실리콘 유발 전신 이상이 보이지 않는다는 결론을 내렸다. 전염병학자는 '유방 보형물과 개인의 결합조직 장애, 국부적인 결합조직 장애, 기타 자가면역/류머티즘 질환은 아무런 관계가 없다'고 파악했다. 마지막으로 류머티즘학자는 많은 연구 결과들을 분석하면서 문제점들을 발견했다. 예를 들면 이렇다. "고소장에 하나 이상의 질병 범주에 속하는 증상들이 적힌 사례, 검증되지 않은 자가 진단을 기술한 사례, 보형물과 관련된 증상의 발생 시기를 적시하지 않은 사례, 보형물에 유리한 증상을 무시한 사례 등이 있고, 개별 연구마다 조사한 피해 여성의 수가 적었다. 게다가 고소장에 적힌 류머티즘 증상들 중 많은 것들은 일반 집단과 진료실에서 흔히 볼 수 있는 것들이다. 실리콘 유방 보형물과 뚜렷한 관련을 보이는 증상들을 전혀 찾아낼 수 없었다."

그런 연구 결과들을 법정으로 끌어들이는 변호인단들이 일종의 과학 사기에 위험할 정도로 가까운 행위를 한 것이 아닐까 궁금증이 인다. 아무튼 도버트 판결이 강력한 영향을 미쳤다는 점은 명백히 드러났다. <월스트리트 저널>은 대환영한다는 사설을 실었다. 대경실색한 원고측 변호인단은 그 전문가들의 흠집을 찾아내고 보고서 내용을 뒤집을 방법을 찾아 나섰다. 평가위원들은 사실 조사 증언 청취 (discovery disposition)라는 단계에서 쌍방으로부터 일주일 동안 시달림을 받았다. 그들은 이 단계가 필요하다는 사실에 당혹스러워했고, 몇

몇은 질문이 무례하다면서 분개했다. 센터의 보고서에 따르면, 한 사람은 "아마도 법 체제의 필요성을 인정하지 않으려는 듯이, '당사자주의 절차가 과학을 제대로 대우하지 않았다'고 주장했다".

보고서에는 이런 말도 있었다. "평가위원들의 반응은 과학 영역과 법 영역의 간격이 얼마나 큰지를 보여준다." 포인터는 소송 절차를 엄격하게 진행했고 보고서를 철회하지 않는다는 결정을 내렸다. 이윽고 최종 단계인 공판 선서 증언 단계에 이르렀다. 네 전문가는 8일 동안 증인심리를 받았다. 고바야시의 인도로 한 명씩 증언대에 서서 사실상 강연이라고 할 발표를 했다. 한 법원 취재 기자가 그 과정을 기록하고 비디오에 담았다.

최종 결과물은 전문가 평가단의 보고서와 공판 증언을 담은 비디오테이프들이었다. 수만 건의 개별 소송이 원래의 법원들로 환송되면서, 이 과학자들의 증언 자료도 함께 전달되어 배심원단이 이용하도록 했다. 파급 효과는 엄청났고, 결과물의 수준도 아주 높았다. 그러니 3년이라는 세월도 그리 길지는 않은 셈이었다. 하지만 마지막 문제는 실험 비용이었다. 전국의 모든 개별 소송을 고려하면 그 실험은 비교할 수 없을 정도의 뛰어난 전문 지식을 제공했고, 시간과 비용을 크게 절약한 것이 분명하다. 하지만 실험 자체의 총 비용은 2백만 달러였다(그 중 절반이 고바야시의 보수였다). 그 실험은 두 번 다시 이루어지지 않았다.

당사자주의 재판: 미국과 영국에서는 보거나 읽는 실화 또는 가상의 법적 행위, 뉴스 기사, 수많은 법정 드라마를 통해 형사사건이든 민사사건이든 당사자주의 소송 절차에 너무나 깊이 매몰되어 있는 나머지, 심각한 부정행위 고소나 고발을 다른 식으로 해결할 수 있다는 생각이 아예 떠오르지 않는다. 심지어 우리에게는 대안들을 가리키는 합의된 용어조차 없다. 그러나 30여 년 동안 미국과 영국의 법률가들은 당사자주의 모델을 심하게 비판하면서 개선 방안들을 제시해 왔다. 1974년 뉴욕 시 변호사협회에서 연방 판사 마빈 프랭클은 거짓말 같은 단순한 관찰 사례를 하나 들면서 강연을 시작했다. "좀 장황하

게 이야기할 텐데, 내 주제는 우리 당사자주의 체계가 사법기관이 수
호해야 하는 가치들 중에서 진리를 너무 낮게 평가한다는 것입니다.”

　　쌍방 당사자와 변호인단이 증거의 수집과 제출을 통제하기 때문에, 판
사가 고정적이고 관례적이고 예상되는 방식으로 끼어들 만한 여지가 전혀
없습니다. 우리는 주어진 직무의 일환으로서, 당사자주의가 궁극적이고 불
변의 선이라는 전제에 의문을 제기하기 시작해야 합니다. 미국 법체계에서
교육을 받은 우리 대다수에게는 다른 어떤 절차보다 당사자주의 절차가 우
월하다는 것이 너무나 분명하기에 의심도 검사할 생각도 못합니다.
　　다른 이질적인 체계들이 열등하다는 것을 너무나 당연시한다는 점도 우
리가 당사자주의 또는 ‘고발주의’ 형식에 몰두하는 것을 정당화합니다.
우리는 우리의 형사소송 절차를 고문, 비밀주의, 독재적인 정부를 떠올리게
하는 ‘규문주의 체계(inquisitorial system)’ 와 대비시킵니다. 우리 체계
의 우월성을 확신하고 있기에, 우리는 다른 체계들이 어떻게 운영되는지
굳이 알아볼 생각을 안 합니다.

　규문주의는 다소 다양한 형태를 취하지만 유럽 대륙, 일본, 대다수
비영어권 국가들에서 널리 쓰인다. 그것은 때로 ‘진실 추구’라고도 불
리는데, 그 일상용어가 불길하게 들린다면 다른 용어는 절망적일 정
도로 원시적으로 들릴 것이다. 영미법 체계와 규문주의 체계를 가르
는 가장 두드러진 핵심 특징은 쌍방의 변호사들이 아니라 판사가 사
실들을 모으는 사람이라는 것이다. 증인들을 불러 질문을 하고, 전문
가 증인이 필요한지 여부를 결정하고, 누구를 부를지 지명하고, 재판
과정을 결정하는 일이 다 판사의 소관이다. 대다수 영미법 체계의 변
호사들은 아주 잘 아는 사실들이다. 프랭클은 이런 말도 했다. “규문
주의 체계만 존재하는 곳은 거의 없다는 사실을 아는 사람은 드뭅니
다. 우리의 당사자주의 방식의 요소들은 아마도 어디에서나 존재할
것입니다. 그리고 유럽과 여러 지역에서 발전하고 있는 형사재판 절
차는 엄격한 고발주의나 엄격한 규문주의라기보다는 ‘혼합된 것’이라
고 보는 편이 더 적절합니다.”
　프랭클의 강연이 있은 뒤 법학자들은 우리가 배우거나 채택하거나

조화시킬 만한 것이 있는지 알아보기 위해 규문주의 체계를 상세히 조사했다. 물론 프랭클은 고발주의 절차에 몰두하고 있다고 말한 점에서는 옳았다. 하지만 격렬한 논쟁이 이어졌고 심히 불쾌해질 때도 있었다. 내 관심사—여기서 다시 강조하지만 나는 법에는 아마추어이다—는 더 좁다. 포인터 판사는 과학과 법의 접근 방식 사이의 '문화적 균열'을 언급한 바 있으며, 비록 그의 전문가들이 충격을 받은 법정의 혼란스러운 반대심문에 비해 과학 논쟁이 상대적으로 예의 바르다고 구체적으로 언급하고 있음에도 우리는 일반화시킬 수 있다. 사기 문제에서 과학과 법의 공약불가능성은 법체계가 개인의 유죄냐 무죄냐를 판단하기 위한 것인 반면, 과학이 가장 필요로 하는 것은 과학 탐구 과정과 과학 기록의 진실성의 보호이며 기준을 어긴 개인의 처벌은 필요하긴 하지만 사소한 것이라는 데 뿌리를 둔다. 도버트 3부작과 유방 보형물 소송의 전문가 평가단 실험은 법이 필요로 하는 과학적 증거의 적절한 활용에 관한 것이었다. 그것들은 과학의 필요성을 규명한 것이 아니다. 그것들이 시사하는 것은 당사자주의 절차의 개선이 판사에게 더 적극적인 역할을 맡기는 쪽으로 이루어져 왔고, 그에 따라 절차를 통제하고 이끌 때 쌍방을 대리하는 변호인단에 덜 의존하게 되었다는 것이다.

미국 법학 문헌에서 규문주의 절차를 가장 철저하고 설득력 있게 설명한 것은 시카고 대학교 로스쿨의 비교법 교수 존 랭빈(John Langbein)의 글이다. 1985년 <시카고 대학교 법학지(The University of Chicago Law Review)>에 실린 '민사 절차에서 독일의 우위'라는 글이었다. 당시 서독의 민사 절차에 가장 통달해 있던 터라 랭빈은 그것을 사례로 삼았다. 그가 대비시킨 것은 미국의 '변호사 우위의 체계…. 판결의 근거가 되는 사실 관계 자료를 모으고 작성하는 일을 쌍방 당사자에게 맡기는 체계'였다. 프랭클린이 양쪽을 대비시킨 이래로 여러 해가 흘렀지만, 규문주의 절차에서 판사와 변호사의 관계가 어떠한지 이해했다고 해도 그 깨달음은 미국 법학계에 거의 영향을 끼치지 못했다. 랭빈은 다시 그 점을 들고 나왔다.

내 주제는 사실을 조사하는 업무를 변호사보다는 판사에게 맡김으로써, 독일인들이 우리 법적 행위의 가장 골치 아픈 측면들에서 비껴나 있다는 것이다. 하지만 나는 우리의 당사자주의 절차와 대륙 전통에 따른 이른바 비당사자주의 절차의 익숙한 대비가 전체적으로 과장되어 왔다는 점을 강조할 것이다.

재판관의 사실 수집 책임이 더 크다는 것이 대륙 전통을 구분짓는 특징이므로, 필연적으로 (그리고 기쁘게도) 증거를 끌어내는 변호사의 역할은 당연히 크게 제한된다.

사실들을 모으는 자가 그 과정을 통제한다. "그러나 사실 수집과 별도로 쌍방의 변호사들은 독일과 미국 법체계에서 주된 그리고 넓게 보아 상응하는 역할들을 맡고 있다. 양쪽 다 당사자주의 체계이다…." 독일 체계는 '재판관의 사실 수집을 사실 조사 담당자들을 지명하고 실체적 및 법적 현안들을 분석하는 왕성하고 지속적인 당사자주의 활동과 결합시킨다'.

사건은 몇 단계를 거쳐 진행된다. 짧게 요약해보자. 기분이 상한 쪽의 첫 고소장에는 사실들이 나열되고, 관련 법률이 적시되고, 변상 등 요구 사항이 적혀 있다. 피고의 답변서도 비슷한 양상을 따른다. 미국법 체제와 달리, 쌍방 당사자도 증명 수단, 검사할 자료, 기타 살펴볼 사항들, 증인 후보를 제시한다. 이 모든 것들은 일건서류로 묶이며, 그것은 나중에 사건 기록이 되며, 쌍방 당사자가 어느 때라도 열람할 수 있다. 판사는 변호사들과 사건 당사자들, 때로는 증인들까지 출석하는 첫 심리를 열 것이다. 이쯤에서 판사는 사건의 기본 사항들을 파악할 것이다. 해명이 덜 되었다면, 그는 더 많은 정보를 요구할 수 있고 증인을 부르는 절차에 들어갈 수 있다. 변호사들은 증인을 부르지 못하며 증인에게 이렇게저렇게 말하라고 미리 단속할 수도 없다. 랭빈은 독일 변호사가 법정 밖에서 증인과 접촉하려고 시도하는 행위가 아주 비윤리적으로 여겨진다고 썼다.

판사는 수석 심문관 역할을 한다. 판사의 증인심문이 끝나면, 양측의 변호인단이 추가 질문을 할 수는 있지만, 변호인단의 심문관 역할은 미미하다. 증인의 증언은 대개 일일이 다 기록하지 않으며, 판사가 이따금 진행을 멈추고 증언을 요약한 내용을 일건서류에 넣으라고 지시한다.

변호사들은 요약 내용의 수정을 요구할 수 있다. 전문가 증인이 필요하면, 판사는 쌍방과 협의한 뒤 증인을 선정하여 통보를 할 것이다. 증인은 소송 당사자 어느 한쪽에게 고용되어 입을 맞추지 않는다. 상반되는 견해를 지닌 전문가들끼리 논쟁하는 일은 일어날 수가 없다. "유럽 대륙 민사 절차의 핵심 사항은 신뢰할 수 있는 전문가의 견해는 중립적이어야 한다는 것이다."

미국인들은 한 재판이 죽 이어지기를 기대하지만, 독일에서는 몇 달에 걸쳐서 드문드문 심리가 진행될 것이다. 판사가 통제함으로써 나타나는 첫 번째 효과는 "독일의 소송 절차가 영미법 세계에 사는 우리에게 익숙한 연쇄 규칙들 없이 기능한다는 것이다. 그것은 절차를 줄인다는 점에서 큰 의미가 있다. '원고측 증거 제출'이나 '피고측 증거 제출' 같은 개념은 아예 없다." 판사는 진실을 가장 잘 파헤칠 수 있는 방향으로 사건을 끌고 나간다.

독일법 체계에는 안전판들이 설치되어 있다. 그 중 주된 것은 두 가지로서, 영미법 체계에서는 제공할 수 없을 만한 것들이다. 미국에서는 판사의 자질이 다양하며 덜 된 사람들도 있다. 일부 주에서는 판사들을 투표로 선출하기도 한다. 영국에서는 뛰어난 변호사들 중에서 판사를 임용한다. 그럼으로써 재능과 학력, 법정 경험을 어느 정도 갖춘 사람을 뽑게 된다. 독일에서는 변호사 중에서 판사를 뽑지 않는다. "독일(그리고 유럽의 거의 대부분의 국가) 판사의 뚜렷한 특징은 판사직과 변호사직이 구분되어 있다는 것이다." 변호사가 될 법학 교육을 받은 뒤, 판사가 될 사람은 몇 년간 법무 분야에서 실무를 거친 뒤에 시험을 봐야 한다. 시험 성적이 가장 좋은 사람들만이 견습생이나 다름없는 예비 판사로 충원된다. 대개 20대 후반의 나이다. 그때부터 출세는 보장되어 있으며, 여러 법원들을 순회 근무하면서 정기적으로 선임 판사들로부터 근무 평가를 받는다. 두 번째 안전판은 미국

법 체계에서는 상상하기가 어렵지만 좀 더 단순한 것이다. 항소권의 범위가 대단히 넓다는 것이다.

랭빈의 글은 극심한 비판에 직면했다. 1990년 아이오와 대학교 로스쿨 교수 존 리츠는 간결하게 가장 본질적인 측면에서 반대 의견을 냈다. "우리의 현재 체계로부터 그쪽으로 접근하는 방법을 제시할 필요가 있다."

우리의 법 문화가 근본적으로 바뀌지 않는다면, 판사가 증인에게 질문하는 방식을 채택하는 것은 변호인단이 공판이 열리기 전에 증인과 비교적 제약 없이 접촉하고 공판 때 격렬하게 반대심문을 시도하고 이어서 판사가 질문하는 식으로 현재의 당사자주의 체계에 그저 판사의 질문 행위를 덧붙이는 결과를 빚어낼 가능성이 높다.

아마 그럴지도 모른다. 하지만 포인터 판사가 유방 보형물 소송에서 전문가 평가단을 체계적이고 적절히 활용한 사례는 그런 혼합으로부터 나올 최악의 결과를 피할 수 있음을 시사한다.

랭빈은 이렇게 썼다. "최근 들어 독일과 미국의 민사 절차의 차이를 줄이는 중요한 변화들이 일어났다. 소송 관리(case management)라는 명목으로 미국 예심 판사들은 사실 수집 행위에 대한 통제력을 점점 강화하고 있다." 이것을 관리형 재판(managerial judging)이라고 하며, 규모가 크고 복잡하고 전문적인 사건들이 등장하면서 대처 방안으로 발달한 것이다. 랭빈은 관리형 재판의 출현을 미국법 실무가 특정한 측면들에서 독일의 것을 향해 수렴되고 있다는 증거로 받아들였다. 그는 1988년 무지하고 불쾌한 오독에 맞서 자신의 이전 논문을 옹호하는 글을 썼다. 그 글에서 그는 수렴 가능성을 다시 언급했다.

복잡한 소송은 우리의 변호사 위주의 소송 절차에 판사가 쟁점을 파악하고 화해를 촉구하고 조사 순서를 정하는 데 관여하는 등 점점 확대되어 가는 판사의 관리라는 요소를 포개놓을 것을 요구하고 있다. 이 기법들은 독일식 절차를 강하게 상기시킨다. 나는 새로운 관리형 재판 행위를 당사자 주도의 사실 수집이라는 우리의 기존 이론과 조화시키기가 어렵다는 것을 알아차렸다.

도버트 판결이 나오기 5년 전이었다.

19세기 말 이래로 미국과 영국의 법체계는 행정법과 그에 따른 준사법적 소송 절차의 침략을 받아 왔다. 행정법 절차는 형사 절차도 민사 절차도 아니다. 정식 사법체계에도 속하지 않는다. 그것은 대규모 정부 관료제도의 일부이며, 관료제도가 성장함에 따라, 행정법의 범위와 중요성도 커져 왔고 현대 사회의 대부분의 영역에 파고들었다. 행정법 규정들은 정식 사법 체계의 것보다 느슨하고 안전판도 더 약한 경우가 종종 있다. 연구진실성국과 특히 보건복지부의 부처 소청심사위원회의 절차들은 행정법의 운용을 보여주는 주된 사례이자 경각심을 불러일으키는 사례이다.

과학 사기는 규문주의 형식이 특히 효과적인 분야이며, 행정법 영역에서도 그 형식이 융통성을 갖춘 채 채택되어야 한다. 테레자 이마니시-카리 사건의 소청 심사를 생각해보라. 항소법원의 절차와 달리 전문가 증인, 증거 제출, 검사, 반대 심문 등이 포함된 아예 새로운 재판처럼 진행되었다. 변호사 2명과 과학자 1명으로 이루어진 혼합 위원회가 심리를 진행했고, 물론 배심원은 없었다. 재판관의 편견은 상당했다. 심리는 극단적일 정도까지 당사자주의 형식을 취했다. 연구진실성국을 대변한 마커스 크리스트—검찰측—는 진중했고 내가 방청을 하고 기록을 읽은 바에 따르면 가식도 전혀 없었던 반면, 이마니시-카리의 수석 변호인인 조지프 오네크는 워싱턴 형사 피고인 담당 변호사의 전형이라고 할 만한 인물이었다. 옷도 잘 빼 입고 머리도 잘 손질했으며 공격적이고 자신감이 넘쳤다. 한 번은 휴정 시간에 그가 복도를 왔다갔다하면서 '모두 땅에다 처박아버리겠어!'라고 중얼거리는 모습을 본 적이 있다. 증명의 기준은 민법에서 도입한 것으로서, '합리적인 의심을 남기지 않아야(beyond a reasonable doubt)'가 아니라 '증거의 우위'가 기준이었다. 크리스트 뒤쪽의 책상 위에는 서신, 문서, 일지 사본, 면담 기록 등 3년에 걸친 조사 자료들이 두껍게 편철 된 채 죽 놓여 있었다. 하지만 그는 단 한 쪽도 심사위원들에게 제출 할 수 없었다.

이제 이 소청 심사, 아니 더 중요한 부분인 거기에서 제기된 것에 대한 조사가 규문주의 형식에 따라 진행되었다고 가정해보라. 다른 사례들도 같은 관점에서 생각해보라. 매카 사례를 미시시피 대학교의 첫 조회 때부터, 브루닝의 사례를 피츠버그 대학교와 국립정신 건강 연구소에서 로버트 스프래그의 혐의에 대한 조사를 시작할 때부터, 혹은 피셔와 유방암 덩어리절제술 임상 연구의 변조 사례를 그런 식 으로 생각해보라.

다시 말하자. 비록 사기라는 고발이 있을 때 개인의 죄를 확인하 는 것도 필요하지만, 과학이 우선적으로 법에 요구하는 것은 과학 탐 구 과정과 과학 기록의 진실성을 보호하는 것이다. 다시 말하지만, 볼 티모어 사건에서 마고 오툴만이 유일하게 옳았다. 그녀는 2년 동안 사기로 고발하기를 거부했다. 심지어 그것이 일을 진척시키는 유일한 방법이라는 말을 들었음에도 말이다. 그녀는 오로지 논문을 수정하거 나 철회할 것을 요구했다.

후기

– 안정 상태로의 전이와 과학의 종말 –

미래의 과학에 관해 우리가 알고자 하는 것은 미래 과학 이론과 생각의 내용 및 특성이다. 불행히도 새로운 생각—사람들이 10년 또는 10분 정도 계속 지니고 있는 생각—을 예측한다는 것은 불가능하며, 우리는 그것을 시도하고자 하는 순간 논리적 역설에 사로잡힌다. 생각을 예측하는 것은 생각을 갖는 것이며, 우리가 어떤 생각을 갖고 있다면 그것은 더 이상 예측의 대상일 수가 없기 때문이다.

— 피터 메더워

19세기 말에 많은 과학자들은 수성 근일점의 비정상적인 세차운동이나, 뉴턴이 먼저 관찰한 것은 분명하지만 요제프 프라운호퍼가 처음 학계에 보고한 태양광 스펙트럼에 생기는 검은 띠의 원인 같은 몇 가지 수수께끼 같은 난해한 문제들을 제외하고 물리학이 완성 단계에 이르렀다고 생각했다. 1894년 물리학자 알버트 마이클슨이 한 강연은 좋은 의미인지 나쁜 의미인지 잘 모르겠지만 유명해졌다. "물리학이 미래에 예전과 같은 경이로운 발견이 더 이상 없을 것이라고 말하는 것은 안전하지 않지만, 원대한 기본 원리들은 대부분 확립된 듯하며, 차후의 발전은 주로 그 원리들을 우리가 보는 모든 현상들에 엄격하게 적용하는 방법을 찾는 것이 될 성싶다." 하지만 과학의 종말을 예측하는 것은 바보나 할 짓이다. 물론 당시에도 마이클슨에 비해 물리학의 발전 상황에 만족하지 않은 사람들이 당연히 있었다. 그러나 겨우 1년 뒤부터 기적의 10년이라고 할 시대가 시작되리라고는 아무도 예측하지 못했다. 1895년 뷔르츠부르크에서 빌헬름 콘라트 뢴트겐이 X선을 발견했다. 1896년 파리에서 앙리 베크렐은 방사능을 발견했다. 1897년 케임브리지에서 조지프 존 톰슨이 전자를 발견했다. 1900년 베를린에서 막스 플랑크가 양자론의 초석을 놓았다. 1905년 베른에서 알베르트 아인슈타인은 특수상대성 이론을 발표했다. 물리학은 끝난 것이 아니었다.

그런 바보짓은 반복된다. 한 예로 1969년 분자생물학자인 군터 스텐트와 그 제자인 막스 델브뤼크는 『황금기의 도래: 진보의 종말관』을 펴낸 바 있다. 더 최근인 1996년에 <사이언티픽 아메리칸>의 기고가인 존 호건도 『과학의 종말: 과학 시대의 황혼기에 지식의 한계를 마주하며』를 내면서 거들었다. (이 장르에는 시대라는 단어가 인기가 있으며 책제목도 길다.) 호건의 주장은 모든 과학에서 거의 모든 연구가 다 이루어졌다는 것이었다. 그는 명석한 사람이며 품위 있고 설득력 있는 작가이고, 아주 많은 과학자들과 친분이 있다. 그는 무리하지 않고 합리적인 어조로 묵시론적 예언을 내놓았다. 그는 모든 분야의 과학자들과 수십 차례 인터뷰와 만남을 가지면서 들은 말들을 장마다 인용해놓았다. 장의 제목은 '철학의 종말', '우주론의 종말', '진화생물학의 종말', '신경과학의 종말' 등이었다. 물리학의 종말을 다룬 장에서 그는 마이클슨의 말에 킬킬 웃더니 곧이어 짧게 인물들을 나열했다. 할 일이 과연 남아 있는지 의구심을 갖도록 그를 자극한 유명 인사들의 개략적인 인물평이었다. 셸던 글래쇼, 한스 베테, 스티븐 와인버그, 존 아치볼드 휠러 등, 리처드 파인먼의 침울한 글이 마지막을 장식했다. "우리가 사는 시대는 우리가 자연의 근본 법칙들을 발견하고 있는 시대이며, 그런 시절은 두 번 다시 찾아오지 않을 것이다. 대단히 흥분되고 경이롭지만, 그 흥분은 계속되어야 할 것이다." 한 세기 전 마이클슨의 말을 상기시킨다. 파인먼도 아주 명석한 사람이었다.

호건이 그렇게 쓸 바로 그 시기에 물리학과 우주론은 새로운 소동에 휩싸여 있었다. 그것은 새로운 근본적인 문제들과 마주침으로써 빚어진 유쾌한 좌절감이었다. 생물학에서는 새 천 년이 시작될 무렵 여러 유전체 계획들과 강력한 컴퓨터 성능과 결합된 분자유전학 기술들이 윌리엄 하비가 심장과 혈액 연구에서 난공불락이었던 문제들을 발생학 쪽으로 돌림으로써 해결책을 내놓고 있었다. 그러면서 10년 전에는 꿈도 꾸지 못했던 새로운 문제들, 새로운 에베레스트산들을 드러냈다.

> 곰이 산 위로 갔어요
> 곰이 산 위로 갔어요
> 곰이 산 위로 갔어요
> 뭐가 보이나 보러요
>
> 곰이 뭘 봤을까요?
> 곰이 뭘 봤을까요?
>
> 다른 산을 봤대요
> 다른 산을….
> …곰이 뭘 했을까요?
>
> 곰이 산 위로 갔어요….

—보이스카우트 행진곡

과학은 그렇지 않을지도 모른다. 비록 과학자들은 가끔 마치 그렇게 생각하는 양 말하곤 하지만 말이다. 그런 위험이 있음을 알면서도 감히 예측을 내놓을 수 있을까?

*

그렇게 해서 우리는 안정 상태의 도래라는 예측을 접한다. 맬서스의 원칙을 과학에 적용한 것이다. 영국의 물리학자였다가 과학사회학자로 전공을 바꾼 존 지먼은 아주 독창적인 견해를 지닌 논객이다.

십여 년 동안 지먼과 그가 끌어들인 동료들은 과학자들이 직면하기를 꺼려하는 한 가지 명백한 진실이 미치는 거북한 영향들을 추적해 왔다. 그들은 데렉 드 솔라 프라이스가 1963년에 내놓은 관찰 결과로부터 추론을 시작한다. 앞서 살펴보았듯이, 17세기 중반 이래로 발표되는 과학 논문의 수가 15년마다 두 배로 늘어난다는 것이다. 물론 과학자들이 그에 비례하여 늘어났다. 지먼은 그 속도라면 곧 전국의 남녀노소 모두가 과학 연구를 하고 논문을 쓰게 될 것이라고 말했다. 모두가 비웃으면서 말했다. 정말 웃기네! 맬서스식의 한계를 단언하는 주장들이 대부분 그렇듯이, 이 주장도 진지하게 받아들이는 사람이 거의 없었다. 지원되는 연구비의 증가율이 오락가락한다는 것은 분명하지만, 정부와 민간기업에서 지원되는 액수는 계속 증가 추세를 보여 왔다. 그것이 기하급수적으로 성장한다는 사실은 여러 가지 방식으로 확인되었다. 배출되는 박사 학위자의 수, 고용된 과학자의 수, 학술지와 학술지 지면의 수, 논문 당 저자의 수 등. 기하급수적 성장은 몇 가지 놀라운 측면들을 지닌다. 1장에서 말했듯이 그것은 지금까지 살았던 과학자들 중 80퍼센트 이상이 현재 살고 있다는 의미이다.

하지만 그 긴 상승장은 끝나고 있다. 기하급수적 성장으로부터 안정 상태로의 전이는 체제에 엄청난 긴장들을 낳고 있다. 그 중에는 명백한 것도 있고 미묘한 것도 있다. 지먼은 1996년 내가 조직한 학회에서 끊임없는 발전이 과학의 구조적 원리라고 지적했다.

> 과학의 지적 역학은 약 20년마다 스스로를 새롭게 갱신할 것을 요구한다. 과학의 모든 행위들은 앞서 연구직이 하나 있었다면 곧 연구직이 둘로 늘 것이고, 새 분야에 필요한 자리를 내주고자 옛 분야를 없앨 필요가 없으며, 최고 평점을 받은 연구 계획은 결국 연구비 지원을 받는다는 등의 가정에 토대를 둔다. 과학의 입력을 제한한다고 해서 출력이 곧바로 안정되는 것은 아니다. 제한은 블랙박스 내의 장치를 재배열시킨다. 지적 차변과 대변 항목, 사회적 의무와 기대, 도덕적 권리와 책임의 확립된 기존 패턴을 교란시킨다. 모든 수준에서 스트레스를 받는 지식 생산 메커니즘은

변형, 파열, 엉성한 수선을 통해 순응할 수밖에 없다. 다시 말해서 구조적 '상전이'가 일어난다.

그 전이가 일어난다는 뚜렷한 징후는 연구비를 따내고 그것을 출판하여 우선권을 얻기 위한 경쟁이 더 치열해진다는 것이다. 각 과학자는 유명 연구실의 정치력까지 갖춘 책임자라고 해도 연구비 심사과정을 직접적인 영향, 즉 성공이냐 실패냐는 관점에서 본다. 그러나 안정 상태의 도래는 연구비 지원 과정을 체계적으로 변형시킨다. 해럴드 바머스가 1993년 국립보건원 원장이 될 때 연구비 심사에 대해 한 말을 생각해보라. "낮은 승인율, 다시 제출된 신청서들의 높은 비율, 유능한 인재들이 평가단에 참여하지 않으려는 태도가 의욕을 꺾는다고 종합적인 결론을 내렸다. 똑같이 우수한 연구 계획들에도 연구비를 차등 지급하도록 되어 있다. 그런 식의 심사는 정말로 사기를 꺾는다." 과학적 가치가 선택의 토대가 되지 않으므로, 심사위원들은 어쩔 수 없이 편견, 선입견, 정치에 휘둘린다. 연구비를 신청하는 사람들은 위험한 계획이나 오래 걸릴 수 있는, 즉 연구비 지원 기간이 끝나면 다시 신청하여 또 받는 일을 서너 번 되풀이하는 계획을 제시할 때 걱정스러울 것이 분명하다. 6장에서 관련된 문제들을 살펴보았다. 신청서 제출과 평가를 온라인으로 하면, 더 효율적인 선별이, 즉 별 가치가 없는 신청을 일찍 탈락시키는 것이 가능하다. 그런 수단들은 유망하고 어느 정도까지는 자리를 잡았지만, 그저 임시 미봉책일 뿐이다.

연구의 출판도 비슷하게 영향을 받는다. 다년간 상당히 복잡한 문제들을 연구하여 마침내 당당하게 최종 해답을 내놓는 연구실은 이제 드물다. 대다수 연구실은 가장 미미한 단계의 성과—출판 가능한 최소한의 단위—라도 논문으로 내기 위해 몰두해야 한다.

안정 상태의 도래는 이런 문제들의 근원을 이루며, 그 문제들의 해결을 극도로 어렵게 만든다. 1940년대 말에 배너바 부시의 시대가 막 시작되었을 때, 민간의 지원을 많이 받는 몇몇 연구기관들이 연방 정부의 연구비 지원을 받아들이기를 주저했다는 점도 생각해보라. 아마 나름대로 이유가 있었을 것이다. 과학 인력의 기하급수적 성장이 어떤 영향을 미치는지 생각해보자. 경기가 호황일 때, 기관의 독자적인 수입이 아니라 수월한 돈, 즉 연구비에서 나오는 돈을 지불받는 연구자의 비율이 점점 높아져 왔다. 그 연구비는 재신청에서 탈락하면 중단될 수도 있다. 이런 경향은 생명의학 연구에서 확연히 나타나지만, 물리학 분야도 마찬가지이다. 그것의 한 가지 측면은 과학의 일상적인 일들, 특히 실험실에서 이루어지는 일들 중 많은 부분을 대학원생들과 박사후과정 연구원들이 맡게 되었다는 점이다. 그들은 가끔 스스로를 노예라고 칭하곤 한다. 현재의 과학이 이루어지는 방식에서는 그들은 필수불가결한 존저들이다. 하지만 일부 과학 학과들, 심지어 일류 대학교의 학과들조차도 미국 학생들의 대학원 진학률이 줄어들었다고 말한다. 비록 수많은 외국 학생들이 대신 자리를 채우고 있긴 하지만.

수요 없는 공급. 2004년 2월 도널드 케네디는 동료 세 명과 함께 <사이언스>에 그런 제목의 권두사설을 실었다. 미국과 유럽에서 신진 과학자들이 지나치게 많이 배출된다는 점을 타당한 근거를 들어 단호하고 절박하게 공격한 사설이었다. 과학을 직업으로 택하는 토박이 미국인들의 수가 줄어들고 있으니, 공급을 늘리기 위한 '국가의 집중적인 노력'이 필요하다는 익히 알고 있는 논조의 최신판이었다. 사설에는 이렇게 쓰여 있었다. "그 와중에 과학자들의 실업률은 높아지고 있다. 미국화학협회에 따르면, 지난 2년 동안 화학자들의 실업률이 두 배로 늘었다고 한다."

무슨 일이 벌어지고 있는 것일까? 절박하게 부족하다는 증거가 전혀 없고, 대다수 일자리가 정책적인 명령에 둔감한 민간 부문에 있음에도 왜 우리는 과학자의 공급을 계속 늘리기를 바라는가? 첫째, 경제 발전이 과학과 기술에 의존한다는 믿음이 널리 퍼져 있기 때문이다. 그런 좋은 것을 왜 더 많이 가져서는 안 되는가? 둘째, 정책 결정은 주로 연장자들이 하며, 그들은 자신이 관리하는 기관과 마찬가지로 조직의 크기를 줄일 동기를 거의 갖고 있지 않다. 오히려 학계의 보상 구조와 정부의 연구비 지원 우선

순위 체제는 '더 많은 과학자'라는 현상태를 유지하는 경향이 있다.

과학자의 공급을 늘리라고 요구하는 이유에 대한 좀 거북스러운 설명도 하 있다. 현재의 상황은 과학과 기술 부문, 그리고 그것에 의존하는 학계와 기업에 실질적인 이익을 제공한다. 고용할 수 있는 수보다 더 많은 지식 노동자를 양산함으로써 노동 비용을 낮추고 생산성을 높이는 노동 초과 경제를 구축한 것이다….

그 결과 골치 아픈 문제가 나타난다. 가장 유명한 교육기관을 최고의 성적으로 졸업한 사람들이 결국 좋은 일자리를 구하겠지만, 선배들이 이미 자리를 잡고 생산적인 연구를 하던 나이보다 한참 늦다. 나머지 사람들—고달픈 인력 시장에서 잘 해내지 못했지만 상당한 잠재력을 지닌 과학자들—은 세계적인 불만자 무리를 형성한다.

그 변화는 이미 인력 공급에 변화를 일으키고 있다. 하지만 그 분석을 더 멀리 밀고 가보자. 안정 상태가 완전히 이루어졌을 때 각 선임 과학자는 박사후과정 연구원을 기껏해야 서너 명 데리고 있을 것이다. 한 명은 교체 요원자로, 한두 명은 일꾼으로, 한 명은 자연적인 폐물이다.

그 변화의 또 한 가지 뚜렷한 징후는 정치가들과 정부 요원들이 '국가적 필요성'이나 '전략적 연구' 같은 표어를 들이대면서 연구의 방향이나 표적을 결정하려는 압력이 계속 커지고 있다는 것이다. 리처드 닉슨 대통령이 암과의 전쟁을 선포했을 때, 과학계는 코방귀를 뀌었다. <뉴욕 타임스>는 '반발' 기사를 실었다. 하지만 암은 세포의 정상적인 과정들이 어긋난 것이다. 과학자들은 곧 기초 세포학을 암과 관련된 연구라고 정당화할 수 있다는 것을 알았다. 유용한 전략이었지만, 의심이 점점 커져 갔다. 한 예로 얼마 전에 연방 연구비 예산의 상당 부분을 관장하는 위원회에 속한 메릴랜드 주 민주당 상원의원 바버라 미컬스키는 국립과학재단에 기초 연구 분야의 과학자들이 슬그머니 편승하는 것을 막도록 해당 분야와 연구 계획의 범위를 명확히 적시하라고 요구했다. "재단은 호기심에서 비롯되는 연구 활동들이 전략적 연구라는 이름으로 포장되지 않도록 각 분야를 구체적으로 정의할 방법을 명확히 밝혀야 합니다."

인색함과 정치적 간섭. 대다수 과학자들은 그 말이 여태껏 성공을 거두어온 과학 탐구 행위에 반하는 비정상적인 상황을 대변하는 것이라고 보았다. 과학자들은 정상으로 돌아가기를 갈망한다. 하지만 우리는 그런 향수 어린 정상적인 상황으로 결코 돌아가지 못할 것이다.

그 전이에는 그 외의 부수적인 것들도 수반된다. 그 중 하나는 과학 연구의 세계화이다. 대학들은 협력하여 세계화를 향해 나아간다. 그와 함께 과학과 산업의 연관성도 강화되고 점점 복잡해지고 있다. 특히 생물학과 생명의학 분야가 더 그렇다. 물론 고체물리학 같은 다른 과학 분야들에서도 변형된 형태이긴 하지만 그 현상의 많은 특징들이 발견되긴 하지만 말이다. 1970년, 1972년, 1974년 우리가 재조합 DNA 또는 유전공학이라고 부르는 방법들을 개발하고 있던 남성들(그리고 몇몇 여성들)은 오로지 좀처럼 규명하기 어려운 과학 문제를 해명하고 싶다는 욕망에 이끌려 그 분야에 뛰어들었다. 그것은 발생과 분화, 즉 하나의 세포인 수정란이 어떻게 다세포, 다기능의 성체 생물이 되는가라는 문제였다. 나중에 그 남성들 중 많은 이들(내가 아는 한 여성은 없었다)은 생명공학으로 많은 재산을 모았다. 당연하겠지만 돈은 연구 방향에 영향을 미친다. 하지만 우리의 목적상 중요한 점은 학교 연구실과 산업의 관계가 연구자의 경력 및 출세 구조를 변화시키고 있다는 것이다.

많은 과학 분야들, 특히 분자생물학에서는 순수 연구와 응용 연구를 구분하는 막이 점점 얇아져 왔다. 지금은 거의 보이지 않을 정도로 얇다. 이를테면 한 연구실에서 세포 발생의 수수께끼 규명에 약간 도움을 줄 기술을 고안했는데, 그 기술을 다른 종류의 세포를 조작하여 상업적으로 이익이 될 만한 무언가를 생산하는 데 쓸 수 있다는 사실이 드러나는 경우가 종종 있다. 사실 우리는 학계나 기업의 어느 연구실에서 어떤 유형의 발전이 이루어질지 더 이상 예측하기가 불가능하다. 또 요즘은 기업 연구실에서 이루어지는 연구도 똑같이 과학 학술지에 실리곤 한다. 학교와 기업 양쪽 연구실이 서로 협력하여 연구 결과를 내놓기도 한다. 어떤 하위 분야에서든 간에 그렇게 협력이 급속히 확대되는 사례를 얼마든지 인용할 수 있다. 세투라는 생명공학 기업에서 발명한 중합효소 연쇄반응이나 지넨테크사에서 개발한 사람성장호르몬 생합성 과정의 역사를 살펴보라.

안정 상태로의 전이가 낳은 한 가지 결과는 과학의 연구와 발전 양상에 일어난 변화이다. 현재 젊은 과학자는 출세의 사다리를 하나가 아니라 둘을 보고 있다. 하나는 학계의 사다리이고 다른 하나는 첨단 산업의 사다리이다. 가장 재능이 있고 자질이 뛰어난 젊은 연구자는 곧 이쪽저쪽 사다리로 옮겨가면서 올라갈 수 있다는 것을 깨닫는다.

안정 상태로의 전이에서 가장 위협적인 측면은 평가와 책임이 점점 더 중시된다는 것이다. 앞서 살펴보았듯이 동료 심사는 연구 평가 기관을 설립하게끔 만들었다. 이런 평가의 첫 번째 특징은 평가자가 과학자들이라는 것이다. 두 번째는 입력 단계부터 평가가 시작된다는 것이다. 그러나 목표가 정해진 연구에서는 적어도 어느 정도까지는 연구 과제의 선정이 과학계의 통제에서 벗어나는 경향을 보인다. 평가 과정의 마지막 단계에 해당하는 연구 결과의 판단도 과학계의 손에서 벗어나는 추세에 있다. 기업뿐 아니라 정부의 관리 중시 체제는 결과를 평가할 것을 요구한다. 적어도 10년 동안 사회 분야의 정책, 산업 정책, 기술 및 과학 분야의 정부 정책 관리자들은 결과의 평가를 요구해 왔다. 과학계 인사들이 보기에 결과의 평가란 비과학자들이 자신들의 연구를 평가한다는 것, 과학계의 통제력이 훨씬 덜 한 새로운 기준들에 따라 평가를 한다는 것을 의미한다.

안정 상태로의 전이는 이 책에서 개괄한 다양한 구조적 변화의 토대를 이룬다. 그것은 그 변화들을 통일적이고 합리적으로 이해할 수 있도록 해준다. 그것은 과학 기관들이 수십 년 동안 일해온 환경이다. 그리고 그 기관들에 속한 과학자들의 다양한 상호작용 양상들이 과학 사기가 일어나거나 그것을 막는 환경이므로, 안정 상태로의 전이는 사기의 더 심층적인 환경인 셈이다.

현재 일어나고 있는 안정 상태로의 전이가 불가피하다고 말한다고 해서 과학의 종말을 예측하는 것은 아니다. 물론 한 세기 전에 마이클슨이 한 말의 한 가지 측면은 적용될 것이다. 차후의 발전은 주로 기존의 발견과 기술을 활용하는 쪽에서 이루어질 것이라고 말이다. 그러나 그것은 사소한 측면이다. 그 말은 언제나 진실이었으니까. 앞으로도 위대한 발견은 이루어질 것이며, 늘 그랬듯이 남아 있는 문제들 중 많은 것들은 너무나 해결하기 어려워 보인다. 사실 안정 상태로의 전이는 무언가 다른 것을 예측한다. 과학 성장의 종말을 말이다.

언뜻 생각하면 그 말은 역설적인 듯하다. 중요한 새 연구가 만개하고 있는 데 성장의 종말이라니. 그 역설은 지면과 동료들이 다소 그럴 듯하게 동적 안정상태라고 부른 자원의 재배치를 통해 해결된다. 하지만 맬서스식의 한계는 분명히 있다.

일부 분야들은 위축될 것이다. 화학은 마이클슨이 말한 축소가 일어날 가능성이 높은 분야이다. 한편 성장할 분야들도 있다. 신경생물학은 현재 아주 왕성한 활동이 이루어지는 분야이다. 그러나 신경생물학은 조만간 발생 및 분화 분야에 포섭될 것이다. 그 분야는 나날이 당혹스러울 정도로 더 복잡해지고 있으니까 말이다.

그러나 그런 대규모 구조적 변형이 일어나는 지금은 그것의 장기적인 결과를 신뢰할 수 있을 만큼 구체적으로 예측할 수가 없다. 그래도 학교의 종신 재직권 포기를 포함한 과학의 출세 구조상의 변화, 연구의 목적과 조건과 조직상의 변화, 연구 평가 방식의 변화 같은 것들을 계속 주시하자.

*

과학이 주도권을 쥔 시대, 즉 황금기는 설령 있었다고 해도 영구히 사라졌다. 물론 그래도 우리는 틀림없이 나아갈 길을 찾을 것이다. 과학은 실용적인 차원을 넘어서는 가치 있는 것들을 제공하기 때문이다. 프랜시스 베이컨은 *남 에트 입사, 스키엔티아 포테스타스 에스트* (Nam et ipsa, scientia potestas est)라고 썼다. 이 말은 흔히 '지식은 힘이다'라고 번역되며, 지식의 도구적 유용성, 즉 과학이 우리가 무언가를 할 수 있게 해주기 때문에 가치가 있다는 견해를 주장하는 데 쓰인다. 그 견해에 따르면 배너바 부시는 현대의 베이컨주의자였다. 그러나 그 번역은 정확하지 않다. 그 문장은 베이컨이 말년에 집대성한 방대한 과학철학 문헌들 속에 들어 있지 않다. 그가 막 신진학자로 부상하던 30대에 펴낸 『종교적 명상록(Religious Meditations)』이라는 얇은 책에 적힌 글이다. 무게 중심은 그 문장의 앞쪽 세 단어 *남 에트 입사*에 두어야 한다. 제대로 번역하면 '본래 그 자체로, 지식은 힘이다'이다. 물론 이 과학관은 배타적인 것이 아니다. 과학이 특별한 도구적 가치를 지녀 왔다는 것을 누가 부정할 수 있겠는가? 그러나 과학은 그 이상의 것을 제공한다. 과학이 제공하는 것은 불확실하고 일시적이고 변하기 쉬운 지식을 수용하거나 환영하는 다른 소명들과 달리 과학이 고고하고 엄격하고 사심 없는 소명이라고 높이 산 막스 베버의 말에 부합되는 것이다.

과학은 우리 시대의 예술이다. 과학이 주는 보상은 몇 가지가 있지만, 가장 큰 것은 우리가 아직 발견하지 못한 것을 지극히 흥미롭게 힘들게 냉정하게 흥겹게 아름답게 추구하는 행위 자체이다. 우리는 1905년 6월 30일 금요일, 알베르트 아인슈타인이 <물리학 연보(Annalen der Physik)>에 '운동하는 물체의 전기역학에 대하여(Zur Elektrodynamik bewegter Korper)'라는 31쪽의 논문을 제출했을 때를 새로운 시대가 열린 날로 볼 수 있다. 그 이후로 상대성이론의 힘에 버금가는 시도 연극도 음악 작품도 나오지 않았다. 그것을 이해하려고 노력할 때 그의 정신은 환희에 휩싸여 전율한다. 유전자의 분자 구조, 디옥시리보핵산의 유명한 이중나선구조는 어떤가. 두 가닥이 서로 반대 방향을 가리키면서 순서대로 줄줄이 놓인 화학 단위물질들의 쌍을 통해 일정한 거리를 두고 결합되어 있다. 네 종류인 단위물질들은 둘씩만 짝을 지으며, 정확히 10쌍이 늘어설 때마다 나선이 한 바퀴 감긴다. 그것은 일종의 조각품이다. 그것의 형태가 어떻게 하나가 되는지 살펴보라. 그 서열은 독특한 이중성을 지닌다. 하나는 가닥들이 분리되어 짝짓기 규칙에 따라 각자 상보적인 또 한 가닥을 만들어낼 수 있다는 것이다. 또 하나는 그 서열이 네 글자를 암호 형태로 담은 생체물질을 만드는 명세서라는 것이다. 따라서 그 구조는 유전과 발생학적 성장, 잠재력의 대물림과 그것의 발현을 둘 다 담고 있다. 1953

년 2월 말에 그 구조가 밝혀진 것은 인류에게 남은 시간이 얼마나 되는 그 기간 내내 영향을 미칠 초월적인 설명력이 드러난 사건이었다. 또 그 구조는 완벽하게 경제적이며 대단히 우아하다. 그것의 형태와 의미를 연구하는 사람이 볼 때 그처럼 매혹적인 조각품은 지난 수백 년 동안 만들어진 적이 없다.

새로운 천 년에 들어선 이 시기에 과학을 그런 식으로 말한다면 과학이 하는 일을 과소 평가하는 듯이 보일 수 있다. 그것은 적어도 어느 정도는 우리가 현재 예술에 기대하는 것이 거의 없기 때문이기 때문이기도 하다. 나는 기묘입자를 연구하는 물리학자가 추론이나 실험을 할 때, 시인이 시를 쓸 때, 극작가와 연출가가 협력하여 예행연습을 할 때 창조적 재능이 똑같은 방식으로 작동하며, 그것은 창의성과 성향 사이의 논쟁, 한쪽 어깨 너머에서 들리는 이렇게 해보라는 목소리와 다른 쪽 어깨 너머에서 들리는 '그건 옳지 않아'라는 목소리 사이의 논쟁을 통해 이루어진다고 생각한다. 피터 메더워 경은 얼마 전 미국철학협회에서 강연할 때 이런 말을 했다. "과학적 추론은 가설들과 그것이 낳는 논리적 의미들 사이의 끊임없는 상호작용입니다. 거기에는 사유, 가설들의 정립과 수정의 쉴 새 없는 운동이 있습니다. 현재의 우리 지식에 비추어 사례를 가장 흡족하게 설명하는 가설에 도달할 때까지 말입니다." 따라서 '가설'이라는 단어만 바꾸면, 메더워의 말은 화가나 시인이 자신의 일을 하면서 겪는 경험을 잘 설명해준다. (나는 그가 그 점을 알았지만, 청중들이 알아서 채워 넣으라고 일부러 언급하지 않았을 것이라고 추측한다.) "과학적 추론은 가능한 것과 현실적인 것, 있을 수도 있는 것과 실제로 있는 것 사이의 대화라고 할 수 있습니다." 그는 잠시 뒤에 그런 말도 했다. 그것이 바로 과학적 추론의 다른 점이다. 과학자는 가능한 것과 실제로 있는 것을 구분하는 훈련을 더 혹독하게 받는다. 아인슈타인 이후로 아리스토텔레스가 말한 예술 개념의 토대인 자연의 모방을 가장 엄격한 형태로 추구한 사람은 화가도 시인도 아니라 과학자이다. 실험대나 칠판, 컴퓨터, 땅 속, 망원경 앞에서의 협력부터 정식 출판과 반응에 이르기까지 과학의 사회 체제는 사적인 상상과 판단 사이의 상호작용을 공적인 활동으로 확대하는 수단이다.

음악에 관해 쓰는 것은 음악을 작곡하거나 연주하는 것과 다르다. 마찬가지로 과학에 관해 쓰고 과학에 관해 말을 하고 과학을 설명하는 행위는 과학이 아니다. 하지만 그렇다고 해서 비과학자가 과학에서 얻는 기쁨이 부당한 것일까? 훈련된 귀와 악보의 도움을 받아 음악을 듣는 것은 분명히 음악 활동이다. 마찬가지로 멍청이에서 석학에 이르는 연속선상에서 훈련된 정신과 원전을 참조하면서 과학에 관해 읽는 행위가 과학 활동이 되는 'p'라는 지점이 있다는 것도 분명하다.

나는 1957년 1월 16일, <뉴욕 타임스> 전면에 기이한 기사가 실렸던 날을 기억한다. 양첸닝(楊振寧)과 리청다오(李政道)라는 두 양자물리학자가 약한 상호작용에서 반전성이 보존되지 않는다는 것을 보여주었다는 기사였다. 그들은 그 연구로 전례 없이 일찍 노벨상을 받았다. 하지만 <타임스> 전면에 실리다니? 빅뱅, 우주의 기원을 둘러싸고 끊임없이 계속되는 논쟁을 생각해보라. 맥동성과 블랙홀 기사나, 아니면 쿼크 기사를 생각해보라. 혜성의 파편들이 목성을 강타했다는 소식도. 한 번이 아니라 수십억 년이라는 긴 세월 동안 여러 차례 대량 멸종을 일으켰다고 보고 있는 거대한 운석들의 증거가 더 발견되었다는 소식. 혹은 새로운 원시 인류 화석이나 유카탄반도에서 새 마야 도시나 이집트에서 새 파라오 무덤이나 알프스산맥 빙하에서 청동기시대 사냥꾼의 얼어붙은 시신이 발견되었다는 소식이 불러일으킨 흥분을 생각해보라. 매년 매달 그런 소식들은 신문의 전면을 장식한다. 하지만 그런 발견이 실생활에 무슨 영향을 미칠 수 있겠는가? 왜 우리는 허블망원경과 지금 건설 중인 그 후속 장치에 예산을 대고 있는 것일까? 화성으로 가는 로켓에는? 새로운 고고학 발굴에는?

도구적인 보상을 약속하면서 추구된 과학이 기하급수적으로 성장했다가 이제 안정 상태로의 전이라는 제약을 받고 있는 동안, 나는 우리가 과학의 끝에 대한 심미적인 인식을 잃었을까 걱정스럽다. 다른 더 우선적인 의미에서의 끝, 즉 목적이나 목표를 말이다. 사제관계를 대물림하는 과학의 위대한 계보들은 그것을 인식시키고 사기를 쳐서는 안 된다는 생각을 새겨 넣었다. <욕망의 화살을 내게 다오>라고 윌리엄 블레이크는 노래했다. 과학의 힘 중 하나는 그것을 추구하는 행위를 높이 산다는 것이다.

우리는 *남 에트 입사*, 즉 앎 그 자체를 알고 싶다. 태곳적부터 모든 문화의 중심에는 기원 신화들이 있어 왔다. 우리는 기원에 매료된다. 우주의 기원, 태양계의 기원, 생명의 기원, 종의 기원, 언어의 기원, 문명의 기원 등. 과학자에게 마찬가지로 일반 대중에게도 과학은 더 낫고 더 포괄적이고 더 검증 가능한 기원 이야기를 들려준다. 다시 생물학에서 사례를 하나 들어보자. 생물학이 아직 들어보지 않은 가장 큰 기원 이야기 중 하나를 간직하고 있기 때문이다. 생물학 전체에는 두 줄기의 설명이 관통하고 있다. 우리는 '어떻게'라는 질문들을 품고 있으며, 그 질문들은 생리학, 즉 생물이 어떻게 자라고 먹고 번식하고 살아가고 죽는가에 관한 것이다. 유전학에 관한 질문들도 그렇다. 1930년대의 위대한 진화생물학자들 중 마지막까지 살아 있었던 에른스트 마이어는 그것들을 근접 질문(proximate question)이라고 했다. 또 하나의 설명은 '왜'라는 질문에 대해 말한다. 그것은 진화에 관한 질문이다. 그것은 궁극적인 질문(ultimate question)이다. 이제 인간 유전체 계획이 완전히 잘못된 명칭이라는 주장을 떠올려보라. 그것은 인간 유전체만이 아니라 세균, 선형동물, 초파리, 생쥐, 침팬지를 비롯하여 전체 생물들의 유전체를 아우르는 계획이기 때문이다. 비교유전체학은 유전학과 진화의 융합, '어떻게'와 '왜', 즉 근접 질문과 궁극적인 질문의 융합을 보여줄 것이다.

과학이 제공하는 기원 설명은 살아 있고 변화하고 진화하기 때문에 가장 매혹적인 이야기이다. 과학자나 과학의 관찰자로서 우리는 그 설명에 적극적으로 참여한다. 우리가 충분히 용기가 있고 충분히 냉정하다면, 우리는 지식을 희생시키는 것을 거부할 것이며, 지식이 불확실하다는 지식을 받아들일 것이다. 그러면서도 우리는 알고 싶어 할 것이다. 윌리엄 블레이크는 이렇게도 노래했다. <내게 불의 전차를 다오.> 여기 과학적 세계관의 개선식이 열린다.

찾아보기

<라>

＜마＞

<사>

<자>

<타>

엄청난 배신

— 과학에서의 사기 —

호레이스 F. 저드슨 지음
이한음 옮김
한국분자·세포생물학회 감수

2007년 10월 1일 초판 인쇄
2007년 10월 10일 초판 출판

펴낸곳 / 전파과학사
펴낸이 / 손 영 일
등록일자 / 1956. 7. 23. 등록 번호 / 제10-89호
120-824 서울 서대문구 연희2동 92-18
전화 02-333-8877·8855
팩시밀리 02-334-8092

* 파본은 구입처에서 교환해 드립니다.

ISBN 978-89-7044-259-4 93400

www.s-wave.co.kr
E-mail : chonpa2@hanmail.net